普通高等教育“十四五”规划教材

地球环境科学导论

袁 博　陈传敏　曹 悦　王祥学　编著

扫码获得数字资源

北 京
冶 金 工 业 出 版 社
2024

内 容 提 要

本书以地球与环境科学为视角，围绕地球-人类-环境的大系统，从地球的宇宙背景、自身特征和构造出发，介绍了大气环境、水环境、岩石圈、土壤和生物圈等组成部分，分析了地球科学和环境科学交叉的环境问题，探讨了人类活动对地球环境的作用效果和影响机制等。

本书可作为高等院校环境科学与工程类专业、地球化学、海洋科学等相关专业的教材，也可供相关专业的工程技术人员学习参考。

图书在版编目(CIP)数据

地球环境科学导论/袁博等编著.—北京：冶金工业出版社，2024.8.—(普通高等教育“十四五”规划教材).— ISBN 978-7-5024-9914-3

Ⅰ. P；X21

中国国家版本馆 CIP 数据核字第 20249LM389 号

地球环境科学导论

出版发行	冶金工业出版社	**电　话**	(010)64027926
地　址	北京市东城区嵩祝院北巷 39 号	**邮　编**	100009
网　址	www.mip1953.com	**电子信箱**	service@mip1953.com

责任编辑　郭冬艳　美术编辑　吕欣童　版式设计　郑小利

责任校对　郑　娟　责任印制　禹　蕊

北京印刷集团有限责任公司印刷

2024 年 8 月第 1 版，2024 年 8 月第 1 次印刷

787mm×1092mm　1/16；16.5 印张；402 千字；256 页

定价 49.00 元

投稿电话　(010)64027932　投稿信箱　tougao@cnmip.com.cn

营销中心电话　(010)64044283

冶金工业出版社天猫旗舰店　yjgycbs.tmall.com

(本书如有印装质量问题，本社营销中心负责退换)

前　言

人类文明进入工业化时代后，经济快速发展，更多的自然资源被开采并用于维持或提高人类生活水平，使人类对地球资源的索取越来越多，地球环境面临着日益严峻的问题。作为一门揭示自然环境运行规律的基础性学科，地球环境科学能在宏观层面上认识人类活动对环境造成的影响，更好地保护环境，从而保护人类的生存与发展。

当我们把地球资源、人类和环境系统联系起来时，它们彼此之间的相互依存和制约关系也就使其成为一个此消彼长的大系统。对地球资源的持续索取和对生存环境的高品质追求是人类社会发展的固有需求，但地球资源是有限的，无序的索取注定是不可实现的。所以，资源的开发必须兼顾环境，否则就陷入“先污染，后治理”的怪圈，其所耗资源和费用甚至远超开采资源带来的效益。因此，以人类发展为视角，融合地球资源现状和自然环境规律的科学就成为一个横跨自然科学和社会科学的综合性学科。本书的初衷就是为对地球与环境科学感兴趣的读者，尤其是本科生提供知识资源，使其更好地了解地球的过去、现在和未来，掌握地球环境的演化规律，明确人类如何在其中扮演关键角色。

本书以地球与环境系统为主题，首先追溯了地球的宇宙背景和特征结构，分析了宇宙因素对地球环境的塑造规律。同时，从环境科学的角度，依次聚焦大气、水、岩石圈、土壤和生物圈等子系统，揭示并讨论了地球环境系统的复杂性和各圈层间的相互影响。大气环境章节涵盖了大气组成和温度、运动、气候和空气质量等议题，强调了大气对地球和生物的不可或缺性；水环境章节深入讨论了水的分布、循环和形态结构，同时审视了水资源管理和水污染的问题；岩石圈和土壤圈章节介绍了地球的地质结构、内/外部活动、土壤形成和分布、土地利用和修复等关键地球科学概念；生物圈章节探讨了地球上的生物圈的空间结构和物质能量演化趋势，梳理了生态系统和生物多样性等知识。总而言之，本书深入研究了地球的各个层面，揭示了各子系统间的相互关系，同时关注能源与可持续发展，力图助力环境保护工作者为全球环境问题寻找解决方案。

本书各章节的具体执笔人如下：第1章至第3章由华北电力大学袁博、陈传敏和王祥学共同撰写；第4章至第6章由华北电力大学袁博、曹悦和王祥学共同撰写；第7章和第8章由华北电力大学陈传敏、曹悦和袁博共同撰写。

在本书编写过程中，华北电力大学赖飞、周浩、王誉佳、盛石伟等研究生在资料收集、内容修订、图表绘制和修改、文献校对等环节做了大量工作，在此表示衷心感谢。

由于编者水平所限，疏漏和不妥之处在所难免，敬请读者批评指正。

编　者
2024年4月

目　　录

1 绪　论

当前人类生存和发展遭受环境问题严重困扰的现实，要求人们对历史的经验进行反思和重新总结，驱使人们去探讨和研究一系列全新的当代问题。在这种情况下，综合性的新兴交叉学科，地球与环境科学应运而生。地球与环境科学覆盖了地球科学和环境科学两个密不可分且相互关联的学科领域。地球科学主要是研究地球的物质组成、结构、演化以及地质过程、地球物理、地球化学、地球生态等多个方面的学科，而环境科学则是重在研究人类活动对环境的影响、环境问题的成因及其防治措施等方面的学科。地球科学作为一门比较成熟的科学，在学科划分、工作方法和研究目标上有明确的界限，但对于环境科学，不同专业的学者却有很不相同的看法，甚至对环境也有不同的理解。

环境作为一个被广泛使用的名词，其含义极为丰富。从根本上来说，环境是地球的一个部分，环境科学是地球科学的分支。广义的环境是指包括人类在内的有生命的有机体赖以生存的环境，认为凡是与人类生存环境有关的问题都属于环境科学研究的范围，比如沙漠化、水土保持、自然资源保护等。狭义的环境则倾向于环境问题作为一个重要的社会问题，因为环境污染威胁着人类的健康，破坏影响着资源的可持续利用，从而认为环境科学的任务是解决“三废”污染造成的环境质量下降的问题。不同的环境在功能和特征上存在着很大的差异，人类的生存环境是一个复杂的巨大系统，它是由自然环境和人工环境组成的。自然环境是指环绕人群空间，可以直接、间接影响人类生活、生产的一切自然形成的物质、能量的总体，包括空气、水、土壤、动植物、岩石、矿物、太阳辐射等。自然环境是人类产生和发展的重要物质基础，它不但为人类提供了生存和发展空间，还提供了生命支持系统，更重要的是为人类的生活和生产活动提供了食物、矿产、木材、能源等原材料和物质资源，因此人类的一切活动都和自然环境密不可分。人工环境是在自然环境的基础上，通过人类长期有意识的社会劳动，加工和改造自然物质，创造物质生产体系，积累物质文化等所形成的环境，如城市、农田、道路、工厂等。人工环境与自然环境在形成、发展、结构与功能等方面存在着本质的差别。随着人类驾驭自然能力的提高，人类对自然环境的影响力度不断增强，范围逐渐扩大，可以说上至九天苍穹、下至海洋深处，到处都有人类活动的印迹。正是人类充满智慧的劳动创造，才形成了堪比自然的、丰富多彩的多样化环境，满足了人类不断增长的物质与文化需求。但是，也正因为如此，人与自然的矛盾逐渐激化，从而带来了越来越严重的环境问题。

无论从何种角度而言，环境科学与地球科学之间的联系是这样的紧密，任何自然资源利用与环境法规、任何保护人类免受自然灾害及化工污染的决策和技术都离不开地球科学的理论支撑和指导。

1.1 地球科学

根据现有资料，地球已有四十多亿年的演化历史。长期以来，人类为了保证自身的生存与繁衍，不断探索地球的奥秘；人类的智慧、文明和科学技术正是从这样无穷尽的探索中产生和发展起来的。人类创造了前所未有的生产力，为了满足日益增长的物质需求，需要向地球作更多的索取，然而人类处置稍有不当，便会招致大自然严厉的惩罚。只有地球上的居民都认识了地球，理解了地球，才能和它友善相处，和谐协调，从而有利于人类社会的持续发展。人类在长期的实践中不断加深对地球的认识，并且逐渐形成了一门以地球为研究对象的科学——地球科学。作为地球科学研究对象的地球，实际上由多个性质不同的圈层组成；从地心到大气层的最外侧，可分为地核、地幔、地壳（或岩石圈）、水圈、土壤圈、生物圈（包括人类圈）和大气圈等，它们共同组成一个相互依存、相互作用的统一系统，称为地球系统；地球系统的各个圈层属于其子系统，子系统还可进一步分为不同的级次，整个地球系统处于不断地运动、变化过程之中。地球空间以外的地月系、太阳系、银河系等构成了地球系统的宇宙环境，现代地球科学为了更深入地认识地球系统的运动、变化特征与规律，已将其研究对象扩展到了地球系统的宇宙环境。

地球科学是人类在生产和生活实践中逐渐发展起来的。研究地球科学对人类社会的发展具有重要的实用价值和实际意义，主要表现在：（1）寻找、开发和利用自然资源；（2）保护和改善自然环境；（3）预报和减轻自然灾害。当前，由于近 200 年来工业化进程的发展，人类过度地开发自然资源，破坏生态环境，已经使地球生态环境濒临失衡的危险，因而正确地处理好人口、资源、环境的协调发展已成为当务之急，地球科学对人类社会的可持续发展将会产生更为巨大的影响。另外，地球科学所揭示的整个地球的组成、运动和演化规律，对于人类正确认识自然界，建立科学的世界观，破除迷信都将发挥重要的作用。因而，认识地球，了解必要的地球科学知识，是每一个对社会负责的人都应该做到的事情。

地球科学是一门理论性和应用性都很强的科学。它不仅承担着揭示自然界奥秘与规律的科学使命，同时也为生活在地球上的人类如何利用、适应和改造自然提供科学的方法论。随着生产和科学技术的发展，地球科学的研究内容和领域也在不断地深入和扩展，逐渐形成了日臻完善的由多学科组成的综合性学科体系。地球科学目前主要包括地质学、地球物理学、地球化学、地理学、气象学（或称大气科学）、水文学、海洋学、土壤学、环境地学、地球系统科学等学科。其中，由于地质学研究领域广博、分支学科较多，并且以研究地球的本质特征为目的，因而成为地球科学的主要组成部分，以至于人们有时把地质学和地球科学作为同义语使用，其实两者的含义是有差别的，它们具有包容关系。随着科学的发展，地球科学还不断地诞生新的学科和出现一些边缘学科，如数学地质、同位素地质学、天文地质学、遥感地质学及实验地质学等，这些边缘学科在现代地质学各领域的研究中发挥着极其重要的作用。当然，新技术新方法的使用也能引起地质科学理论的萌芽和诞生。例如，布莱克特的无定向磁力仪的问世，形成了古地磁学；岩石剩余磁场的研究成果又为大陆漂移假说的复活提供了依据。可以毫不夸张地说，“板块构造”这一地学革命性学说的形成，与其说是建立在魏格纳大陆漂移假说的基础上，不如说是建立在古地磁技术、海洋和深部探测技术、同位素地质年代学方法、大地测量技术和空间遥感技术等新技术新方法的基础上；否则，岩石圈动力学只能停留在假说这个阶段上，而无法向前迈进一步，也无法得到推广和普及。需要补充的是，地球科学也是一门实践性很强的科学，人们通过不断地科学实践，逐渐形成了若干假说和学说。假说是根据某些客观现象归纳得出的结论，它有待进一步验证；而学说则是经过了一定的实践检验、在一定的学术领域中形成的理论或主张。假说和学说对推动地球科学的发展起着重要的作用，它们为探索地球科学的客观规律指出了方向，对实践起着一定的指导作用，同时在实践中不断得到检验、补充和修正，使其日趋完善。当然，有些假说和学说也可能在实践中被抛弃或否定。

总之，地球科学作为一门纯粹描述性科学的时代已经结束，当代的地球科学正在逐步完善其从宏观向微观、从定性到定量、从浅部向深部、从局部向系统化发展的过程。

1.2 环境科学

进入20世纪，资源和能源的开发和利用飞速增长，地球的环境也遭遇到前所未有的人为破坏，环境科学也因此成为近半个世纪以来发展最快、普及最迅速的学科。在短短二三十年时间里，环境科学的词汇、术语从大学教科书和科技期刊进入了公众的日常生活用语范畴，它们每天都要出现在各类新闻媒体上，环境意识的有无和强弱已成为判断一国国民素质高低的一个重要标志。一个国家和地区的社会发展政策的制定和实施，如果没有环境学者的参与，是不可思议的。在科学发展史上，只有少数几门学科能在开创以后如此短的时间内获得如此大的影响力。

环境科学是以人类与环境这对矛盾为对象，来研究其对立统一关系的发生与发展、调节与控制，以及利用与改造的科学。由人类与环境组成的对立统一体，称为人类-环境系统，它是以人类为中心的生态系统，这是一个既包括自然界又包括人类社会的复杂系统。环境科学研究人类和环境这对矛盾之间的关系，其目的就是要通过调整人类的社会行为，以保护、发展和建设环境，从而使环境永远为人类社会的持续、协调、稳定发展提供良好的支持和保证。环境科学的基本任务，就是揭露人类与环境这对矛盾的实质，研究和掌握它们的发展规律，调控它们之间的物质和能量交换过程，寻求解决矛盾的途径和方法，以改善环境质量，造福人类，促进人类与环境之间的协调与发展。其具体内容包括：

（1）研究人类活动与自然环境之间的相互关系，以便协调社会经济发展与环境保护之间的关系，使人类社会与环境协调、稳定、持续发展。

（2）探索人类活动影响下的全球环境演化的规律，了解环境的特性、结构、演化机理以及变化过程，以便应用这些知识使环境质量向有利于人类方向发展，避免对人类产生不利的影响或使其影响降至最低。

（3）探索环境变化对人类生存的影响，充分发挥环境科学的社会功能；探索污染物对人体健康危害的机理及进行环境毒理学研究，为人类健康地生活与生产服务，提高人类生活质量。

（4）研究区域环境污染综合防治的技术措施和管理措施，提高环境监测与分析技术水平，及时预测、预报环境质量变化，对环境质量进行综合评价；通过科学规划与管理，提升环境质量。

环境科学作为一门交叉科学，正在承担起重新认识地球的重要使命。环境科学涉及多个学科的知识和方法，如图1-1所示，其主要学科包括生态学、大气科学、地球科学、环境化学、环境工程、环境法与政策和社会科学。

对环境和其研究任务的不同理解，导致“环境科学”在学科体系方面的不同认识：一

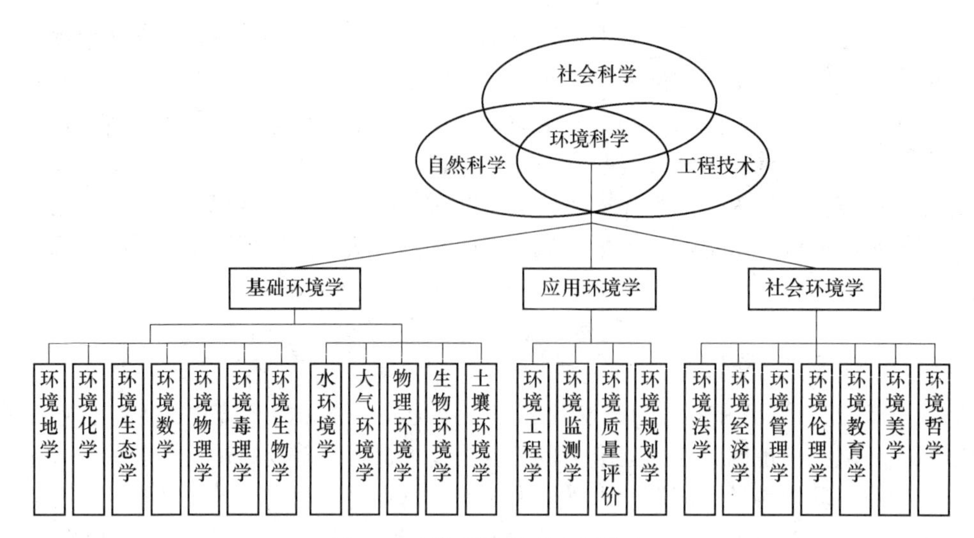

图 1-1 环境科学及其主要分支

种观点认为，应该按理论与应用的关系分为理论环境学、应用环境学、综合环境学等；另一种观点认为，可以从学科的角度划分成环境物理学、环境化学、环境地质学、环境地球化学、环境生物学、环境医学、环境美学、环境工程学、环境管理学、环境经济学、环境法学等；还有的认为，可根据环境的性质划分为大气环境学、水体环境学、土壤环境学等。从不同角度得出的环境科学的学科分类方案各有其优点，重要的是必须首先明确环境科学的概念。目前，对环境科学的阐述大致有四种观点：认为环境科学应局限于研究第二环境问题，即有人类参与的环境问题；认为环境科学是研究环境中污染物质运动规律及其防治途径的科学；认为环境科学是研究由于人类活动所造成的环境影响及其变化规律的科学；认为环境科学是研究人类与环境的相互关系，特别是人体健康与环境的相互关系的科学。

总体而言，环境科学涉及自然科学、工程技术和社会科学的许多方面，因此，可以说环境科学是源于自然科学、技术科学与社会科学的各个领域，并向这些科学的各个领域全方位开放的研究系统。环境科学的研究目标是实现可持续发展，通过科学的方法和综合的观察来解决人类面临的环境问题，平衡人类需求与自然系统的稳定性，以确保未来世代能够在健康的环境中生活。从这个科学概念出发，我们认为：环境科学的研究对象是与人类活动有关的自然环境质量的变化，环境科学是探讨人类社会生态与自然生态的相互作用与平衡的科学。

需要注意的是，环境科学虽以人类-环境系统为研究对象，但它并不研究人—地系统（人类-环境系统）的全面性质，而注重研究环境危害人类以及由于人类作用于环境引起环境对人类反作用而危害人们生产和生活的那部分内容。环境科学侧重于研究人类与环境相互作用所产生的负效应方面，研究的基点放在改善人类赖以生存和社会经济赖以发展的环境质量方面。

1.3 地球-人类-环境系统

地球-人类-环境系统是一个古老而又常新的论题，也历来是地球科学、人类生态学、哲学及社会学研究的热点话题，人类的存在不可避免地要同其赖以生存的基点和舞台——地球环境发生复杂的相互作用。唯其如此，中外先哲都对这些关切宏旨的主题做过深沉的思考。近代，随着人类不断拓展向自然界进军的深度和广度，自然界也越发强劲地回敬人类，自然环境与人类社会发展的相互作用更加深切地引起世人关注。1972 年，在瑞典首都斯德哥尔摩召开了以“只有一个地球”为主题的第一次人类环境大会，1992 年又在巴西里约热内卢召开了以“环境和发展”为主题的第二次人类环境大会。这些事实充分表明，环境问题已引起世界各国的广泛关注，有效地解决环境问题已成为世界各国的共识和共同责任。“人类与环境的相互作用”和“环境与发展的相互关系”等问题，已列入联合国《二十一世纪议程》，是今后长时期摆在各国科学家、政治家和高层决策者面前的重大主题。

一般而言，环境是相对于中心事物而言的。与某一中心事物有关的周围事物，就是这个事物的环境。作为科学概念的“环境”一词，目前主要被用于两个方面：一是狭义生态学（生物生态学）所指的生物体的生存环境；一是指地理学、人类生态学、环境科学和地球系统科学所说的人类环境。从这个意义讲，我们所讨论的地球-人类-环境系统正好是这两种关系的综合体，其中最基本的关系仍然是人类与环境系统。当然，地球-人类-环境系统（也可称之为“地球环境巨系统”）其实是一个组成要素众多、结构非常复杂、物质迁移转化和能量交换过程交织多变的巨大系统。从环境研究的角度，可以将地球环境系统分解为生态子系统、自然资源子系统和社会经济子系统三个相对独立的部分，如图 1-2 所示。组成地球环境巨系统的要素可分为自然环境要素和社会环境要素，其中自然环境要素包括大气、水体、土壤、岩石、生物、太阳辐射、放射性辐射、气压场、重力场和地磁场等，社会环境要素包括政治与经济、生产与消费、文化与宗教等。

环境的组成要素不是杂乱无章地堆积在一起，特定地域的各种环境要素是通过一定的结构、物质过程及相互联系构成一个整体。在这个系统中环境要素之间的相互作用通常遵循以下规律。(1) 木桶定律：即环境要素的平均状况不能决定其整体环境的质量，环境要素之中那个与最优状态差距最大的要素是决定整体环境质量的限制性因素；(2) 整体大于部分之和原理：环境整体的性状不同于其组成要素性状之和，环境整体的功能也大于其组成要素功能之和，环境各个要素之间的物质迁移转换过程，使得环境整体的效应发生了质的变化；(3) 相互依赖性和不可替代性：各个环境要素之间存在着复杂的物质迁移转化和能量传递变换过程，每个要素的功能和作用均有差异，这就构成了它们之间的相互依赖性和不可替代性。

从人类发展的历程来看，作为中心事物的人经历了生物人—原始人—社会人的演化过程，其所处环境经历了地球自然环境—人工+地球自然环境—人工环境+社会环境的演化过程。从历史的进程看，可以将该系统的演化过程简略地分为以下三个阶段。

第一阶段（300 万年前）：森林古猿大约于 2700 万年前从埃及古猿中分化出来，随后又分化出人类的近祖——猛犸古猿。他们能够直立行走，并使用天然工具，但不能制造完全的人工工具。在与环境的关系上，他们与其他生物处于相同的地位，这时的环境是纯粹依靠自身固有规律变化的自然环境。根据其与人类的关系，我们称这一时期的人类环境为“生物人”阶段。

第二阶段（300 万—40 万年前）：大约第四纪更新世冰期开始，从古猿中产生了早期

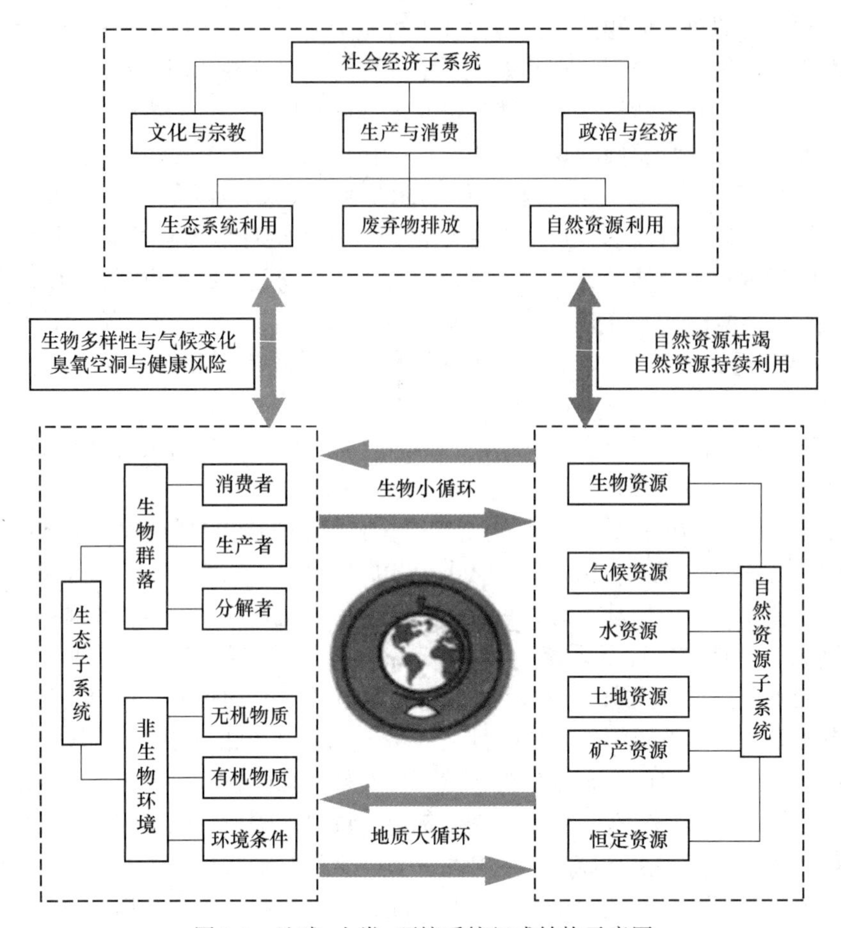

图 1-2 地球-人类-环境系统组成结构示意图

的人类——猿人。他们除能制造简单的工具和住房外，还学会了用火，用火是人类强烈地改变环境的第一个标志。他们共同劳动，集体分配，由于人类有意识、有组织的共同劳动，部分自然环境遂转化为人工+自然环境，我们称这一时期的人类环境为“群体人”阶段。

第三阶段（40 万年前—现在）：旧石器时代中期，人类跨进母系氏族社会，标志着作为社会的人诞生了。约 4 万年前，父系氏族社会出现，产生了农业、纺织、饲养等行业。此时期不但人工环境进一步扩大和发展，还出现了对人类本身具有决定意义的社会环境。社会环境诞生以后，环境变化被人为地加剧了，我们称这一时期为“社会人”阶段，或“文明人”阶段。

必须强调指出，在本书所讨论的地球-人类-环境系统中的“人”是指人的群体，是指具有不同文化水平和不同社会组织程度的人的群体，可以将其简称为“文化人”“文明人”或“社会人”。从这个角度看，人类已经从动物本能和天然遗传中解放了出来。目前，人类的进化主要是在文化方面，而不是在生物学方面。人类的才能固然受遗传影响较多，但更主要地应归功于文化的发展。因此，这里所说的环境，既是指人类赖以生存的自然条件和物质基础、自然资源，也是指人类的生产活动、生活活动和社会活动影响下而形成的环境。有些学者把以“社会人”为中心的广义环境分为4类：第一环境，即地球自然环境，或叫作原生环境，其中包括对人类有益的自然条件和对人类有用的自然资源，也包括对人类有害的自然灾害过程，如地震、火山等；第二环境，又叫作次生环境，即被人类活动所改变了的环境，如被绿化的山野、被污染的大气和水体、被破坏的森林等；第三环境，即由人工所建造的房屋、道路、城市和各项设施组成的人工环境；第四环境，即由政治、经济、文化等各种因素所构成的社会环境。上述第二环境和第三环境可以分别简称为“人工+自然环境和人工环境”。

从地球-人类-环境系统的演变过程中可以总结出以下几点：

（1）地球自然环境是自为存在的，人为环境是人为存在的，人工+自然环境是共为存在的。人类与地球自然环境的关系更为根本，但人类与人为环境的关系更为直接和紧密。人为环境必须存在于并适应和依赖于自为环境。

（2）人为环境不是单纯依赖和被动地适应自为环境，而是能不断地改造自为环境为共为环境，使之更适合于自身的需要。但是，这种改造不论是从规模上还是从程度上都应以不破坏自为环境的平衡为限。

（3）人类与自为环境的关系并不能因人为环境的产生而被取代。

（4）地球-人类-环境系统的演化是单向的，正常情况下是不可逆的。

在人类发展的不同阶段有不同的环境问题，前一时期的环境问题也可以在以后的时期继续存在。石器时期，由于人类大规模狩猎和烧荒使有的物种濒临绝迹，毁灭了一些具有驯化和引种条件的物种资源，影响了物种驯化和引种工作的继续进行。在后来人类的更高发展阶段，驯化和引种的物种很有限，这也与人类早期不自觉地毁灭物种资源有关。奴隶社会创造了古代文明，但这种文明是很脆弱的。人类在荒漠中灌溉创造了两河流域文明，然而一场战争就可以使水利失修，沙漠重新入侵，或许一场瘟疫也可以使文明濒于绝境。因此，这一时期的文明在于怎样维持人类对自然界的暂时胜利。封建社会能维持比较稳定的农业社会和一定规模的工商业城市，这时的环境问题主要是由于不合理开垦农田、采伐森林等所导致的水土流失、河流泛滥、风沙危害、土壤盐渍化等。在大的居住区已经发生家庭垃圾污染，并由此污染浅层地下水，这些甚至成为另选新址重建居住地的原因之一。

近代资本主义和现代工业的兴起与发展，除了保留上述对自然的破坏外，还开始出现大量的高密度人口区（如都市、工矿区）和机械化、化学化的大型农业，人类向环境中排放大量废水、废气、废渣，引起大规模的环境污染。因此，当前实际上同时存在着物种灭绝、自然生态破坏、环境污染等多方面的环境问题，而且前两种问题可以由后者引起。显然，此时环境问题的影响已不限于一般地干扰人类的生产和生活，而是超出了人类在生理上所能承受的影响范围，危及人体健康，并导致“公害病”的出现。正是在这种情况下，现代环境问题才引起人们的高度关注。

地球-人类-环境系统是由人类和地球表面环境构成的系统。目前，人类在地表活动的范围越来越大，向下已进入地壳较深处，向上已达近地空间。广义地说，地球-人类-环境系统是由人类和地球表面构成的系统。地球科学和环境科学都以这个系统为研究对象，所不同的是，地球科学研究此系统的全面性质，而环境科学只研究环境作用于人类以及由于人类作用于环境所引起的环境对人类反作用而危害人们生产和生活的那部分性质。强调一下，目前地球-人类-环境系统全球变化主要由人类活动所引起，必然地也将由人类承受其不良后果。虽然“因果”双方都是人，属于社会科学范畴；但实际上，当前最迫切需要从自然科学的角度，加强对人类与环境相互作用机理和因果关系的认识和理解，缺乏这种理解就找不到对症下药的良策。由此可见，对上述问题的研究，需要自然科学与社会科学双管齐下，密切配合，两者缺一不可。从另一角度看，人类今天所面临的情形是：一方面人类的理性和智慧不足以了解和控制其活动的一切后果；另一方面人类对大自然的利用已引起自然平衡的严重失调。因此，就这种科学滞后于实际情况而言，仅靠自然科学与技术，并不能有力地解决资源保护与环境保护问题，只有让各级政府和公众普遍醒悟，认识到地球-人类-环境系统是一个整体，并对各种破坏环境和破坏资源的行为，给以道德、经济和法律的制裁，这个问题才有可能解决。要形成这种共识，哲学等社会科学有着不可推诿的责任。

综上所述，由于人类认识的局限性和地球环境的复杂多变性，使得人们对地球环境、人类活动与环境相互作用的认识将是一个不断发展和完善的过程。人们常常是解决了旧问题，又出现了新问题，人类对环境问题的认识往往也是滞后的，如图 1-3 所示。人类社会是在同环境的斗争中诞生和发展起来的。因此，作为研究人类活动与地理环境之间相互作用的学科，地球和环境科学的研究内容也会得到不断地发展和更新。

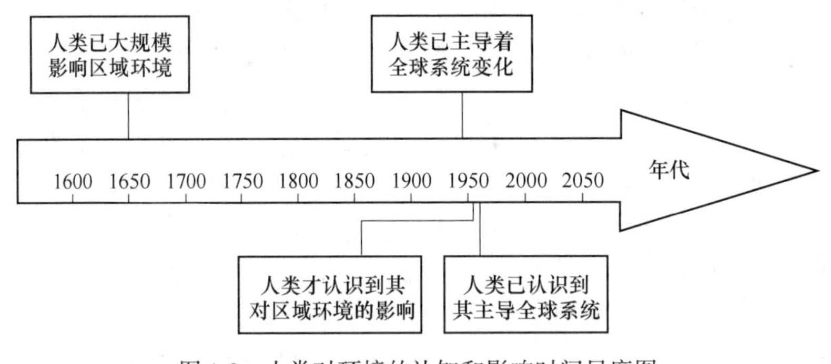

图 1-3 人类对环境的认知和影响时间尺度图

1.4 知识拓展

1.4.1 《寂静的春天》一书的介绍

1962 年，美国女海洋生物学家雷·卡逊在研究了美国滥用农药所产生的危害之后出版了《寂静的春天》一书。书中通过对农药污染物迁移变化的研究，揭露了其对生态系统的影响、对生物及人类造成的危害。作者在书中写道：“这是一个没有声息的春天，一切声音没有了，只有一片寂静覆盖着田野、树林和沼泽地。”她大声疾呼“控制自然”这个词是一个妄自尊大的想象的产物，是生物学和哲学还处于初级幼稚阶段时的产物。作者深厚的科学素养、敏锐的科学洞察力、严谨的科学态度、生动抒情的描写深深打动了读者的心。

此书的出版曾引起极大的轰动，并被译成数种文字在许多国家出版发行，在某些国家几乎成了家喻户晓的科普读物，全世界各界人士一致公认此书在唤起广大群众重视环境问题方面起到了重大作用。科学界认为，卡逊对农药污染这个当时还不被人类重视的环境问题作了全面、系统、深刻的分析，从环境污染的角度重新引起科学界对古老的生物学分支——生态学的关注，因而被誉为开创了一个崭新的生态学时代。还有人认为，这本书的出版宣告了环境科学正式诞生。

1.4.2 中外著名的环境污染事件

世界近年来较大的环境污染事件：

（1）1930 年，比利时马斯河谷烟雾事件（20 世纪最早记录的大气污染惨案）。

（2）1943 年，美国洛杉矶光化学烟雾事件。

（3）1948 年，美国多诺拉烟雾事件。

（4）1952 年，英国伦敦烟雾事件。

（5）1961 年，日本四日市哮喘病事件。

（6）1953~1956 年，日本水俣病事件。

（7）1955~1972 年，日本富山骨痛病事件。

（8）1968 年，日本米糠油事件。

（9）1986 年，苏联切尔诺贝利核泄漏事件。

（10）1986 年，瑞士莱茵河污染事件。

国内近三十年较大的环境污染事件：

（1）2005 年，吉林省松花江重大水污染事件。

（2）2007 年，无锡太湖水污染事件。

（3）2008 年，云南阳宗海水污染事件。

（4）2006 年，河北白洋淀死鱼事件。

（5）2015 年，天津市天津港大爆炸事件。

思考和练习题

1-1 地球科学与环境科学的共同点和差异点有哪些？

1-2 什么是环境，地球-人类-环境系统的发展阶段有哪些？

1-3 环境问题是怎样产生的，当代环境问题有哪些特点？

1-4 如何从地球和环境科学的角度看待“建设资源节约型、环境友好型社会”？

2 地球的宇宙背景

2.1 宇宙的起源

2.1.1 中国古代宇宙学的发展

远在战国时代，尸佼就在《尸子》一书中指出：“四方上下曰宇，往古来今曰宙”，意思是说：我们生活的空间称为宇，不停流逝的时间称为宙，宇宙就是时间和空间的总称。这句话包含了时间和空间无限性的宇宙概念，也是迄今在中国典籍中找到的与现代“时空”概念最好的对应。但哲学的宇宙和宇宙学的宇宙是两个不同的概念，早期的自然科学的宇宙模式源于时空无限的宇宙概念。例如，牛顿静态宇宙模式就认为时间是均匀流逝的长河，空间是欧几里德空间，在这样的空间中分布着无限多个静止的天体。宇宙不是均匀的或宇宙不是静止的。汉代天文学家张衡明确指出“宇之表无极，宙之端无极”，意思是空间和时间都是无限的。可见我们的祖先时就有了淳朴的唯物宇宙观，他们辛勤观测日月、星辰、彗星、流星和超新星爆发等天象，研究它们的运动规律和特性，在3000多年前就提出论述天与地关系的“盖天说”“浑天说”及“宣夜说”。

盖天说出现于殷末周初，主要论点是：天在上，地在下，天为一个半球的大罩子。南北朝时期鲜卑族歌手佚名《敕勒歌》中“天似穹庐，笼盖四野”两句诗，是对盖天说的形象化说明。盖天说一共有两种。第一种盖天说：《晋书·天文志》有载“天圆如张盖，地方如棋局”。关于方形的大地，战国时代阴阳家齐人邹衍解释说，地上有九个州，中国是其中之一，叫作赤县神州，每个州则周环绕着一个瀛海，一直与下垂的天的四周相连接。似穹庐的天穹有一个极，天就像车轱辘绕轴旋转一样绕着这个“极”旋转不息。天圆地方说的最大破绽，就是半球形的天穹和方形大地之间不能吻合。这迫使人们将它修改为：天并不与地相接，而是像一把大伞一样，高悬在大地上空，有绳子缚住它的枢纽，周围有八根柱子在支撑着，天空有如一座顶部为圆拱的凉亭。《列子·汤问》篇中所说的共工触倒的那个不周山，就是八根擎天柱之一，所以女娲便出来炼石补天。天圆地方说提出的宇宙模型，只是凭感性的观察，又加入了许多规定。但在我国历史上却有广泛影响，因为符合儒家关于“天尊地卑”的说教，在封建王朝的天地理论体系中占据正统地位。例如，北京的天坛是圆形的、地坛是方形的，这是天圆地方的象征性模型。第二种盖天说将方形大地改为拱形大地。在《晋书·天文志》中说：“天象盖笠，地法覆盘。”这时已经有了拱形大地的设想，为以后球形大地的认识奠定了基础。但它仍然不能解释天体的运行，如太阳的东升西落和月亮的盈亏等问题。

浑天说主张大地是个球形，外裹着一个球形的天穹，地球序于天表内的水上。汉代天文学家张衡在《浑天仪图注》中说：“浑天如鸡子，天体圆如弹丸，地如鸡子中黄，孤居于天内，天大而地小。天表里有水，天之包地，犹壳之裹黄。天地各乘气而立，载水而浮。……天转如车毂之运也，周旋无端。其形浑浑，故曰浑天。"“浑天说”始于战国时期，战国人慎到、惠施都提出过关于球形大地的设想。关于球形大地如何悬在空中，最早的浑天说认为天球里盛满水，地球浮在水面。半边天在地上，半边天在地下。日月星辰附在天壳上，随天周日旋转。后来一些浑天论者纷纷反对地球浮于水面的说法。

宣夜说自然观的基础是元气学说。战国时期宋尹学派把宇宙万事万物的本源归结为“气”。这气可以上为日月星辰，下为山川草木。宋代大儒张载在《正蒙·参两篇》中说“地在气中”。“宣夜说”认为“天”并没有固定的天穹，而其不过是无边无涯的气体，日月星辰就在气体中漂浮游动。关于宣夜说的命名，清代邹伯奇说：“宣劳午夜，斯为谈天家之宣夜乎？”宣夜说之得名，是因为观测星星常常闹到夜半不睡觉。宣夜说的历史渊源，可上溯到战国时代的庄子。《庄子·逍遥游》“天之苍苍，其正色邪？其远面无所有至极邪？”用提问的方式表达了自己对宇宙无限的猜测。“宣夜说”的进一步发展，还牵涉到天体的物理性质问题。据《列子·天瑞》篇记载，有位杞国人听说日月星辰是在天空飘浮的，便“忧天地崩坠，身无所寄，废寝食者”，这便是成语故事杞人忧天的由来。就其宇宙结构的理论来说，宣夜说确实达到了较高水平，它提出了一个朴素的无限宇宙观。但是，从观测天文学的角度来看，宣夜说却不如浑天说的价值大。浑天说能够近似地说明太阳和月亮的运行，宣夜说只能指出它们运行的不同，却没有探讨其运行的规律性。修订历法时，浑天说有很重要的实用意义，宣夜说却仅仅具有理论意义。但在人类认识宇宙的历史上，宣夜说无疑应有重要意义。

2.1.2 欧洲宇宙学的发展

在欧洲，托勒密的“地心学说”凭借宗教势力统治了近 1500 年之久。直到 16 世纪波兰伟大的天文学家哥白尼提出了宇宙以太阳为中心的日心说，才打破了“地心说”的统治。哥白尼还计算出了每颗星到太阳的距离；他应用球面天文学解释天体的视运动，叙述了太阳和月球的视运动；并讨论了岁差理论与日月食的计算方法；讨论了行星的运动规律，彻底批判了托勒密的地心体系。哥白尼的日心说具有划时代的意义。1584 年意大利的布鲁诺极力宣传哥白尼学说，提出“宇宙是无限大的，其中的各个世界是无数的”“恒星都是遥远的太阳、宇宙无限，太阳并非是宇宙中心”等见解，发展了哥白尼的学说。1610 年伽利略公布了他用望远镜观测天体做出的许多重要发现，如月球上的环形山和山谷，肉眼看不见的恒星，以及银河由恒星组成、木星有四颗卫星等。德国的天文学家开普勒是哥白尼学说的热情支持者，开普勒于 1619 年提出了行星运动的三大定律。

牛顿在研究地球对月球吸引力时，发现行星绕太阳的运动是受太阳的引力，这种引力都是与距离的平方成反比的。1687 年牛顿提出万有引力定律，并应用它解释了岁差、潮汐等重要天文现象。牛顿完善地解决了太阳系各类天体的运动。其朋友哈雷预言了一颗彗星的回归，从而此彗星被命名为哈雷彗星。这期间，英国亚当斯和法国的勒威耶根据牛顿力学发现了海王星。1781 年，赫歇尔发现了天王星。他还对恒星进行了大量的观测，按一定的天区计数恒星，他计数的恒星数目是惊人的，在北半球计数达到 1.176×10^5 颗，在南半球计数了 7×10^4 颗。关于银河系的结构，他指出：银河系的恒星密集区域很像一个中间厚两边薄的盘，这些恒星同属一个恒星集团——银河系，太阳系位于银河系内。在这个时代，人们有了以观测为基础的银河系模型，人类的视野从太阳系延伸到了银河系。

一直以来，人们都相信宇宙就像是个固定的空间舞台，恒星、行星及其他天体在这个舞台上表演。然而，1929年美国著名天文学家爱德温·哈勃利用光波的简单性质观测星光，当光源离开观测者远去时，光波频率降低，观测到的可见光颜色稍稍变红，称为红移；用多普勒效应来解释，当光源迎着观测者而来时，接收到的频率增高，可见光变得较蓝，称为蓝移。哈勃的观测发现，来自星系的光出现了某种系统性的红移，即星系在离我们远去，并且光源越远，远去的速度越快。哈勃所发现的实际上是宇宙的膨胀，只是宇宙并不是膨胀到任何“东西”里面去，宇宙本身就包括了客观存在的全部空间和所有时间。目前用射电望远镜，人类已能看到大约150亿光年的距离。在这个以150亿光年为半径的可视宇宙中，分布着各种各样的天体。所谓天体就是宇宙中物质的存在形式。例如，人类能“看”到的类星体、脉冲星、恒星、星云、彗星、行星、卫星、星际物质等，以及人类虽不能“看”到，但在理论上应存在的黑洞等。尽管这些天体的质量、密度、温度、光度、物质组成、光谱特性等理化性状差异很大，但是归根到底，各种天体都是由几种基本粒子形成的。基本粒子构成已知元素周期表上的所有元素，这是形成天体的物质基础，因此可以说天体的多样性统一于其物质性。

各种天体在宇宙中的分布并不是杂乱无章的。天体之间在万有引力的作用下相互绕转，形成不同层次的天体系统，结构形式如图2-1所示。

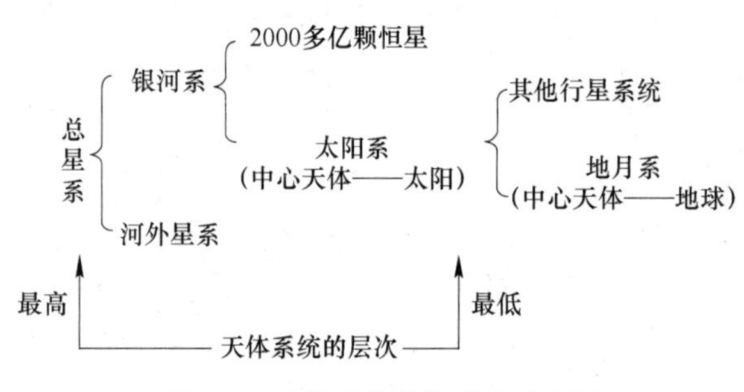

图2-1 天体系统结构形式示意图

星系和星系团是宇宙中物质密度远大于外界平均物质密度的“岛屿”，星系之间是无处不在的寒冷的微波之“海”。例如，银河系的平均密度要比外部宇宙的平均密度约高出100万倍。因此宇宙中物质的分布亦是不均匀的。

运动是物质存在的基本形式，不仅宇宙本身在膨胀，其中的天体亦在运动。月球绕地球运动，地球绕太阳运动，太阳绕银河中心运动，银河系也在本星系群中运动等。同时，各种天体内部物质也在运动，如恒星内部的核聚变，向外的能量辐射；地球内部的岩浆活动等，以及天体的产生、发展和消亡的过程。因此宇宙具有物质性、系统性、运动性的特征。

在星系红移和哈勃定律发现之后，天文学家们普遍确认宇宙正在膨胀，空间正在伸展。那么，如果由此往前推测又会得到什么结论呢？显然，那就是回到过去越久远，全部星系就靠得越近，那么必定在过去的某一时刻宇宙中的物质都汇集在一起，密度趋于无穷大，这也许就是宇宙的开端。1932年，比利时天文学家勒梅特基于这样的观测事实，提出原始宇宙是一个极端高温、极端压缩状态的“原始原子”。在一场无与伦比的爆炸中，诞生了我们今天的宇宙。也就是说，我们的宇宙是在整体膨胀、徐徐冷却并在不断稀化的状态中演化的。

1948 年美籍苏联物理学家伽莫夫等发表“宇宙的起源”与“化学元素的起源”等文章。他依据宇宙在小尺度结构上分布不均匀，而在特大尺度上趋于均匀的事实及天体间的引力作用，提出了宇宙的大爆炸理论。他指出，宇宙起始于超高温、超高密度状态的“原始火球”，在原始火球里物质以基本粒子的形态出现，在基本粒子的相互作用下原始火球发生大爆炸。这种爆炸不是物质向虚无的空间飞散，而是向四面八方均匀地膨胀，物质随膨胀而距离增大。原始火球的基本粒子开始时几乎全部都是中子，由宇宙膨胀导致的温度下降，使中子按照放射性衰变过程自由地转化为质子、电子等，逐渐产生由轻到重的化学元素。随着整个宇宙的膨胀和降温，各种粒子进一步形成星系、恒星等宇宙中的天体，然后逐渐演化到现在的宇宙，如图 2-2 所示。此理论解释了现今宇宙中存在的大量的氢和占比为 25%～30%的氦。它认为这是早期宇宙的主要产物，单靠恒星内部的氢-氦反应不可能达到如此高的氦丰富度。此理论还预言了宇宙演变到今天应当遗留下温度为 4 K 到 10 K 的宇宙背景辐射。

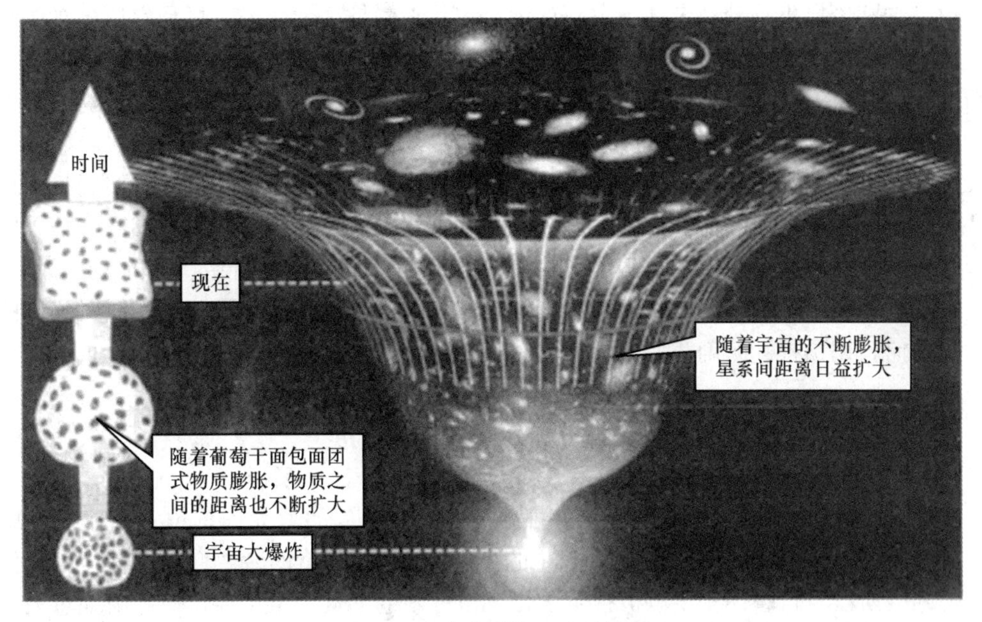

图 2-2　宇宙大爆炸理论的图解

但是，由于当时射电天文学处于发展初期阶段，不能用观测证明宇宙背景辐射，所以此理论在当时不被大多数科学家接受，使大爆炸理论被冷落了 20 年。1965 年由于观测到了宇宙背景辐射加上核物理理论的发展使大爆炸宇宙模型重放光彩。大爆炸宇宙模型成功地解释了重要的观测事实：（1）观测到的星系红移，即河外星系都远离我们而去，距离越远的星系退行速度越大，这是由于宇宙正在膨胀。（2）大爆炸理论认为，所有恒星都是在温度下降后产生的，因而任何天体的年龄都应比自身温度下降至此刻的这一段时间短，即应小于 200 亿年。目前，各种天体年龄的测量证明了这一点。（3）观测到各种不同天体的氦丰度相当大，约占 25%，用恒星核反应机制不足以说明为什么有如此多的氦。而根据大爆炸理论，早期温度很高，产生氦的效率也很高，可以说明这一事实。(4) 观测到宇宙背景的 3 K 温度的微波辐射说明了宇宙大爆炸模型的正确，并为它提供了强有力的证据。大爆炸理论得到了现代天文界的普遍赞同，称为“标准的大爆炸宇宙模型”，1967 年伽莫夫也因此获得诺贝尔物理学奖。

20 世纪 40 年代后期，乔治·伽莫夫等预言，如果宇宙真肇始于遥远过去，某种既热又密的状态，那就应该留下某种从这个爆发式开端洒落的辐射。1948 年阿尔弗和赫尔曼预言，从大爆炸散落的残余辐射由于宇宙膨胀而冷却，如今它所具有的温度为 5 K。1965 年美国两位电气工程师阿尔诺·彭齐亚斯和罗伯特·威尔逊意外发现了这种宇宙辐射场，并由罗伯特·迪克等人根据其波谱估算出它的温度为 2.7 K，这与前人的预言十分接近。此外，在地球上相当稀缺的氦（He），在宇宙中的丰度竟高达 23%，显然恒星的热核反应不足以形成这样高的 He 丰度。随后，观测又表明宇宙中那些最轻的化学元素的丰度与大爆炸模型所预期的相符，并证实了它们由宇宙膨胀的最初 3 分钟内的核反应所产生的想法。这些实测的天文事实共同使得大爆炸理论成为最为普遍接受的观点。但是在 20 世纪五六十年代，对宇宙膨胀的理论解释还存在一种恒稳态理论。

恒稳态理论提出一种稳定的宇宙，认为宇宙从来就是这个样子，只是它所包含的物质和能量却不是不变的，它一直在从无到有地创造物质，物质的量不断增加导致宇宙扩展。而新产生的物质总是与恒星、星系、行星和其他一些物质的结构相似，因此恒稳态理论中缺少变化和演变，而正是演变最终创造了宇宙。

不管哪种理论和观点，我们的宇宙有三种形态。一是“开宇宙”，无限伸展且永远膨胀；二是“闭宇宙”，是有限的，膨胀到一定程度后，最终往回收缩到一次“大坍聚”；两者之间的分水岭是“临界宇宙”。当前，宇宙正以极其接近于临界状态的方式膨胀着，但是我们目前难以肯定的是，我们的宇宙处于临界状态的哪一边，因此也难以对我们的宇宙做出任何长期预报，明确我们的宇宙是有限的还是无限的。

2.2　人类认知的发展

2022 年 10 月 12 日，正在国际空间站上执行驻留任务的意大利首位女性宇航员萨曼莎·克里斯托福雷蒂，在国际空间站掠过北京上空时，将心绪诉诸“仰观宇宙之大，俯察品类之盛，所以游目骋怀，足以极视听之娱，信可乐也”这一千年名句，并附上意大利语与英语翻译发布在个人社交媒体上，引发国内外热议，如图 2-3 所示。一直以来，人类对自己生存环境都抱有极大的兴趣，如古代中国人由于视野仅能窥探到地球渺小的一角，提出“天圆地方”的理念；世界各处的人们，最初都有过类似的错觉，因为他们都是仅凭直觉来认识周围事物的。例如，古印度人认为大地被四头大象驮着；古巴比伦人认为天地都是拱形的，地球是一座中空的山，大地被海洋所环绕，而其中央则是高山。这类初级认知固然能解释部分身边的现象，但在深层问题上难以自圆其说。如“天圆地方”能解释日月星辰的运行变化、大地四周的海水涌动等很多自然现象，但如果大地是一个平面，那日月星辰又落到何处呢，板状的大地靠什么依托，大地的另一面又是什么样子？

公元前六世纪，善于运用逻辑方法思维的古希腊数学家毕达哥拉斯，率先提出大地是一个圆球的想法。亚里士多德更把地球摆在他设想的宇宙体系中肯定下来，并总结出三个

Samantha Cristoforetti @AstroSamantha·19h

仰观宇宙之大，俯察品类之盛，所以游目骋怀，足以极视听之娱，信可乐也。

Looking up, I see the immensity of the cosmos; bowing my head, I look at the multitude of the world.
The gaze flies, the heart expands, the joy of the senses can reach its peak,& indeed, this is true happiness.

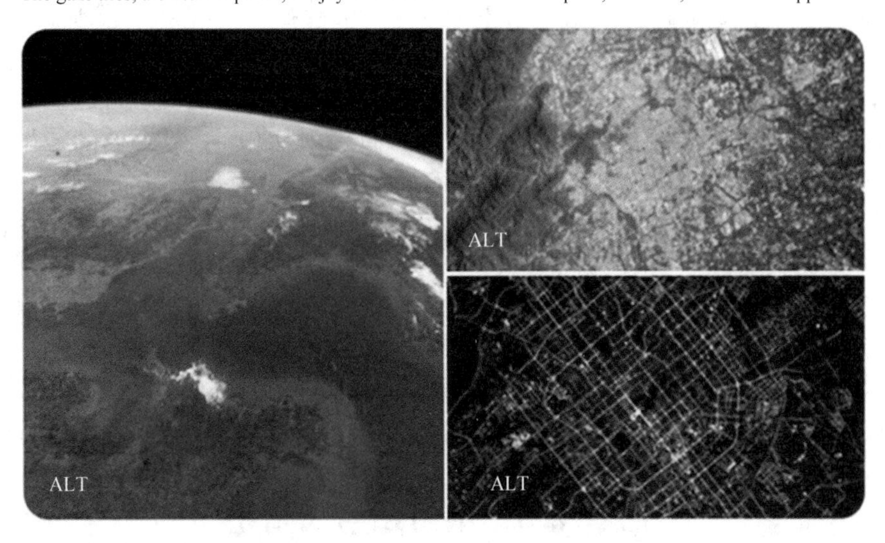

图 2-3　萨曼莎·克里斯托福雷蒂所拍图片

科学方法来证明大地是球形的：越往北走，北极星越高；越往南走，北极星越低，且可以看到一些在北方看不到的新的星星。公元前 240 年前后，亚历山大城图书馆馆长埃拉托色尼，注意到在夏至的中午，阳光可以直射到井底；也是在夏至中午的时候，射入亚历山大城井中的阳光，却是斜射进去的。为什么会出现这种现象？埃拉托色尼判断，这是由于地面弯曲所造成的。他测得的数据，证实了他的推测，而且还求得了不够精确的地球圆周长度。我国汉代的张衡在观测中发现月食的阴影边缘总是弧形的，也可以推论出大地是圆的。当然，最为直接的证据是麦哲伦船队的环球航行，他们于 1519 年 9 月从西班牙启航，到 1522 年 9 月，环绕地球一周后，又回到西班牙。虽然出发时的 13 艘船只剩下 1 艘了，但大地是一个圆球最终得到证实。埃拉托色尼的工作成果，也由此得到了肯定。麦哲伦环球航行还证明地球表面大部分地区不是陆地，而是海洋，世界各地的海洋不是相互隔离的，而是一个统一的完整水域，这样为后人的航海事业起到了开路先锋的作用。

1687 年 7 月，牛顿的传世名著《自然哲学的数学原理》问世。他在这部书中提出，由于地球转动产生的惯性离心力在赤道一带较大，两极较小，因此地球赤道一带应凸起，而两极扁平。通过模拟实验，他还算出了地球的扁率。为此，法国在 1735 年派出一支测量队到北极附近的拉普兰，第二年又派出一支测量队到赤道附近的秘鲁，经过几年的实地测量和室内研究，到 1744 年终于证实，牛顿的理论是正确的，他算出的数据也接近实测的结果。

根据卫星观察的结果，现在我们已经知道固体地球的大小，其平均半径为 6371 km，从两极到地球中心的平均距离为 6356.755 km；比从赤道到地球中心的平均距离（6378.140 km）短 21.385 km；扁率为 1/298.257，应该说地球是一个扁率比较小的、不规则的椭（扁）球体。将大地水准面（地球的实际形状）与理想的扁球体相比较，赤道一带和南半球的半径稍微凸出一点，北半球则较为收缩，但北极最多只突出了 10 m，而南极仅向内凹了约 30 m，总之偏差在 40 m 以内。有人就夸张地说，地球的真实形态是略呈“梨形”的。由于地球体积十分庞大，地表的这些小起伏和整体形态相比是微乎其微的，所以总体来看，地球基本上仍是一个接近于正圆的椭球体。地球的赤道周长为 40078 km。

今天地球上的陆地面积占全球面积的 29.22%，分成亚洲、欧洲、北美洲、南美洲、非洲、大洋洲和南极洲 7 大洲。大陆上的地形可分为山脉、高原、丘陵、平原和盆地，在各大陆中，亚洲是山地最多、最高的，平均高度为 950 m，比全球陆地平均高度高出 75 m。地球表面另外的 70.78%为海水所淹没，平均深度为 3908 m，主要由大陆边缘、洋脊和大洋盆地等组成，可划分为既相连、又相对独立的太平洋、大西洋、北冰洋和印度洋等，它们为大陆、绵亘的山脉和链状分布的岛屿所环绕。在海洋盆地中，洋脊的分布位置并不固定，大西洋的中部正好存在一条洋脊，以此为轴，两侧洋底地形几乎对称分布，而太平洋的洋脊，则主要发育在其东部边缘地带。在西太平洋，常见链状岛屿—岛弧及与其平行排列的狭长深邃的海沟，使该区成为固体地球表面地形高差悬殊的地带。总之，固体地球的地形表面是相当不平坦的，最大高差达 20 km。

2.3 银河系与太阳系

银河系是一个由 2000 亿颗以上的恒星和大量星际物质组成的庞大天体系统。侧面看呈中间厚边缘薄的扁饼形，正面看呈旋涡形，如图 2-4 所示。银河系的直径约为 10×10^4 光年。中心部分称为银核，直径超过 10^4 光年；银核外侧称为银盘；银盘的中心平面称为银道面。太阳是银河系中的一颗中等恒星，位于距银河系中心约 3×10^4 光年的银盘内，太阳附近银盘厚度约 3000 光年，太阳距银道面约 26 光年，几乎就在银道面上。

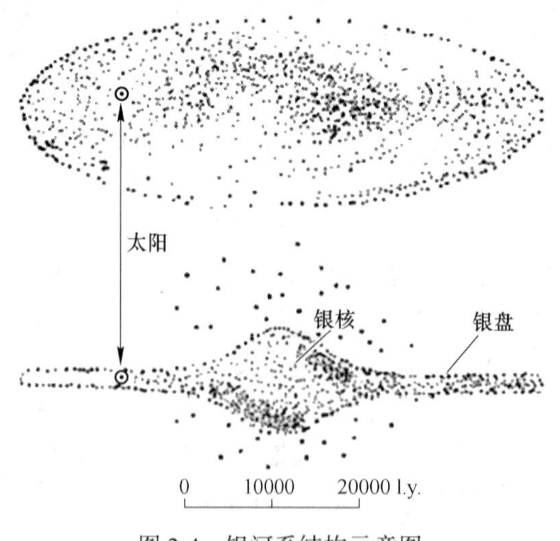

图 2-4 银河系结构示意图
（上为顶视图，下为侧视图）

银河系的所有天体大体顺着银道面绕核心做飞快地旋转运动，这种运动称银河系自转；但银河系自转不同于固体转动，银盘内从中心到边缘的不同地方自转的角速度不同。

太阳附近银河系自转角速度为0.00537″/年，线速度为250 km/s，这也就是太阳绕银河系核心公转的速度。太阳绕银河系公转一周的时间约为2.65亿年。太阳一方面大体沿银道面做公转，同时还进行着往返于银道面两侧的波状位移。银河系的多波段观测研究表明，银河系的外貌像一个中间凸起的透镜，它的主体是银盘，众多的高光度亮星、银河星团和银河星云组成了四条旋涡结构，叠加在银盘上，从银河系的核心展出四条旋臂：人马臂、英仙臂、猎户臂和天鹅臂。在银河系内大约有3000亿颗恒星，其中人们能用眼睛直接观察到的只有大约6000颗较亮的星；银河系内还有众多的亮星云、暗星云、星团、无数的弥漫星际气体及隐藏的暗物质与暗能量。

2.3.1 太阳系的全貌

太阳带领它的家族——太阳系位居于银道面以北，处在银河系猎户臂的外边缘。由于太阳系在银河系内是偏离银心的，当地球公转到太阳和地心之间时，我们的视线所穿越的银河系的恒星、星团、星云及星际物质比相反方向上更多。在晚上，人们沿着银道面朝银河系中心方向望去时，所看到的恒星非常密集，所以夜空中呈现出的是银河最亮的一段，天鹅座、天鹰座和人马座高悬天顶，到了秋天，银河的这段亮区就西斜而下了；冬夜和春夜，由于地球公转，地球运行到远离银心的一方，晚上看到的是与银心相反方向的星空，所见到的星就较稀少些，在天顶附近只能见到银河系较窄较暗的一段。

在哥白尼的《天体运行论》中，虽然还没有“太阳系”这个名词，但是太阳系的实际内容已经具备。事实上，太阳系是一个以太阳为中心天体，包括受太阳引力作用而环绕其运转的其他天体在内的天体系统。太阳位于该系统中心，其质量占整个太阳系总质量的99.8%。除太阳外，还有8颗行星及65颗卫星、若干个矮行星、1万多颗太阳系小行星、数以亿计的彗星和流星，以及弥漫在看起来一无所有的空间中的星际物质、暗物质与暗能量，如图2-5所示。太阳系正以约220 km/s的速度，围绕银河系的质量中心、沿银道面做公转，每公转1周约需2.65亿年。太阳和行星之间相互的吸引力，以及行星运动时产生的惯性力，维系着整个太阳系做相当有规律的运动。要是没有这些运动，今天的太阳系也就无法存在。进入20世纪，天文探测技术手段大大提高，通过望远镜能看到的距离越来越远，接收天体发射的电磁波的射电天文望远镜被制造出来了。从20世纪的中期开始，能够接近甚至降落到太阳系中其他天体上的空间探测器已经被美国发射成功。1990年4月25日升空的哈勃空间望远镜，留在距地面580 km以上、没有云雾的近地空间进行长期观测。人们看到了许多在地面上看不清的天文现象，取得了许多从前未能得到的成果，对太阳系的真实图景，看得越来越清楚了。同时也发现，在太阳系以外，宇宙还大得很。

2.3.1.1 八大行星

太阳系家族中的大行星可分成两大群体，一群是“类地行星”，它们由四个表面为固体和岩石的行星组成，按照离太阳的远近，依次是水星、金星、地球和火星；另一群包括：木星、土星、天王星和海王星，被称为“类木行星”。行星和卫星本身都不发光，由于它们反射太阳的光，所以才被我们看到。太阳系家族的所有成员都围绕着太阳，自西向东沿着椭圆轨道运转（叫作公转），同时还绕自身的自转轴自转。大多数大行星的自转方向与公转方向相同，也有少数的大行星相反，如金星与天王星的自转是自东向西转，可以说它们是太阳系的逆子。到目前为止，已知除了水星和金星没有卫星外，其他大行星上都

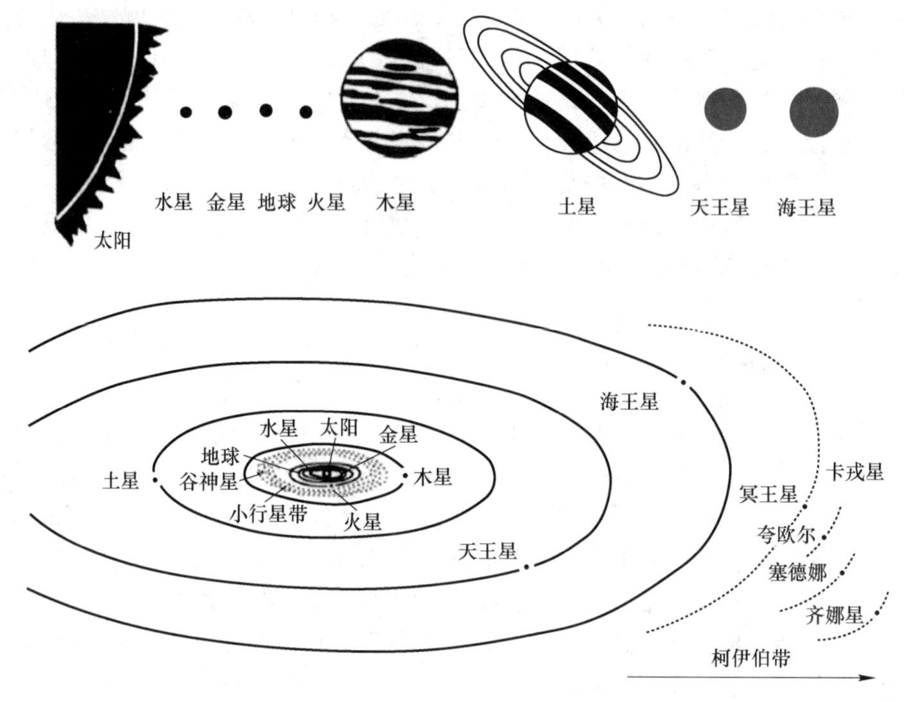

图 2-5 人类认知的太阳系

有自己的卫星。按已经确定轨道要素的卫星来计算，地球有 1 个卫星，这就是我们熟悉的月球，火星有 2 个卫星，木星有 61 个卫星（其中有 14 颗是逆行卫星），土星有 31 个卫星，天王星有 24 个卫星，海王星有 11 个。

水星离太阳最近，金星是最亮的行星，它们都在地球轨道以内，所以也叫作地内行星。当它们的黄经和太阳的黄经相等时称为“合”，在上合（行星和地球位于太阳阴侧）之后，日落以后出现在西方天空，表现为昏星；在下合后，黎明前出现在东方天空，成为晨星。水星的质量比地球小得多，约为 3.3×10^{3} kg，仅为 0.055 个地球质量。水星的平均密度约 5400 kg/m^{3}，水星上的表面引力是地球引力的 0.4 倍。水星的自转周期是 58.65 天（地球日），绕日公转一周为 87.97 天（地球日）。水星体积比地球略大，外部有比较强的磁场，太阳风与水星相互作用形成了弓形激波与包围水星的磁层。

金星是我们肉眼看到的夜空中最明亮的行星。除了太阳和月亮外，金星是全天最亮的白色星。所以，古时我们的祖先称它为太白金星。它的圆面亮度和月球一样也有盈亏的变化。金星距离太阳约 1.082×10^{6} km，比水星远，比地球近。其直径约 12103.6 km，它的体积相当于 0.86 个地球体积。金星自转一周的时间比地球慢得多，它的自转方向与公转方向相反，是自东向西自转，所以站在金星上看太阳，太阳从西边升起来，在东方落下去。金星自转一周是−243.02 天（负号表示逆转），金星绕日公转的周期是 224.7 天。金星像地球那样，自转轴倾斜于黄道面，它的赤道面与黄道面的夹角为 177.4°。在金星上的一个恒星日是 243.02 天，而它的一个太阳日是 117 天（地球日）。金星的质量比地球略小，相当于 0.81 个地球的质量。在金星的周围有一层浓厚的大气层，这层浓厚的大气高温而且有腐蚀性；气压高出地球的气压近百倍，又充盈着腐蚀性很强的硫酸雨滴。大气中还频繁地出现闪电现象，从“金星 13 号”观测得到的图像可知，当时的温度为 457 ℃，有 89 个地球的大气压。金星表面有高达 480 ℃的温度，主要原因是金星大气的“温室效应”。金星大气中的二氧化碳、水汽和臭氧起到了温室玻璃罩的作用，使金星接受到的太阳热能，日积月累地储存起来，使表面升温，热辐射无法散逸到太空。

火星、木星、土星、天王星和海王星的轨道在地球轨道以外，称为地外行星，它们离太阳比地球更远，有着自己的运动规律、特殊地位和物理条件。人们在夜空看到火星是火红色的，古代人被它的红色迷惑不解，所以中国古代称它为荧惑。火星和地球的特征相似，又距离地球较近，为了寻找火星上的生命遗迹，探寻空间旅行的基地。火星是在地球轨道之外与地球邻近的大行星，火星近日点的距离为 1.38AU（2.07×10^{8} km），远日点的距离为 1.67AU（2.49×10^{8} km）。火星比地球小，其半径为 3397 km，约为 0.53 个地球半径，可以推算火星的体积大约是地球体积的七分之一。火星的质量约为 6.4×10^{23} kg，是地球质量的 10.8%，其表面重力不及地球的十分之四。因此，如果人站在火星上，质量会减轻一多半。火星的大气远比地球大气稀薄，气压仅为地球大气压的 0.5%~0.8%。火星大气的主要成分是二氧化碳，占 95%；氨占 3%；水蒸气含量很少，仅占 0.01%。火星云层的主要成分是干冰。火星表面的昼夜温差变化很大，常常超过 100 ℃。白天赤道附近最高可达 20 ℃；晚上，由于火星保暖作用很差，最低温度降到-80 ℃。两极温度更低，最低温度可达-139 ℃。通过空间探测得到的土壤分析，火星的土壤含有大量的氧化铁，由于长期受紫外线的照射，铁就生成了棕红色的氧化物。由于大气中的尘埃是棕红色的氧化物，所以火星天空呈现橙红色。

在夜空中木星的亮度仅次于金星。用望远镜观测木星，可以看到木星上有许多不同颜色的斑纹和平行于赤道的明暗相间的条带，这都是木星大气中的云带，有上千千米厚。木星的体积和质量都是八大行星中最大的，它的赤道半径为 7.15×10^{4} km，是地球的 11.2 倍，极半径是 6.69×10^{4} km，它的体积是地球的 13400 倍；木星的质量约 1.9×10^{27} kg，为地球质量的 318 倍。木星与太阳的平均距离是 7.7833×10^{8} km，公转周期是 4332.71 天（地球日），约 12 年，在八大行星中它的自转速度最快。木星里有浓厚的大气，大气下面是液态的海洋，可以说木星是个液体的行星。木星的“大红斑”同大气条纹一样惹人注目，大红斑呈卵形结构，长约 26000 km、宽约 11000 km，颜色是略微红色，有时是暗红色。木星大气的成分和我们地球不同，在木星大气里氢占 82%，氦占 17%，其余是甲烷、氨等气体分子。近年发现，木星也有一个光环，木星光环是由许多直径几十米到几百米的大大小小的石块组成的，这些大小石块围绕着木星环行，木星除了吸收、反射太阳光外，自身还发出辐射能；也就是说木星本身有能源，不过这些能源还不足以产生热核反应。

夜空中土星是一颗美丽的大行星，它像一顶宽边的大草帽，草帽的帽檐是它的美丽光环。这个“草帽”可谓之大，“帽檐”的一边放上地球，帽檐的另一边刚好是月球，土星是天上较亮的行星。土星与太阳的平均距离是 1.4294×10^{9} km，即 9.5AU，比木星更远些。土星也是一个巨大的星球，其赤道半径为 6.0168×10^{4} km，是地球半径的 9 倍，它的极半径只有 5.4×10^{4} km。土星的体积和质量都仅次于木星，在太阳系的大行星中居第二位。土星的体积是地球的 745 倍。土星的质量是 5.7×10^{26} kg，为地球质量的 95 倍。土星的密度在八大行星中最小，平均密度仅为 700 kg/m^{3}，比水的密度还低，也就是说，假如能把土星放在足够大的海洋里，它会漂浮在水上，人们推断土星有一个岩石固态核。土星的公转周期是10759.5天（地球日），约为29.5个地球年。土星的自转类似于木星。由于自转很快，土星扁率为0.09，是大行星中扁率最大的。人们推测土星和木星类似，在大气下面没有岩石的表面是液态的。

天王星是1781年英国的一位音乐教师、天文爱好者，后来伟大的天文学家威廉·赫歇尔用自制望远镜发现的。天王星与太阳的平均距离约为2.9×10^9 km，约19AU。因为它离地球很远，当它的天顶距不很大时才被肉眼勉强看到。天王星的直径约5.1118×10^4 km，是地球直径的4倍。天王星的质量为地球质量的14.5倍，平均密度为1300 kg/m^3。天王星的自转很特殊，地面观测由于分辨不清其表面特征，不能精确测出它的自转速度。然而，行星探测器精确地测出了天王星的自转周期是17.2小时，而且它的自转轴几乎就在公转的轨道面上，行星的赤道面与轨道面的交角约98°，可以说是“躺”在轨道面上自转，像一个孩子躺在地上打滚一样。它自转的方向也与众不同，是由东向西转，因此它和金星一样也是太阳系家族的“逆子”。

海王星离太阳比较远，看起来星光比较暗弱，因而在夜空直接用肉眼观察不到海王星。海王星是先由天体力学理论推算出来，之后用望远镜寻找发现的。英国剑桥大学刚毕业两年的学生，只有26岁的亚当斯于1845年9月根据天王星的运动规律，计算出了这颗未知行星的位置和质量。1846年德国柏林天文台的台长伽勒发现了海王星。海王星距离太阳遥远，约有4.5043×10^9 km，即30AU。它的直径为49492 km，是地球直径的3.9倍；体积是地球的57倍，海王星的质量约为地球质量的17.1倍，平均密度为1600 kg/m^3。海王星的绕日公转周期是6.019×10^4天（地球日），约165地球年，它的平均自转周期是0.67125天，赤道的自转周期为16.5小时，两极的自转比赤道带自转快，周期为14.2小时。

总而言之，太阳系内行星按照它们距离太阳由近到远的顺序，依次为水星、金星、地球、火星、木星、土星、天王星、海王星。各大行星之间存在着不少差异，按其性质的差异可以分为两大类：类地行星和类木行星。类地行星包括水星、金星、地球和火星，其特征类似于地球，如质量小、体积小、平均密度大、距太阳近、卫星较少等。水星和金星没有卫星，地球有1颗卫星——月球，火星有2颗卫星。水星没有大气层；金星有浓厚的大气层，其成分以二氧化碳为主，占97%，并含有极少量水汽，表面大气压是地球表面大气压的90倍；火星的大气很稀薄，以二氧化碳为主，占95%，其余为Ar、CO和O_2，水汽含量极少，表面大气压不足地球的1%。

需要补充的是，2006年8月24日国际天文学联合会大会通过的决议规定：“行星”指的是围绕太阳运转、自身引力足以克服其刚体力而使天体呈圆球状、能够清除其轨道附近其他物体的天体。冥王星不符合新的行星定义，被降级为“矮行星”。但其性质既有类地的一面，也有类木的一面，体积小，质量小，有一颗卫星，离太阳最远，表面温度极低，不存在热力作用和风化作用，从形成以来几乎未发生过变化，因此可以为人类了解太阳系形成的早期历史提供依据。

2.3.1.2 小行星

绝大多数小行星分布在火星和木星轨道之间的带区。带内小行星的分布是不均匀的，有些区域密集，有些区域稀疏。个别小行星，因受外界的干扰，不在小行星带内运动，而跑到外边。有的还窜到地球轨道和金星轨道以内，对地球构成威胁，这些近地小行星称为阿波罗体。已发现的小行星都绕日顺向公转。由于小行星有自转运动，而且它的形状不规则，各处反射太阳光的能力不同，所以人们会观测到小行星的亮度有周期性变化。小行星的自转周期一般为2~16小时，自转轴的取向无规律。

小行星主要分布于火星和木星轨道之间，成为小行星带。一般为石质和炭质，体积很小，直径多为几千米到几十千米，体积较大的一般为球形，但是大多数形状很不规则；小行星表面有陨坑，没有大气。小行星中最大的叫作谷神星，直径为770 km。目前已编号命名的小行星有3000多颗。地表发现的陨石，绝大部分都来自小行星带。由于它们质量小，在引力场发生变化时，最容易改变原来的运行轨道，以致撞击地球。

2.3.1.3 彗星

多数彗星绕日运行的轨道为闭合的椭圆形。这种彗星的出现有周期性，最著名的是哈雷彗星，绕日公转的周期是76年，最近一次经过近日点是在1986年2月，而下一次回归将在2061年。有的彗星轨道为抛物线或双曲线，它们的出现很难预测，有的不再重现。

彗星的主要部分是由氢、碳、水等冰冻物质组成的彗核，当彗核沿轨道运行至近日点附近时，冰冻物质受热汽化，在其周围形成彗发，彗发在太阳光压和太阳风的作用下，在背向太阳的一侧形成长长的彗尾。彗核直径为1~100 km，彗发可达几万千米，彗尾可达1×10^8 km。但是，彗发和彗尾都是极稀薄的气体，比地球上一般的真空还“空”。

2.3.1.4 流星体

流星体是指星际空间，特别是在地球轨道附近的空间，环绕太阳公转的细小天体，主要是小行星和彗星碎裂与瓦解的产物。当它们运行到地球附近，受到地球引力闯入地球大气层时，因摩擦生热而燃烧，发出鲜明的光亮，成为流星。多数流星燃烧成灰烬，留在大气层中，少数残体落到地面，成为陨星或陨石。按其组成成分，可分为铁陨石，主要含铁镍；石陨石，主要含硅酸盐类；石铁陨石，由硅酸盐和铁镍组成。

陨石是了解太阳系早期状态极其重要的线索，在阿波罗的宇航员从月球带回样品前，陨石是人类唯一的星际物质样品。近年来，陨星撞击被认为是塑造类地行星与卫星表面的主要作用，由陨星撞击所形成的陨星坑，成为测定行星表面年龄的一种方法。

太阳系各成员尽管理化性状有很大差异，但具有以下一些基本特征：

第一，物质组成具有一致性。太阳系中无论是唯一的恒星，还是八大行星，以及其他天体，其组成物质都是相通的，在太阳系中至今还未发现地球上尚未发现的物质。类木行星与太阳相似，以氢、氦等轻物质为主，小行星和彗星等与类地行星接近，以铁、氧、硅、镁等重物质为主。小行星、彗星和流星体在物质组成上没有明显界线，只是体积的大小和运行的轨道不同。

第二，在星体结构上都具有圈层特点。太阳、八大行星和较大呈球状的小行星，在星体结构上一般都有自中心向外的核、幔、壳和外围大气，密度逐渐变小，而且都呈扁球形，只是物质存在的形态上有所差异。

太阳系的天体以太阳为中心做高速旋转。太阳系中行星的分布及运转几乎都在一个共同的平面内，这个平面称为黄道面。行星运动有两种主要形式：自转和绕太阳公转，见表2-1。绝大部分行星绕太阳公转的方向及其自转方向都相同，也与太阳自转的方向一致（从地球北极上空朝下看皆为逆时针运转）。

表 2-1 太阳系主要天体的特征

太阳系的主要天体	水星	金星	地球	火星	木星	土星	天王星	海王星	冥王星	太阳	月球
与太阳平均距离/km	57.8×10^6	108.2×10^6	149.6×10^6	227.9×10^6	778.3×10^6	1427×10^6	2870×10^6	4497×10^6	5900×10^6		
公转周期/地球日(d)或年(a)	88(日)	224.7(日)	365.3(日)	687(日)	11.86(年)	29.46(年)	84(年)	164.8(年)	248(年)		365.3(日)
自转周期/地球时(h)或日(d)	59(日)	243(日)	23.9(时)	24.9(时)	9.9(时)	10.4(时)	10.8(时)	16(时)	6.4(日)	27(日)	27.3(日)
赤道直径/km	4847	12118	12756	6761	142870	119399	51790	49494	1280	1890000	3460
质量(地球计为1)	0.055	0.815	1	0.108	317.9	95.2	14.6	17.2	0.0016	332830	0.012
平均密度/g·cm^{-3}(水密度计为1)	5.4	5.2	5.5	3.9	1.3	0.7	1.6	1.655	1.084	1.434	3.36
最高表面温度/℃	315	315	60	24	145	168	183	195	217	5540	100
表面重力(地球计为1)	0.37	0.88	1	0.38	2.64	1.15	1.15	112	0.04	27.9	0.17
已知卫星数/个	0	0	1	2	115	12	5	2	1	0	0

行星的运行和空间位置亦有一定的规律，如图 2-6 所示。根据前人的详细记录，开普勒发现了描述行星运行的三个基本经验规律：(1) 行星都是沿“椭圆形”轨道围绕太阳旋转的，太阳位于这些椭圆中的一个焦点上；(2) 行星轨道都位于同一个好像圆盘的“平面”（黄道面）上，太阳和行星的连线在相等的时间内扫过相等的面积，即当行星离太阳较近时，其运动速度就加快，而离太阳较远时，运动速度就减慢；(3) 行星轨道平均半径（以地球与太阳的距离为 1）的 3 次方与公转周期（以地球年为单位）的平方相等，即行星公转周期的长短取决于行星与太阳的距离，距离太阳越远，行星的公转周期就越长。随后，牛顿在前人成果的基础上，总结出万有引力定律，将适用于地球上的力学原理推广应用到天体上，使哥白尼的太阳中心说在理论上得到了圆满的解释。

各行星与太阳的平均距离遵循提丢斯-波德定则。如果以日地距离为计算单位，则第 n 个行星离太阳的距离 $r_n = 0.4 + 0.3 \times 2^{n-2}$。英国天文学家赫歇尔根据上述定则，在土星外

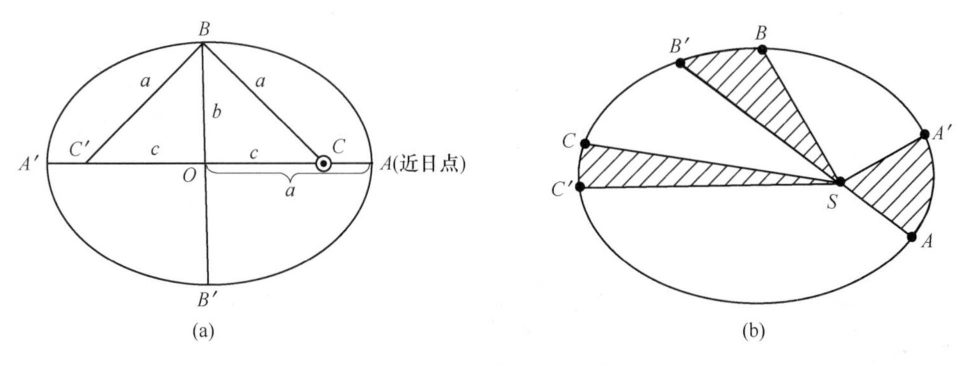

图 2-6　开普勒定律示意图

边找到了与太阳相距约 19.2 天文单位的天王星，把太阳系的直径延伸了一倍。按此规律，在火星和木星轨道之间，距太阳 2.8 个日地距离处还应该有个大行星，但至今未发现这颗未知的大行星，现在已知在这个距离上是由成千上万颗小行星组成的小行星带，估计是由一颗大行星遭撞击形成的。除海王星和冥王星外，用提丢斯-波德法则计算的太阳与行星间的距离和实际观测的结果非常一致。从某种程度来看，这条定则也适用于大行星与它们各自的卫星。

2.3.2　太阳系的起源假说

关于太阳系的起源，众说纷纭。中国天文学家戴文赛总结的太阳系起源假说就有 40 多种，但没有一种假说能够圆满地解释已发现太阳系的事实和规律。在众多的假说之中，星云说无疑是最重要的。

2.3.2.1　*星云说*

早在 17 世纪，牛顿就开始论述天体的形成问题，他认为：假定宇宙空间中存在着均匀分布的物质粒子，那么，凭借万有引力，即可形成一个一个的大团块，这些巨大团块相互之间距离很大，于是就形成了太阳系和众恒星。但是，他断定上帝直接用他的手做出了这样的安排。

18 世纪德国的古典哲学家康德认为，太阳系和所有恒星是从一团弥漫的小微粒，通过万有引力的作用而聚集起来形成的。星云中较大的质点吸引较小的质点，逐步形成团块状结构，团块不断吸引其他微粒，又和别的团块相互碰撞。在碰撞过程中有的结合起来，有的碰散开去，而最后是聚集成更大的团块结构，弥漫物质的中心部位，集结为巨大的中心天体——太阳。由于斥力，外面的物质便斜着落向太阳，一部分落在太阳上使太阳自转起来，另一部分绕太阳做圆周运动，它们聚集在垂直于旋转轴的平面上，形成一个扁平的星云，这个星云和中心天体朝同一方向转动，星云内逐渐形成物质集结中心，在这些中心便形成了行星和卫星。因此，它们大致在同一轨道平面上，同向绕太阳公转。卫星形成的过程，是在小规模地重复上述过程中产生的。康德分析，由于太阳把较重的质点吸引在近旁，较轻的离太阳较远，从而形成类地和类木行星的差别。由于近太阳，受到太阳巨大引力的限制，类地行星不会太大，而远的行星，不但太阳引力较小，而且轨道附近的物质来源也宽，所以质量也大，如图 2-7 所示。

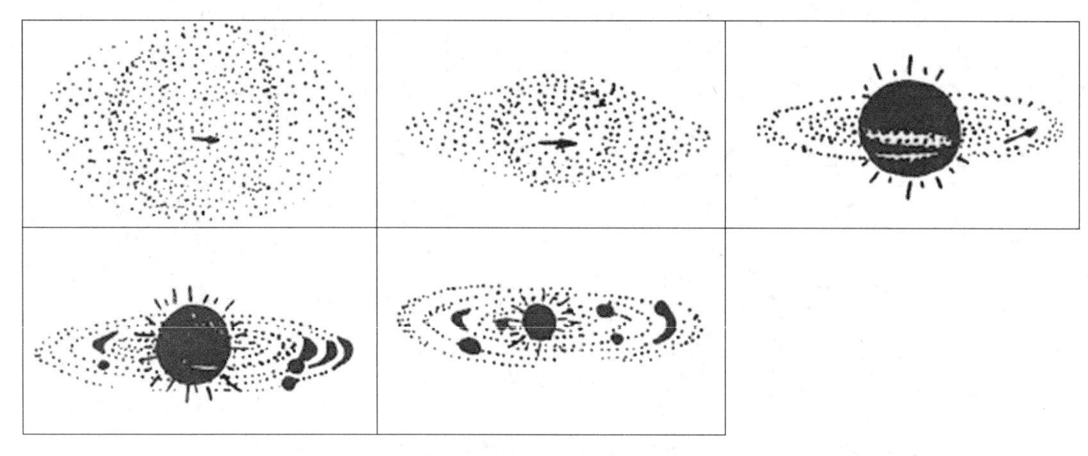

图 2-7 太阳系起源的星云假说

现在看来，康德的假说只是进行了定性的描述，没有定量的分析，其中也包含了不少错误。但是他突破了 18 世纪宗教统治下僵化的自然观，并在自己的假说中排除了上帝的插手，而把太阳系的运动归因于自然力。他曾豪迈地宣称：你给我物质，我就给你创造出一个宇宙。遗憾的是在他的晚年又认为，天体的运动体现了上帝的意志。

在康德之后，法国数学家拉普拉斯提出了太阳系起源的星云假说。他认为，太阳系是同一块星云聚合而成的，星云是气态的，而不是尘埃的。星云体积极大，温度很高，并缓慢自转，由于辐射而逐渐冷却下来，并开始收缩，由于角动量守恒，星云收缩的转动速度加快，离心力增大。在离心力和星云中心引力的双重作用下，星云变扁，最后成圆盘状。星云不断收缩，转动速度越来越大，当离心力等于引力时，星云不再收缩，形成一个环绕中心的气体环，环的位置即现在行星轨道的位置。星云收缩过程中，中心形成太阳；气体环中，通过碰撞和吸引，凝聚物由小变大，最后形成行星。行星开始很热，后来才冷却收缩成固体物质。较大的行星在冷却过程中还会分离出小的气体环，后来集结成卫星系统。

拉普拉斯在哲学上胜过晚年的牛顿和康德，他认为不再需要上帝这个假说。康德和拉普拉斯的假说有两点是近似的：康德的弥漫微粒和拉普拉斯的星云物质是相似的，都认为微粒是在运动着，运动是自然界永恒的生命。由于他们关于太阳系形成的基本条件相似，且只考虑力学过程，所以后人把他们的学说称为康德-拉普拉斯天体演化说。但是，他们的学说也有区别。康德的微粒是宏观尺寸的，比拉普拉斯的星云物质大得多；后者是准液态的高热物质。另外，康德认为太阳系的天体是各自由星际物质积聚而成的；拉普拉斯认为，行星是由太阳本身分化出来的。康德-拉普拉斯假说的困难之处在于：无法解释太阳系的角动量分配异常。拉普拉斯也难以解释，行星环为何能凝聚成独立的行星。但是，星云说解释了太阳系中行星的运动特性。由于时代的局限，星云说存在不足之处；但是，正如恩格斯所说：康德的学说是哥白尼以来天文学取得的最大进步。

2.3.2.2 灾变说和爆发说

灾变说最早是 1745 年法国动物学家布封提出的，他认为曾经有一个彗星掠碰到固态太阳，使太阳产生自转，同时溅出的部分炽热物质，绕太阳转起来，逐渐凝固后形成行星，这些物质凝固前又分成更小碎块，后来成为卫星。但是这一假说是建立在彗星足够大的基础上，事实上，彗星一般比地球小好几个数量级。此后，新西兰的毕克顿于1878年提出两个恒星相碰，抛射出物质形成行星；英国天文学家金斯于1916年提出一个更大的恒星掠过太阳附近时产生的潮汐力拽出了一连串的物质，形成行星；英国地球物理学家和天文学家捷弗里斯在1929年提出，经过的恒星是正面碰到太阳，当恒星离开时带出太阳物质的1/500，形成行星。但由于银河系里面两个恒星相遇的概率极小，而灾变说无法在100多亿年中形成众多的行星系统；如果要从太阳中带出物质，要求路过的恒星具有几倍于太阳的半径，由于行星形成需要大量物质，它只能来自太阳表层以下，而高达100万摄氏度以上的高温物质会很快扩散，而不会成条分布。此外，行星同位素丰度与行星际物质接近，而与太阳不同，表明它们的物质来源不是太阳。早在19世纪初，法国数学家拉格朗日就主张，彗星是由行星爆发时产生的，这一观点得到苏联基辅天文台符谢斯比亚特斯基的赞同，符谢斯比亚特斯基还进一步认为不仅是彗星，太阳系所有小天体及行星际物质，都是由行星和大的卫星爆发出的物质形成的。但这些假说不能回答太阳系结构特征和轨道运动的特征。

2.3.2.3 新星云说

由于在解释太阳系角动量分配异常上所出现的困难，许多假说都相继失败了，因此20世纪以来，人们纷纷寻找摆脱或解释分配异常的新假说。施密特1946年提出了“俘获说”。这个假说认为，旋转着的太阳钻进了暗星云，俘获了一部分气体物质，并使其围绕太阳旋转。在太阳的光压下，轻的气态物质离太阳远，尘埃物质离太阳近，分别形成类木行星和类地行星。表面上看，这个假说解释了太阳系的基本规律，尤其是似乎解释了太阳系角动量分配异常问题，因为行星的角动量来源于暗星云。但是，人们不得不提出这样的问题：当星云的角动量比太阳大得多时，太阳如何俘获星云；当两者的角动量相差不多时，同样无法解释角动量分配异常。

物理学研究的成果为太阳系起源假说提供了契机。研究表明，角动量可以通过带电粒子在磁场中运动的方式来转移。它的机制是这样的：假设在一个封闭的旋转体系中，如果该体系不存在磁场，那么该体系中粒子的角动量是守恒的，即它的角动量大小与粒子距旋转轴的距离无关。但是当这个体系有强烈磁场，并且粒子带电，情况就不同了。当带电粒子从中心抛出时必然受到磁场约束，不能越过磁力线，而磁力线本身则随着体系在转动。这样，带电粒子一方面离开旋转中心和旋转轴，转动半径增大了；另一方面，它的角速度却保持不变，为了保持整个体系的角动量保持不变，中心物质的角动量减少了，也就是说，体系内总的角动量守恒，但体系内部，各部分物质的角动量可以相互转移。

20世纪以来，不少太阳系起源假说都是利用这种机制在康德-拉普拉斯星云说的基础上提出来的。60年代英国天文学家霍依尔就是其中的一个例子。霍氏的假说与拉普拉斯的不同处在于，它强调了太阳热核反应所产生的电磁辐射，使太阳周围的气体圆盘发生电离，形成等离子体；然后，再利用上述机制使角动量转移。但是，星云的电离度很小，产生的等离子体不会太多，不足以把太阳系的大量角动量转移给行星。

瑞典电磁理论家阿尔文强调太阳系起源中的电磁作用。他认为太阳是由一个星际电离气体云的一部分形成的，形成时就具有比行星际磁场强很多的磁场。电离气体云的另一部分被星际磁场、它本身的磁场以及太阳的磁场维持在距太阳0.1光年的地方，这部分电离气体云开始温度很高，随着温度的冷却，先后形成氦等中性原子，而后在落向太阳时形成星云，并最终形成行星系统。这一理论较好地解释了行星形成、土星光环等一些观测事实，但这一理论缺点在于过于强调电磁作用，而没有充分考虑万有引力、离心作用、热运动、湍流等经典理论。法国天文学家沙兹曼则强调了太阳抛射物质的作用。他认为，太阳在引力收缩阶段抛射出大量的带电物质，这种现象在天文观测中已不再是罕见的，而且它也避免了星云电离度不足的问题。抛射出来的带电物质在太阳磁场的作用下，保持角速度不变，距离却增大了。太阳的角动量通过带电粒子在磁场中的运动转移到外围。在解决角动量分配异常这个问题上，沙兹曼机制是目前比较合理的一种。

陨星由于直接来自外层空间，因此有关研究为太阳系起源学说提供了新资料。20 世纪 50 年代，美国化学家尤雷在陨星中发现了钻石，据此认为在环绕太阳的星云盘中，先由于引力不稳定性而形成了许多质量在 10^{28} g 左右的气体球，然后转化为质量和月球差不多的中介天体，这一过程存在过高温高压环境。但是，应当指出，太阳系起源之谜远没有被揭开，对太阳系起源和研究仍然停留在假说的阶段，尚未上升成理论。太阳系起源理论的形成，将有赖于天体物理学的理论进展、积累更多的天文观测事实和观测技术、宇航技术的进步。同样重要的是，也许我们不能脱离宇宙的演化、银河系的演化来孤立地讨论太阳系的演化问题，正如很难脱离太阳系的演化来讨论地球的起源一样。

2.3.3 太阳的物质组成和结构

在宇宙中的亿万颗恒星中，从半径、质量、温度、光度等物理参量来说，太阳只是一颗极为普通的恒星，但是对于地球而言，它却非常重要。太阳的活动及变化直接影响到地球环境和地球上的生命活动。

2.3.3.1 太阳概况

经测算，太阳的半径为 69.6×10^4 km（约 70×10^4 km），是地球半径（6371 km）的 109 倍；太阳的体积约为 1.4×10^{18} km^3，是地球的 130 万倍，太阳系所有行星总和的 600 倍。太阳质量为 1.989×10^{27} t，相当于地球质量（6.15×10^{21} t）的 33.3 万倍，占太阳系总质量的 99.86%。已知太阳的质量和体积可以推算出太阳的平均密度，为 1.41 g/cm^3，只相当于地球平均密度（5.52 g/cm^3）的 1/4。太阳表面重力加速度为 275 m/s^2，是地球重力加速度的 28 倍。太阳的物质组成中，按质量计，氢占 78.4%，氦占 19.8%，其次为碳、氮、氧和各种金属。

太阳是个炽热的气体球，据推算，其中心区温度为 15×10^6 ~ 20×10^6 K，几十亿年来以电磁波的形式向宇宙空间辐射能量，地球所接受的辐射能仅占太阳辐射能的 1/(20 亿)，正是这 1/(20 亿) 的能量维持着地球上的生命活动，因此太阳是个巨大的能量库。20 世纪以前科学家曾经试图用化学反应（燃烧）、陨星降落、重力收缩等理论来解释太阳巨大能量的产生，但是无论是化学能还是重力能，都不足以使太阳以现在这种功率发光。直到 20 世纪初，爱因斯坦在狭义相对论中指出，质量和能量是事物的两个方面，具有可以互相转化的质能关系式。

1939 年，贝蒂发现了聚变反应和裂变反应两条核反应链后，太阳能量来源的问题才得到解决。太阳内部一千几百万度的高温，会使氢原子失去核外电子变成质子，质子以极大的速度运动，克服静电斥力而产生猛烈碰撞，四个质子在碰撞中结合成一个原子核即氦核。在此反应中，质量有所消耗，根据质能转化公式，所消耗的质量转化为能量。在核聚变反应中，

1 g 氢可产生约 6.27×10^8 kJ 的热能，相当于燃烧 15 t 石油或 2700 t 燃烧所释放的能量。在过去的 50 亿年中，太阳只消耗了它全部质量的 0.03%，所以预计太阳的寿命为 100 亿年。

2.3.3.2 太阳的大气结构

太阳在整体上是个炽热的气体火球，在结构上分为内部稠密气体和外部稀薄气体两大部分。目前的科技水平只能观测到太阳表面的一些情况，对其内部状况了解较少。较为一致的看法是，太阳内部的稠密气体，从中心向外可划分为核反应区、辐射区、对流区三个同心圈层，如图 2-8 所示。核反应区是太阳的中心区，占太阳半径的 1/4，质量的 1/2 以上。其中心温度为 15×10^6 K，不断进行着剧烈的核聚变反应，是整个太阳的能量源地。辐射区厚度达 1/2 太阳半径，核反应区产生的能量，以辐射的形式通过本区向外输送。

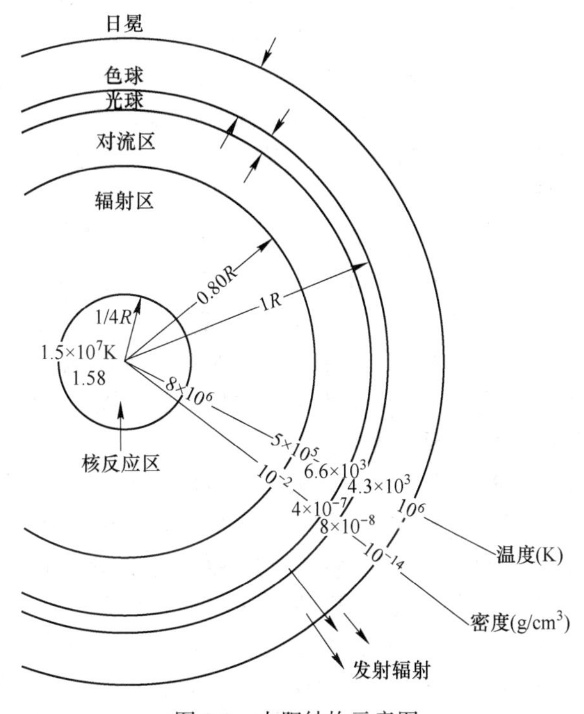

图 2-8 太阳结构示意图

对流区厚度占太阳半径的 1/4。由辐射区输送来的能量，使该区温度达到几万至几十万度，稠密的气体呈升降起伏的对流状态。黑子、耀斑等太阳外层大气现象，都与该区大气活动有关。太阳外部稀薄气体即为太阳大气，按其物理性质的差异，可以划分为三个同心圈层，从内到外依次为：光球、色球和日冕。

光球是包围对流区的一层很薄的发光层，厚度仅 500 km，温度底部高顶部低，在 6600~4300 K，平均为 5770 K。肉眼所见的光芒夺目的太阳表面就是光球层，所观测到的太阳光和太阳辐射，基本上都是从光球放射出来的。由于受下部对流区传输来的能量影响，其表面沸腾起伏，气流下沉的地方形成旋涡，局部温度下降，光辉变弱，称为太阳黑子；气流上升，温度升高，亮度增大的地方，称为光斑和米粒组织。

色球处于光球外部，厚达 2000~2500 km，亮度很低，仅是光球的 1‰，因此，只有在日全食光球被月球遮住时，所能见到的太阳边缘玫瑰色的辉光，就是色球。色球层的温度从底部的几千度上升到顶部的几万度。色球顶部界线不像光球那样清晰整齐，由许多小火舌组成，这些火舌是从色球中喷射出的上升气流，可高达 1×10^4 km，称为针状体。每个针状体的寿命一般为 5~10 min。太阳表面可同时出现大约 25 万个这样的针状体。耀斑是太阳色球爆发的突出现象，表现为极明亮的斑点。它来势猛烈，能量很大，能在 10~20 min 内释放出 $10^{22}\sim10^{23}$ kJ 的能量，耀斑一般出现在黑子的上空及其附近。随着耀斑的出现，色球有时会喷射出特别巨大的火舌，称为日饵。日饵形态多变，可以升到几万甚至百万千米，有时部分气流可脱离太阳引力而散失在宇宙空间。

日冕是太阳大气的最外层，亮度更低，仅是色球的 1‰，光球的百万分之一，在日全食时，可观看到色球以外它的青白色的微光。日冕密度极低，实际上是太阳球体逐渐向宇宙空间过渡的区域，很难确定它的范围和界限，其形态也随太阳活动而变化。日冕的温度从里到外，由几万度到几十万度，最高可达 $100\times10^4\sim200\times10^4$ K，使组成日冕的物质呈现高度电离状态，主要是质子、离子和高速的自由电子。日冕中一些温度较低、密度更小的区域，称为日冕洞。这是太阳磁场开放的区域，它的磁力线向行星空间张开，处于高度电离状态的各种粒子，顺着磁力线方向以 300~1000 km/s 的速度，吹向行星际空间，这就是太阳风。整个太阳系都处于太阳风的劲吹之中，对地球的磁场影响很大。

2.3.3.3 太阳活动

太阳活动是指太阳大气的运动和变化。太阳除了稳定地向宇宙空间辐射巨大的能量外，有时在太阳表面的局部区域，发生一些突然性变化，如发生在光球上的光斑和黑子、发生在色球上的耀斑和日饵、日冕中的太阳风等。太阳活动有时很剧烈，称扰动太阳；有时相对平静，称宁静太阳。通常意义上的太阳活动主要是指扰动太阳的活动，其主要标志是黑子，特别是黑子群的频繁出现和耀斑。

太阳黑子数量的变化具有周期性，有极大年（或峰年）和极小年（或谷年），并且各个峰值高度也大不一样，相邻两个波峰或波谷的时间间隔也不一样。通常取相邻两个极小年的间距为周期，周期有长有短，平均周期为 11 年。为了便于记录太阳黑子变化过程，国际上规定给每个周期编号，并规定 1755 年开始的那个周期为第 1 号，以后顺序编号；在此之前的周期，编号为 0、1、2、…依次类推。除了 11 年周期外，太阳活动还有 22 年周期、80 年周期，还发现有 200 年左右、400 年左右甚至更长周期的变化。

太阳活动的强弱，直接影响着太阳电磁辐射和高能粒子流的强弱，这对地球上许多自然地理现象都有显著影响。现已查明，耀斑是太阳活动影响地球物理场的最重要现象。耀斑辐射的种类繁多，除可见光外，还有紫外线、红外线、X 射线、γ 射线，以及射电波、高能粒子流甚至宇宙射线。当这些增强的辐射分别抵达地球附近时，就会引起磁暴、极光、电离层骚扰，地面短波通讯受干扰甚至中断等现象，高能粒子对载人宇宙飞船是个威胁，因此人们十分重视对耀斑的研究。

地球上许多自然灾害与太阳活动有关，如地震、天气、气候异常等。日本学者统计了 1608~1925 年日本大地震频度和黑子的关系，发现黑子多时日本内侧地震带地震多；而黑子少时，外侧地震带地震多。根据我国 1900~1960 年大范围降水资料研究结果，在太阳活动双周低值年附近，我国大范围地区降水偏少；而在单周低值年附近，降水偏多，特别是在淮河以北地区最为明显。此外，太阳活动与气温、大气环流的变化也有一定关系。尽管太阳活动与地球自然灾害的关系尚未有公认的结论，但由于这方面的研究具有很大的实用意义而方兴未艾。

2.4 地球在宇宙中的位置

地球是太阳系自中心向外的第三颗行星，它到太阳的平均距离约为 1.496×10^8 km（日地平均距离被称为 1 个天文单位）。地球绕太阳公转的角速度平均为 59′08″/d，线速度约为 30 km/s，公转一周的时间平均约为 365.256 d。地球绕自己的极轴自转的角速度约为 15°/h（或 15′/min，15″/s），赤道处的线速度为 465 m/s，自转一周的时间为 23 h 56 min 4 s。

2.4.1 地球的形状与大小

随着人类对地球认识的加深，人们对地球形状与大小的认识也愈来愈准确。目前，通过人造卫星的观测和计算，已能较精确地获得地球形状的数据。地球表面是非常崎岖不平的，我们通常所说的地球形状是指大地水准面所圈闭的形状，所谓大地水准面是指由平均海平面构成并延伸通过陆地的封闭曲面。

地球的整体形状十分接近于一个扁率非常小的旋转椭球体（即扁球体）。其赤道半径略长、两极半径略短，极轴相当于扁球体的旋转轴。根据国际大地测量与地球物理联合会 1980 年公布的地球形状和大小的主要数据：赤道半径 6378.137 km、两极半径 6356.752 km、平均半径 6371.012 km、扁率 1/298.257、赤道周长 40075.7 km、子午线周长 40008.08 km、表面积 5.101×10^8 km^2、体积 10832×10^8 km^3。其实，地球的真实形状与上述扁球体稍有出入。其南半球略粗、短一些，南极向内下凹约 30 m；北半球略细、长一些，北极约向上凸出 10 m。所以，有人夸张地说，地球的形状略呈梨形，如图 2-9 所示。

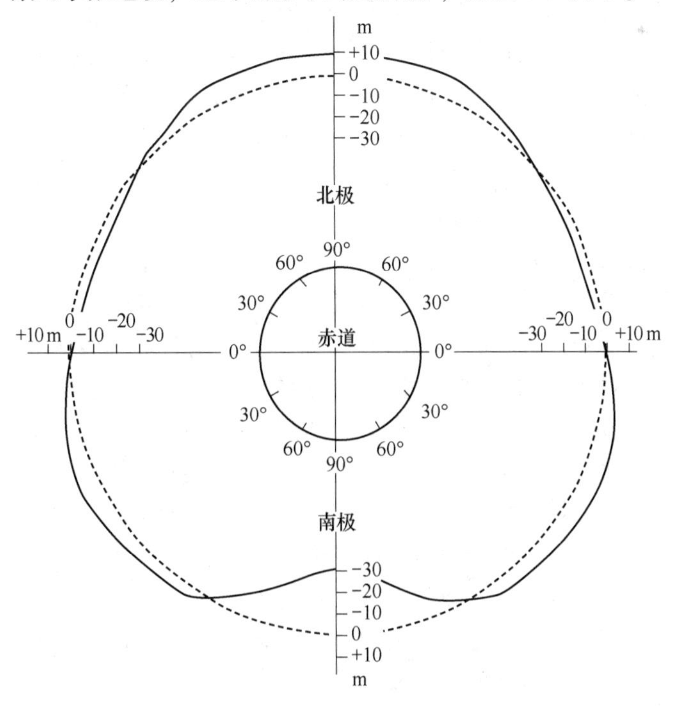

图 2-9 地球形状示意图
（实线为大地水准面的形状，虚线是理想扁球体）

2.4.2　月球和地月系

月球是地球唯一的天然卫星，也是人类了解最多的天体。在地球引力的作用下，月球有规律地绕地球运行，构成地月系。由于月绕地、地绕日的运动，我们在地球上才能看到月相的变化以及日食、月食的现象。月球具有相当大的质量，又是距地球最近的天体，所以它的引力作用对地球的影响尤为突出，主要表现在地球上的潮汐现象和自转速度的变慢。月球绕地球旋转（公转），其旋转的角速度为 33′/h，线速度约 1 km/s，旋转一周的时间为 27.32 d。月球也有自转，其自转周期等于绕地球公转的周期，因而月球总是以同一面朝向地球。

月球绕地球运行是一个椭圆轨道，在远地点时距离地球 405508 km，近地点时为 363300 km，平均距离为 384404 km。由于月球距地球很近，它的视半径为 15′33″，与太阳的视半径（16′0″）相差无几，在地球的天空，太阳和月亮是最显著的天体。实际月球半径约为 1738 km，相当于地球半径的 3/11。月球表面积大约是地球表面积的 1/14，比亚洲面积稍小。月球的质量相当于地球质量的 1/81.3；平均密度为 3.34 g/cm^3，为地球平均密度的 3/5，这表明月球内部不像地球那样有一个很密的核心。月面上的重力加速度为 1.62 m/s^2，约为地球的 1/6。

由于月球表面的重力加速度很小，所以不能保持大气层，月球表面特征与地球有很大的不同。月球表面高低起伏，其结构有环形山、山系、海、月谷和月面辐射纹等特征类型。月面上较亮的部分多数是山，月面上的山主要不是山脉，而是一些相互不连接的环形山（或称月坑），山作环状，四周高起，中间平地上又常有小山，与地球上的火山口相似，大的直径为 200~300 km。月球上也有连绵不断的山系或山脉，它的数目比环形山少得多，大多数以地球上的山命名，如亚平宁山系长达 1000 km。肉眼看月球表面上有一些比较阴暗的地区，过去被称为“海”。实际上它们是一些比较广阔的平原。之所以颜色较暗，是因为那里存在着大范围的熔岩流，这是月球上分布最广的地形。月海大多具有圆形封闭的特点，四周是山脉。在月球表面很多区域可以看到一种暗黑的狭窄的弯曲的线条，它们大概是月亮上的深而窄的裂缝，被称为月谷。

由于月球上没有大气，几乎接近真空，所以月球上没有晨昏蒙影现象，白昼和黑夜都是突然来临的。白昼时温度高达 127 ℃，而夜晚温度下降到-183 ℃。严格地说，月球并不是绕地球旋转，而是绕地月系的共同质心（位于地心与月心连线上距地心 4671 km 处）旋转，地球也绕该共同质心与月球做同步对称绕转，但绕转半径与月球相比小 80 余倍，这种绕转使得月球与地球之间的引力和离心力达到平衡，如图 2-10 所示。

月球在绕地月系共同质心旋转的同时，还随地球一起绕太阳公转，所以它在太阳系中的实际运动轨迹是这两种运动叠加的结果，表现为在公转轨道两侧起伏的波浪线，如图 2-11 所示。当月球运行到与太阳同处于地球一侧的同一方向上时（称日月相合），月球被太阳照射而反光的一面正好背着地球，地球上观察者看不见月球，这时称为朔月或新月；与此相对，当月球运行到与太阳处于地球两侧的同一方向上时（称日月相冲），月球受太阳照射的一面正好向着地球，这时称为望月或满月；从朔月到望月，月球受光面向着地球的比例逐渐变大，当到达一半时称为上弦月；而从望月到朔月的一半时称为下弦月。月亮圆缺的形状称月相。

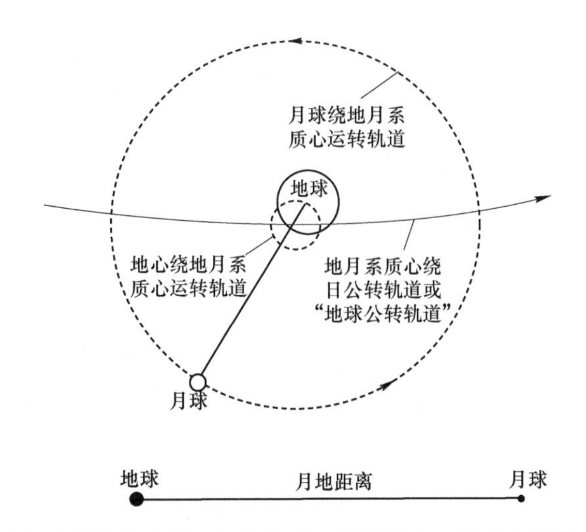

图 2-10　地月系绕转和公转，以及地球、月球的大小与月地距离的真实比例

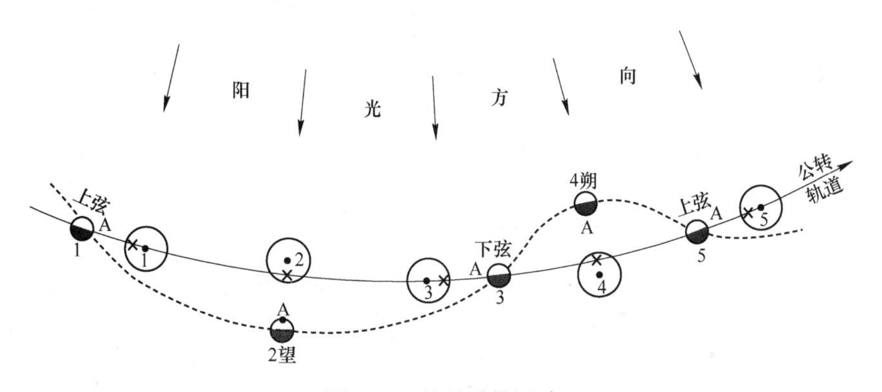

图 2-11　地月系的运动

当月球运行到太阳和地球之间，月球遮住了太阳，便是日食；当月球运行到地球的背后，进入地球的阴影，便是月食。由此可见，日食一定发生在农历初一的朔，月食一定发生在农历十五或十六的望。但并非每月的初一都有日食，每月的十五、十六都有月食，这与月球的运行轨道有关。月球绕地球运行的轨道面称为白道面，它与地球绕太阳运行的黄道面不在同一个平面上，两者有 5°9′的交角。黄、白两轨道面在空中有一交线，如果日月相合、相冲而不在黄白交线上，将不发生日食和月食；如果日月相合、相冲且正好在黄白交线上，则发生日食和月食现象，如图 2-12 所示。

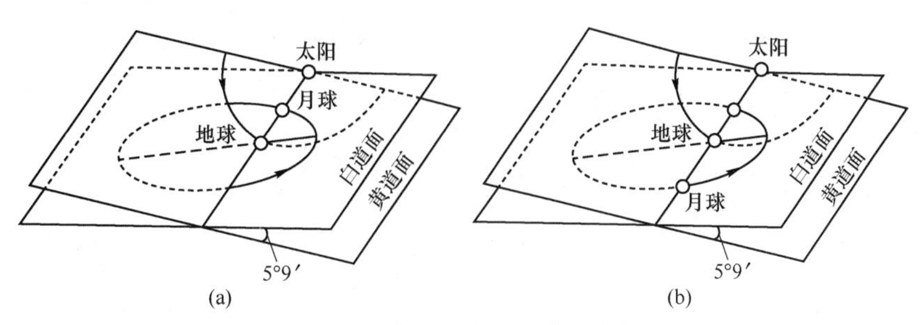

图 2-12　发生日食和月食的条件

(a) 日月相合于黄白交线图；(b) 日月相冲于黄白交线

思考和练习题

2-1 人类为什么经过漫长的努力才认识到大地是球形的？

2-2 从太阳围着地球转到地球围着太阳转的认识转变，对我们认识客观世界，有些什么经验教训可以吸取？

2-3 宇宙的内涵究竟该怎样理解？你对宇宙是无限的还是有限的，是怎样认识的？

2-4 地球是人类独一无二的家园吗，有什么根据说是或者不是？

3 地球的特征和构造

扫码获得数字资源

3.1 地球的年龄和演化

3.1.1 地球年龄的判断

地球既然是逐渐形成的，究竟哪一天算它的生日，也就不容易说清。现在我们只知道大概可以从46.1亿年前算起（根据相当于星子的球粒陨石的锇-铼同位素年龄测定的结果），那时整个地球的温度都很高，表面也接近于熔融的状态，各类岩石的块体（以星子为基础）各不相属地分布在地球的表面，它们是地壳中最古老和最稳定的部分，后来构成大陆的地壳就是以它们为核心发展起来的。随着地球的进一步冷却、圈层的互相作用和地幔物质继续分异，越来越多的较轻的硅酸盐成分迁移到上部冷凝，大约在40亿年前后，地球终于有了一个虽然还比较薄，但已是连续完整的地壳。在这层刚形成的地壳下面，地幔中的物质仍在运动，一方面，一些处于熔融状态的岩石向上挤到地壳中凝结，或涌出地面，表现为广泛分布的火山活动；另一方面，壳幔物质又可以向下运动，把上面已固结的地壳撕裂，并将其部分碎块拽向深处，使它再次融入地幔物质之中。与此同时，薄弱的地壳还在陨石的强烈撞击下，形成大量陨击坑，因为这时地球还缺少大气层的保护。上述这个时期（46亿~36亿年前）称为冥古宙。

宇宙中带来的原始气体——氢与氦，在地球形成的早期就已散失。后来地球上的大气圈，也是和地壳一样是从地幔物质中分出来而逐渐形成的，起先的大气成分主要是水蒸气，还有一些二氧化碳、甲烷、氨、硫化氢和氯化氢等，几乎没有现在那么多的氮气和氧气。直到距今36亿年前，地球上的大气仍是缺氧、还原条件和呈酸性的。随着时间的流逝，地球上的温度逐渐降低（低于100 ℃），大气中的水蒸气陆续凝结，遂形成了广阔的海洋，海水中也缺少氧，而且也含有许多酸性物质。

约在36亿年前，水体中开始有了生命的活动，出现最原始的原核细胞生物——菌类与蓝绿藻。到32亿~29亿年前能起光合作用的藻类大量繁殖，它能消耗二氧化碳，产生出氧气。大约到27亿年前，游离氧在海洋中开始出现绿色藻类的大量繁殖，更加快了大气和海洋环境的变化。地球的各圈层进一步分异，古大陆也在这个阶段初步形成，可以说，地球走过了它的童年。这段时间（36亿~25亿年前）长达11亿年，在地质学中称为太古宙。

以后，地球进入一个新的历史时期——元古宙。经过地壳强烈的活动，地球的岩石表层发生变形变位，而总的趋势是大陆不断扩大、增生，而在古元古代末期（距今约18亿年前），大陆面积已接近现在的规模。在中、新元古代时期（18亿~5.4亿年前），大气变成以二氧化碳为最多。海洋里的生物多起来了，最多的是菌藻植物，它们的活动促成二氧化碳和海水中的钙镁等元素相结合，碳酸钙镁等物质沉淀在海底，使大气中的二氧化碳减少，氧和氮的含量逐步增加，到新元古代时期，大气圈的成分才渐渐接近目前的状况。大气和海洋中，原为酸性的水在与岩石相互作用时，将硅酸盐物质中的钠、钾、钙、镁、铝、铁等金属元素析离出来，形成多种盐类（以氯化物为主）。海水的成分也慢慢变成与今天的相近了。在这种环境中，生命加速发展，约在6亿年前，海洋中的生物迅速繁盛起来（化石证据较多），可帮助我们对于此后的地球历史，了解得更清楚和更细致。最近5.4亿年的时间，被划分成古生代、中生代、新生代3个大的阶段，这是根据生物发展的阶段性来划分的。在“代”的下面还再分出纪、世、期等层次。

古生代延续了约2.9亿年，包括寒武纪、奥陶纪、志留纪、泥盆纪、石炭纪、二叠纪等6个纪，从古生代早期开始，近似于现代海洋的生物体系已经基本形成；中生代，包括三叠纪、侏罗纪、白垩纪3个纪，这是一个爬行动物恐龙和裸子植物占统治地位的时期；新生代最近也最短，包括古近纪、新近纪、第四纪3个纪，这是最高等的生物（哺乳动物和被子植物）占主导地位的时期。人类出现，是第四纪的重要标志。上述这些纪的术语，除了“石炭”表示那个时期形成的煤多，“白垩”与那个时期形成的白垩较多有关外，大多取自最早命名地点的译音。

元古宙中期形成的几个古大陆，在10亿年左右汇聚成罗迪尼亚超级大陆，8亿年左右裂解开来，进入古生代后各大陆的位置继续变化，从原来聚集在赤道附近到散布在全球各地。到了古生代末期，几个大陆又都移动到最接近的程度，形成了一个全球统一的潘基亚联合大陆，但这个联合大陆并未长久维持，进入中生代就解体了，以后就逐渐演变成今日大陆与大洋的轮廓。

在这近40亿年的时间中，地球上的生命大致经历了从原核细胞到真核细胞再到多细胞生物，从厌氧生物到喜氧生物，从无脊椎动物到脊椎动物，从海洋生物到陆地生物的演变过程。几经重大灾变，终于形成了一个遍及全球，分布在水圈、大气圈和岩石圈表层中、相互依存的生物圈，标志着地球有机界的发展达到了一个前所未有的高级阶段。地球是随太阳系而形成的，并与之共命运，预计太阳系还可维持80亿年，地球的寿命将略短一些。

地球形成以后，过了40多亿年才有人类出现，有谁去记录它的历史？是地球自己，地球的历史就记录在那些岩石之中。沈括最早在《梦溪笔谈》中对于地球表面的许多自然现象进行了科学的解释。例如，他谈到了流水的侵蚀与沉积作用，推断华北平原表面的泥沙是由西部山区经过河流搬运而堆积下来的；他还根据太行山山崖间所见海生螺蚌化石推断现在距大海约千里的该地在古代曾经是海滨；他是我国首先认识并命名“石油”的人。许多岩石是泥沙在水下堆积形成的，它们被称为沉积岩，成层出现是沉积岩的特征。那些岩石中的螺蚌壳，是地质学中所说的化石。化石是生物的遗体或遗迹，因为生物死后如果是被泥沙迅速掩埋，并处在水下与氧气隔绝的环境中，便有可能不至于完全腐烂，生物的介壳或骨头被水中的矿物质逐渐渗透取代，变得坚固并仍保留原来的形态，成为岩石中特殊的成分——化石。

沈括之后400多年，意大利著名的艺术家达·芬奇也做出了自己的判断：亚平宁山脉上发现的海生介壳化石，本是生活在海滨的生物，是河流带来泥土把它们掩埋，并且渗入它们的内部。他还推论，后来这里的地势升高，所以这些海洋生物的遗体就会出现在山上。沈括和达·芬奇都认识到了今日的山可以是过去的海，山野间的岩层就是地球历史的遗迹。1669年，出生于哥本哈根的斯泰诺更总结出在这些岩层之间，存在着如下的规律：沉积岩层在形成后，如未受到强烈地壳运动的影响而颠倒原来位置的话，则应该是先沉积的在下、后沉积的在上，保持近于水平的状态，延展到远处才渐渐尖灭，这就叫作地层层序律。它使我们能通过那些似乎是杂乱无章的岩层，辨认出地球史册的先后生成次序。岩层在这里有了时间的意义，形成了地质学中的一个重要的基本概念—地层。地层是具有时间意义的岩层或岩层的组合，每一段地层都代表着一定的时间。这里不仅指成层的沉积岩，而且也包括了一切产出于这段时间的其他岩石。如果没有将时间和空间统一起来认识的观念，就谈不上认识地球的历史。不同时期形成的地层，依据其所代表的时间长短，可划分为宇、界、系、统、阶等地层单位，它们与地质时代中的宙、代、纪、世、期的时间上下限相同。

地层确实是地球宝贵的史册。分清了一个地区的地层层序，就能够将相同的地层联系起来，看出这里的地质构造，即通过这些地层的组合形态，也能推知这个地区的一些地质演化历史。它除了主要依靠沉积岩层作记录外，还需要有化石才能将历史恢复得比较详细准确。然而，地球是在形成以后，经过一段时间才形成岩石表壳的，又过了一段时间才出现能接受大量沉积物的海洋，化石的形成则是更往后的事了，因此了解得比较详细的，仅限于生命活动兴旺后、地球近几亿年的历史。虽然据此可以划分出地层的地质年代，但仅能排出相对先后，无法确定具体的时间，所以由上述方法所得到的地质年代，习惯上称为相对地质年代。仅仅依靠地层、古生物的研究是不够的，科学家一直在寻求另外的方法。

1896年，具有天然放射性的铀，被法国物理学家贝克尔发现，随后英国物理学家卢瑟福于1903年提出放射性元素的原子会蜕变，即自行分裂为另外的原子，并在以后的实验中得到证实。例如，相对原子质量为238的铀，蜕变的最后结果是产生氦和相对原子质量为206的铅（这种铅比相对原子质量为207的普通铅轻，但都在元素周期表上的同一位置，为铅的同位素）。人们还发现这些放射性元素蜕变的速度不受外界的影响，稳定不变，不过蜕变的速度和产物各不相同。例如，^{238}U经过45.1亿年就蜕变掉一半，这个时间就被称为铀238的半衰期。

放射性元素在地球上分布很广，铀在许多岩石中都有，它蜕变产生的氦是气体，容易散失，而产生的铅则可保留。因此，根据一块岩石中含有多少铀，以及从这些铀分裂出来的铅有多少，就能够算出这块岩石的形成年龄。现在地表发现的、最古老的岩石，是1973年在格陵兰发现的，年龄为38亿年；1983年又在澳大利亚找到几粒年龄为41亿~42亿年的矿物颗粒。所以前面敢说，距今40亿年前后，地壳已开始形成。这种采用同位素方法测定的年龄，称为同位素年龄。

除了用铀和它蜕变的铅含量来测定矿物岩石的年龄外，地球上还有多种同位素方法可以使用，同位素方法已成为测定岩石年龄的主要方法。尽管这些方法还不够精确，误差可能达百分之几，测试技术还有待改进，一种方法只有一定的适用范围，但是我们毕竟可以由此得到能计数的、比较可靠的岩石年龄和建立比较完整的地质年代表。

3.1.2 地球环境的形成

3.1.2.1 固体圈层的形成与演化

地球形成之初可能是冷的，证据来自氖的丰度和水的相对比例。氖是地球大气中非常稀少的气体，但在其他星体上比较多些，因而氖必须先从地球上逸散。由于水分子与氖的质量大致相同，故其逸散速率亦应相近。但水与氖的化学性质不同，它在冷的条件下可形成不易蒸发的化合物，而氖则因化学性质惰性大，一直呈气体状态。冷的地球有选择地将水留下而氖则缓慢地逸散到太空中去，地球可能是由冷的星子聚集而成的。因此，地球最初应是均质的。但形成后不久，地球必须变热进而发生分异或分离成地核、地幔和地壳，地球变热是由于星子聚集时的碰撞作用、重力压缩作用和放射性蜕变的结果。

因为岩石是热的不良导体，地球内部的温度不断上升，当达到某一温度时铁开始熔融，并因其密度大而向地心下沉，遂形成地核。当铁向地心下沉时，其重力能转化为热能，成为地球内能的补充，结果使地球的大部分发生熔融并进一步地分异，轻元素和一些易于与轻元素结合的较重元素，浮到顶部形成地壳。在这个地球历史时期，火山作用广泛分布，大气圈和水圈开始聚集。

当地幔获得足够的热量后，开始发生对流。初始的海底扩张使地球内的散热作用加速，地幔固结，但外核仍为液态。外核的对流是产生现今地球磁场的原因，现在的陆壳可能是由地幔、地核的分异作用形成的。原始地壳可能像现在的洋壳，绝大部分是玄武岩，而大陆则随着沉积物连续不断的堆积和由于岛弧火山作用而逐年增大。在地球表面冷却后形成了海洋和大气圈，开始有了水和风的剥蚀作用，河流开始携带风化的岩石碎屑到海洋中形成沉积物并成为沉积岩。

3.1.2.2 大气圈、水圈和生物圈的形成与演化

地球大气圈中惰性气体比分子量相近的其他气体（如 H_2O、CO_2、SO_2 等）的丰度较低，这就说明了地球是由冷的星子聚积形成的。星子曾经含有过以冻结的颗粒或低温下化合物形式存在的挥发气体，如 H_2O、CO_2、SO_2 等。惰性气体因为它们不以冻结的颗粒或化合物的形式出现，而星子又因为太小而不能把它们吸住，因此早期地球不大可能有大气圈。

当地球由于引力收缩和放射性蜕变而被加热后，水蒸气和其他气体被释放出来形成大气圈和水圈。地球的引力除对 H 和 He 这两种最轻的气体外，足以吸住所有的气体，因此可以认为现在的大气圈基本上是次生的，是地球内部排气作用的结果。然而，现代的火山气体和现代的大气圈成分并不一致，火山气体主要由水蒸气、氢、二氧化硫、一氧化碳、二氧化碳和氮组成，因此原始大气圈可能在成分上与现在的大气圈不同，大气圈的成分可能随时间而演变。

最早的大气圈除水蒸气外可能曾含有强还原性的化合物，如氢、甲烷和氨。经过漫长的地质时代，地球早期原始大气圈发展成为今天的成分，经历了不同的过程。在大气圈的上部，太阳紫外线辐射使水分解成氢和氧，氢逸散到太空中，氧常用于氧化地面岩石或与其他气体结合。氨将分解为氢和氮，其中氢逸散。甲烷也将分解成氢和碳，碳与自由氧结合成二氧化碳。大多数二氧化碳溶于海水中或结合到植物或动物的组织中，它们现在以碳

酸盐（如石灰岩）或化石燃料（煤和石油等）的形式出现。

大气圈上层水蒸气分解所产生的氧不足以形成今天的富氧大气圈，现在的富氧大气圈可以认为是植物光合作用造成的。植物的光合作用是在约 2×10^9 年前开始发生的，到前寒武纪末期（约 6×10^8 年前）氧含量可能达到约今天含量的 1/100，到志留纪末氧含量可能达到今天的 1/10。臭氧层形成后，使植物可以在陆地上生长。早期的海洋由于大气圈富含 CO_2 而可能具有更大的酸性，这将造成高浓度的 Ca^{2+} 和 Mg^{2+}，并且因为缺少自由氧，铁将以 Fe^{2+} 出现。研究海洋蒸发盐沉积物和化石表明，至少自前寒武纪以来，海水中主要离子的浓度与现在的没有太大的差别。

大气圈和水圈的主体是地球早期排气作用造成的，大量挥发组分可能是在地核形成时及形成之后释放出来的，亦有人称之为“爆发性排气”。虽然在整个地质时期内以现在的排气速度排气就不难形成大气圈和水圈，不过现在排出的气体中很多挥发成分是第二次旋回（即水和气体结合在沉积物中，当沉积物被埋藏或俯冲后受热而重新释放出来）在地球的各个圈层中，生物圈是形成最晚、组成最复杂、与其他圈层关系最密切的一个圈层。地球形成之初，当大气圈和水圈以原始状态出现时，地球上还是个没有生命的世界，原始地壳、大气和水为生命的出现提供了先决条件。早期大气的甲烷—氨—水—氢混合的模型非常利于有机物的生成，生成的动力是太阳紫外线照射、大气中的电击雷鸣、地下熔岩的喷溢等。从简单有机物转化为生命物质，原始海洋是重要的一环。大气中的有机物随降水进入海洋，陆地上的有机物和无机盐随地表径流也进入海洋，它们在温度稳定适中、营养物质丰富的海水中频繁接触，简单有机物逐渐发展成多分子的有机物，并且逐渐演变成能够不断自我更新、自我再生的生命物质。

原始生命在水中形成，同时也必须在水中发展。原始生命一旦形成，紫外线又会对其生命活动产生严重伤害，因此海水无疑是生命发展的最好保护地。绿色植物的出现，为生命登上大陆创造了前提条件。绿色植物的光合作用，产生出游离的氧，氧逐渐积累，在大气中形成臭氧层；在臭氧层的保护下，绿色植物慢慢上到了陆地，并开始了其陆上演化，从陆生孢子植物到裸子植物，再到被子植物，动物界也相应地依次出现了两栖动物、爬行动物和哺乳动物，形成了不断发展演变的生物圈。

3.1.2.3 地质历史

地壳自形成之日起就处在不断运动和演变之中，在各个地质历史阶段，既有岩石、矿物和生物的形成与发生发展，也有它们的被破坏和淘汰，不同地质时期形成的岩石地层，总会留下当时形成环境的印记。放射性同位素测量法可以测定一些地层（如岩浆岩和变质岩）生成的绝对年龄，但地表出露的大部分岩石是沉积岩，组成沉积岩的矿物颗粒可能是由非常老的岩石风化分离出来，而被搬运到沉积的地方，因而大部分沉积岩的年龄无法用放射性方法来测定。但在一个未受扰动的沉积岩系中，每一层都是在其下的岩层之后形成的，这一沉积岩的叠加作用，可以使我们明确地层的相对新老关系，这种方法称为地层学方法。

同时，沉积岩中通常保存有古生物化石。生物的发展随时间经历了从简单到复杂、从低级到高级的不可逆过程，不同的地质历史有不同的生物种属。老地层中含有简单而低级的化石，新地层中含有复杂而高级的化石。根据地层中所含化石可以建立地层层序和确定地质年代。这种方法称为古生物学方法。用这些方法按先后顺序确定下来展示岩石的新老关系，称为地层的相对年代。相对年代的名称和划分单位国际上有统一规定，分别为宙、代、纪、世。通过对全球各个地区地层剖面的划分与对比，以及对各种岩石同位素年龄测定，编制成地质年代表（见图 3-1），显示出地球的演化史。

宙	代	纪	世	距今大约年代（百万年）	主要生物演化
显生宙	新生代	第四纪	全新世	现代	人类时代　现代植物
			更新世	0.01	
		第三纪	上新世	2.4	哺乳动物　被子植物
			中新世	5.3	
			渐新世	23	
			始新世	36.5	
			古新世	53	
	中生代	白垩纪	晚、中、早	65	爬行动物　裸子植物
		侏罗纪	晚、中、早	135	
		三叠纪	晚、中、早	205	
	古生代	二叠纪	晚、中、早	250	两栖动物　蕨类
		石炭纪	晚、中、早	290	
		泥盆纪	晚、中、早	355	鱼　蕨类
		志留纪	晚、中、早	410	
		奥陶纪	晚、中、早	438	无脊椎动物
		寒武纪	晚、中、早	510	
元古宙	元古代	震旦纪		570	古老的菌藻类
				800	
				2500	
太古宙	太古代			4000	

图 3-1　地质年代表

3.2　地球的物理参数

3.2.1　温度

人类对气温的变化是很敏感的，因为气温亦是评价人类生存环境的一个重要因素。气温的变化主要是太阳能引起的。地球表面来自太阳的热能每年约 10^{22} kJ，其中绝大部分向空间辐射出去，只有很少的一部分能够穿透到地下很浅的深度。在地下 40 m 左右的范围内，温度发生昼夜变化和周年变化，温度变化的范围随深度的增加而减小，这个区域称为变温层或外热层。变温层以下的一定深度以内，温度的年变化率等于零，该区域内温度不再受太阳热变化的影响。温度保持稳定的深度范围称为常温层，它的温度相当于当地的年平均气温。

常温层以下就是增温层或称为内热层，温度随深度的增加而增加。这种增温显然与太阳能无关，而是地球内部热能的影响。衡量增温大小的方法有两种：（1）地温梯度：深度每增加 100 m 所升高的温度，以℃/100 m 为单位；（2）地温级：温度每升高 1 ℃所增加的深度，以 m/℃为单位。上述两种数值成反比关系，一般常用地温梯度来表示。

地球不同地区的地温梯度是不一样的，在大陆上一般为 3 ℃/100 m，洋底的地温梯度平均为 4~8 ℃/100 m，一般比大陆的梯度高。在大陆内部地温梯度也不尽相同，比如在油田和煤田，地温梯度可达 10~100 ℃/100 m；在火山地震多发区和温泉分布地区，地温梯度也较大，这些地区下部多有较高的地热源。地温梯度的大小与岩石导热率有关，导热率越小，地温梯度越高。

地温梯度在不同地区是不同的，在同一地点，地温梯度也要随深度的变化而变化。在地球内部 50~80 km，地温梯度逐渐减小，为 0.5~1.2 ℃/100 m；在 100 km 深处温度不超过 1500 ℃；在 2900 km 处温度约 2700 ℃；地心温度约 3200 ℃。

热流是指在单位时间内通过单位面积的热量。热流总是由高温向低温流去的，它和地温梯度成正比，和地温增温方向相反，即：

$$Q = -KZ$$

式中，Q 为热流，$\times 10^{-6}$ cal/(cm^2·s)，用 HFU 表示；K 为比例常数，即导热率；Z 为地温梯度。

通过全球热流值的测定，已经发现以下事实：大陆和大洋的热流平均值基本相等；大洋中以洋脊处高，海沟处低；太平洋的热流值又高于大西洋和印度洋。这些事实都可以用新的全球构造理论加以解释。

目前普遍认为，地热有三个可能的来源：

（1）地球的残余热。地球的形成是在压力逐渐增大的情况下进行的，地球内物质有一个受到压缩而增温并放出热量的过程，据估计可使温度升高几百度。

（2）重力位能降低产生的热能。地球形成后，地球内物质由于上述增温、放热过程而发生轻重物质的分化，轻物质上升，重物质下降，重力位能降低，也产生了大量热能。据估计，这部分热能可提高地球温度 1500 ℃。

（3）放射性元素产生的热能。由于放射性元素的含量在地球上部比下部高，因此由它产生的热能主要集中在地球的上部圈层。另外，放射性元素经过系列衰变之后将逐渐转变成稳定同位素。从地球历史发展来看，放射性元素的含量是在逐渐降低的，放射热能是日趋减少的。有这样两个估算数字，在 40 亿年前全球的放射热大约是现代的 4 倍，这可以解释地球发展早期岩浆活动比现在强烈得多的原因，对地热的研究具有重要的理论和实际意义。在理论上可以探讨地球的热力史、局部地区的热事件发生史，探讨地壳运动与岩浆活动之间的关系。通过对地热的研究，可以为人类提供清洁安全的能源。

3.2.2　磁性

一个无穷小的、两极无限接近的磁铁称为磁偶极子，由磁偶极子产生的磁场称为偶极子磁场。地球是一个相对均匀磁化球体，其形成的磁场就是一个偶极子磁场。偶极子磁轴与地面的交点称为地磁极。地磁极和地理极不是重合的，地理极指的是地球旋转轴在球面上的两个交点。地磁轴和地球旋转轴，两者相交夹角约11°。地磁轴是变动的，磁极是不断迁移的，因此地磁极与地理极的相对位置也在不断改变，罗盘磁针所指的方向多半要偏离地理极。磁针偏离地理南北方向的角度就是磁偏角。实际上它就是地理子午线和地磁子午线之间的夹角。磁极在地理北方东侧的称为东偏，在西侧的为西偏，据此对罗盘加以校正才能得到正确的地理方位。为了更清楚地理解西偏和东偏的含义，有必要作进一步的解释。

地磁轴和地球自转轴几乎相交于地心，它们可构成一个平面，这个平面切地球表面为一个大圆。在这个大圆上，罗盘磁针的指向理论上应是地理极和磁极的方向，即磁子午线和地理子午线是重合的，磁偏角等于零。这个大圆称为无偏线，如图3-2所示。以上所述都是十分理想的情况，实际的磁力线分布要复杂得多，与理想情况相差很大，因为大气电离层的变化、太阳的周日变化、太阳黑子的爆发、地下磁铁矿体、岩浆岩等诸多因素可以对地磁场的长期和短期变化产生较大影响。

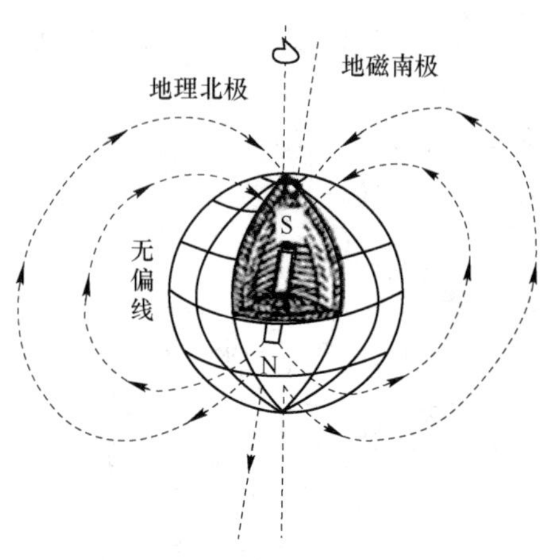

图3-2　地磁场示意图

磁针与水平面之间的夹角就是磁倾角。由于磁针的空间位置与磁力线完全重合，而磁力线只有在地磁赤道上才与水平面平行，在两极则与水平面垂直。因此，磁针只在磁赤道上处于水平，向南向北，越往高纬度，磁倾角越大。北半球，磁针向北倾斜南半球，磁针向南倾斜。在北半球，在罗盘的指南针缠上细铜丝线圈，目的就是以此为砝码平衡磁倾角；同样道理，在南半球，就应当在罗盘的指北针上缠线圈了。

有磁力作用的空间叫作磁场，磁力的大小称为磁场强度。磁场强度的单位是奥斯特（O_e），它表示磁场对一个单位磁极所作用的力为1达因（dyn）时的磁场强度。地球的磁场强度很弱，只有0.6 O_e，在地磁赤道处约为0.3 O_e，在磁南极处约为0.7O_e。

磁力线分布的空间叫作磁场，地磁场包围着整个地球，其范围可延伸到100000 km以上的高空。地磁场的变化即地磁三要素（磁倾角、磁偏角、磁场强度）的变化，它有短期变化和长期变化两种。短期变化是由地球外部原因引起的，例如，每天都有微弱而规则的日变化，磁场强度变化几十伽玛（γ）（$1\ \gamma=1/10\ O_e$），磁偏角变动几分。另外，每年也有轻微的年变化。有时会突然出现磁暴，平均每年发生十几次，每次持续时间几小时到几天，强度变化可达几千伽马、磁针摆动不止、罗盘无法使用、无线电通信中断、高纬地区出现极光，这是由于太阳强烈活动时放出大量电磁辐射使地球大气强烈电离所引起的。

把地磁要素的短期变化消去则得到基本地磁场，基本地磁场也有长期缓慢的变化。例如，伦敦的磁偏角每年迁移量为6′，1580年为东偏11°，1660年无偏角，1820年西偏

24°，1970 年又回到西偏 7°。最重要的长期变化是磁场的西向漂移：全球地磁场强度在图案总体不变的情况下，位置则整体向西移动，向西迁移速度约为每年 0.18°，向西绕地球一周约 2000 年。向西迁移是地磁场研究中的一个重要课题，它的成因很可能与悬而未决的地磁场成因联系在一起。在这一方面有不少假说，这里就不加讨论了。

全球基本地磁场的数值，叫作正常值，是根据航空磁测和卫星磁测所得数据经地面磁校正而成。在实测的过程中如果发现地磁要素数值不同于正常数值，便说明有一个异常磁场存在使地磁要素产生偏差，这种现象就称为地磁异常。地磁异常是地下磁性物质有局部变化的标志，可以据此勘测地下的矿体和磁性岩体。正异常往往与磁铁矿、镍矿、铬矿、超基性岩浆岩有关，负异常则与低磁性或反磁性的矿物和岩石有关，如金矿、铜矿、石油、盐、花岗岩等。利用地磁异常来勘探矿床的方法是地球物理的磁法勘探。

无定向磁力仪成功地提高了灵敏度之后，可以测出千万分之一奥斯特，从而开始了古地磁学的研究。在地史年代被磁性矿物记录下来的地磁场称为古地磁。19 世纪，人们就发现古代的陶瓷炉窑的碎片中保留有微弱磁性。研究表明，这些陶瓷片中含有磁性矿物，烧制时受到高温失去磁性，在冷却过程中受地磁场影响又获得了磁性，这种磁性称之为热剩磁。热剩磁的发现开始了古地磁学在全球构造研究中的实际应用，为大陆漂移说的复兴创造了契机。后来在沉积岩中也发现了沉积剩磁，即磁性矿物在水介质条件下下沉，并在地磁场方向上重新排列，固结在沉积物中，随成岩作用而保存在岩石中。

3.2.3　电性

地球是带有电性的，例如大气高层电离对地面的感应电场电位差最大可达 100 V/m。地内岩体的温差电流、大面积的地磁场感应电流可形成大地电流。地球内部的电性主要由地内物质的电导率决定。因为地壳的电导率与岩石成分、孔隙度、孔隙水的矿化度有关，实验表明，沉积岩的电导率大于结晶岩，孔隙度大而充满孔隙水的电导率大于孔隙度小或无填隙水的岩石，孔隙水的矿化度高的大于矿化度低的岩石。此外，沿层理的方向比垂直层理的电导率大，熔融岩石比未熔岩石的同类岩石电导率大几百倍，所以地热流大的地区电导率大。

地电的强度和方向均有变化，这是因为地电主要是地磁场变化直接感生的。地电场和地磁场一样有日变、月变、年变等周期性变化，也有不规则的干扰变化。这些变化的原因和地磁场一样，主要来自地球外部，如太阳辐射、宇宙线和大气电离层变化引起的。短时间发生强的地电干扰，被称作电暴，通常和磁暴伴生。地电场可以通过固定的基站连续观测，将外加电场消除，可获得正常电场值。当某一区域观测值与正常值有差异时，便是地电异常，反映可能存在矿体或地质构造存在。例如，硫化物矿床可以形成负电位中心，石墨也产生负电位，无烟煤产生正电位。根据地电异常探矿方法已成为目前矿床勘探中主要的地球物理勘探手段之一。

3.2.4　弹性

地球具有弹性表现在能传播地震波等弹性波。精密仪器可以观测到地球固体表面在日月引力下可以升降 7~15 cm，这被称为固体潮。固体地球在一定条件下表现为塑性体，例如，在受到作用力时会变形，以至于地球本身呈现为椭球体，而不是规则的球体。

地球的弹塑性在不同条件下可以相互转化：在作用速度快、持续时间短的力（如地震波、潮汐力）的作用下，表现为弹性体；反之，如在地球旋转力、重力作用下表现为塑性体。这种条件是相对的，它还与地球物质的松弛时间有关。松弛时间是指固体从弹性变形完全转变为塑性变形所需的时间，松弛时间 = 黏滞系数/弹性模量。表 3-1 列举了几种地球物质的松弛时间。如果作用力时间比该物质的松弛时间短则表现为弹性，相反则表现为塑性。

表 3-1　几种地球物质的松弛时间

物质	黏滞系数/P	松弛时间/s
水（120℃）	10^{-2}	10^{-12}
冰	10^{13}	10^{3}
方解石	10^{16}	10^{5}
岩盐（80℃）	10^{17}	10^{6}
岩盐（18℃）	10^{18}	10^{7}
石膏	10^{20}	10^{8}~10^{9}
石灰岩	10^{21}	10^{10}
地幔	$10^{18\sim22}$	100~1000 年
地壳	10^{22}	1000~10000 年
地核	10^{16}	10^{5}
地球（平均值）	$10^{18\sim22}$	5×10^{7}

物体的弹性特征通常用两个基本弹性系数来表示，即体变模量和切变模量。体变模量是物体在围压下体积可以缩小的程度，体变模量越大，体积越难缩小。切变模量是物体在定向压力下形状能改变的程度，切变模量越小，物体形状越容易发生改变，如液体切变模量为零。

地震波包括体波、面波和自由振荡。体波沿射线通过地球，在三维空间中传播，它包括纵波（P 波）和横波（S 波）。纵波又称为压缩波，质点振动方向与地震波传播的方向平行。横波质点的振动方向与地震波传播的方向垂直。面波是环绕地球固体表层传播的地震波，它是体波传到介质表面或分层界面时部分能量产生的（见图 3-3）。自由振荡是由大地震引发的整个地球的弹性振动。

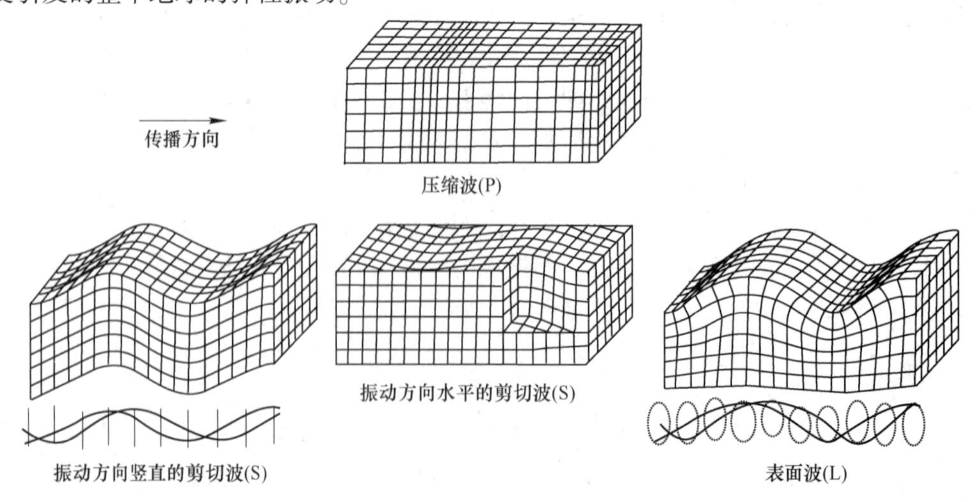

图 3-3　地震波的质点运动

3.3 地球的构造

地球本身是一个非均质的球体，地球在长期运动和物质分异过程中，按照物质密度的大小，分离成若干由不同状态和不同物质组成的同心（地心）球层，如图 3-4 所示。

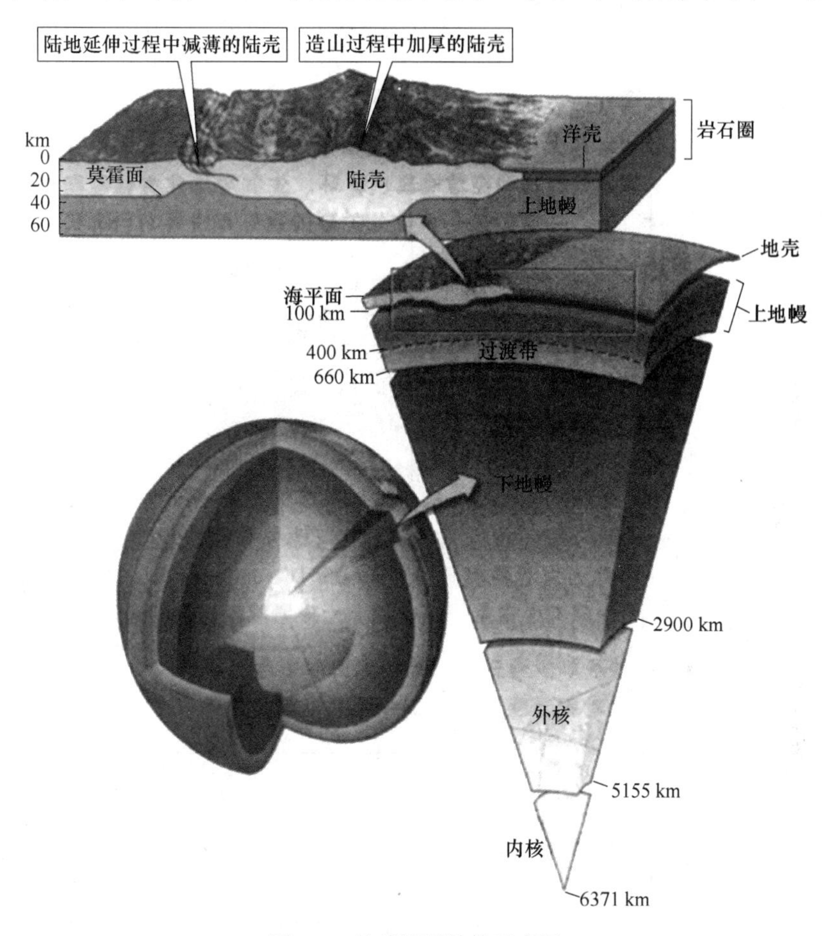

图 3-4　地球圈层结构示意图

3.3.1　地球的内部构造

1849 年英国科学家斯托克斯证实地震时产生出两种弹性波：一种是质点振动方向与传播方向一致的纵波，一种是质点振动方向与传播方向垂直的横波。纵波的速度最快，总是首先被观测到，又称 P 波；横波滞后，又称 S 波。P 波与 S 波都是在物体内部传播的，因此都叫作体波。还有一种地震波只在地球表面传播，称为表面波，它对固体地球表面的破坏作用最强，但传播速度较低，总是最后到达。所以，在发生地震时，人们都首先突然感到大地在上下方向的颤动（P 波的表现），然后是水平方向的摆动（S 波的表现），水平摆动逐渐增强（表面波的作用），以致造成建筑物的破坏和人员的伤亡。

人们能够直接观察的只是由矿井和钻井揭露或露出地表的地壳最上层，达到 15~20 km。

关于地球内部物理性质的研究只能依靠地震波的传播、热的传导以及磁性和重力等各种间接的线索，其中地震波的传播情况分析是最有效的方法。根据对地震波在地下不同深度传播速度分布的研究，地球固体内部存在着两个主要的分界面，在分界面上地震波传播速度发生急剧变化。第一个间断面位于地表以下平均 33 km 处，称为莫霍洛维奇间断面，简称莫霍面；第二个间断面位于地表以下 2900 km 处，称古登堡间断面。这两个间断面把地球内部分成三大层，即地壳、地幔和地核，这三大部分还可再分为 7 层见图 3-5 和表 3-2。

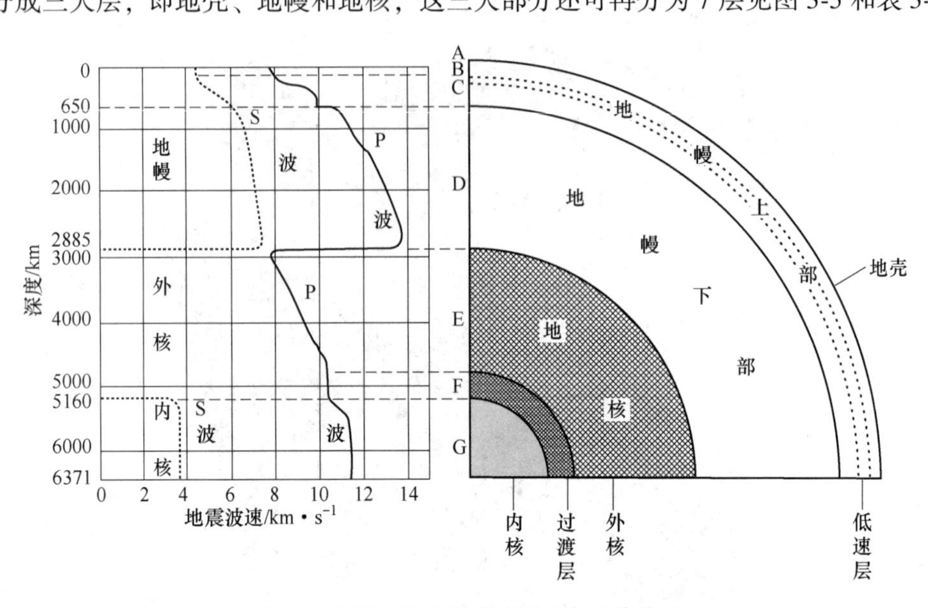

图 3-5　地球内部地震波速度分布及其分层

表 3-2　地球内部的分层

分层		厚度/km
地壳		0~33
莫霍洛维奇断面（M 界面）		
地幔	上地幔	33~410
	过渡层	410~1000
	下地幔	1000~2900
古登堡断面		
地核	外地核	2900~4980
	过渡层	4980~5120
	内地核	5120~6371

3.3.1.1　地壳

地壳是地球外表一层由岩石组成的固体硬壳，外部同大气圈、水圈、生物圈相接触，呈现凹凸不平的轮廓，其底界即莫霍面。地壳的厚度各处不一，变化于 5~75 km，大陆地壳一般厚 30~40 km，其中褶皱山系地壳厚度可达 50~75 km，岛弧地区地壳厚 20~30 km，大洋地壳厚 5~10 km。地壳主要由各种硅酸盐类岩石组成，具有弹性和塑性，愈往深处塑性愈大。地壳分上、下两部分，上部称硅铝层，主要由沉积岩和岩浆岩中的花岗岩构成，富含氧化硅和氧化铝，平均密度为 2.7 g/cm³；下部称硅镁层，主要由玄武岩和辉长岩类构成，富含氧化硅和氧化镁，平均密度为 2.9 g/cm³。地壳约占整个地球质量的 0.8%，体积占整个地球体积的 0.5%。地壳表层因受大气、水、生物的作用，可形成土壤层、风化壳和沉积物质的堆积，厚度为 0~10 km。地壳上层的温度可以直接测量。在一年中太阳辐射对地层的变热作用只深入到地面下 10~20 m，在这个深度处，温度约等于地球表面上一年的平均温度，而且经常保持不变。在常温层以下随深度约每增加 33 m，温度增高 1 ℃。当深入地下三四十千米以后，温度高达可以熔化岩石的高温（岩石熔化的温度为 1100~1400 ℃）。有人认为主要的原因是地球内部含有许多放射性元素，它们在蜕变时放出的大量热能使得地球灼热起来。

地壳虽然是由坚硬的岩石组成，但它一直是在不断地发展和变化着。它经受外力的改造，又受地壳运动和岩浆活动等内力作用，发生变形和变位，形成各种类型的褶皱和断裂、隆起和凹陷等地壳的构造变化和岩石的变位作用。

3.3.1.2 地幔

地幔亦称中间层，介于莫霍面与古登堡面之间，这一层厚度自莫霍面直到 2900 km 深处。地幔分为上地幔、下地幔以及它们之间的过渡层，又将过渡层归入上地幔。上地幔的构成物质除硅与氧外，铁和镁显著增加，铝则明显减少，由类似橄榄岩类岩石构成，平均密度约 3.8 g/cm³；下地幔的构成物质除硅酸盐外，主要是金属氧化物与硫化物，特别是铁、镍成分显著增加，平均密度为 5.6 g/cm³。地幔物质呈可塑性状态。地幔的温度为 1200~4000 ℃，温度和密度都随深度增加而增加，1000 km 深处的温度为 1300 ℃，地幔的压力可达 1.42×10^{11} Pa，质量为 4.05×10^{21} t，占地球总质量的 67.8%，体积占地球总体积的 82%。

近些年来，地球物理学和地质学研究认为，上地幔上部 60~250 km 深度范围内存在一个地震波低速带，可能是由于放射性元素大量集中，蜕变生热，产生高温异常现象，超过了物质在该深度的熔点，使物质呈熔融状态，故也称为软流层。这里是岩浆的发源地，与地幔对流、海底扩张、火山与地震的发生、矿物的形成等地球表层的许多活动有密切的关系。

3.3.1.3 地核

地核是从 2900 km 深处的古登堡面直到地球中心。地核的密度为 9.7~13 g/cm³，温度为 3700~6000 ℃，压力可达（300~370）$\times10^4$ atm，质量和体积分别占全球的 31.5% 和 16.2%。根据地震波传播速度不同，地核又可分为内核、外核以及过渡层三部分。地表以下 2900~4980 km 叫作外核，据推测可能是高压状态下铁、镍成分的液态物质；4980~5120 km 深处是内外两层的过渡带；而由 5120 km 直到地心则为内核，半径为 1255 km，物质可能是固体状态的。地球内部状况，由于目前除地壳部分外，还不能直接观察分析，因此所讲的情况是否真正符合客观实际，还有待进一步研究。

3.3.2 地球的外部构造

地球表面分为陆地和海洋两大部分。其中，陆地面积为 1.49×10^8 km²，占地球表面积的 29.2%；海洋面积为 3.61×10^8 km^2，占地球表面积的 70.8%。陆地和海洋在地球表面的分布极不均匀，65%以上的陆地集中在北半球。各大陆的轮廓有某些相似性，所有大陆的北端宽、南端窄，大致呈倒三角形，并多在北端与其他大陆相连。三大洋则在南纬 50°～60°间相互沟通，如图 3-6 所示。

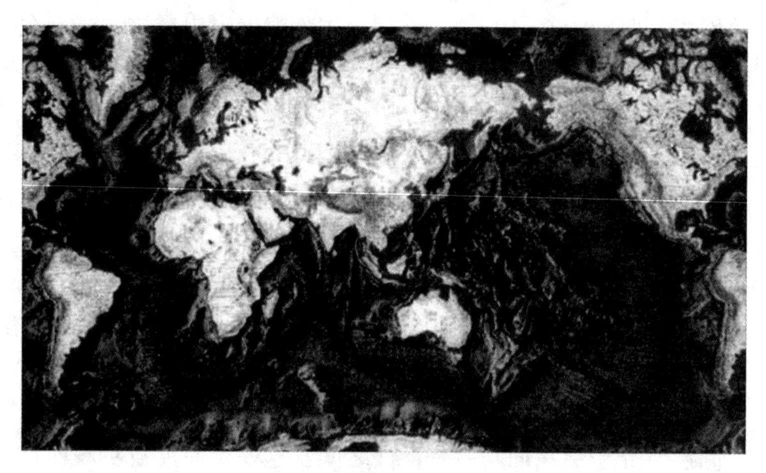

图 3-6 地表海陆分布轮廓

地球表面起伏不平，陆地和海底都是如此。地表的最高点在亚洲喜马拉雅山脉的珠穆朗玛峰，海拔 8844.43 m；最低点位于太平洋西侧的马里亚纳海沟，在海面以下 11034 m。因此，地表最大垂直起伏约 20 km。陆地的平均高度为 875 m，海洋的平均深度为 3729 m。地表有两级面积较大、起伏较小的台阶，其一是海洋中深 4000～5000 m 的大洋盆地，占地球总面积的 22.6%；其二是大陆上低于 1000 m 的平原、丘陵和低山，占地球总面积的 20.8%，如图 3-7 所示。

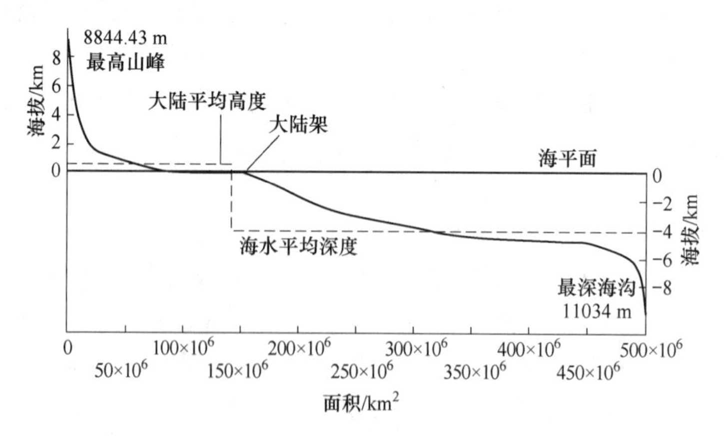

图 3-7 地表海陆起伏曲线

3.3.2.1 陆地地形特征

按照高程和起伏特征，陆地地形可分为山地、丘陵、平原、高原和盆地等类型。

（1）山地：海拔在 500 m 以上的低山、1000 m 以上的中山和 3500 m 以上的高山分布地区的总称。线状延伸的山体称山脉，成因上相联系的若干相邻的山脉称山系。大陆上现代最高、最雄伟的山系主要有两条：阿尔卑斯山-喜马拉雅山系和环太平洋山系。

（2）丘陵：是指海拔小于 500 m、顶部浑圆、坡度较缓、坡脚不明显的低矮山丘群。例如，我国的胶东丘陵、川中丘陵等。世界上丘陵分布较广的地区位于俄罗斯西部的东欧平原上。

（3）平原：海拔低于 200 m、宽广平坦或略有起伏的地区。例如，我国的东北平原、华北平原、长江中下游平原等。世界上最大的平原是南美的亚马孙河平原，面积达 560×10^4 km^2。

（4）高原：海拔在 500 m 以上、面积大、顶面较为平坦或略有起伏的地区。我国青藏高原海拔 4000 m 以上，是世界上最高的高原。世界上最大的高原是巴西高原，面积达 500×10^4 km^2。

（5）盆地：四周为山地或高原、中央低平的地区。例如，我国的四川盆地、塔里木盆地、准噶尔盆地等。一些中、小型盆地地形中积水便成为湖泊或洼地。世界上最大的盆地是非洲的刚果盆地。

3.3.2.2　海底地形特征

海洋调查表明，被海水覆盖的海底地形和大陆地形一样复杂多样，既有高山深谷，也有平原丘陵，而且规模非常庞大，外貌更为奇特壮观。根据海底地形的总体特征，海底大致可分为大陆边缘、大洋盆地和大洋中脊三个大型地形单元。其中，大洋盆地的面积约占海洋面积的 1/2，大洋中脊则约占 1/3，见表 3-3 和图 3-8。

表 3-3　大型海底地形单元及其面积占比

名称	面积/km^2	占海洋面积/%	占地球表面积/%
大陆边缘	80.1×10^6	22.3	15.8
大洋盆地	162.6×10^6	44.9	31.8
大洋中脊	118.6×10^6	32.8	23.2

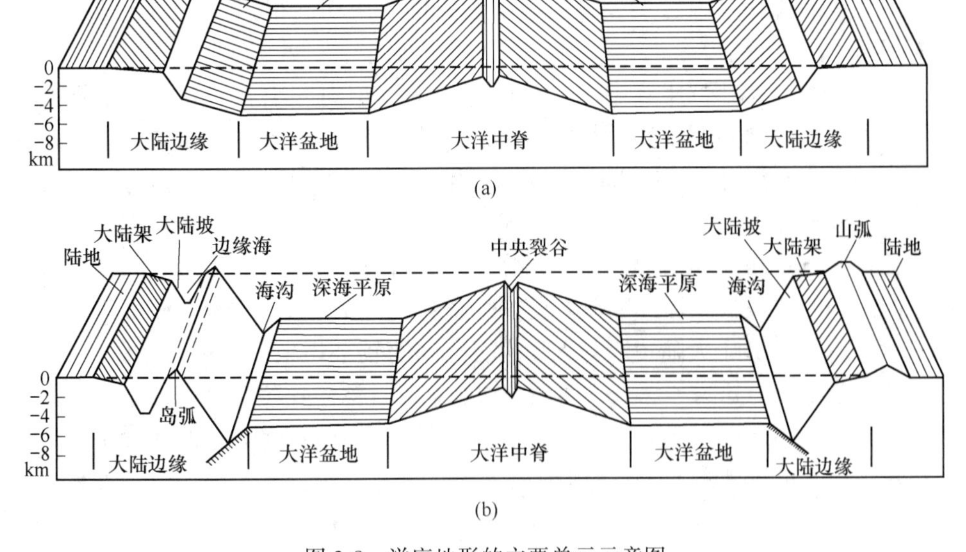

图 3-8　洋底地形的主要单元示意图

（a）大陆边缘为大西洋被动型；（b）太平洋主动型

（1）大陆边缘：大陆与大洋盆地之间的过渡地带。由海岸向深海方向，大陆边缘常包括大陆架、大陆坡和大陆基，有时在大陆边缘则出现岛弧与海沟地形，如图 3-8 所示。大陆架是海洋与陆地接壤的浅海平台，其范围是由海岸线向外海延伸至海底坡度显著增大的转折处。大陆架部分的海底坡度平缓，一般小于 0.3°，平均约 0.1°。其水深一般不超过 200 m，最深可达 550 m，平均为 130 m。大陆架的宽度差别很大，平均为 75 km，欧亚大陆的北冰洋沿岸可达 1000 km 以上。大陆坡是大陆架外侧坡度明显变陡的部分，其平均坡度为 4.3°，最大坡度可达 20°以上；水深一般 200~2000 m；平均宽度为 20~40 km。大陆坡上常发育有海底峡谷，峡谷的下切深度可以达数百米乃至千米以上，两壁陡峭，有些海底峡谷可切过整个大陆架与现代大河河口相接。大陆基是大陆坡与大洋盆地之间的缓倾斜坡地，坡度通常为 5′~35′，水深一般 2000~4000 m，展布宽度可达 1000 km。大陆基主要分布于大西洋边缘和印度洋的部分边缘地区，在海沟发育的太平洋边缘不发育。

岛弧是大洋边缘延伸距离很长、呈弧形展布的岛群。例如，在太平洋北部和西部边缘有阿留申、千岛、日本、琉球、菲律宾、马里亚纳、汤加-克马德克等群岛。海沟是大洋边缘的巨型带状深渊，其长度常达 1000 km 以上，宽度近 100 km，深度多在 6000 m 以上。海沟常与岛弧平行伴生，发育在岛弧靠大洋一侧的边缘，与岛弧组成一个统一的海沟-岛弧系。例如，前述太平洋西侧的各岛弧东侧边缘都存在海沟。岛弧与大陆之间的水域称为弧后边缘海（简称为边缘海）。海沟也可以与大陆海岸的弧形山脉（可称之为山弧）相邻，这种情况可以看成是岛弧与大陆连接在一起的情形（无边缘海发育）。例如，太平洋东侧南美大陆边缘的秘鲁-智利海沟等。

所以，通常把大陆边缘分为两种类型：一类是由大陆架、大陆坡和大陆基组成，这类大陆边缘主要分布于大西洋，称为大西洋型大陆边缘（见图 3-8）；由于在这类大陆边缘附近构造活动性较弱（火山、地震等现象少见），故又称为被动大陆边缘。另一类是由大陆架、大陆坡和岛弧-海沟系（或山弧-海沟系，可包括边缘海）组成，主要分布于太平洋，称为太平洋型大陆边缘；因这类大陆边缘附近的构造活动性很强（火山、地震等现象常见），故又称为主动大陆边缘。

（2）大洋中脊：绵延在大洋中部（或内部）的巨型海底山脉，它具有很强的构造活动性，经常发生地震和火山活动。大洋中脊在横剖面上一般呈较对称的中间高、两侧低的形态；中部通常高出深海底 2~3 km；其峰顶距海面一般 2~3 km（个别地点可露出海面，如冰岛、亚速尔群岛等），宽度可达 2~4000 km。大洋中脊在各大洋中均有分布，且互相连接，全长近 65000 km，堪称全球规模最大的“山系”，如图 3-6 所示。大洋中脊轴部常有一条纵向延伸的裂隙状深谷，称中央裂谷。该裂谷一般宽数十千米，深可达 1~2 km。

（3）大洋盆地：介于大陆边缘与大洋中脊之间的较平坦地带，平均水深 4~5 km。大洋盆地主要可分为深海丘陵和深海平原两类次级地形。深海丘陵为高度几十至几百米的海底山丘组成的起伏高地，深海平原是坡度很小（平均小于 1/1000°）的洋底平缓地形。此外，大洋盆地中常可见规模不大、地势比较突出的孤立高地，称为海山。顶部平坦的海山称为平顶海山，其成因一般认为是海山顶部接近海面时被海浪作用夷平而成。有些海山呈链状分布，延伸可达上千千米，称为海岭。海山顶部如露出海面以上即成为大洋中的岛屿。

3.3.3 地球的构造运动

地壳构造运动是指由于地球内动力作用所引起的地球表层变位或变形的机械运动，又称构造运动。例如，大洋板块的漂移和俯冲、大陆壳的破裂及其相对错移、区域性的隆起和沉降、地质体的变形和变位等。

3.3.3.1 地壳运动的一般特点

地壳自形成以来，在地球的旋转能、重力和地球内部的热能、化学能的作用下，以及地球外部的太阳辐射能、日月引力能等作用下，任何区域和任何时间都在发生运动。从地壳的构造来看，最快速的地壳运动是地震。此外，尚有许多不为人类的感官所觉察的十分缓慢的运动，如地壳的升降和板块的移动，但它们在漫长的地质时期中也显示出极大的变化。从世界上最古老到最新的岩石中都保留有地壳运动的各种行迹，如岩层的褶皱和断裂等。可见，地壳运动不仅过去有，现在有，将来也不会停止。通常把发生在新第三纪的地壳运动称为新构造运动。

地壳运动具有一定的方向性。地壳运动的方向最基本的有两种：水平运动和垂直运动。水平运动是指地壳部分沿平行于地表即沿地球各地表面切线方向的运动，它使地壳受到挤压、拉伸或者平移甚至旋转。这一运动可以形成巨大的褶皱山脉和断裂构造，因此水平运动又称造山运动。例如，昆仑山、祁连山、秦岭、喜马拉雅山以及世界上的许多山脉，都是遭受水平方向的挤压而褶皱隆起的。垂直运动是指地壳物质垂直于地表即沿地球铅垂线的升降运动，它使岩层隆起与凹陷，从而造成地势高低起伏和海陆变迁。垂直运动又称造陆运动，它一般反映地壳比较稳定。水平运动和垂直运动是构成地壳整个空间变形的两个分量，彼此不能截然分开，但也不能等同起来看待。它们在具体的空间和时间的表现常有主次之分，在一定的条件下还可彼此转化。

地壳运动具有非匀速性。地壳运动的速度有快慢，即使缓慢的运动其速度也不是均等的。喜马拉雅山的变化就说明了这一点。据研究，在 3×10^8 年前的晚古生代，这里只是一个海峡（古地中海），约在 4×10^7 年前的老第三纪才开始上升，当时以平均每年约0.05 cm的速度慢慢升高，直至 2×10^6 年前的新第三纪才初具山的规模。随后，上升的速度加快，1862~1932 年 70 年间的观察资料表明，上升的速度增为平均每年 1.82 cm。据长期观测，目前还以平均每年 2.4 cm 的速度加快上升。到目前为止，其总的上升幅度已超过10000 m。

地壳运动具有不同的幅度和规模。地壳运动的幅度常大小不一，这与运动的方向和速度有关。若运动的方向在长期内保持一致而且速度又较快时，其运动的幅度就增大；若运动的方向变化频繁，其幅度可能就小。由于地壳运动的速度、幅度和方式不同，其波及的范围也就不同，有的可影响到全球或整个大陆，有的仅涉及局部区域。所以，地壳运动亦有不同的尺度。

3.3.3.2 地质构造及其地貌表现

构成地壳的岩石或岩体，在地球内营力作用下发生地壳运动，产生各种类型的褶皱和断裂、凹陷和隆起以及与之相伴的岩浆活动和变质作用，因岩性、岩相、岩层厚度和岩层之间的接触关系都会发生变化并留下行迹。我们可以根据地质剖面中的这些行迹，用历史比较的方法加以分析，便能恢复地质历史时期地壳运动的形式、特点、范围、幅度和地壳构造的发展阶段等。

承受地壳运动的岩层或岩体，在地应力的作用下发生变形变位的结果，称为构造形迹或地质构造。地应力作用的方式和结果有三类：压应力使岩石发生挤压作用，形成压性构造；张应力使岩石发生拉伸作用，形成张性构造；扭应力使岩石发生扭曲作用，形成扭性构造。岩石的应变，除与应力的大小、方向、性质和作用时间的久暂有关外，还与岩石本身的理化性质和周围的地质条件有关。构造变动在层状岩石中表现最为明显，基本的构造类型有：水平构造、倾斜构造、褶皱构造和断裂构造等，其规模有大有小，行迹也多种多样。

地壳运动是地貌形成的一个重要因素。受地质构造控制并能反映构造特点的地貌，称为构造地貌。根据构造与地貌的关系，可以从构造来解释地貌，也可以从地貌来分析构造。

（1）水平构造：原始岩层一般是水平的，它在地壳垂直运动影响下未经褶皱变动而仍保持水平或近似水平的形状者，称为水平构造。例如，第三纪的红层中常见。在水平构造中，新岩层总是位于老岩层之上。当地面未受切割时，地貌上表现为同一岩性构成的平原或高原。在受切割的情况下，老岩层出露于低处，新岩层在高处。当顶部岩层较硬时，常形成桌状台地、平顶山或方山。如果水平构造的岩层是软硬相间，在差异剥蚀作用下常形成层级状山丘地貌，在侵蚀斜坡上便形成构造阶地。在我国东部第三系层状平缓的红色砂砾岩中，受侵蚀后常形成顶平、坡陡和孤立突出的城堡状、屏风状、塔状、柱状等地貌形态。例如，河北省承德附近的双塔山、棒槌山，广东北部的丹霞山等，这种地貌总称为丹霞地貌。

（2）倾斜构造：倾斜构造是指岩层经构造变动后岩层层面与水平面间具有一定的夹角。倾斜岩层常是褶曲的一翼，断层的一翼，或者由不均匀的升降运动引起的。测定倾斜岩层的产状是研究地质构造的基础。在较大范围内如果岩层倾角由陡至缓，逐渐减小，在地貌上可能依次出现猪背脊、单面山，以及台地和方山等一系列与构造有关的地貌类型。

（3）褶皱构造：褶皱是地壳运动的结果，是岩层受水平挤压力的作用而发生的波状弯曲的塑性变形。岩层如果只发生一个弯曲，则称为褶曲，两个或两个以上的褶曲组合叫作褶皱。褶皱的最简单形态是对称性（见图 3-9），即地层被褶皱变形为一个向上的褶曲（背斜）和一个相对应的向下褶曲（向斜）。两个褶曲的中心线称为轴，两侧称为翼。背斜和向斜是褶曲的最基本形式。背斜核心部位的岩层年代较老，两侧的岩层年代较新，岩层一般向上弯曲。向斜核心部位为新岩层，两侧为老岩层，岩层一般向下弯曲。在一个地区的背斜和向斜总是相间排列的，其中的背斜和向斜在形态的朝向上往往是一致的。实地工作中应根据地层的相对年龄和新老岩层的出露情况来判定背斜和向斜。任何能使最老地层出露的褶曲为背斜，而能使最新地层出露的所有褶曲为向斜。

在自然界，褶曲的产状和形态是多种多样的。按照褶曲的转折端形态可以分为圆滑褶曲、梳状褶曲和箱形褶曲等；根据褶曲轴面的产状，又可分为直立褶曲、倾斜褶曲、倒转褶曲、平卧褶曲、扇形褶曲和翻转褶曲等（见图 3-10）；根据褶皱各部位的岩层厚度可将褶皱分为平行褶皱、相似褶皱和顶薄褶皱；还可以根据褶皱轴的倾伏情况分为倾伏褶曲、短褶曲、穹窿构造、盆地构造等。

褶皱的规模有大有小，有时可能只产生大小几厘米的褶皱，有时可形成蜿蜒延伸几十

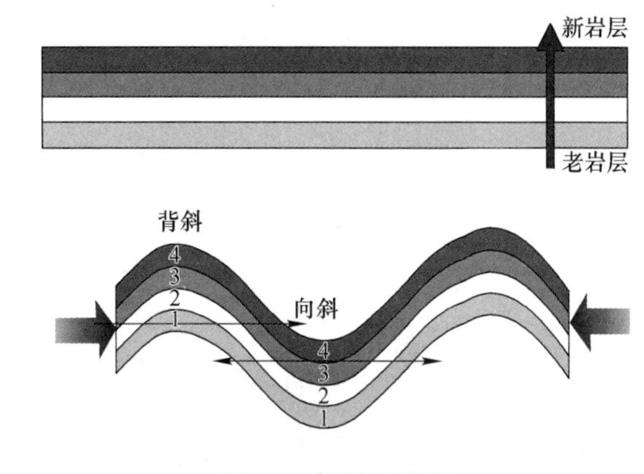

图 3-9 褶皱示意图

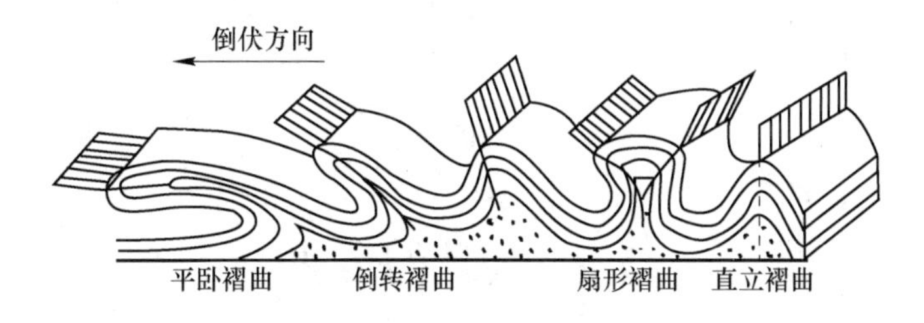

图 3-10 各类褶曲的几何形状

或几百千米的一系列高大山系。世界上大部分山系也正是由于褶皱形成的。例如，在上石炭纪至二叠纪时期的海西褶皱造山运动隆起的山脉有乌拉尔山、天山、阿巴拉契亚山和澳大利亚东部高地等；在新生代中期的喜马拉雅褶皱作用时期隆起的山脉有喜马拉雅山和阿尔卑斯山。

（4）断裂构造：岩石受应力作用而发生变形，当应力超过一定强度时，岩石便发生破裂，甚至沿破裂面发生错动，使岩层的连续性、完整性受到破坏者，称为断裂构造。按断裂的规模和破裂程度，可分为节理、劈理、断层等基本类型。劈理因规模很小，与地貌的关系不大，故不作介绍。

节理是指岩石沿破裂面两侧无显著位移的裂隙。它在空间上表现为面状，由于岩石受力的情况不同，节理面有的平直、光滑，有的弯曲、粗糙，有的裂隙张开、有的闭合，而且深浅大小也不一样。节理并不完全是由于地壳运动引起的，有些节理是由于外力作用，如风化、重力作用等形成的裂隙。因此，根据其成因，节理可分为构造节理和非构造节理两大类。前者由内力作用形成，与褶皱和断层有一定的成因组合关系，产状也比较稳定；后者主要由外力作用而形成，规律性较差，规模也较小。

断层是指岩层或岩体受力破裂后，破裂面两侧的岩块沿断裂面发生较大位移的断裂构造。断层在地壳上分布极其广泛，它对矿产的形成和改造、工程基地的稳定、地震的形成等都起到很大的作用。

断层的要素有：断层面、断层线、断盘和断距等，如图 3-11 所示。断层面是指岩层发生相对位移的断裂面。断层线是断层面与地面的交线。断盘是沿断层面发生相对滑动的两侧岩块。如果断层面是倾斜的，位于断层面上方的叫作上盘，位于其下方的叫作下盘。如果断层面是垂直的，则没有上下盘之分。断距是指断层上下盘沿断层面发生相对位移的实际距离。

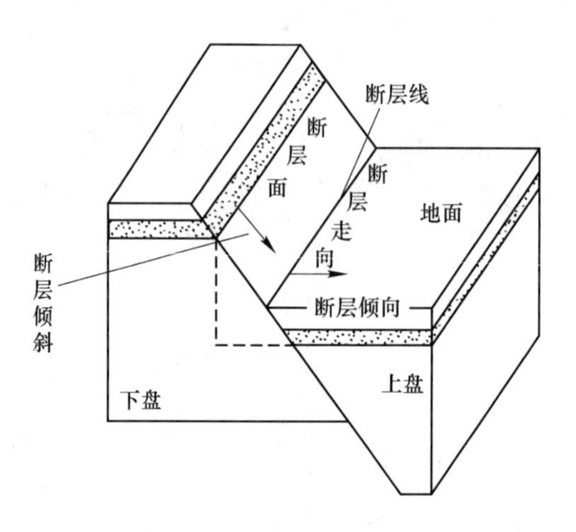

图 3-11　断层的几何要素

3.4　地球的运动

地球的运动是多种形式运动的综合。地球既有绕地轴的自转运动，又有以太阳为中心的公转运动。同时，地球又随同整个太阳系绕银河系中心运动。

3.4.1　地球的自转

3.4.1.1　地球自转的基本特征

所谓地球自转是地球绕其本身轴线的旋转运动，这个轴称作地轴，是一个假象的轴。与太阳系的大多数行星一样，其自转的方向是自西向东，即从北极上空看，为逆时针旋转。地球自转是周期性的运动，其自转一周的时间即自转周期，称为一日。因此“日”是度量地球自转周期的基本时间单位。由于选择的参照物不同，“日”所代表的时间长短是不相同的。天文上用作度量地球自转周期的参照物，通常有恒星、太阳和月球，因而地球的自转周期也相应就有恒星日、太阳日和太阴日。它们所代表的实际时间长度，互相都有一定的差异。

恒星日是以某遥远的恒星（或春分点）作参照，地球上的任意一点连续两次经过该参照天体的时间间隔，其长度是 23 h 56 min 4 s。太阳日是以太阳作参照，地球上的任意一点连续两次经过太阳圆面中心的时间间隔，其长度是 24 小时。太阴日是以月球作为参照，地球上任意一点连续两次经过月球圆面中心的时间间隔，其长度是 24 h 50 min。恒星（或春分点）距离地球十分遥远，可以认为它在天体上的位置是固定不变的，以它为参照，地球上任意一点连续两次经过该恒星时，地球正好绕地轴旋转了完整的一周，即 360°。

太阳虽然也是恒星天体，但它与地球的距离比其他恒星近得多，而且它又是太阳系的中心天体，地球在自转的同时，也在绕太阳公转。以太阳为参照，地球上任意一点连续两次经过太阳圆面中心时，地球实际自转的角度为360°59′，即地球完成一周360°自转后，还需要再自转59′，才算是一个太阳日，如图3-12所示。转59′需要的时间大约是3 min 56 s，因此太阳日比恒星日长3 min 56 s。

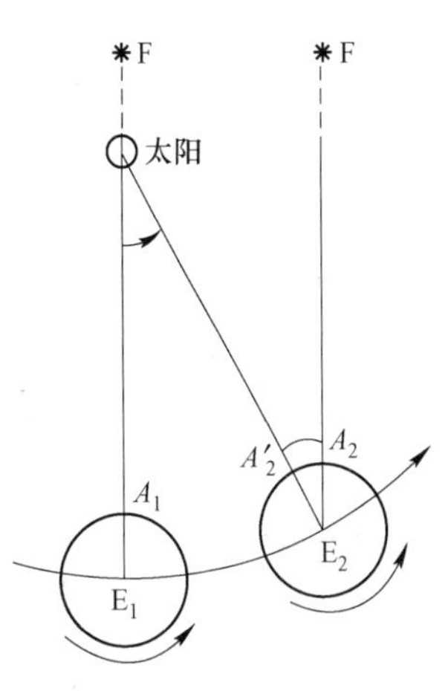

图3-12 太阳日和恒星日
（F为恒星，E为地球）

月球是离地球最近的天体，它与地球一道绕太阳公转的同时，也在绕着地球公转。以月球为参照，地球上任意一点连续两次经过月球圆面中心时，地球实际自转的角度为373°38′，即地球完成一周360°的自转后，还需要再自转13°38′，才算是一个太阴日，如图3-13所示。转13°38′需要的时间是53 min 56 s，因此太阴日比恒星日长53 min 56 s，比太阳日长50 min。

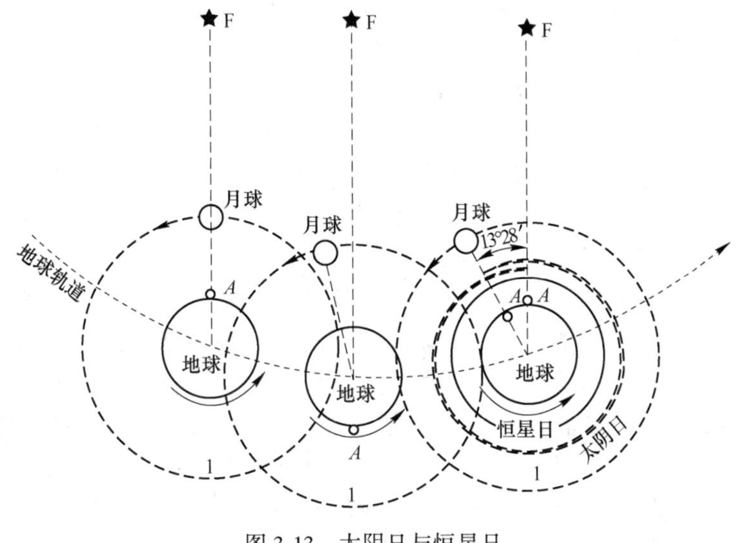

图3-13 太阴日与恒星日
（F为恒星，*A*为地表任意一点）

把以太阳为参照的、地球自转360°59′所经历的时间分为24等份，每份称为1小时，一个太阳日则为24小时。以此标准去度量恒星日和太阴日，其长度分别为23小时56分4秒和24小时50分。地球自转的三种周恒星日、太阳日和太阴日中，只有恒星日才是地球自转的真正周期；但太阳与地球的关系极为密切，日出日落直接影响着地球上的一切生命活动。因此太阳日对于地球上人类的生产和生活活动，有非常实际的应用价值，成为广泛应用的最基本的计时单位；太阴日对潮汐的估算有实际意义。

地球的自转速度从长期看是逐渐变慢的，变慢的幅度大约是每一百年内日增长1～2 ms。早在二百多年前康德就已指出，月球和太阳的引潮力从东向西冲击地球，潮汐与地壳的摩擦会减慢地球的自转速度。也有人认为，地球自转速度减慢是太阳活动的影响、地球不断膨胀和增大的结果。地球自转速度的周期性变化，主要表现为季节性变化。季节性日长变化的变幅为0.5~0.6 ms，每年3~4月地球自转速度最慢，8月最快，可能与大规模的气团移动、洋流与冰雪分布的季节变化有密切关系。因为它们影响地球的质量分布，从而影响到自转速度。此外，还有半年周期变化、月和半月周期变化等，一般变幅只有1~25 ms，可能与大规模的气团移动、潮汐作用等影响有关。

地球自转速度的不规则变化，表现为自转速度有时快点、有时慢点，而没有周期性规律，其原因可能是地球内部物质运动造成的。地球上密度大的物质在重力的作用下不断向地心集中，据估计每秒钟有5×10^4 t铁从地幔进入地核，这种运动将使地球自转加快；而火山爆发、岩浆活动等过程使地幔物质流向地表，也会引起自转速度的变化。因此，地球自转对地球环境来讲具有重要意义。

3.4.1.2 地球自转的地理意义

地球自转有以下地理意义。

（1）产生了两极和赤道：自转使地球表面产生两个线速度和角速度均为零的点，称为南北极点，连接两极点并通过地心的连线，成为地球自转的假想轴，称为地轴。过两极点并与地表相交的大圆，称为经线圈；平行于赤道的其他小圆，称为纬圈。因此，赤道是最大的纬圈，从赤道向两极，纬圈越来越小，到两极纬圈缩小成了点。有了赤道和两极，可以建立统一的地理坐标网，从而能够精确地确定地表任一地点的地理位置。

（2）形成了昼夜更替：如果地球不自转，昼和夜的更替将以一年为周期，地表任何地点都会是半年白昼、半年黑夜。在这种情况下，与地表热量平衡相联系的一切过程，包括气压、气流、蒸发、水汽凝结以及有机界的状况，都将发生和现在完全不同的变化。比如，巨大的昼夜温差将会引起十分强烈的风暴，过度的炎热和寒冷将不利于生物的生存，等等。正是由于地球有自转，且速度适中，既不像金星那样慢（自转周期为243.0天），也不像木星那样快（自转周期为0.413天），使昼夜更替适中，保证了地表增温和冷却不超过一定的限度，生物才得以生存，其他许多过程才不朝着极端方向发展。

（3）形成了地方时：自转使得不同经线上的各地点在同一时刻具有不同的地方时间，一个地方正当正午的时候，与它相距180°经度的地方恰好是午夜。地球表面经度相差15°，时间相差1 h。据此，把全球360°经度划分为24个时区，以本初子午线为中央经线，向东西经各7°30′的范围为零时区，向东分别为东一区至东十二区。每相邻时区相差1 h。以中央经线的地方时作为其所在时区的区时。按国际协议，180°经线定为国际日期变更线（局部地方有所调整），从东半球向东越过此线进入西半球，应把日期减去一日；从西半球向西越过此线进入东半球，应把日期加上一日。

（4）使水平运动的物体偏向：在地球上做水平运动的一切物体，都会发生偏向。在北半球做水平运动的物体，将会离开其原来的方向逐渐向右偏转；在南半球则会向左偏转。地表水平运动的气团、气流、洋流、河水等会发生相应的偏转。使物体的运动状态发生改变，必然有某种力作用于该物体。

（5）产生了潮汐摩擦阻力：由于月球和太阳的引力，地球体发生弹性变形，在洋面上表现为潮汐。而地球的自转使潮汐变为方向与之相反的潮汐波，并反过来对它起阻碍作用。潮汐摩擦阻力虽然要4万年才能使地球一昼夜延长1 s，但对地球的长期发展却具有不可忽视的意义。

（6）造成地球整体自转同其局部运动的差异：地球的整体自转同它的局部运动，例如地壳运动、海水运动、大气运动等有密切的关系。大陆漂移、地震、潮汐摩擦、洋流等现象都在不同程度上受到地球自转的影响。自转加快时，离心力把海水抛向赤道，可以造成赤道和低纬度地区海面上升，而中高纬度地区海面则相应下降。

3.4.2　地球的公转

3.4.2.1　地球公转的基本特征

地球按照一定轨道围绕太阳的运动，称为公转。从地球北极高空看来，地球的公转方向也是自西向东，呈逆时针方向。地球的公转也是一种周期运动，其公转周期为一年。由于参照物的不同，“年”的时间长短也有差异。地球连续两次通过太阳和另一恒星的连线与地球公转轨道的交点所需的时间为 365 日 6 时 9 分 9 秒，称为一个恒星年；而连续两次通过春分点的平均时间为 365 日 5 时 48 分 46 秒，称为一个回归年。

地球的公转轨道是一个非常接近圆的椭圆，其偏心率约为 0.017；太阳则位于椭圆的一个焦点上，如图 3-14 所示。每年大约 1 月 3 日，地球最接近太阳，此时的位置称为近日点；大致 7 月 4 日，地球最远离太阳，此时的位置称为远日点。两者的平均值为 1.496×10^8 km，是日地平均距离，也称为一个天文单位。地球的公转轨道面，称为黄道面，是通过地心的一个平面，但它并不垂直于地轴，它们之间成 66°34′的交角。因此，黄道面与赤道面之间也有一定角度，为 90°－66°34′＝23°26′，称为黄赤交角。赤道面与天球相交的大圆，称为天赤道，黄道面与天球相交的大圆，称为黄道。天赤道与黄道有两交点，分别为春分点和秋分点；春分点与秋分点之间的两个中点分别称为夏至点和冬至点。

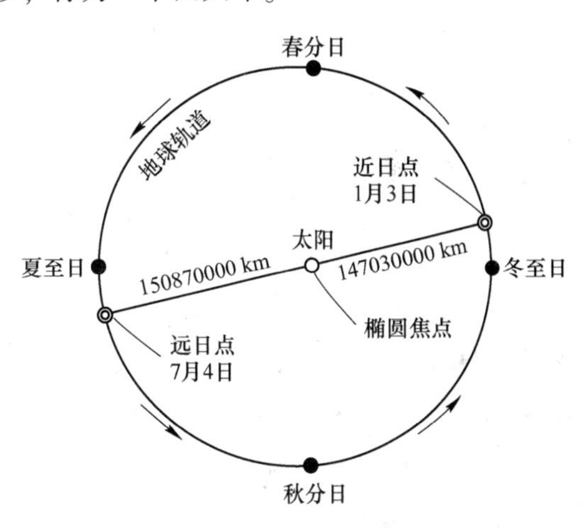

图 3-14　地球的公转轨道

春分点在黄道上的位置不是固定不变的，而是每年自东向西，即顺时针方向移动 59°29″。地球的公转方向是自西向东的。因此以春分点作参照，地球公转连续两次通过春分点所转过的角度不足 360°，而是 360－59°29″＝359.017°。因此，恒星年是地球公转的真正周期，但回归年是地球上四季变化的周期，与许多自然现象及人们的生产、生活关系更为密切。每年少公转 59°29″，使回归年略短于恒星年，每年短 20 分 24 秒，这在天文学上称为岁差。岁差是由地轴的进动造成的。地轴的进动与地球的自转、地球的形状、黄赤交角的存在，以及月球绕地球公转轨道的特征等有着密切的联系。地轴运动的速度非常缓慢，每年进动 59°29″，运动周期是 25800 年。地球公转的平均角速度为每日 59°8″，线速度为 29.8 km/s。根据开普勒第二定律，在单位时间内，地球与太阳的连线在地球轨道上扫过的面积相等。因此，地球公转的线速度和角速度在近日点时最大，分别为 1°1′11″和 30.3 km/s，快于平均速度；在远日点时最小，分别为 57′11″和 29.3 km/s，慢于平均速度。由此可见，地球公转速度的变化，是造成地球上四季不等长的根本原因。地球公转的基本特征决定了太阳辐射能量在地球的纬度分布和季节变化，从而决定了地球上的四季和五带。

3.4.2.2　地球公转的地理意义

地球公转有以下地理意义。

（1）正午太阳高度的变化：太阳光线与地平面之间的夹角称为太阳高度角，简称太阳高度。其大小影响到地面上单位面积所获得的太阳辐射能，太阳高度越大，单位时间单位面积上所获得的太阳辐射能越多。任何地点的太阳高度是不断变化的，一日当中最大太阳高度是在当地地方时的正午。某地方某一天正午太阳高度的大小，取决于当地的地理纬度和当天太阳直射点的地理纬度。因此，同一地点，一年当中正午太阳高度随太阳直射点在南北回归线之间的移动而变化；同一时刻，不同纬度上的正午太阳高度，以太阳直射点所在的纬度最高，为90°，向南向北依次递减。

（2）太阳直射点和昼夜长短的变化：地球自转的赤道面与地球公转的黄道面交角为23°26′。由于该黄赤交角的存在，地球在绕太阳公转一周即一年的时间中，太阳光顺黄道面到达地球表面的直射点将会发生周期性变化，并形成了年复一年的时令与节气往复。如果以太阳为中心、赤道面为东西方向水平延伸来观察，则黄道面是倾斜的，当地球顺黄道面公转到轨道的最南点时，太阳直射点到达地球上北纬最高的地方，该纬度等于黄赤交角23°26′，称为北回归线，其时令正是北半球的夏至日；当地球公转到与上述位置呈90°处，太阳直射点在地球赤道附近，此时为春分与秋分日。这种太阳直射点在地球赤道两侧南北回归线之间的往返运动称为太阳直射点的回归运动，回归运动的周期称为回归年，它正是地球上季节变化的周期。由于地球的自转，使得同一地点在一天（24 h）之内分别位于昼和夜半球各一次，形成昼夜交替。同时，由于地球的公转，太阳直射点在地球的南北回归线之间往返，使得地球的昼半球相应地发生向南或向北偏转（见图3-15），从而造成了地球上不同纬度昼夜长短不同。

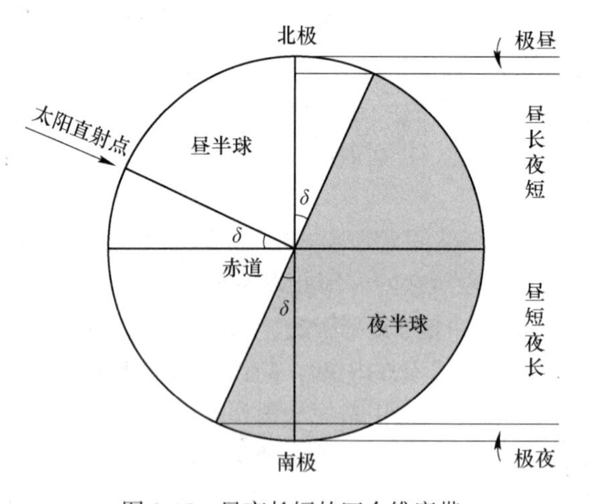

图3-15　昼夜长短的四个维度带

（3）四季和五带的划分：

1）四季的划分。根据昼夜长短和太阳高度的变化所划分的四季，称为天文四季，通常以二分日、二至日或四立日为界限。我国传统的划分方法强调四季的天文意义，以二十四节气中的立春、立夏、立秋和立冬为四季的始点，以二分日和二至日为中点；西方的划分方法更强调四季的气候意义，是以二分日和二至日作为四季的起始点的。在半球范围内，每一地点都存在着这四个季节，每个季节有统一的开始和结束的时刻，且每个季节基本等长。但是天文四季不能反映各地的实际气候情况，因此，通常采用气候上的方法划分四季，称为气候四季。气候四季具有明显的地区差异，并且同一地点的四季也不一定等长。天文四季是气候四季划分的基础。

2）五带的划分。五带划分是指热带、南温带、北温带、南寒带和北寒带五个热量带。五带的划分是由天文因素决定的，即昼夜长短和太阳高度的变化来划分的，有极昼和极夜现象的地带为寒带；有正午太阳直射的地带为热带；既无极昼极夜现象，又无正午太阳直射的地带，为温带。热带位于南北回归线之间，跨纬度 46°52′，占全球总面积的 39.8%。热带的昼夜长短变化幅度是五带中最小的，但太阳高度终年很大，是全球获得太阳能量最多的地带，气温也最高。温带位于回归线和极圈之间，南北温带各跨纬度 43°8′，占全球总面积的 52%。南北温带是全球昼夜长短和太阳高度变化最明显的地带，气候四季的变化亦最突出。寒带是极圈的向极地带。南北寒带各跨纬度 23°26′，仅占全球总面积的 8.2%。五带的分布表明，地球各纬度接受的太阳辐射是不均匀的，这种差异形成了大范围的热量交换，对于全球性的大气环流、洋流的形成和分布有重要意义。

思考和练习题

3-1 简述地球各圈层的形成和演化。

3-2 怎样认识地表起伏对整个地球表面和局部地区的不同地理意义？

3-3 说明太阳日、太阴日和恒星日的差异。太阳日为什么会成为人类生产和生活中重要的基本计时单位？

3-4 说明地球公转的轨道、周期和速度。什么是黄赤交角，地球公转的地理效应是什么？

3-5 为什么我们能了解到亿万年前地球的历史？

4 大气环境

扫码获得数字资源

大气圈是因地球引力而聚集在地表周围的气体圈层，是地球最外部的一个圈层。大气的存在是人类和生物赖以生存必不可少的物质条件，也是使地表保持恒温和水分的保护层，同时也是促进地表形态变化的重要动力和媒介。它不仅是维持生物圈中生命活动所必需的，而且参与了地球表面的各种过程，如水循环、化学和物理风化、陆地上和海洋中的光合作用及降解作用等，各种波动、流动和海洋化学也都与大气活动有关。人类的社会经济活动改变了大气的成分，大气成分的改变影响到全球广大地区的气候条件。

4.1 大气的组成和结构

4.1.1 大气的组成

4.1.1.1 气体成分

大气是由多种气体组成的混合物。此外，还包含一些悬浮着的固体杂质及液体微粒。大气的主要成分是氮和氧，它们共占大气体积的99%；其中，氮占大气体积约78%，氧占约21%。此外，还有氢、二氧化碳、臭氧、水汽和固体杂质等，大气中的水汽和固体杂质主要存在于大气低层，是产生天气现象的必要条件之一，它们的总和只占大气体积的1%，故称为微量气体，见表4-1。

表4-1 大气的组成

成分	体积混合比	成分	体积混合比
氮（N_2）	0.78083	氪（Kr）	1.1×10^{-6}
氧（O_2）	0.20947	氙（Xe）	0.1×10^{-6}
氩（Ar）	0.00934	氡（Rn）	0.5×10^{-6}
二氧化碳（CO_2）	0.00035	甲烷（CH_4）	1.7×10^{-6}
氖（Ne）	1.82×10^{-6}	一氧化二氮（N_2O）	0.3×10^{-6}
氦（He）	5.2×10^{-6}	臭氧（O_3）	$(10\sim50)\times10^{-9}$

氮是一种不易与其他物质化合的中性气体，是植物营养物质的主要来源，植物通过土壤细菌摄取大气中的氮。氧是化学性质高度活跃的元素，也是人类和动物生存的重要元素。在氧化过程中，它易于和其他元素化合。自然界许多过程的产生，都是由于有氧的存在。CO_2 在大气中有重要作用，因为它对太阳辐射吸收甚少，却能强烈地吸收地面辐射，同时又向周围空气和地面发射长波辐射，从而使低层大气因接受热辐射而变暖。

4.1.1.2 水汽

大气中的水汽主要来源于海洋、江河、湖沼和土壤，以及其他潮湿物体表面的蒸发和植物的蒸腾。大气中的水汽含量极不稳定。一般来说，空气中的水汽含量随高度的增加而减少。大气中的水汽在大气温度变化范围内可以发生气态、液态和固态三相转化，常见的云、雾、雨、雪等天气现象，都是水汽相变的表现。此外，由于水汽能强烈地吸收地面长波辐射，同时又向周围空气和地面放射长波辐射，在水相变化中能释放或吸收热量，这些都对地面温度和空气温度有一定的影响。同时，大气中的降水对污染物是一种湿清除过程。

4.1.1.3 固体物质

大气颗粒物是指那些悬浮在大气中沉降速率很小的固体、液体的微粒，主要有烟粒、尘埃、盐粒等。在环境科学中，有时把颗粒物称为气溶胶粒子，气溶胶多集中于低层大气中。烟粒主要来源于生产、生活方面物质的燃烧；尘埃主要来自地面扬尘及火山爆发后产生的火山灰、流星燃烧的灰烬；盐粒则主要是海洋波浪飞溅进入大气的水滴被蒸发形成的。一般来说，固体杂质的含量在陆地上空多于海洋上空，城市多于乡村，冬季多于夏季，白天多于夜晚。尽管大气颗粒物不是大气的主要组分，但它是大气环境中普遍存在又无恒定化学组分的聚集体，它本身可能就是有害物质。例如，那些致癌、致畸、致突变的物质，绝大部分都存在于颗粒物中，并可能被人体吸入而危害人体健康。它也可能是有毒物质的运载体或反应床，可使一些气体污染物转化成有害的颗粒物或使某些污染物的毒性增强。此外，颗粒物能够散射太阳光，致使能见度下降，改变地球的辐射平衡，从而影响地面温度的变化；同时，大气中的固体杂质能充当水汽凝结的核心，对云雨的形成起重要作用，更重要的是颗粒物可在全球范围内扩散迁移。因此，对大气颗粒物的研究越来越受到重视。

大气的组成成分基本上是恒定的，其含量比例对于人类和其他生物的生长发育也是适宜的。如果大气中某些物质的含量大大超过原来的正常含量，或者大气中混入了通常不存在的物质或其他有害物质，以致影响人类健康和其他生物体的正常生长发育，或对各种物体产生不良影响时，这样的大气状况称之为大气污染。

4.1.1.4 自由基

自然界排入大气的大多数微量气体往往是还原态的，如硫化氢（H_2S）、氨（NH_3）、甲烷（CH_4）等。但是，由大气中回到地表的物质，如干沉降或降水带下的物质却往往是高氧化态的，如硫酸（H_2SO_4）、硝酸（HNO_3）、硫酸根（SO_4^{2-}）、硝酸根（NO_3^-）、CO_2 等。这些还原性气体并不是被空气中的氧气所氧化，因为分子氧中的 O—O 键相对较强（502 kJ/mol），它在常温常压下并不能与大多数还原性气体反应。现在已认识到，起氧化作用的是大气中存在的高活性的自由基，它们在洁净大气中的浓度仅 10×10^{-12} 左右，对这些自由基的认识是近年来在对流层光化学领域的重要突破。大气中存在的主要自由基是 OH、HO_2、RO、RO_2，尤以 OH 和 HO_2 自由基为重要。

4.1.2 大气的结构

包围地球的大气，其厚度达 2000~3000 km。大气质量在垂直方向（即由地面向高空）的分布是极不均匀的。据估计，整个大气的质量约有 5.3×10^{18} kg，其中约 95%集中在下层，也就是说下层空气密集，越往上空气越稀薄，最后逐渐过渡到宇宙空间，与星际气体相连接。整个大气圈内大气的成分、温度、密度等物理性质都有明显的变化，这种变化称为大气在垂直方向上的差异。气象学上通常根据气温随垂直高度的变化，将大气圈由地面向上分为五层：对流层、平流层、中间层、热层和外（逸）层，如图4-1所示。

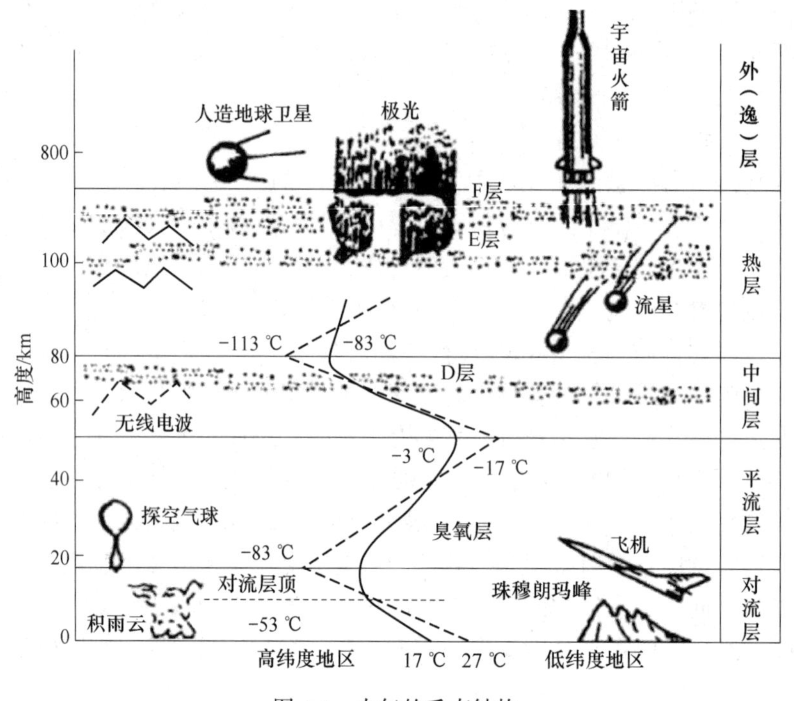

图4-1 大气的垂直结构

4.1.2.1 对流层

对流层是大气圈的最底层，其下界是地面，上界因纬度而有差异。低纬度地区，上界在17~18 km；中纬度地区，上界在10~12 km；高纬度地区，上界在8~9 km。可见对流层的厚度相对于大气圈的总厚度来说是很薄的，它却集中了大气圈大部分的质量，而且几乎全部水汽也都集中在这一层。对流层是大气圈中与人类关系最密切的一层，其基本特征是：

（1）大气温度随高度的增加而降低，平均每向上升100 m气温约下降0.65 ℃。

（2）空气的对流运动显著。其强度因纬度而有变化，低纬度地区对流强、影响高度大，高纬度对流作用弱；夏季较强，冬季较弱。

（3）天气变化复杂多变。这是因为对流层中有大量的水汽、尘埃，能形成云、雨等各种不同的天气现象，几乎所有的天气气候现象均发生在这一层中。

（4）气象要素的水平分布不均匀。由于对流层受地表影响最大，而地表有海陆分布、地形起伏等差异，因此对流层中，温度、湿度等水平分布是不均匀的，有复杂的天气变化、有多种多样的气候类型。

对流层的最下层为行星边界层（或称摩擦层），一般自地面到1~2 km高度。边界层的范围夏季高于冬季，白昼高于夜晚。在这层里，大气受地面摩擦和热力的影响最大，湍流交换作用强，水汽和尘埃含量较多，各种气象要素都有明显的日变化。在行星边界层以上的大气称为自由大气。在自由大气中，地面的摩擦作用可以忽略不计。

4.1.2.2　平流层

从对流层顶到50~55 km的高度范围是平流层。平流层的主要特征是：

（1）气流运动相当稳定，且以水平方向上的运动为主。

（2）气温随着高度增高，最初保持不变或稍微上升，到30 km以上气温随高度增加而显著升温。

（3）有臭氧存在。臭氧层对对流层和地表起着保护层的作用，是对人类环境的一个重要因素。臭氧层能大量吸收太阳光中的紫外线，从而保护着地表的生物和人类，免受紫外线的伤害。

4.1.2.3　中间层

从平流层顶到85 km的高度属中间层。这一层气温再次随高度升高而迅速下降，因而气流的垂直对流运动相当强烈，故又称高空对流层。中间层水汽含量极少，几乎没有云层出现，仅在高纬度地区的75~90 km高度，有时能看到一种薄而带银白色的夜光云。这种夜光云，有人认为是由极细微的尘埃组成的。

4.1.2.4　热层

由于热层中波长小于1.75 μm的紫外辐射被大气物质所吸收，其能量促使该层温度上升。此外，太阳的微粒辐射及宇宙空间的高能粒子，对于热层大气的热状态也有显著的影响。在热层大气中，温度随高度迅速增加，在700 km高度温度可达1500 K。

4.1.2.5　外层（逃逸层）

热层顶以上的大气层称外层。在这里大气大部分处于电离状态，质子的含量大大超过中性氢原子的含量。由于大气高度稀薄，同时地球引力场和束缚也大大减弱，大气质点不断向星际空间逃逸。

4.2　大气的温度和水分

4.2.1　大气的温度

大气的热量分布状况是产生各种大气现象和过程的根本原因。长期观测表明，大气的冷暖变化，不仅在空间上分布是很不均衡的，在时间上也有周期性和非周期性变化，这些变化的能量基本来自于太阳辐射；太阳辐射通过下垫面作用引起大气增温与冷却，制约着大气运动状态，影响着云和降水的形成。因此，大气的热能和温度成了天气变化的一个基本因素，同时也是气候系统状态及演变的主要控制因子。炽热的太阳以电磁波的形式源源不断地向宇宙空间放射能量的过程称为太阳辐射。太阳辐射的能量主要集中在波长较短的可见光部分，所以人们把太阳辐射称为短波辐射，如图4-2所示。

太阳辐射是地球表面最主要的能量来源。太阳辐射到达地球，首先进入大气圈。在经过大气时，平流层中的臭氧能强烈地吸收波长较短的紫外线；对流层中的水汽和二氧化碳等主要吸收波长较长的红外线；但能量最多的可见光很少被大气吸收，所以大部分可见光能够穿透大气射到地面上来。大气直接吸收的太阳辐射能量是很少的（约为19%）。当太阳辐射到达地面后，地面吸收了近一半（约为47%）的太阳辐射能量（见图4-3），地面

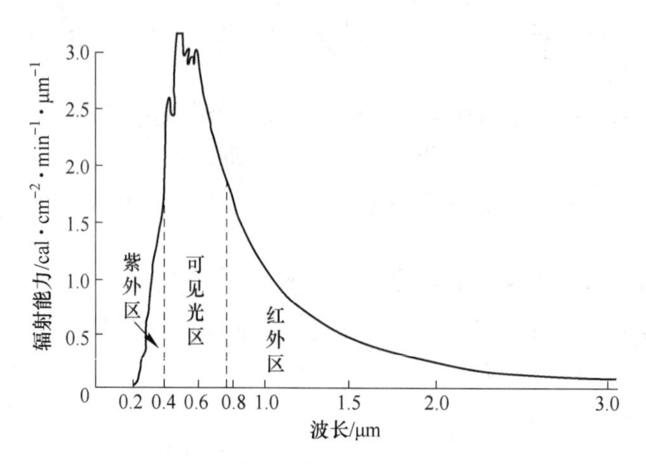

图 4-2　太阳辐射能随波长的分布

温度增高，同时地面也以电磁波的形式向外辐射能量。地面辐射的能量主要集中在红外线部分，属于长波辐射。地面辐射极易被对流层中的水汽和二氧化碳所吸收。据观测，近地面的大气能够吸收地面辐射的75%～95%，可见低层大气增温的直接热源是地面辐射。

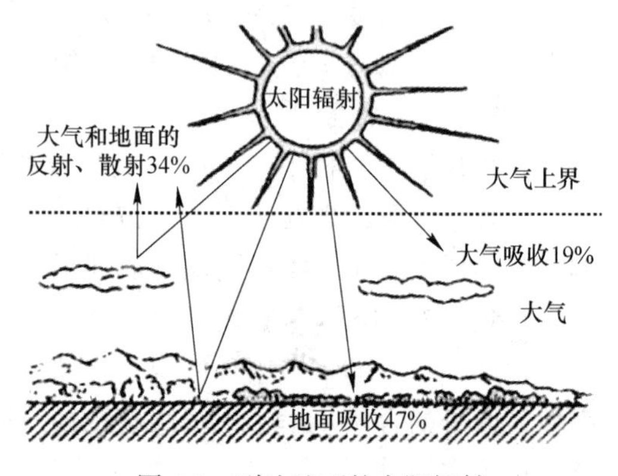

图 4-3　到达地面的太阳辐射

气温之高低，实质上是空气分子运动的平均动能大小的表现。当空气获得热量时，其分子运动平均速度增大，平均动能增加，气温也就升高；反之，当空气失去热量时，其分子运动平均速度减小，平均动能减少，气温降低。空气获得热量的多少，主要取决于太阳辐射和地表性质。太阳辐射是空气获得热量的根本来源，大气直接从太阳辐射中吸收热量而增温并不多，大气增温主要是大气通过地球表面的长波辐射和地-气间的热量交换获得的。

4.2.1.1　气温随时间的变化

A　气温的日变化

日变化大小用日较差表示，它是指一天之内最高气温与最低气温之差。一天之中气温最高值并不出现在太阳高度角最大的正午时分，而在午后2时前后。这是因为热量由地面传输给大气尚需经历一系列的物理过程；气温最低值并不出现在午夜，而在日出前，这是因为地面的热量随太阳下山而不断地散失，气温随之下降，到第二天日出前，地面温度下降到最低值，大气热量随着地温下降而散失，气温也逐渐降低而达到最低值。日出后由于吸收太阳辐射，地温将逐渐回升，地面向大气输送的热量逐渐增多，气温也相应地逐渐回升。气温日较差的大小与地理纬度、季节、地表性质、地形和天气状况有关。

B　气温的年变化

气温在一年之内的变化用年较差表示，年较差是一年中最热月平均气温与最冷月平均气温之差值。一年中最高气温出现在夏季，北半球大陆上多出现在7月，海洋上在8月；

最低气温出现在冬季，北半球大陆多出现在1月，海洋上在2月。这种变化随纬度的增高而增大，所以气温年变化也随纬度的增高而增大，纬度越高，气温年较差越大。例如，赤道地区气温年较差为1 ℃，中纬度地区为20 ℃，高纬地区高达30 ℃。气温年较差的大小还与下垫面的性质、地形、高度有关。海洋上气温年较差小于陆地；沿海小于内陆；有植被覆盖地小于裸露地；凸地小于凹地；云雨多的地方年较差小于云雨少的地方；海拔越高，气温年较差越小。根据温度年较差的大小及最高、最低值出现的时间，可将气温的年变化按纬度分为四种类型，即热量带。

（1）赤道型：它的特征是一年中有两个最高值，分别出现在春分和秋分以后，因赤道地区春秋分时中午太阳位于天顶。两个最低值出现在冬至与夏至以后，此时中午太阳高度角是一年中的最小值。这里的年较差很小，在海洋上只有1 ℃左右，大陆上也只有5~10 ℃。这是因为该地区一年内太阳辐射能的收入量变化很小之故。

（2）热带型：其特征是一年中有一个最高（在夏至以后）和一个最低（在冬至以后），年较差不大（但大于赤道型），海洋上一般为5 ℃，陆地上约为20 ℃。

（3）温带型：一年中也有一个最高值，出现在夏至后的7月；一个最低值出现在冬至以后的1月。其年较差较大，并且随纬度的增加而增大。海洋上年较差为10~15 ℃，内陆一般达40~50 ℃，最大可达60 ℃。另外，海洋上极值出现的时间比大陆延后，最高值出现在8月，最低值出现在2月。

（4）极地型：一年中也是一次最高值和一次最低值，冬季长而冷，夏季短而暖，年较差很大是其特征。这里特别要指出的是，随着纬度的增高，气温日较差减小而年较差却增大。这主要是由于高纬度地区，太阳辐射强度的日变化比低纬度地区小，即纬度高的地区，在一天内太阳高度角的变化比纬度低的地区小，而太阳辐射的年变化在高纬度地区比低纬度地区大的缘故。

C 气温的非周期变化

气温的变化还时刻受着大气运动的影响，所以有些时候气温的实际变化情形，并不像上述周期性变化那样简单。例如，3月以后，我国江南正是春暖花开的时节，却常常因为冷空气的活动而有突然转冷的现象。秋季，正是秋高气爽的时候，往往也会因为暖空气的来临而突然回暖。由此可见，某地气温除了由于太阳辐射的变化而引起的周期性变化外，还有因大气的运动而引起的非周期性变化。实际气温的变化，就是这两个方面共同作用的结果。如果前者的作用大，则气温显出周期性变化；相反，就显出非周期性变化。不过，从总的趋势和大多数情况来看，气温日变化和年变化的周期性还是主要的。

4.2.1.2 气温的空间分布

A 气温的水平分布

气温的水平分布通常用等温线来表示。等温线就是将气温相同的地点连结起来的曲线，等温线的不同排列表示不同的气温分布特点。如果等温线稀疏，则各地气温相差不大；等温线密集，表示各地气温悬殊；等温线平直，表示影响气温分布的因素较少；等温线弯曲，表示影响气温分布的因素较多。从图4-4可以看出，地球表面气温分布有如下特征：（1）北半球1月等温线比7月等温线密集，说明北半球1月各纬度之间气温差异较大，南半球相反。（2）北半球1月等温线在大陆上大致向赤道方向突出，在海洋上则大致向极地方向突出；夏季相反。这是因为在同一纬度上，冬季大陆气温比海洋低，夏季比海洋高。南半球因陆地面积较小，海洋面积较大，等温线基本上反映的是海洋上气温随纬度的变化，显得比较平直。(3) 近赤道地区有一个高温带，月平均气温无论冬夏都高于 24 ℃，称为热赤道。热赤道的位置，冬夏不同。冬季在 5°N～10°N，夏季在 20°N 附近。最低气温，在南极曾有-90 ℃的记录；北半球最低气温在高纬度大陆，如俄罗斯的维尔霍扬斯克和奥伊米亚康，分别为-69.8 ℃和-73 ℃。夏季最高气温出现在低纬度大陆上，如非洲的撒哈拉沙漠和北美洲加利福尼亚南部等。世界上绝对最高温度出现在索马里境内，为 63 ℃。

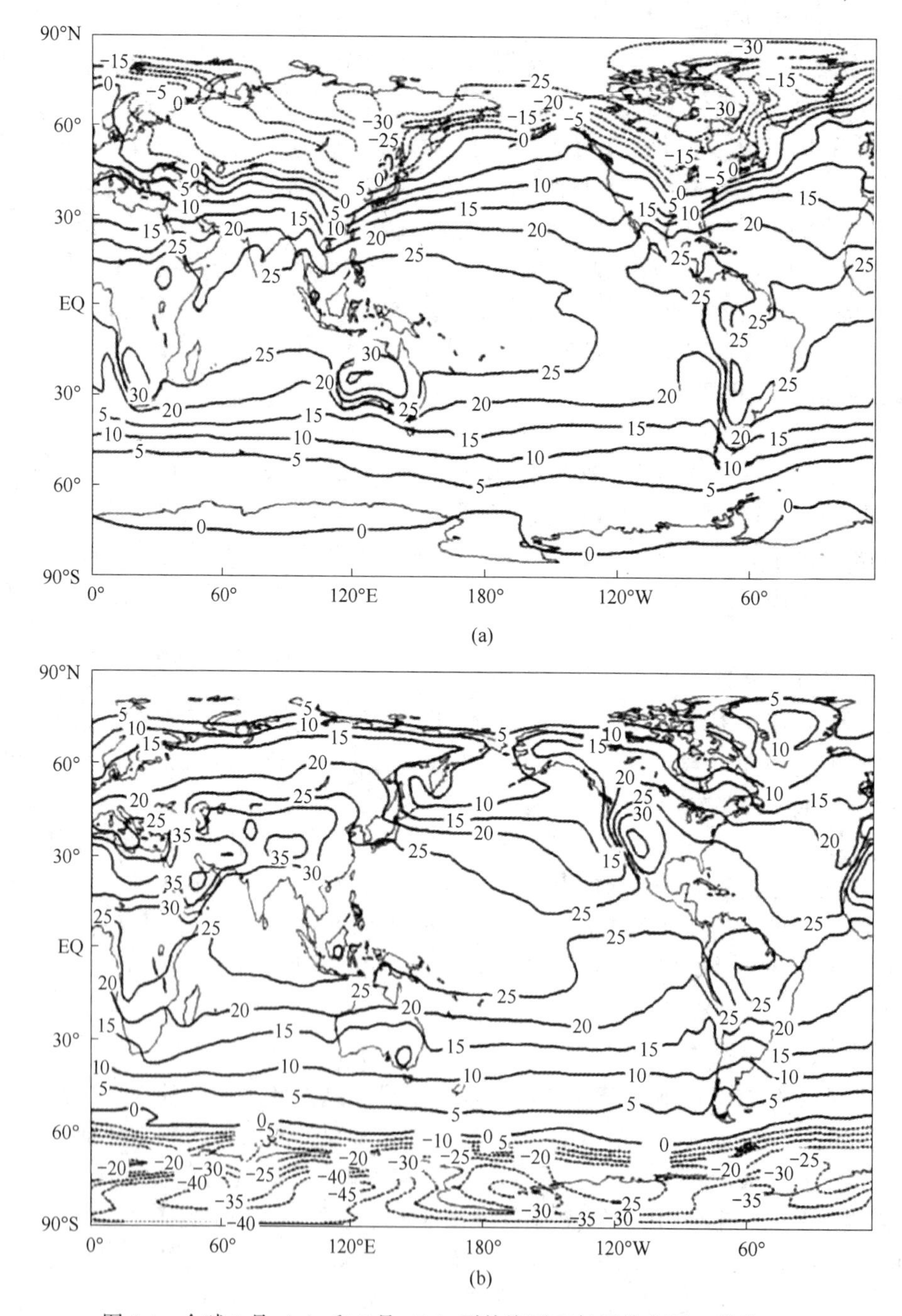

图 4-4 全球 1 月 (a) 和 7 月 (b) 平均海平面气温分布图 (单位:℃)

B 气温的垂直分布

气温的垂直分布在对流层范围内（地面以上 15 km），气温随高度的升高而降低。单位高度内气温的变化值（℃/100 m）称为气温垂直递减率，气温垂直递减率一般为 0.65 ℃/100 m。但因受纬度、地面性质、气流运动等因素影响，随地点、季节、昼夜而有变化。一般情况是，夏季和白天气温垂直递减率大；冬季和夜间气温垂直递减率小。一般来说，气温垂直递减率越大，即气温随高度升高而下降的幅度越大，大气就越不稳定，空气对流越强烈；反之，气温垂直递减率越小，大气就越稳定。若气温垂直递减率为负值时，即产生逆温现象，此时下层气温低于上层，阻碍空气的垂直对流运动，不利于烟尘、污染物等的扩散，将加剧大气污染的发展。下面分别讨论各种逆温的形成过程。

（1）辐射逆温：由于地面强烈辐射冷却而形成的逆温，称为辐射逆温。在晴朗无云或少云的夜间，地面很快辐射冷却，贴近地面的气层也随之降温。由于空气越靠近地面，受地表的影响越大，离地面越近降温越多，离地面越远降温越少，因而形成了自地面开始的逆温。在山谷与盆地区域，由于冷却的空气还会沿斜坡流入低谷和盆地，因而常使低谷和盆地的辐射逆温得到加强，往往持续数天而不会消失。

（2）湍流逆温：由于低层空气的湍流混合而形成的逆温，称为湍流逆温。其形成过程可用图 4-5 来说明。图中 AB 为气层原来的气温分布，气温直减率（γ）比干绝热直减率（γ_d）小，空气经过充分的湍流混合后，气层的温度直减率就逐渐趋近干绝热直减率。图中 CD 是经过湍流混合后的气温分布，这样，在湍流减弱层（湍流混合层与未发生湍流的上层空气之间的过渡层）就出现了逆温层 DE。

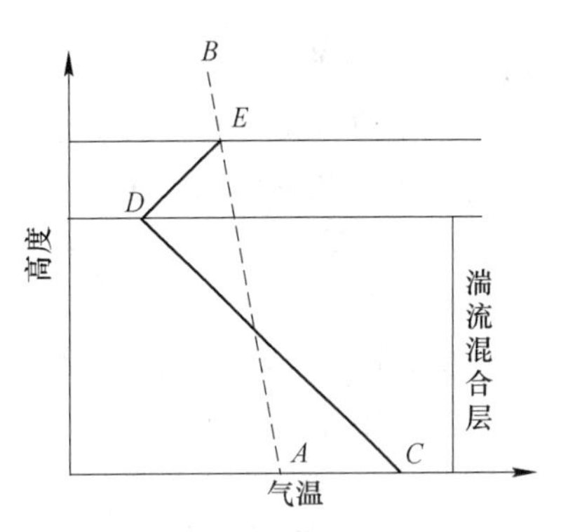

图 4-5 湍流逆温的形成

（3）平流逆温：暖空气平流到冷的地面或冷的水面上，会发生接触冷却作用，越近地表面的空气降温越多，而上层空气受冷地表面的影响小，降温较少，于是产生逆温现象。这种因空气的平流而产生的逆温，称平流逆温。

（4）下沉逆温：如图 4-6 所示，当某一层空气发生下沉运动时，因气压逐渐增大，以及因气层向水平方向的辐散，使其厚度减小（$h'<h$）。如果气层下沉过程是绝热的，而且气层内各部分空气的相对位置不发生改变，这样空气层顶部下沉的距离要比底部下沉的距离大，其顶部空气的绝热增温要比底部多，于是可能有这样的情况：当下沉到某一高度上时，空气层顶部的温度高于底部的温度，而形成逆温。这种因整层空气下沉而造成的逆温，称为下沉逆温。下沉逆温多出现在高气压区内，范围很广，厚度也较大，在离地面数百米至数千米的高空都可能出现。冬季，下沉逆温常与辐射逆温结合在一起，形成一个从地面开始有着数百米厚度的逆温层。由于下沉的空气层来自高空，水汽含量本来就不多，加上下沉以后温度升高，相对湿度显著减小，空气显得很干燥，不利于

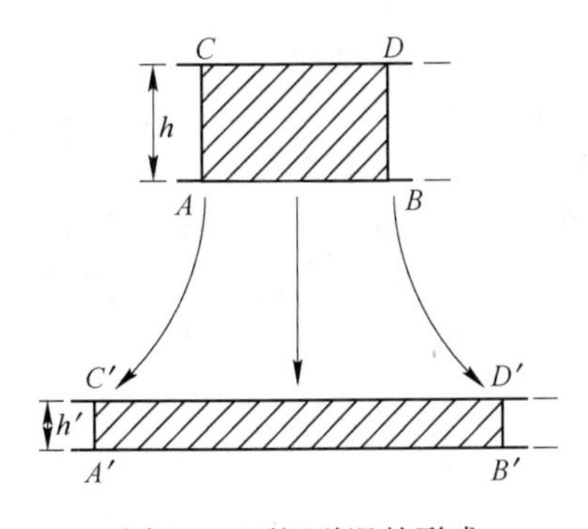

图 4-6 下沉逆温的形成

云的生成，原来有云也会趋于消散，因此在有下沉逆温的时候，天气总是晴好的。

此外，还有冷暖空气团相遇时，较轻的暖空气爬到冷空气上方，在界面附近也会出现逆温，称之为锋面逆温。实际上，大气中出现的逆温常常是由几种原因共同形成的。因此，在分析逆温的成因时，必须注意到当时的具体条件。

4.2.2 大气的水分

4.2.2.1 水汽压与相对湿度

湿度就是空气的湿润程度，它表示空气中水汽的含量。大气中（主要在对流层内）含有水分，大气从海洋、湖泊、河流及湿地、潮湿土壤的蒸发中或植物的蒸腾中获得水分。水分进入大气后，由于它本身的分子扩散和空气的运动输送而散布于大气之中，在一定条件下水汽发生凝结，形成云、雾等天气现象，并以雨、雪等降水形式重新回到地面。地球上的水分就是通过蒸发、凝结、降水等过程循环不已。因此，地球上水循环过程对地-气系统的热量平衡、天气变化和污染物质的清除起着非常重要的作用。

水汽是大气的组成部分，也具有一定压强，称为水汽压。水汽压高，说明空气中水汽含量高，空气湿润；相反，水汽压低，说明空气中水汽含量低，空气干燥。因此，水汽压可以用来表示大气中水汽含量的多少。在一定温度条件下，一定体积的空气中所含水汽量有一极限值，此时的水汽压称为最大水汽压，又称饱和水汽压。

相对湿度也是表示大气湿度的一种方法。相对湿度是指大气中实际水汽含量与饱和空气的水汽量之比，用百分比表示。相对湿度能直接反映空气中水汽距饱和的程度和大气中水汽的相对含量。

4.2.2.2 相对湿度与空气温度

大气中相对湿度的变化同环境条件和气温密切相关。前者主要是指地表的湿润状态和水源状况；温度影响主要是，即使空气中水汽量没有增加，只要温度下降，也可导致相对湿度升高。这是由于饱和水汽压与温度有关，并随温度的降低而降低；相反，气温升高，即使空气中水汽量没有减少，也将导致相对湿度降低。

4.2.2.3 露和霜

露和霜：日落以后，地面或地物由于辐射冷却，贴近地表面的空气层也随之降温。当其温度降到露点以下，即空气中水汽含量过饱和时，在地面或地物的表面就会有水汽凝结。如果此时的露点温度在 0 ℃以上，在地面或地物上就出现微小的水滴，称为露；如果露点温度在 0 ℃以下，则水汽直接在地面或地物上凝华成白色的冰晶，称为霜。霜和露对污染物都有一定的清除作用。

露与霜的形成与天气状况、局部地形等条件密切相关。晴天夜晚无风或微风时，地面有效辐射强烈，近地面层空气温度迅速下降到露点，因而有利于水汽的凝结；多云的夜晚，由于大气逆辐射增强，地面有效辐射大为减弱，近地面层空气温度难以下降到露点，因此不利于水汽凝结；风力较强的夜晚，因空气的湍流混合，气温也难以降低到露点温度，所以霜露不容易形成。一般来说，表面辐射很强又不善于传热的物体，如树叶、杂草等表面，最有利于形成霜露。

露的降水量很少。在温带地区夜间露的降水量相当于 0.1~0.3 mm 的降水层，但在许多热带地区却很可观，多露之夜可有相当于 3 mm 的降水量，平均约 1 mm。露的量虽然有限，但对植物很有利，尤其在干燥地区和干热天气，夜间的露常有维持生命的作用。

霜和霜冻是有区别的。霜是指白色固体凝结物；霜冻是指在农作物生长季节里，地面和植物表面温度下降到足以引起农作物遭受伤害或者死亡的低温。有霜时农作物不一定遭受霜冻之害。因此，我们要预防的是霜冻而不是霜。霜冻，尤其是早霜冻（或初霜冻）和晚霜冻（或终霜冻）对农作物威胁较大，应引起重视，并需采取熏烟、浇水、覆盖等预防措施。

4.2.2.4 云和雾

云和雾一样，都是由空气中的水滴和冰晶组成的。其区别在于：雾的底部贴近地面，而云发生在高空，有时云底也很低，但下界不和地面相连。

A 云

云是悬浮在大气中的微小水滴或冰晶的浓密聚集。这些云质点的直径在0.02～0.06 mm范围内，云的形成必须有三个基本条件：一是要有水汽，二是要有使水汽发生凝聚的空气冷却，三要有促使凝聚的凝聚核。凝聚核通常是一些极微小的、对水汽具有亲和力的盐粒，它们具有吸湿能力。大气中，盐粒是大量的，海洋中上涌波浪经过风的吹拂，就会把盐沫带进空气里，这些飞沫蒸发后就剩下细小的盐粒，很容易飘浮到对流层内各处，成为理想的凝聚核，在合适的条件下形成云质点。大气中各种不同云状的产生，主要是空气上升运动的形式不同所造成的。大气中上升运动主要有以下几种情况：

（1）动力抬升。暖湿气流受锋面或辐合气流作用而被迫上升，或者气流在运动过程中受到地形的阻碍而被迫上升，这种运动形成的云主要是层状云。

（2）热力对流上升。绝对不稳定的气层受到扰动或者地面受热不均而产生气流的上升运动，由对流运动所形成的云多属积状云，这时可将地面污染物带至云中，形成部分污染物在云中清除。

（3）大气波动。大气流经不平的地面或在逆温层以下所产生的波状运动，由大气波动产生的云主要属于波状云。

按云底的高度，国际上公认将云分为四个云族：高云、中云、低云和垂直发展的云（积云）。

B 雾

雾实际上就是近地面层大气中的云，其下层与地面相连接。雾，特别是浓雾的出现，表明空气达到或接近露点温度，空气中有相当多的水汽冷凝成大量的云滴和冰晶。形成雾的基本条件是近地面空气中有充沛的水汽，有使水汽发生凝聚的冷却过程和凝聚核的存在。通常在风力微弱，大气层结稳定（即空气垂直对流微弱），并有充足凝结核存在的条件下最易形成。由于引起近地面层空气冷却的方式不同，雾的形成也有各种不同类型，如辐射雾、平流雾、蒸气雾、上坡雾、锋面雾等，其中最常见的是辐射雾和平流雾。

（1）辐射雾。辐射雾是指由于地面辐射冷却使贴地气层变冷而形成的雾。有利于形成辐射雾的条件是：空气中有充足的水汽，风力微弱，晴朗少云，大气层结稳定。这与形成辐射逆温层的条件相同，所以辐射雾多形成在近地层的辐射逆温层中，这种发生在贴地层空气的辐射雾称为辐射低雾。当高空存在逆温层时，在该层的下界，由于具有稳定的性质，使大量水汽、尘埃在此聚集，夜间由于这些物质的降温冷却，也可形成雾，这种雾称为辐射高雾；它从上往下依次形成，可以造成大范围内较浓的雾。

（2）平流雾。平流雾是暖湿空气流经冷的下垫面而逐渐冷却所形成的雾。海洋上暖而湿的空气流到冷的大陆上或者冷的海洋面上，都可以形成平流雾。平流雾形成的有利天气条件是：下垫面与暖湿空气的温差较大，暖湿空气的湿度大，有适宜的风向（由暖向冷）和风速（2~7 m/s），层结较稳定。其范围和厚度一般比辐射雾大，在海洋上四季皆可出现。由于它的生消主要取决于有无暖湿空气的平流，因此只要有暖湿空气不断流来，雾就可以持久不消，而且范围很广。此外，还有冷气流流经暖水面时产生的蒸汽雾、稳定的空气沿高地或山坡上升时因绝热冷却而形成的上坡雾，以及冷暖性质不同的气团交界处形成的锋面雾等。

4.2.2.5 降水

降水是指从大气中自动降落到地面的雨、雪、霰、雹的统称。

雨是降水的最常见形式，由直径大于0.5 mm的水滴连续不断下降形成。雨滴是由于水汽快速冷凝所致，并且与其他雨滴频繁碰撞合并而增大。雨滴也可以由雪花降落到较低处较暖的空中融化而形成。大的雨滴可能含有单个云滴里水量的1000倍，并且直径可增长到5 mm。超过这样大小的雨滴在下降时会裂开。毛毛雨的雨滴很小，直径小于0.5 mm。

雪是由管状或六角形的冰晶组成，它们缠结在一起形成雪花。

霰也是一种固态降水，它是由雨滴下落过程中，经过冷空气层被冻结成的小冰粒。

雹是另一种形式的固态降水，雹常从有强烈上升气流形成的积雨云中降落。

降水是大气中的水汽转变成液态水和固态水并降落到地面的过程。只有当巨大的足够潮湿的空气团冷却到露点温度以下时，降水才能发生，而这种巨大空气团只有通过垂直上升才能发生持续的冷却过程。上升的空气即使没有向外丢失热量，温度也会下降，称为绝热冷却。上升的空气，其温度之所以下降，是因为较高处的气压减小，使上升的空气膨胀而做功，做功时消耗内能而使温度降低；同理，下沉到较低处的空气，由于气压增大，空气受压缩，体积减小，温度上升。

促使气团上升的原因有多种，因而有不同形式的降水：（1）对流降水（对流雨），是地表剧烈受热，引起空气强烈对流形成的。这是因为受热的潮湿空气急剧上升，同时发生绝热冷却，当空气团到达某一高度形成过饱和水汽时，即可发生降水。（2）地形性降水，是指暖湿气团在前进途中遇到高山，气团被强制抬升所引起的，地形雨多发生在山地迎风坡。（3）锋面降水，是由两种性质不同的空气团相遇时，暖湿空气被强制抬升所引起的。

4.2.2.6 人工降水

人工降水（雨）就是根据自然界降水形成的原理，人为地补充某些形成降水所必需的条件，促使云滴迅速凝结或合并增大，形成降水。人工降雨采用的方法，因云的性质不同有以下两种。

A 人工影响冷云降水

中纬度地区冬季经常出现大范围的过冷却层状云，但很少降水。夏季也经常出现云顶温度低于0 ℃的积状云，其中能产生降水的也为数不多。根据理论研究，这种云之所以没有降水，主要是云内缺乏冰晶，云滴得不到增长。影响冷云降水的基本原理是设法破坏云的物态结构，也就是在云内制造适量的冰晶，使其产生冰晶效应，使水滴蒸发，冰晶增长。当冰晶长大到一定尺度后，发生沉降，沿途由于凝华和冲并增长而变成大的降水质点下降，这就是所谓冷云的“静力催化”。20 世纪 60 年代又提出了“动力催化”试验，其依据是：在云体的过冷却（-10 ℃）部分，大量而迅速地引入人工冰核。当冰核转化成冰晶时，要释放大量潜热，使云内温度升高，形成或增大上升气流，促使云体在垂直和水平方向迅速扩展，相应延长云的生命期，加速云内降水形成过程，从而增加降水量。静力催化与动力催化都是从影响云的微物理结构着手，所不同的是静力催化着眼于云内水的相态不稳定性，动力催化立足于影响或加强云内的热力不稳定。

在云内人工产生冰晶的方法有两种。一种是在云中投入冷冻剂，如干冰（即固体二氧化碳），在 1013 hPa 下，其升华温度为-79 ℃。将干冰投入过冷却云中后，在它的周围薄层内便形成一个冷区，在此冷区内过饱和度很大，因此水汽分子结合物能够存在和长大。另一种方法是引入人工冰核（凝华核或冻结核），目前人们认为碘化银是一种非常有效的冷云催化剂。碘化银具有三种结晶形状，其中六方晶形与冰晶的结构相似，能起冰核作用，适用于-4～-15 ℃的冷云催化。

B　人工影响暖云降水

整个云体温度高于 0 ℃的云，称为暖云。我国南方夏季的浓积云、层积云多属于这种云。这种云之所以没有降水往往是由于云中缺乏大水滴，滴谱较窄，冲并作用不易进行之故。暖云内不可能有冰晶效应，促使降水形成起决定性作用的是水滴大小不均匀和冲并过程。要人工影响暖云降水可以引入吸湿性核（如钠盐），由于其能在低饱和度下凝结增长，故可在短时间内形成数十微米以上的大滴；也可直接引入 30～40 μm 的大水滴，从而拓宽滴谱，加速冲并增长的过程，达到降水的目的；或引入表面活性物质（既能显著减小水滴表面张力，又可抑制蒸发的物质），改变水滴的表面张力状态，以利于形成大水滴并促使其破碎加速联锁反应，从而形成降水。

4.2.2.7　降水分布

降水量的空间分布，受地理纬度、海陆位置、大气环流、天气系统、地形等多种因素制约。从降水量的纬度分布来看，全球可划分为四个降水带。

（1）赤道多雨带：赤道及其两侧地带是全球降水量最多的地带，每年降水量至少 1500 mm，一般为 2000～3000 mm。其中有两个高值时期与两个低值时期，春分、秋分附近降水量最多，夏至、冬至附近降水量较少。

（2）副热带少雨带：在南北纬 15°～30°地带。此纬度带受副热带高压控制，以下沉气流为主，是全球降水量稀少带。大陆西岸和内部最少，年雨量一般不足 500 mm，不少地方只有 100～300 mm，是全球荒漠相对集中分布的地带。实际上本带并不是到处都少雨，因地理位置、季风环流、地形等因素影响，某些地方降水很丰富。例如，喜马拉雅山南坡的乞拉朋齐年平均降水量高达 12665 mm。

（3）中纬度多雨带：这一带因受天气系统影响，锋面、气旋活动频繁，所以年降水量较副热带多，一般在 500～1000 mm。大陆东岸还受到季风影响，夏季风来自海洋，所以局部地区降水特别丰富。例如，智利西海岸（42°S～54°S）年降水量为 3000～5000 mm。

（4）高纬度少雨带：本带因纬度高，全年气温很低蒸发微弱，故降水量偏少，年降水量一般不超 300 mm。

4.3 大气的运动和天气系统

4.3.1 大气的运动

大气时刻在运动着，其运动的形式和规模极为复杂。既有水平运动，也有垂直运动；既有全球性的大规模运动，也有局部性的小尺度运动。

4.3.1.1 大气运动的动力

大气运动的产生及形式取决于气压的作用。所谓气压是指单位面积上所承受的空气柱的质量，单位是Pa。一个地方的气压随高度增加而降低，影响气压随高度变化的原因主要是该地上空大气柱的高度和密度；在水平方向上，由于气温差异也会引起该方向上大气密度的变化，并导致气压的水平变化。由于大气在垂直或水平方向上存在气压差，从而产生了气压梯度力，它的方向是沿着垂直于等压面方向由高压区指向低压区，其大小为这个方向上单位距离内气压的改变量。气压梯度力可分为水平气压梯度力和垂直气压梯度力，通常垂直气压梯度力较大，是水平气压梯度力的100万倍。虽然垂直气压梯度力较大，但因受地球重力作用的影响，它与重力始终处于平衡状态；而水平气压梯度力虽小，但没有其他实质力同它相平衡，在一定条件下能造成较大的空气水平运动。所以，真正造成大气水平运动的力是水平气压梯度力。

除水平梯度力之外，运动的大气还会受到地转偏向力、惯性离心力及摩擦力的作用。地转偏向力是由于地球的自转和地球的球面效应所引起的。通常，地球表面的大气随固体地球一起自西向东旋转，赤道附近线速度大，向两极逐渐变为零。如果低纬度具有较大旋转线速度的大气向具有较小线速度的高纬度运动时，两地的线速度差使运动的大气产生了一个向东的附加速度，实际的风向必然向东偏；相反，高纬度流向低纬度的大气则相当于具有一个向西的附加速度，使风向西偏。实际上，地球上一切物体（包括固体、液体和气体）的运动都会受地球自转的影响而发生方向偏转，其偏转方向与大气相同。这种现象就好像在运动着的物体上施加了一个使其运动方向发生改变的力一样，这种假想的力一般称为科里奥利力，对于运动的大气来说则称为地转偏向力，如图4-7所示。

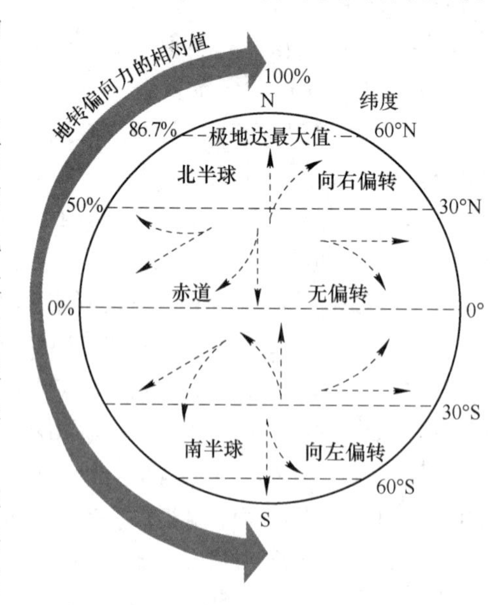

图4-7　地转偏向力示意图

当大气做曲线运动时，还会受到大气的惯性离心力作用。此外，近地面大气的水平运动还将受到地面摩擦力的影响；运动的大气与大气之间也存在着摩擦力作用。在上述几种作用力中，水平气压梯度力是大气运动的原动力，其他力只在大气运动开始后起作用。

4.3.1.2 大气环流

大气环流是指大气圈内空气做不同规模运动的总称，是形成各种天气和气候的主要因素，并制约较小规模的气流运动。它是各种不同尺度的天气系统发生、发展和移动的背景条件。由于大气环流受纬度、海陆分布、地表状态、太阳辐射和地球自转的不同影响，从而形成各种类型的环流。大型的有行星风系、季风等，小型的有海陆风、山谷风等。

A 行星风系

假如地球不绕地轴自转，且地表是均匀的，则赤道地区由于比极地地区受热多，气温高，空气受热膨胀上升，因此其地面气压降低而形成低压区，称为赤道低压；在极地上空，因有空气流入，地面气压升高而形成高压区，称为极地高压。这样就形成在赤道上空的气压比同一水平面上的极地地区高，导致高空由赤道向极地的气流，在地面上就形成了由极地流向赤道的气流，赤道地区空气以上升运动为主，两极地区以下沉为主，从而形成闭合环流，如图 4-8 所示。

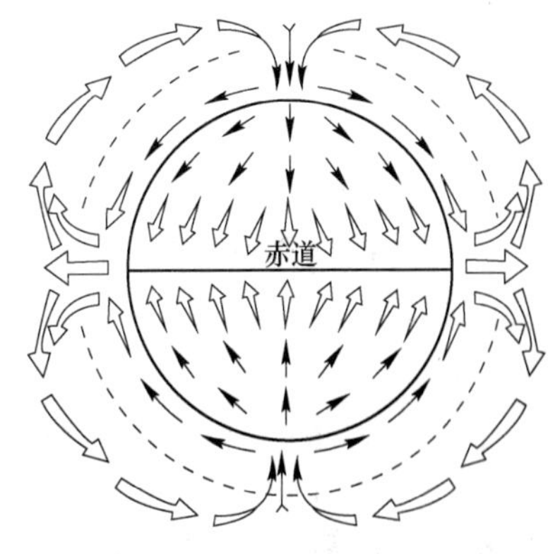

图 4-8 假设地球不自转时的环流

然而实际上，地球是在不停地转动着的，空气运动就要受地转偏向力的作用，所以图 4-8 表示的闭合环流图不可能存在。在地球自转偏向力的参与下，使地球近地面层中出现了四个气压带——赤道低压带、副热带高压带、副极地低压带和极地高压带，同时还相应地形成了三个风带——信风带、盛行西风带和极地东风带，这些风带与上空气流结合起来，便构成了三个环流圈，如图 4-9 所示。

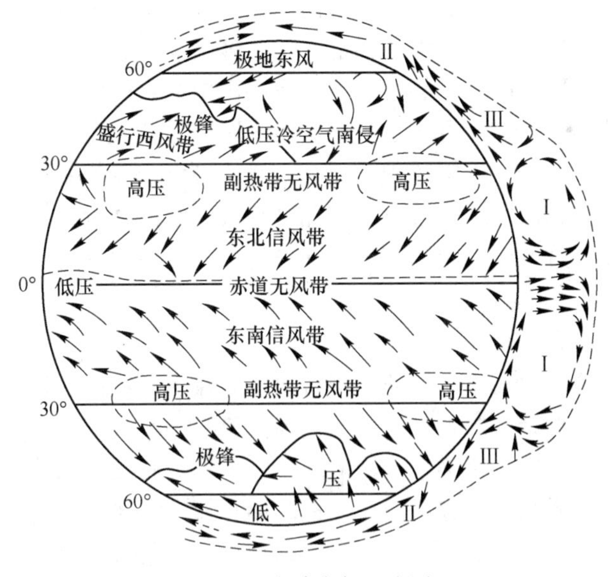

图 4-9 全球大气环流图

B 季风

大范围地区的盛行风随季节而有显著改变的现象，称为季风。这种风冬季由大陆吹向海洋，夏季由海洋吹向大陆。随着风向的转变，天气和气候的特点也跟着发生变化。季风的形成与多种因素有关，但最主要的是由于海陆间的热力差异，以及这种差异的季节变化。在夏季大陆上气温比同纬度的海洋上气温高，大陆上气压比海洋上气压低，气压梯度由海洋指向大陆，所以气流分布是从海洋流向大陆的，形成夏季风；冬季则相反，因此气流分布是由大陆流向海洋，形成冬季风。

世界上季风区域分布甚广，而东亚是世界上最著名的季风区，这主要是由于太平洋是世界最大的大洋，亚非欧是世界最大的大陆并且东西延伸甚广，东亚居于两者之间，海陆的气温对比和季节变化都比其他任何地区显著，再加上青藏高原的影响，所以东亚季风特别显著。东亚季风对我国、朝鲜、日本等地区的天气和气候影响很大，在冬季风盛行时，这些地区的气候特征是低温、干燥和少雨；而在夏季风盛行时，气候特征是高温、湿润和多雨。

C 局地环流

由于局部环境影响，如地形起伏、地表受热不均匀引起的小范围气流，称为局地环流。它包括海陆风、山谷风、焚风等地方性风，它们对局地污染物扩散有着非常重要的影响。

（1）海陆风：由于海陆热力差异引起的，但影响范围局限于沿海，风向转换以一天为周期。白天，陆地增温比海面增温快，陆面气温高于海面气温，因而形成局地环流。下层风由海面吹向陆地，为海风。上层则有反向气流；夜间，陆地降温快、地面冷却，而海面降温缓慢，海面气温高于陆面，海岸和附近海面间形成与白天相反的局地环流，气流由陆地吹向海面，为陆风。

（2）山谷风：在山地区域，日出以后山坡受热，其上空增温很快。而山谷中同一高度上的空气，由于距地面较远，增温较慢，因而产生由山谷指向山坡的气压梯度力，风由山谷吹向山坡，这就是谷风。夜间，山坡辐射冷却，气温降低很快，而谷中同一高度的空气冷却较慢，因而形成与白天相反的热力环流，下层由山坡吹向山谷，这就是山风。

（3）焚风：受山地阻挡被迫抬升，空气冷却，起初按干绝对直减率（1 ℃/100 m）降温，空气温度达饱和状态时，按湿绝热直减率（平均为 0.5~0.6 ℃/100 m）降温，水汽凝结，产生降水；气流越山之后顺坡下沉，此时空气中水汽含量大为减少，下沉气流按干绝热直减率增温，以致背风坡气温比迎风坡同一高度高得多，湿度也小得多，从而形成相对干而热的风，这就是焚风。

4.3.1.3 大气运动的湍流性质

大气运动似一江春水向东流，平动中带有涡旋。在实验室做这样一个流体试验，用一束染色流体流入直的圆形管道的无色流体中，当流速很小时，染色流体基本上保持它本身的束流形式，虽有扩散，但一束染色流体清晰可见。这种有规则的流动，称为片流或层流运动，这种运动在自然界很难形成。当在上述圆形直管中流体运动速度加大时，束流即逐渐开始弯曲，如速度超过某一临界值，束流立即破坏，染色流体以涡旋运动迅速向管内各个方向扩散，最终会消失染色流体的束流与无色流体的界限，这时流体的运动就是湍流（乱流）运动而不是层流运动了。自然界大气流动总带有这种湍流性质。例如，烟囱里冒出的烟气，在大气中其烟柱会越变越粗，在喇叭形烟道中带有波状弯曲，呈现明显的湍流性质。留意观察一下自然界，这种湍流现象比比皆是，经常见到的树叶、灰尘等杂物的随风飞舞、黑云滚滚等，都表示大气中的湍流性质。

如果用高度灵敏的测风仪，则自动记录出来的风速和风向，都像脉搏的跳动一样，起伏不平，有时会像心脏病患者的脉跳，心律不齐，小跳动伴有大起伏，如图 4-10 所示。

风速无论在水平方向或铅直方向皆有脉动，这是大气湍流明显特征。风速脉动程度与大气温度层结关系密切。图 4-10（a）是在逆温情形下，当形成的湍流很快停滞时风速自记曲线，并调整了位置，脉动较均匀，平均振幅及脉动周期皆不大。图 4-10（b）为对流情形下的风速记录，风的脉动除有轻微的间歇外，还有大规模的扰动，其平均振幅及脉动周期皆较大。这种风速脉动就是由空气微团在乱流作用下造成的，这种空气微团的上下交换能引起动量的上下传递。

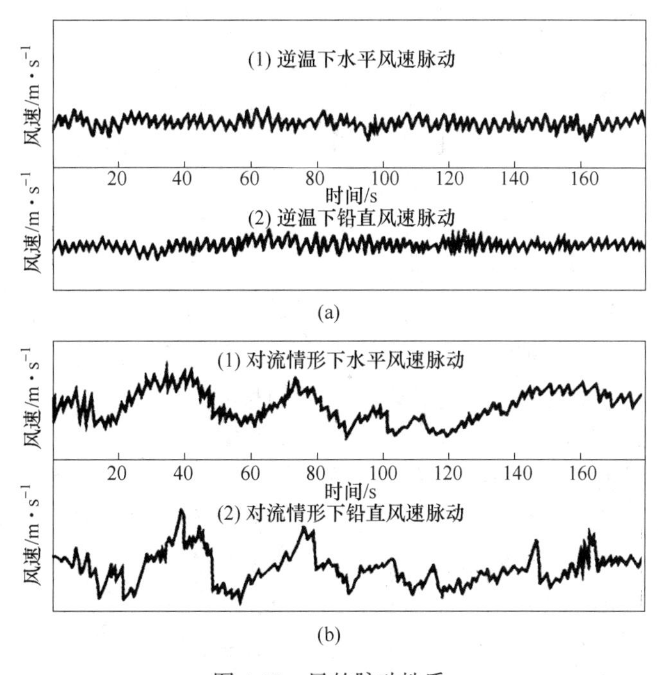

图 4-10　风的脉动性质

产生大气湍流的原因，有热力和动力两种。由热力原因产生的湍流叫作热力湍流，由动力原因产生的湍流叫作动力湍流，实际大气中的湍流运动是热力和动力两种原因共同引起的。在地面障碍物多而高、风速很大而且风速向上增加很快时，可能是以动力作用为主；在风速很小、地面增热不均匀时，可能是以热力作用为主。一般，湍流发生的强度在陆上比海上大，山地比平原大，夏季比冬季大，白天比夜里大。研究湍流时，把它作为一种叠加在平均风之上的脉动变化，由一系列不规则的涡旋运动组成，这种涡旋称为湍涡。大气总是处于不停息地湍流运动之中，排放到大气中的污染物质，在湍流涡旋的作用下散布开来。大气湍流运动的方向和速度都是极不规则的，具有随机性，并会造成流场中各部分之间的混合和交换。日常可以看到，烟囱中冒出的烟气总是向下风方向飘去，同时不断地向四周扩散，这就是大气对污染物的输送和稀释扩散过程。

4.3.2　天气系统

天气是指某一地区、某一时刻的大气物理状况，由于大气每时每刻都在不停地运动和变化着，因而在同一地区的不同时刻有不同的天气，而同一时刻不同地区的天气也不同。一个地区某一时刻的天气，是由该地区大气中大小不同的各类天气系统（如高压、低压、气旋、反气旋等）的移动、变化引起的，而各天气系统之间又是相互作用、相互交织着的，共同形成不同形态的天气状况。主要天气系统有如下几种。

4.3.2.1 气团

气团是指一定范围内，在水平方向上物理属性（温度、湿度、稳定度等）相对比较均匀的大块空气。气团范围很大，水平方向上可达几百千米至几千千米，垂直范围达数千米至十几千米。要形成一个物理属性相似的气团，首先应具有大范围物理性质相当均一的下垫面，它决定着气团的性质。其次要有利于空气停滞和缓行的环流条件，如准静止高压、副热带高压等，都有利于空气停滞。如果气团的温度高于所经过下垫面的温度，或高于相邻气团温度，则称为暖气团；相反，气团的温度低于其经过的下垫面温度或低于相邻气团温度，则称为冷气团。暖气团一般水汽含量丰富，所以当冷、暖气团相遇时，暖空气往往被冷空气抬升，降温冷却，常在高空形成云、雨。

4.3.2.2 锋

当两个不同性质的气团相遇时，就会出现一系列的天气现象。两个不同性质的气团相接触、相交绥的地带称为锋。由于气团在水平和垂直方向上都有一定的空间范围，因此锋面在水平和垂直方向上也都有一定的空间范围。锋区总处于低压或低槽之中，气流辐合上升，极易形成云、雨。根据锋区两侧冷、暖气团的移动方向结构，可将锋分为冷锋、暖锋和准静止锋等。冷锋是由冷气团主动移向暖气团时形成的锋，这种锋面是冷气团向暖气团推进，迫使暖气团抬升，通常这种锋面坡度较陡，云、雨区范围不大，但降水强度较强，历时短，阵性降水。暖锋是由暖气团主动移向冷气团时形成的锋面，这种锋面的形成是由暖气团缓慢地滑行于冷气团之上而形成的，锋面坡度小，锋面影响面大，可连续性降水。

静止锋是冷暖气团相互对峙时形成的。移动很慢甚至很少移动的，也称为准静止锋。锋面范围更广，雨区面积更大，持续时间更长，往往会形成连阴雨天气。例如，长江流域的梅雨天气就是这种锋面形成的。锢囚锋是由三种性质不同的气团，如暖气团、较冷气团和更冷气团相遇时，形成两条移动的锋合并而成的。常见的锢囚锋是一条冷锋赶上并推进到一条暖锋里，把暖空气完全托离地面。

4.3.2.3 气旋与反气旋

A 气旋

中心气压低、周围气压高的大尺度空气涡旋，称为气旋。在北半球，气旋风是围绕其中心做逆时针方向旋转的；南半球相反。气旋是由于锋面上或密度不同的空气分界面上发生波动，进一步发展形成的。全球任一纬度上都可能发生气旋，但其大小和强度变化很大。强大的气旋，地面风速可达 30 m/s 以上，大气旋的直径可达 2000 km 以上，一般气旋直径也有数百千米，气旋常常带来大风和降水天气。就锋面气旋而言，其天气状况取决于锋的结构、流场和气团属性。例如，当锋面气旋中有强烈的上升气流，而气团的湿度又大，则很容易成云降水。又如，如果气团层结稳定，则可产生连续性降水；而如果气团层结不稳定，则产生阵性降水。在低纬度热带地区形成的气旋称为热带气旋。它是由于热带洋面上局部聚积的湿热空气大规模上升，低层周围的空气向中心流动，在地转偏向力的作用下形成的空气大涡旋，直径为 200~1000 km。热带气旋活动地区常有狂风暴雨天气。按国际热带气旋名称和等级标准，热带气旋可分为热带低压（中心附近最大风力 6~7 级）、热带风暴（8~9 级）、强热带风暴（10~11 级）、台风（≥12 级）。

B 反气旋

中心气压高，周围气压低，气流从中心呈顺时针方向向四周涡旋式流散的天气系统，称为反气旋。主要是因地面受热不均，引起气压差别所造成的，气流的积累或辐合都有利于反气旋的形成。在中高纬度地区，冬季严寒，有利于空气的积累而形成高气压区。亚洲大陆面积辽阔，冬季北部尤其严寒，聚积了大量冷空气，反气旋易于形成和发展。冬半年，蒙古地区易于形成蒙古高压，正是由于这一地区气候寒冷，地面冷空气易于积累造成的。蒙古高压是影响我国天气的重要天气系统。此外，北半球副热带地区，如西北太平洋、北大西洋和北非大陆等地区，也易形成反气旋。这是因为这些地区处于西风带，常年有下沉气流补充，形成高压区。副热带地区反气旋属于常年存在的，而亚洲北部、蒙古地区反气旋只存在于冬半年。在反气旋控制的区域，天气多属晴朗稳定的天气。这是因为在反气旋中，空气向外流散，中心由高空气流不断下沉补充，空气在下沉中绝热增温，降低了相对湿度；低层大气稳定，云雨不易形成。尤其在暖性反气旋中，下沉气流明显，因此夏季大陆上暖性反气旋内天气往往晴朗炎热。

4.3.2.4 热带低压天气系统

通常把北纬30°以内的地区称为热带。这一地区占全球面积的一半，其中四分之三是海洋，它是供给大气中水汽和能量的主要源地，大气低层经常处于高温、高湿和条件不稳定状态，热带地区又是气流辐合上升带，这样的热力和动力条件有利于对流云系旺盛发展，形成了热带地区特有的对流性天气系统，对低纬度以至全球的环流和天气都有重要影响。

（1）赤道辐合带。赤道辐合带是低纬度大气中一种行星尺度的天气系统，呈东西向带状分布，有时几乎环绕地球一周。它是两种气流汇合的地区，并与气压最低的区域相配合，又常称为赤道槽、热带辐合带等。按赤道辐合带的气流辐合性质，可分为两种类型：一种是南、北半球信风带相交汇形成的辐合带，另一种是信风带与赤道西风带的过渡带，如图4-11所示。赤道辐合带是低纬度地区热量和水汽最集中的区域，并经常有扰动出现，利于积云、积雨云的发展，并伴有暴雨和雷暴，而且有不少热带低压就是由辐合带扰动发展起来的。

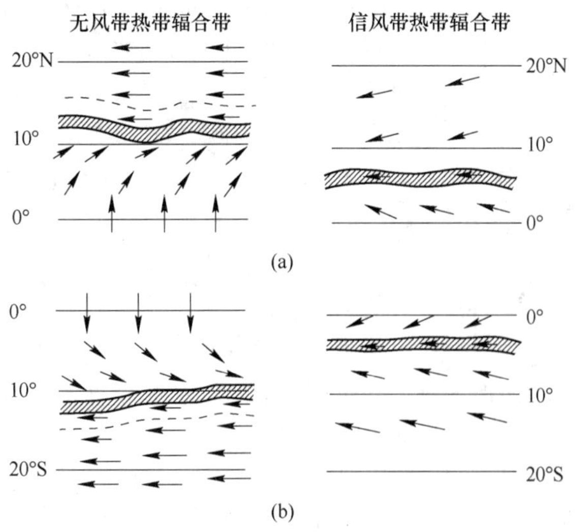

图4-11 典型的赤道辐合带模式图
（a）北半球；（b）南半球

（2）台风。广义的台风是指发源于热带海洋上的强大而深厚的热带气旋，台风是我国和东南亚地区对热带气旋的通称，在印度洋地区称为热带风暴，在大西洋和东太平洋地区称为飓风。台风是一个大致呈圆形的风暴中心，中心气压特低，风以很高的速度成螺旋形运动吹向中心，伴随有很大的阵雨，台风的范围通常以其最外围闭合等压线的直径度量，大多数台风范围在600~1000 km，有时更大，最小的仅100 km左右。风暴中心气压常低到9.50×10^4 Pa或更低。台风的一个特点是它的中心眼里无风，如图4-12所示。中心眼是一个由风暴的强螺旋形运动所产生的无云涡旋。在中心眼中，空气从高处下沉并绝热增暖。中心眼过境可能要0.5 h左右，此后，风暴以加强的力量袭击，但风向相反。

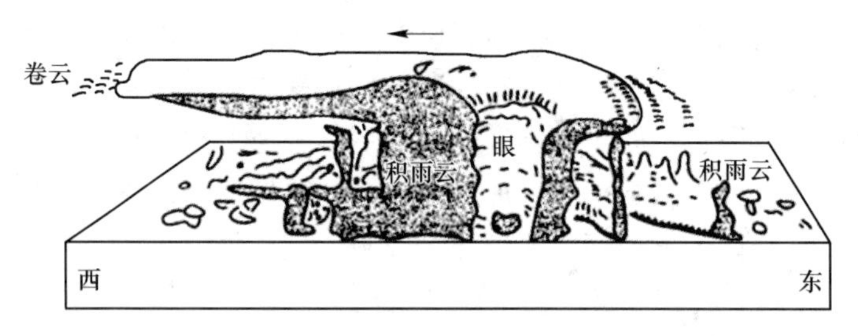

图4-12　台风结构示意图

台风多发生在南北纬5°~20°海水温度较高的洋面上，主要分布在：北半球的太平洋西部和东部、北大西洋西部、孟加拉湾和阿拉伯海五个海区；南半球分布在南太平洋西部、南印度洋西部和东部三个海区。北半球的台风（孟加拉湾和阿拉伯海除外）多发生在7~10月，南半球多发生在1~3月。台风生成后要发生移动，移动的方向、速度决定于台风的动力。动力分内力和外力两种，内力主要由地转偏向力引起，外力主要是台风外围的环境流场对台风涡旋的引导作用。对我国影响最大的是西太平洋台风，其移动大致有三条路径：第一条，偏西路径，台风从菲律宾以东洋面一直向西移动，经过南海在我国海南岛或越南一带登陆，对我国华南沿海一带影响较大；第二条，西北路径，台风向西北偏西方向移动，在台湾登陆，然后穿过台湾海峡，在浙闽一带登陆，这条路径对我国影响范围较大；第三条，转向路径，台风从菲律宾以东海面向西北移动，到25°N附近转向东北方向，往日本方向移动，对我国东部沿海地区及日本影响较大。热带气旋的环境重要性在于它们对有人居住的岛屿和海岸的巨大破坏作用。热带风暴产生的大量降雨也是很重要的，一些海岸地区夏季降水的大部分可能来源于几次热带风暴。虽然这种降雨是有价值的水资源，但它也是一种威胁，是有害的河流洪水的产生者，在陡峻的山坡地区它还引起灾难性的泥崩和山崩。

4.3.2.5　对流性天气系统及其环境影响

在暖季，当大气层结处于不稳定状态，空中有充沛水汽，并有足够对流冲击力的条件下，大气中对流运动得到强劲发展，其所形成的天气系统称对流性天气系统，如雷暴、龙卷、冰雹等。这些天气系统不仅尺度小、生命期短，而且气象要素水平梯度很大、天气现象剧烈，具有很大的破坏力。

（1）雷暴：雷暴是由旺盛积雨云所引起的伴有闪电、雷鸣和强阵雨的局地风暴。没有降水的闪电、雷鸣现象，称干雷暴。雷暴过境时，气象要素和天气现象会发生剧烈变化，如气压猛升、风向急转、风速大增、气温突降、随后倾盆大雨。通常把只伴有阵雨的雷暴称一般雷暴，把伴有暴雨、大风、冰雹、龙卷风等严重灾害性天气现象之一者，称强雷暴。两者都是由发展强烈的积雨云形成的，这类积雨云又称雷暴云。一次雷暴过程并不只是一块雷暴云，往往是由几个或更多个处于不同发展阶段的雷暴单体组成。这些雷暴单体虽然处于同一个雷暴云中，但每个单体都具有独立的云内环流，都经历发展阶段（云中贯穿上升气流）、成熟阶段（云中出现降水以及拖曳的下沉气流）和消散阶段（云中为下沉气流），并处于不断新生和消失的新陈代谢过程中。

雷暴活动具有一定的地区性和季节性。据统计，低纬度雷暴出现的次数多于中纬度，中纬度又多于高纬度。这是由于低纬度终年高温多雨，空气处于暖湿不稳定状态，故容易形成雷暴。中纬度夏半年，近地层大气增温增湿，大气层结不稳定度增大，同时经常有天气系统活动，雷暴次数也较多。高纬度气温低湿度小，大气比较稳定，雷暴很少出现。就同纬度来说，雷暴出现次数，一般是山地多于平原，内陆多于沿海。一年中雷暴出现最多的是夏季，春秋次之。雷暴移动受地理条件影响很大。在山区受山地阻挡，雷暴常沿山脉移动，如果山体不高，发育强盛的雷暴可越山而过。在海岸、江河、湖泊地区，白天因水面温度较低，常有局部下沉气流产生，致使雷暴强度减弱甚至消失，而一些较弱雷暴往往不能越过水面而沿岸移动，但在夜间雷暴可能增强。

（2）飑线：飑线是带状雷暴群所构成的风向、风速突变狭窄的强对流天气带。飑线过境时，风向突变、风速急增、气压骤升、气温剧降，同时伴有雷暴、暴雨，甚至冰雹、龙卷风等天气现象，因而飑线是一种很具破坏力的严重灾害性天气。飑线的水平范围很小，长度一般为150~300 km，宽度从数百米到几千米。垂直范围只有3 km左右，维持时间多为4~10 h，短的只有几十分钟。飑线同积雨云集合体相伴出现，是在气团内有深厚不稳定层，低层有丰富水汽，以及有引起不稳定能量释放的触发机制的条件下产生的，大多发生在暖湿的热带气团内。同时还同一定的天气形势相关，例如高空槽后、冷锋前常有飑线出现。雷暴高压前缘下沉的强冷空气与其前方暖湿气流间的强辐合带上也可形成飑线。

（3）龙卷：龙卷是自积雨云底部下伸出来的漏斗状的涡旋云柱。龙卷伸展到地面时引起的强烈旋风，称龙卷风。龙卷有时悬挂在空中，有时延伸到地面。出现在陆地上的，称陆龙卷，出现在海面上的，称海龙卷。龙卷的水平尺度很小，近地层直径一般几米到几百米，空中直径可达3~4 km，垂直范围3~15 km，生存时间几分钟到几十分钟。龙卷是一种强烈旋转的小涡旋，中心气压很低，一般比四周同高度低几十百帕。强龙卷中心附近的地面气压可降至400 hPa以下，极端情况可达200 hPa。由于中心气压很低、气压梯度极大，引发出强大风速和上升速度。据估计，龙卷中心附近的风速每秒达几十米到一百米，极端情况可达150 m/s以上，最大上升速度每秒达几十米至上百米。中心气压急剧降低造成了水汽迅速凝结，形成漏斗状云柱。这种极强的上升和水平气流具有巨大破坏力，能摧毁建筑物并能将成千上万吨重物卷入空中。从世界范围看，龙卷主要发生在中纬度（20°~50°）地区。美国是龙卷出现最多的国家，平均每年出现500次左右。澳大利亚、日本次之。我国也有出现，主要在华南、华东一带，以春季、夏初为多。龙卷生成在很强的热力不稳定大气中，其生成机制仍没有完善的解释。一种说法认为，龙卷的生成与积雨云中强烈升降气流有关。另一种说法认为，龙卷形成在两条飑线交点上。

4.4 气候系统和空气质量

4.4.1 气候系统

如果将大气运动的状态进行长年的统计分析，各地就可得到一定程度上稳定的大气现象的基本特征及一些极端事件，这种大气运动的统计特征就是所谓的气候。为了有足够长的时间进行统计分析，世界气象组织（WMO）规定用30年的时间长度作为描述气候状态的标准时段。因此，一地气候可用30年内各种气象要素和气象现象的统计性质作为特征值来表示，这个30年为一周期的统计特征是表现气候特征的最短年限。气候是地球上的一种自然现象，是自然地理环境的重要组成部分。在自然环境中，气候、土壤和生物三者之间，气候尤是最基本因素，同时气候作为一种资源，是自然资源中的基础资源。一方面是一切生物（包括人类）生存的自然环境条件，因而也就是如植物资源、动物资源、水资源、土壤资源等的生成环境；另一方面气候也是人类创造财富的生产资源，如何合理地开发、利用气候资源，创造财富、发展经济，这是各国各级政府都极其关心的大问题。显然气候又是一个极易变化的不稳定因素，常会出现一些非常事件，造成气象灾害，给环境、社会、经济带来严重的损失。

地球上的气候有着十分显著的空间分布，对气候的空间分布的划分有许多种方法，但主要表现为地带性分布和非地带性分布。这里主要介绍用斯查勒气候分类方法将世界气候划分为低纬度气候、中纬度气候、高纬度气候和高山气候。

4.4.1.1 低纬度气候

低纬度气候主要受赤道气团和热带气团所控制，影响气候的主要环流系统有赤道辐合带、信风、热带气旋和副热带高压。由于这些系统的季节移动，导致降水量的季节变化，全年地-气系统的辐射收入大于支出，因此全年气温皆高，最冷月的平均气温在15~18 ℃。这个气候带中根据年内降水的分布又可分为下列5种气候型。

（1）赤道多雨气候：位于赤道两侧，伸展到纬度5°~10°。主要气候特征是：全年各月平均气温在25~28 ℃，全年多雨，无干季，年降水量大都在2000 mm以上，这类气候主要分布在非洲刚果河流域、南美亚马孙河流域、亚洲与大洋洲之间的苏门答腊到新几内亚岛一带。

（2）热带海洋性气候：位于南北纬度10°~15°信风带大陆东岸及热带海洋的若干岛屿上。主要气候特征是：最冷月平均气温比赤道稍低，全年降水量皆多，夏秋雨季比较集中，这类气候主要分布在中美洲的加勒比海沿岸及海上诸岛、南美洲巴西高原东侧沿岸、澳大利亚东北部沿海地带。

（3）热带干湿季气候：位于热带多雨区外围5°~15°地区。其主要气候特征是：一年中干、湿季明显，全年降水量750~1000 mm，雨季时高温闷热，多对流雨，这类气候主要分布在中美、南美、非洲纬度5°~15°地区。

（4）热带季风气候：位于热带纬度10°到回归线附近的大陆东岸地带。其气候特征是：热带季风发达，热带气旋盛行；年降水量大，集中于夏季；长夏无冬，春秋极短；这类气候主要分布在中南半岛、印度半岛大部、菲律宾和澳大利亚北部沿海地区以及中国海南岛、雷州半岛和台湾南端。

(5) 热带干旱、半干旱气候：位于副热带高压带和信风带的大陆腹地和西岸，受高压下沉气流控制，又当信风带的背风海岸、冷洋流流经而降水稀少时，呈现干旱和半干旱气候。

4.4.1.2 中纬度气候

中纬度是热带气团和极地气团角逐的地带。最冷月平均气温在 15~18 ℃。影响气候的环流系统有盛行西风、温带气旋和反气旋、副热带高压和热带气旋。

(1) 副热带干旱、半干旱气候：这类气候分布在南北纬度 25°~35°的大陆西岸和内陆地区，因副热带高压下沉气流和信风带背风岸作用而干燥少雨。

(2) 副热带季风气候：副热带季风气候位于副热带大陆东岸。其气候特点是：夏热冬温，季节明显，最热月平均气温在 22 ℃以上，最冷月在 0~15 ℃。年降水量 700~1000 mm，夏季较多，冬季较少。这类气候主要分布在中国秦岭淮河以南、热带季风气候以北地区，日本南部和朝鲜半岛南部也属此类气候。

(3) 副热带湿润气候：这类气候主要分布在北美大陆东岸纬度 25°~35°的沿海地区、南美、非洲的东南海岸和澳大利亚的东岸地区。主要气候特点与副热带季风气候相似，只是冬夏温差较小，降水量季节分配均匀一些。

(4) 副热带夏干气候（地中海气候）：主要分布在副热带纬度大陆西岸纬度 30°~40°地区，包括地中海沿岸、美国加利福尼亚沿岸、南非和澳大利亚南端，这里是热带半干旱气候与温带海洋气候间的过渡地区。其气候特点是：夏干冬雨，全年雨量 300~1000 mm，冬季最冷月气温在 4~10 ℃。

(5) 温带海洋性气候：温带海洋性气候主要分布于温带大陆西岸，约以纬度 50°为中心向南向北伸展 10°左右。在欧洲分布最广，在南北美洲、澳大利亚等地也有分布。其气候特点是：终年盛行西风，冬暖夏凉，气旋雨丰沛。

(6) 温带季风气候：主要分布于亚洲大陆东岸，包括中国的东北和华北地区。其特点是：冬季寒冷干燥，南北温差大，由于大陆冷高压强大，盛行寒冷的偏北风。夏季受温带海洋气团和变性热带海洋气团影响，暖热多雨，南北温差小。

(7) 温带大陆湿润气候：分布在欧亚大陆温带海洋性气候的东侧和北美大陆 40°~60°的东部地区，气候特征介于温带季风气候与温带海洋气候之间。

(8) 温带干旱、半干旱气候：温带干旱、半干旱气候在北半球占有广大的面积，分布在 35°~55°的亚洲和北美大陆中心部分。由于远离海洋，终年在大陆气团控制之下，气候十分干燥，年降水量在 250 mm 以下。冬寒夏热，气温变化剧烈，年较差、日较差大。我国吐鲁番纬度 43°N 附近，但夏季 6~8 月三个月的月平均气温都在 30 ℃以上，极端最高气温曾达 48.9 ℃，极端最高地温竟高达 75 ℃，其干热程度由此可见。

4.4.1.3 高纬度气候

(1) 副极地大陆气候：这类气候主要分布在北半球，50°N 或 55°N~65°N 的地区。其气候特点是：冬季长（至少 9 个月）而严寒，暖季短促。例如，西伯利亚的维尔霍扬斯克 1 月平均气温-50.5 ℃，气温年较差特别大，达 65.2 ℃。在维尔霍扬斯克东南的奥伊米亚康 1 月绝对最低气温竟达-73 ℃，这一区域为世界“寒极”，降水量很少，集中于夏季。在东西伯利亚年降水量不超过 380 mm，在加拿大不超过 500 mm。其雨量虽不大，但因蒸发弱而湿度大。

(2) 极地长寒气候（苔原气候）：这种气候主要分布在北美洲和亚洲的北部边缘，格陵兰沿海地带，北冰洋中若干岛屿和南极洲附近岛屿。其气候特点是：全年皆冬，一年中只有夏季的1~4个月平均气温为0~10 ℃，降水量少。

(3) 极地冰原气候：分布在格陵兰和南极大陆冰冻高原上。其气候特点是全年严寒，各月气温均在0 ℃以下，具有全球最低的年平均气温。南极大陆冰雪覆盖，年平均气温在−28.9~−35.0 ℃，是世界最冷的地区。

4.4.1.4 高山气候

在高山地带随着高度的增加，空气愈来愈稀薄，气压下降，水汽减少，日照增加，气温降低，在一定坡向、一定高度范围内降水随高度增加而增加，过了最大降水高度后变为随高度增加而减少。由于上述诸要素的垂直变化，遂导致高山气候具有明显的垂直地带性，即从低纬度至高纬度的热带、温带、寒带气候，在高山的垂直方向上也会自下而上的依次出现。

4.4.1.5 气候的变化

气候不仅有区域上空间分布的差异，而且在地球演化的历史过程中气候也是不断变化的，即所谓气候变化。气候变化有各种不同的时间尺度，如几个月、几年、几十年、几万年、几十万年等的变化。度量气候变化通常用相对于气候平均状态的变幅，气候的这种变幅或正或负，或大或小，而且有些是周期性变化，有些是非周期性变化。

(1) 地质时期的气候变化。地质时期的气候变化是长时间尺度的，了解地质时期的气候变化是非常困难的，主要根据一些间接资料，如地球的地质演变、古生物化石、地貌演变、地球化学等方面来推断。

(2) 历史时期的气候变迁。历史时期一般是指人类有文字记载以来五千年左右的时期，研究这个时期气候变化规律的方法，有考古学方法、物候学方法、文献方志的分析方法、树木年轮的分析方法等。此外，地质时期气候变迁的研究方法也可用来研究历史时期的气候变化。根据对历史文献记载和考古发掘等有关资料的分析，可以将5000年来我国的气候划分为4个温暖时期和4个寒冷时期，见表4-2。历史时期的气候，在干湿上也有变化，不过气候干湿变化的空间尺度和时间尺度都比较小。

表4-2 我国近5000年的寒暖变化

时期	特征
第一次暖期 公元前3500~1000年	黄河流域有大象、水牛、竹等。估计当时大部分时间年平均气温比现在高2 ℃，1月温度比现在高3~5 ℃，年均降水比现在多200 mm以上，是我国近5000年来最温暖的时代
第一次寒冷期 公元前1000~850年 (西周时期)	《竹书纪年》中有公元前903年和公元前897年汉水两次结冰，紧接着又是大旱，气候寒冷干燥
第二次温暖期 公元前770~公元初 (秦汉时期)	气候温暖湿润，《春秋》中提到鲁国（今山东）冬天没有冰，《史记》中写到当时竹、梅等亚热带植物分布偏北，表明当时气候比现在暖湿
第二次寒冷期 公元初~6世纪 (东汉、三国到六朝)	据史书记载公元225年淮河结冰，在公元366年前后从昌黎到营口的渤海海面连续3年全部结冰，物候比现在晚15~28天

续表 4-2

第三次温暖期 7~9 世纪 （隋唐时期）	公元 650 年、669 年和 678 年的冬季，长安（今西安）无冰雪，梅能在关中地区生长；8 世纪梅树生长于皇宫，9 世纪初西安还有梅花
第三次寒冷期 10~12 世纪 （宋代）	华北已无梅花，公元 1111 年太湖全部冻结，福建的荔枝两次被冻死
第四次温暖期 13 世纪 （元代）	短时间回暖。公元 1200 年、1213 年、1216 年杭州无任何冰雪。元代初期西安等地又重新设立“竹监司”的衙门管理竹类，显示气候转暖
第四次寒冷期 15~19 世纪末 （明清时期）	长达 500 年。当时极端初霜冻日期平均比现在提早 25~30 天，极端终霜日期平均比现在推迟约 1 个月。估计 17 世纪的气温比现在低 2 ℃左右

（3）近代气候变化特征。近百余年来有了大量的气象观测记录。由于各个学者获得的观测资料和处理计算方法不尽相同，所得出的结论也不完全一致，但总的趋势是大同小异的。从 19 世纪末到 20 世纪以来，北半球的美洲、欧洲以及我国的气候变化，表现出两个明显的特点：一个是地区特点，高纬度地区的气候变化比中、低纬度地区明显；另一个是时间特点，大致以 20 世纪 40 年代为界，划分为前后两个阶段。

1）冷暖趋势：从 19 世纪末到 20 世纪 40 年代，世界气温曾出现明显的波动上升现象，以北极最明显。此后，世界气候变冷，以北极为中心的 60°N 以北，气温愈来愈低，进入 60 年代以后，高纬度气候变冷的趋势更加明显。进入 70 年代，世界气候又趋于变暖，到 80 年代以后，世界气温增暖的趋势更为突出。

2）降水趋势：降水量的变化不如气温变化明显，但 20 世纪前的变暖导致了温带大陆内部降水量大为减少，而且旱涝现象时有发生。1982~1983 年出现近三十余年来最强的一次厄尔尼诺现象，造成世界大范围旱涝灾害。

4.4.1.6 城市小气候

（1）人类活动对城市气候的影响。城市小气候是大气圈局部经受人类活动强烈影响之后，形成的一种特殊的人工气候。人类活动影响大气圈的主要方式可以归结为：1）改变下垫面的物质组成及其性质，在城市形成的过程中大量的自然地表景观如森林-土壤系统、草地-土壤系统、湿地-土壤系统或农作物-土壤系统被摧毁，取而代之的大片建设用地，形成了以人工建筑物、水泥、沥青路面和少量绿地景观组成的系统，这样就极大地改变了地表的能量传输平衡，人工建筑物改变了近地大气层太阳短波辐射和地气长波辐射的发射-反射-吸收过程，阻断了地和气之间的物质交换过程。2）改变了区域大气化学组成，由于传统城市是国家工商业、交通运输业、人群生产生活活动的中心，从而使城市成为资源消耗、废弃物排放的中心，加之生产工艺落后和缺乏必要的环境保护基础设施，使各种各样的废弃物滞留于城市环境之中，并显著地改变了城市大气的化学组成，也极大地增强了城市低层大气对太阳短波辐射的吸收作用。3）城市是人类活动的中心，同时也是能量消耗的中心，根据能量守恒定律，城市人群消耗的化学能和电能最终均以等量的热能形式排放到城市环境之中，改变了城市气候的热状况。因此，上述影响必然对城市气候产生重要的影响。

（2）城市气候的特征。在上述人类活动的影响下，形成了特殊的城市小气候。与城市外围大气候相上比较，城市小气候具有“五岛效应”，即热岛、浑浊岛、干湿岛、静风岛、劣质岛。城市小气候与郊区气候状况的比较见表4-3。根据观测资料，1979年12月13日20时，上海市中心气温为8.5C、近郊为4℃，而远郊仅有3℃。这种“热岛效应”日益显著和广泛。我国观测到的最大“热岛效应”即城市中心气温与同时刻郊区气温之差值，上海市曾经有过6.8℃，北京市曾经有过9℃。在这种“热岛效应”的影响下，城市上空的云、雾会增加，城市的风、降水等也会发生变化，即引起城市出现“雨岛效应”“雾岛效应”“能见度较差的盲岛”等。例如，上海市区汛期雨量平均比远郊多50 mm以上，城市雾气多由工业、生活排放的各种污染物形成的酸雾、油雾、烟雾、光化学雾等混合而成。

表4-3　城市小气候与郊区气候状况的比较

气候要素	城区与郊区的气候比较
地表接受的总辐射量	减少15%~20%
日照时数	减少5%~15%
平均气温	明显增加
气态污染物浓度	增加5%~25%
气溶胶和颗粒物浓度	增加10倍以上
年均风速	减少20%~30%
年均降水量	增加5%~10%
云量	增加5%~10%
年均大雾日数	增加30%~100%
年均相对湿度	减少2%~8%

4.4.2　空气质量

我国劳动人民在很早以前，就认识到了大气污染的危害。例如，方以智在《物则小说·金石类》中记述了硫氧化物的危害：“青矾厂气熏人，衣服当之易烂，栽木不茂”；又如唐代《外台秘要》引隋代《小品方》说：“亦可内生等置中，若有毒其物即死”，说明当时就已经知道用动物试验的方法来监测有毒气体。大气环境是指人类和生物赖以生存的空间。大气污染是指大气中某种物质的浓度超过了正常水平而对人类、生态、材料或其他环境要素产生不良效应。依大气污染程度，我国政府立法机构制定了大气环境质量标准。在该标准中，大气环境质量被分为三级：一级为保护自然生态和人群健康，在长期接触的情况下，不发生任何危害影响的空气质量要求；二级为保护人群健康和城市、乡村的动植物，在长期和短期接触的情况下，不发生伤害的空气质量要求；三级为保护人群不发生急、慢性中毒和城市一般动植物正常生长的空气质量。各级标准值见表4-4。

表 4-4 空气污染物标准浓度限值

污染名称	浓度限值/mg·m^{-3}			
	取值时间	一级标准	二级标准	三级标准
总悬浮颗粒	日平均	0.15	0.3	0.5
	任何一次	0.3	1	1.5
飘尘	日平均	0.05	0.15	0.25
	任何一次	0.15	0.5	0.7
二氧化碳	年日平均	0.02	0.06	0.1
	日平均	0.05	0.15	0.25
	任何一次	0.15	0.5	0.75
氮氧化物	日平均	0.05	0.1	0.15
	任何一次	0.1	0.15	0.3
一氧化碳	日平均	4	4	6
	任何一次	10	10	20
光化学氧化剂（O_3）	1小时平均	0.12	0.16	0.2

注："日平均"为任何一日的平均浓度不许超过的限值；"任何一次"为任何一次采样测定不许超过的限值；"年日平均"为任何一年的日平均浓度均值不许超过的限值。

另外，根据各地区的地理、气候、生态、政治、经济和大气污染程度，还确定了三类大气环境质量区：一类区为国家规定的自然保护区、风景游览区、名胜古迹和疗养地等；二类区为城市中确定的居民区、商业交通居民混合区、文化区、名胜古迹和广大农村等；三类区为大气污染程度比较重的城镇和工业区及城市交通枢纽、干线等。除了我国，世界上很多国家也纷纷制定了适合于本国的大气环境质量标准，如美国、英国、日本、挪威等。大气污染是一个全球性问题，只有共同努力，我们才有可能达到净化空气的目的。

4.5 大气污染

4.5.1 大气中的重要污染物

大气污染物按性质，可分为物理状态和化学状态两种。物理状态有两种：气态形式占90%，气溶胶形式占10%。气溶胶是指液体或固体微粒均匀分散在气体中形成相对稳定的悬浮体系。人们赖以生存的环境大气，实际上就是由各种固体或液体微粒均匀地分散在空气中形成的一个庞大的体系，也就是一个大的气溶胶体系。化学状态可分为七类：含硫化合物、氮氧化合物、碳氢化合物、碳的氧化物、卤素化合物、颗粒物质和放射性物质。按其来源分，主要有煤炭型和石油型两类。按形成过程可分为一次污染物和二次污染物。所谓一次污染物是指直接从污染源排放的污染物，如 CO、SO_2、NO 等；而二次污染物是指由一次污染物经化学反应或光化学反应形成的污染物质，如 O_3、硫酸盐、硝酸盐、有机颗粒物等。目前认为主要污染物有四类：（1）废气：SO_2、氮氧化物、碳氢化合物等；（2）气溶胶；（3）光化学氧化剂：O_2、PAN、H_2O_2 等；（4）放射性物质。各类污染物质由源输入大气，在重力沉降、降水清除、地表吸收以及大气中的化学转化等作用下，浓度得到稀释。表 4-5 列出了一些气体污染物的去除过程。

表 4-5 一些气体污染物的去除过程

气体	去除过程
二氧化碳	降水清除：雨除、冲刷
	气相或液相氧化成硫酸盐
	土壤：微生物降解、物理和化学反应、吸收
	植被：表面吸收、消化摄取
	海洋、河流：吸收
硫化氢	氧化成二氧化硫
臭氧	在植被、土壤、雪和海洋表面上的化学反应
氮氧化物	土壤：化学反应
	植被：吸收、消化摄取
	气相或液相化学反应
一氧化碳	平流层：与羟基反应
	土壤：微生物生活
二氧化碳	植被：光合作用、吸收
	海洋：吸收
甲烷	土壤：微生物活动
	植被：化学反应、细菌活动
	对流层及平流层：化学反应
碳氢化物	向颗粒转化
	土壤：微生物活动
	植被：吸收、消化摄取

4.5.2 臭氧层耗损

自然大气中 O_3 多分布在平流层中，其浓度峰值在距地面 25 km 左右，O_3 分子的混合比是指单位体积大气中所含 O_3 气体的体积，以 mL/m^3 表示；O_3 分子数密度是指单位体积内 O_3 的分子数，以分子数/cm^3 表示。平流层中 O_3 分子的生成主要是 O_2 光解反应的结果。在自然条件下 O_3 的消耗过程有两种，一是光解过程，主要是吸收波长为 $210\ nm<\lambda<290\ nm$ 的紫外线的光解：$O_3+h\nu \rightarrow O_2+O$，故 O_3 的光解生成与光解消耗过程均吸收了来自太阳的大部分紫外线，从而使地表生物免遭太阳紫外线的伤害。另一个消耗过程为：$O_3+O \rightarrow 2O_2$。上述 O_3 的生成和消耗过程同时存在，在正常情况下它们处于动态平衡状态，因而 O_3 层中的 O_3 浓度保持恒定。然而由于现代工业的发展，人们的活动范围已进入了平流层，如超音速飞机的出现，它向平流层中排放大量水汽、氮氧化物、烃类等污染物，另外现代制冷工业、化学工业可释放制冷剂、喷雾剂和发泡剂，这些人工有机化合物均含有大量的 CFCs 类物质，这些 CFCs 类物质进入平流层，在太阳辐射的作用下，能够加速 O_3 耗损过程，即它们对 O_3 的光解过程起催化作用。美国学者 Tung 等认为南极大陆上空存在特

殊的大气环境（极昼、冷高压控制的下沉气流、特殊的地磁场），造成了每年9~11月份南极大陆上空平流层中O_3的快速耗损。不过许多学者认为人为排放的大量CFCs是造成O_3层破坏的主要原因。

4.5.3 温室效应

目前起重要作用的“温室气体”顺序排列依次为：水蒸气（H_2O）、CH_4、CO_2及O_3。温室效应是因为温室气体分子对可见光几乎完全透过，但是对红外热辐射，特别是波长在12~16 μm范围的热辐射，则是一个很强的吸收体，低层大气中温室气体可以透过太阳辐射，使地表升温，而对地表发射回来的长波辐射却有很好的吸收作用，使得地表热量不易散发到外空间，从而形成温室效应。2007年联合国政府间气候变化小组委员会预测，在2100年之前地球平均气温将上升1.1~6.4 ℃。预测的结果会有所不同，但实际的历史记载表明：20世纪以来工业化的结果确已造成了温室效应。与19世纪同时期相比，20世纪的气温升高了0.6 ℃，90年代上升了0.6 ℃。

4.5.4 酸雨

排放到大气中的气体，如SO_2、NO_2、CO_2等，通过雨清除和冲刷及干沉降作用迁移到地表便是酸沉降，习惯上称“酸雨”。酸雨的形成机制及过程非常复杂，不同地区酸雨的形成、发展过程不同。对于我国，降水多是硫酸型的，因此可简单地认为主要是SO_2转化为H_2SO_4，导致酸雨的产生，但有些发达国家酸雨是NO_3^-型的。从20世纪80年代以来，亚洲的酸雨问题越来越引起人们的重视。我国酸雨情况非常严重，约有68%的国土常出现酸雨，而主要污染区在长江以南及西南地区。我国对酸雨的研究主要是进行监测和资料分析，对局部酸雨及其扩散研究较多，对中、长距离的输送研究较少。日本和韩国的学者们曾多次发表论文，认为他们国家的酸雨有相当部分是由我国输送过去的，这种推测尚缺乏科学的依据。近年来，国际上的研究主要侧重于三个方面：复杂地形和城市附近污染物扩散规律，污染物的中、长距离搬运，建立污染扩散模式。

4.5.5 气候异常问题

气候异常不仅是我国关心的问题，也是全世界都关心的问题。除温室效应使全球变暖的问题与气候有密切关系外，海温变化、陆地上温度和湿度的变化、积雪和极冰的多少等对气候也有重要影响。国外对气候研究已做了大量工作，并早已成立了世界气候研究委员会。我国成立中国气候研究委员会来规划、组织和协调我国的气候研究工作是1985年才开始的。根据我国的气候研究计划，当前着重于：（1）在全球气候变化的背景下（如CO_2的气候影响和自然气候振动等），估计未来中国气候的变化趋势。（2）我国大范围异常气候的发展规律及其预测。（3）气候变化的强信号的检测及预报应用。主要是通过大量观测、诊断、动力理论研究及数值模拟方法，研究海气、陆气、云和辐射相互作用等来探讨气候变化的原因和物理规律。

4.5.6 挥发性有机污染物

挥发性有机污染物（VOCs）一般是指常温状态下易挥发、在标准状态下饱和蒸气压大于0.1 mm Hg的有机物，主要包括烷烃（习惯上不包括甲烷）、卤代烷烃、烯烃、卤代烯烃、芳香烃以及含杂原子（氧、氮等）的挥发性有机物，如酚、醇、醚、酯、酮、醛、硝酸酯等。VOCs是大气对流层非常重要的痕量组分，在大气化学反应过程中扮演了极其重要的角色。VOCs对一些区域或全球性气候和环境问题，比如光化学烟雾、二次有机污染、大气氧化性、温室气体与全球气候变化等都有重要影响，大气对流层中许多重要的二次污染物（如臭氧、过氧化物、醛、过氧酰基硝酸酯（PANs）和二次有机气溶胶颗粒物）的形成都与VOCs有密切关系。全球尺度上，大气中大量的非甲烷有机物的自然源包括生物排放（如植被、土壤微生物）和非生物过程（如地球形成和运动、闪电、生物质燃烧），人为源则主要来自溶剂、油漆、清洗剂、化妆品、烹饪、燃油、汽车尾气、烟草烟气等。

思考和练习题

4-1 大气的垂直结构有什么特点，分为哪几个层次，对流层的主要特征是什么？

4-2 为什么说太阳辐射是地面和大气的主要热源？

4-3 什么是气候，它与天气有何区别？

4-4 什么是锋，什么是气团，锋和气团对天气有何影响？

4-5 气候形成和变化的因素是什么？

4-6 人类活动对气候的影响有哪些？

4-7 简述温室效应的形成因素、影响因素和环境后果。

4-8 简述酸雨、光化学烟雾等污染现象的主要污染物、成因、后果和防治措施。

5 水 环 境

扫码获得数字资源

5.1 地球上水的分布和循环

5.1.1 水的分布与类型

5.1.1.1 水的分布

水环境是由地球表层的水圈所构成的环境，应包括在一定的时间内水的含量、分布、运动、化学成分，生物、水体所占的空间以及水体的物理性质。虽然水环境是地球表层自成体系的系统，但它不能单独存在，它与岩石圈、大气圈、生物圈乃至宇宙空间之间存在物质和能量交流的关系，所以说水环境是一个开放系统。

地球上的水以气、液、固三态存在于大气圈、海洋、陆地水体（河流、湖泊、冰川）、土壤和岩石的孔隙以及生物体中，构成了相互联系和连贯的水圈。豪恩曾经提出总水圈的概念（见表5-1）和水圈的结构模式（见图5-1）。水圈是地球表层的水体，大部分汇集在海洋中，另一部分则分布在河流、湖泊、沼泽和表层岩石的孔隙和土壤中。在沙漠的地下深处有水，在地球两极和山脉的雪线以上有固态水，在大气下层和生物中也含有水。总之，水包围着地球形成了一个独立的圈层。

表5-1 总水圈

大气圈中的水	雨、雹、霰、雪、水蒸气	岩石圈中的水	地下水、岩浆水、水合水
生物圈中的水	体液（细胞外液） 细胞液（细胞内液） 生物聚合水化物（键合水）	狭义水圈	陆地水、海洋水、泉水、沼泽水、塘水、湖水、冰盖与雪盖、河水、冰川、河口区水，浅海水、大洋水、海洋沉积物孔隙水

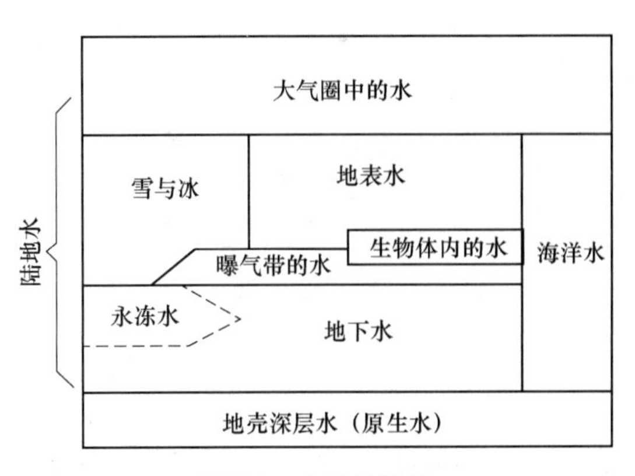

图5-1 水圈的结构

水圈的物质组成呈现阶段性的演化特征。地球形成以后的演化过程中，在地球内部放射性元素衰变释放的能量逐渐衰减，撞击作用和火山活动的频次不断降低和强度不断减弱，撞击作用和火山喷发产生的尘埃于大气中不断积累，使地球在接受太阳辐射能减少等因素的作用下，地球表面生态系统不断冷却，大气中的水蒸气凝结成液态水，地球表面普遍发生降水，在38亿年前形成水圈。

自然界的水以气态、固态和液态三种形式存在于大气圈、生物圈、海洋与大陆表层之中。地球水体的总质量为 1.5×10^{18} t，体积约 1.4×10^{18} m^3。根据1992年世界气候研究计划和全球能量水循环实验的研究报告，地球的总水量现约有 15×10^8 km^3，若将其均匀覆盖于地球表面，水深达2860.9 m。地球上除了存在于各种矿物中的化合水、结合水，以及被深部岩石所封存的水分以外，海洋、河流、湖泊、地下水、大气水分和冰，共同构成地球的水圈。其中，海洋是水圈的主体，它的面积约占全球面积的71%，体积约有 14×10^8 km^3，占地球上水量的95.96%；存在于南极、北极和高山区的冰和积雪约 0.434×10^8 km^3，占全球水量的2.97%；全球地下水约 0.153×10^8 km^3，占全球水量的1.04%；此外，存在于河流、湖泊、沼泽等地表水体中的水约 36×10^4 km^3，存在于大气中的水约 1.55×10^4 km^3（其中，海洋上空大气中的水约 1.1×10^4 km^3，陆地上空大气中的水约4500 km^3），生物系统中的水（生物水）约2000 km^3，它们合计约占全球水量的0.03%。

5.1.1.2 水的类型

水的分类方法很多，主要是根据研究任务、目的、内容不同，对水开展不同的分类。例如，依据水的存在形式可分为气态水、液态水和固态水，依水中的含盐量又可分为咸水、半咸水和淡水。若按天然水所处的环境不同，可分为海水、大气水和陆地水三类，具体见表5-2。

表5-2 地球上天然水的分布

分布类型		水量/km^3	占比/%
海洋		1.32×10^9	97.212
陆地表面水	河流	1250	0.0001
	淡水湖	1.25×10^5	0.0092
	咸水湖	1.04×10^5	0.0077
	冰川	2.92×10^7	2.15
地下水	土壤水	6.7×10^4	0.0049
	浅层地下水	4.2×10^5	0.31
	深层地下水	4.14×10^7	0.305
大气水		1.3×10^4	0.001
总计		135786145	100

5.1.2 水的循环

地球上的水并不是处于静止状态的。海洋、大气和陆地的水，随时随地都通过蒸发、水汽输送、降水、下渗和地表与地下径流等水文过程，进行着连续的大规模的交换，这种交换过程就是水分循环。自海洋表面蒸发的水分，上升凝结后直接降落海洋中，或自陆地表面蒸发的水分，上升凝结后也有一部分直接降落陆地上，这种水分循环就叫作水分内循环，或称小循环。当海洋上蒸发的水分，被气流带到陆地上空以雨雪形式降落到地面时，一部分通过蒸发和蒸腾返回大气，一部分渗入地下形成土壤水或潜水，另一部分形成径流汇入河流，最终仍注入海洋，这叫作水分的海陆循环，或者称为大循环、外循环。内流区的水不能通过河流直接流入海洋，它和海洋的水分交换比较少，因此内流区的水分循环具有某种程度的独立性。但它和地球上总的水分循环仍然有联系。从内流区地表蒸发和蒸腾的水分，可被气流携带到海洋或外流区上空降落，来自海洋或外流区的气流，也可在内流区形成降水。水体的循环与交流既可以发生在气态、液态和固态水之间，也可发生在海洋与陆地之间，还可发生在非生物与生物之间、水圈与岩石圈之间，水的循环是一个既无起点、也无终点的运动系统。水在循环过程中，产生很多的环境效应，如传送能量、运输物质、调节气候、清洁大气等。

从全球角度看，这个循环过程可以设想为：从海洋的蒸发开始，蒸发形成的水汽大部分留在海洋上空，少部分被气流输送至大陆上空，在适当的条件下这些水汽凝结成降水。海洋上空的水汽凝结后降落回到海洋。陆地上空的水汽凝结后降落至地表，一部分形成地表径流，补给河流和湖泊；一部分渗入土壤与岩石孔隙中，形成地下径流。地表径流和地下径流最后都汇流入大海，由此构成全球性的和连续有序的水循环系统。

降水、蒸发和径流在整个水分循环中，是最主要的环节。在全球水量平衡中，它们同样是最主要的因素。在全球水量平衡中，海陆年降水量之和等于海陆年蒸发量之和，均为577000 km^3，说明全球水量保持平衡，基本上长期不变。以 P 表示降水量，E 表示蒸发量，R 表示径流量，海洋水量平衡式可写为 $P=E-R$；而陆地水量平衡式可写为 $P=E+R$，即海洋降水量等于海洋蒸发量与入海径流量之差，显然，海洋蒸发量大于降水量；陆地降水量等于陆地蒸发量与入海径流量之和，陆地上的蒸发量小于降水量。海洋和陆地水最后通过径流达到平衡，见表 5-3。

表 5-3 全球年水量平衡

因素	水量/km^3
海洋降水量	458×10^3
海洋蒸发量	505×10^3
陆地降水量	119×10^3
陆地蒸发量	72×10^3
进入海洋的径流量	47×10^3

但是，无论是在海洋上或在陆地上，不同纬度的降水量和蒸发量都有差异。图 5-2 是 R. Mather 给出的全球降水与蒸发的纬度分布，表示的是按纬度 10°划分的实际降水和蒸发的分配。图中，上面两条曲线表示全球降水和蒸发的纬度分布，下面两条曲线表示陆地降水和蒸发的纬度分布；上下两条降水曲线间的面积代表海洋降水量，上下两条蒸发曲线间的面积代表海洋蒸发量。

图 5-2 表明，赤道地区，特别是 0°～10°N 一带水分过剩。相当于副热带高压区的南、

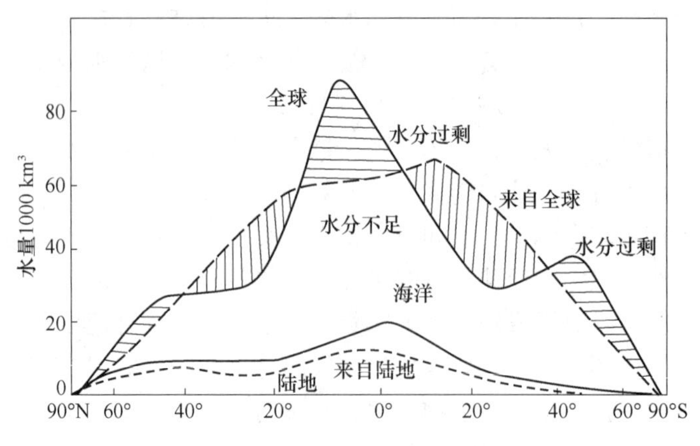

图 5-2 全球降水与蒸发的纬度分布

实线—降水；虚线—蒸发

北纬 10°~40°间蒸发超过降水，这在南半球更明显。纬度 40°~90°，两个半球的降水又超过蒸发，出现水分过剩，南半球更为突出。两极地区降水和蒸发量均少，并接近平衡。全球海洋每年有 505000 km^3 水被蒸发进入大气中，其中 458000 km^3（约 91%）在海洋上空形成降水，直接降落在海洋上；47000 km^3（约 9%）随气流携带，进入各洲上空，形成由海洋上空向陆地上空的水汽输送，成为陆地上空水汽的来源。陆地上空每年的降水约 119000 km^3，其中有 72000 km^2（约 61%）通过水面蒸发、陆面蒸发和植物蒸腾重返大气，47000 km^3（约 39%）以地面径流和地下径流形式汇入海洋，完成海洋和陆地之间的水量交换和平衡。

大气中的水汽含量虽然很少，却是全球水分循环中最活跃的成分。水分循环的大气过程是指海洋和陆地上空的水汽输送和陆地不同区域上空的水分交换，主要包括水汽输送、水汽辐合与辐散、水汽收支与水分平衡。它们是在诸多因素控制和影响下形成和变化的，例如：大气环流决定了全球尺度水汽输送的基本格局，海陆分布和地理纬度（如青藏高原）是各洲大陆上空水汽含量的控制因子，地形和不同尺度的大气运动系统则往往决定了某一地区上空水汽输送和水分平衡的主要特征，人类活动对水分循环大气过程也有影响等。

水在循环中不断进行着自然更新。据估计，大气中的全部水量 8 d 即可更新一次，河流需 10~20 d，土壤水需 280 d~1 a，湖泊约需 17 a，地下水约需 1400 a。盐湖和内陆海水的更新，因其规模不同而有较大的差别，时间为 10~1000 a，山地冰川约需 1600 a，极地冰盖和永久积雪则需 9700 a，海洋中的水更新时间要 2500 a。

水分循环有着重要的自然地理意义，它使自然地理环境中的物质和能量不断地交换，也是天气与气候变化和地貌形成的重要因素。水长期参与地球自然地理环境的形成和发展过程，现在仍然作为一个最活跃的因素，在许多过程中起着重要的作用。水分和热量的不同组合，决定了地球上的气候带和自然地带的形成，使其面貌显得丰富多彩；水溶解岩石圈中的固体物质，包括各种矿物、盐类、离子和胶体物质，推动着全球能量交换和地球化学物质的迁移，并提供生物需要，等等。水资源是指能为人类利用的淡水。人类主要生活在陆地上，各种生产活动，尤其是农业生产紧密地依赖于水分的正常供应。所以，陆地上特别是某些干旱地区的水量平衡，尤其值得重视。

5.2 河流、湖泊、海洋

5.2.1 河流

5.2.1.1 河流的基本信息

在固定的线状河床中流动的经常性水流称河流。河水来源于大气降水、冰雪融化、湖泊沼泽等地表水体及地下水的补给。地下水通常不是河流水的重要来源，却是最稳定的补给，构成河流的基本径流。河水的流动是塑造地表地貌的重要地质营力。降水或由地下涌出地表的水，汇集在地表低洼处，在重力作用下经常地或周期地沿流水本身造成的洼地流动，这就是河流。形成河流必须具备两个最基本的要素：一是经常性或周期性流动的水；二是使水经常流动的槽，即河床。

直接流入海洋及内陆湖泊的河流称干流。流入干流的称支流。干流及支流所构成的干支流系统称为水系。直接或间接流入海洋的河流称外流河，而另一些河流注入内陆湖泊或沼泽，或因渗漏、蒸发而消失于荒漠中，称内陆河。每一条河流和每一个水系都从一定的陆地面积上获得补给，这部分陆地面积便是河流和水系的流域。实际上，它也就是地表水集水面积。河流和水系的地面集水区与地下集水区往往并不是重合的，但地下集水区很难测定。所以，在分析水文地理特征或进行水文计算时，多用地表集水区代表河流的流域。由两个相邻集水区之间的分水岭最高点连接成的不规则曲线，即为两条河流或两个水系的分水线。降落在分水线两侧的雨水，各自汇入不同的水系。对于任何河流或水系来说，分水线之间的范围，就是它的流域，如秦岭是黄河流域与长江流域的分水岭，南岭是长江流域与珠江流域的分水岭。

一条河流常常可以根据其地理-地质特征分为河源、上游、中游、下游和河口五段。河源是指河流最初具有地表水流形态的地方，因此也是全流域海拔最高的地方，通常与山地冰川、高原湖泊、沼泽和泉相联系。上游是指紧接河源的河谷窄、坡陡流急、流量小、水位变幅大、侵蚀作用强烈、河槽多为基石或砾石、纵断面呈阶梯状并多急滩和瀑布的河段。中游水量逐渐增加，但河槽比较和缓，流速减少，流水下切力已开始减小，河床位置比较稳定，侵蚀和堆积作用大致保持均衡，河槽多为粗砂，纵断面往往成平滑下凹曲线。下游河谷宽广，河道弯曲，河水流速小而流量大，淤积作用占优势，到处可见浅滩和沙洲，河槽多为细砂或淤泥。河口是河流入海、入湖或汇入更高级河流处，经常有泥沙堆积，有时分叉现象显著，在入海和湖处形成三角洲。

为了认识河流的特征及其地理意义，必须首先了解有关河流水情的一些基本概念。水位是河流中某一标准基面或测站基面上的水面高度。流速是指单位时间内河水流动的距离，单位为 m/s。在单位时间内通过某过水断面的水的体积，叫作流量，单位是 m^3/s。流量是流速和断面面积的乘积。流量大小表示某一条河流的来水和输水能力的大小，流量的变化将引起流水蚀积和水流的其他特征值的变化。随着流量的变化，水位也发生变化。流域内的降水和冰雪消融状况等径流补给是影响流量，同时也是影响水位变化的主要因素。

河流水量补给是河流的重要特征之一。降落在地表的雨水，除部分被植物截留、下渗和蒸发以外，其余的形成地表径流，汇入河网，补给河流。冰川、积雪、地下水、湖泊和沼泽，也都可以构成河流的水源。不同地区的河流从各种水源中得到的水量是不相同的，即使同一条河流，不同季节的补给来源也不一样。这种差别主要是由流域的气候条件决定的，同时也与下垫面的性质和结构有关。例如，热带地区、亚热带湿润地区没有积雪，主要是雨水补给；冬季长而积雪深厚的寒冷地区，积雪在春季气候转暖时融化补给河流；发源于巨大冰川的河流，冰川融水是首要的补给形式；下切较深的大河能得到地下水的补给，下切较浅的小河很少或完全不能得到地下水补给；发源于湖泊、沼泽或泉水的河流，主要依靠湖水、沼泽水或泉水补给。此外，人类通过工程措施，也可以给河流创造新的补给条件，这就是人工补给。

河流的补给特征是影响河水温度状况的主要因素。由冰川和积雪补给的河流，水温必然较低。当气温降到 0 ℃以下、水温降到 0 ℃以下时，河水中开始出现冰晶，岸边形成岸冰；冰晶扩大，浮在水面形成冰块；随着冰块的增多和体积增大，河流狭窄处和浅水处首先发生阻塞，结果使整个河面封冻。我国北方河流每年都有时间长短不等的封冰期，长的可达 4~5 个月。随着气候条件的周期性变化，一年中河流补给状况、水位、流量等也相应发生变化。根据一年内河流水情的变化特征，可以分为若干个水情特征时期，如汛期、平水期、枯水期或冰冻期。

5.2.1.2 河流水系的形态与分类

A 形态

受降水、冰雪融水及地下水所补给，沿地表狭长谷地经常或周期性流动的天然水流称河流。河流的长度不等，一条大的河流向上游追索，会发现它像树枝一样不断分叉，由主流先分出第一级支流，一级支流再进一步分为二级、三级支流等，结果就形成一个庞大的地面水流网，称水系。一个水系的地面流水最后会汇聚在一个主流中，这个水系所包括的区域，称流域。相邻两个水系（或流域）之间由分水岭隔开。通常将最长的源头至河口的水道称主流，其余则为支流。所以，主流有主流的流域，支流有支流的流域；所有支流流域都包括在主流流域之中，如图 5-3 所示。

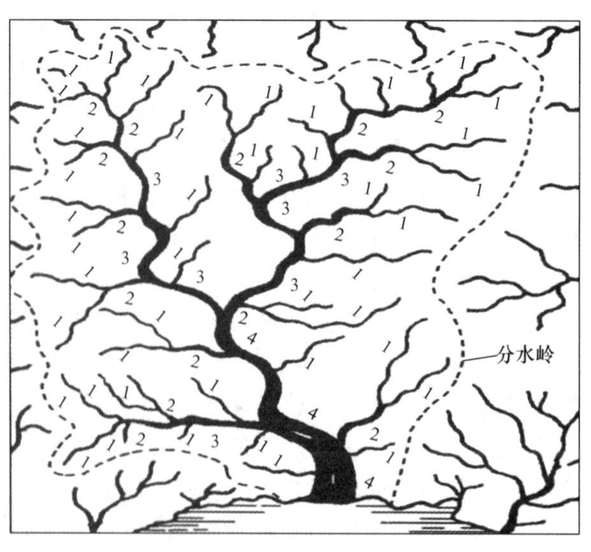

图 5-3 流域、水系和分水岭

1—一级支流；2—二级支流；3—三级支流；4—主流

水系在平面图上的几何形态常反映流域内的岩性、地貌、地质构造等特征，它是研究流域内地质构造、构造运动等的重要标志。水系可分为以下几种形态。

(1) 树枝状水系：主、支流组合呈树枝状，常见于岩石强度的差异性小或地层平缓或岩浆体分布，以及松散沉积覆盖的平坦地区（见图 5-4（a））；

(2) 向心状水系：在穹窿或盆地地区河流呈环状分布（见图 5-4（b）），局部受断层沿构造轴部或在盆地内；

(3) 格子状水系：主、支流呈格子状相交，常见于褶皱或倾斜岩层地区，沿构造轴部切割形成平行式河流，并在侵蚀较大的谷坡上发育支流（见图 5-4（c））；

(4) 放射状水系：在穹窿以及火山锥周围，河流自中心部分向四周流动（见图 5-4（d））。

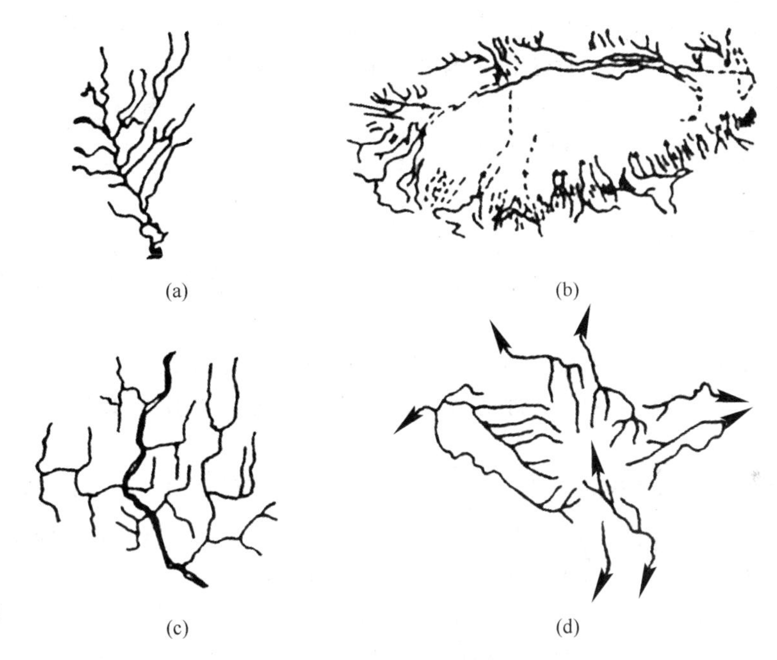

图 5-4 水系的几种组合形态

(a) 树枝尖（淮河）；(b) 向心状（塔里木盆地）；(c) 格子状（澜沧江）；(d) 放射状（白头山）

B 分类

(1) 根据水流情况，河流可分为间歇河、恒流河和中断河三类。

1) 间歇河：河水忽断忽续，随季节而转移，如干旱地区只有雨季才有流水的河流。

2) 恒流河：河流终年有水，河水由雨雪水和地下水补给。

3) 中断河：河流一部分在地表，一部分转为潜流，这种河流在石灰岩区较为常见。

(2) 根据水文状况（包括流量、流速及水位等的变化），可将河流分为内流河和外流河两类。

1) 内流河：干旱地区的间歇河较多，可形成没有入海口的内流河。

2) 外流河：潮湿地区的大河都有入海口，可形成外流河。

(3) 按照地形及坡降，可将河流分为山区河流和平原河流。

(4) 一条较大的河流从源头至河口，根据水系的分区、河谷地形和水文状况的变化，划分为上游、中游和下游。

1）上游（相当于河流形成的开始阶段）主要分布在山区，其水源可由山区水系供给，或由冰川融化而来，或是潮湿地区的充沛雨量，经由许多小支流汇集，形成的汇集河网。上游的特点是落差大、水流急、多峡谷，河床中经常出现急滩和瀑布。

2）中游是河流的中段，一般特点是河道坡度变缓，河床逐渐拓宽和曲折，两岸有滩地出现。

3）下游是河流接近出口的部分，河流下游的特点是河床宽、坡度小、流速慢，河道中淤积作用较显著，浅滩到处可见，河曲发育。

（5）按河流发育阶段，又可分为幼年期、壮年期、老年期河流。

幼年期为河流发育的初期阶段，山区河流多属此类型；壮年期或老年期河流多属平原河流。同一河系，上游可属幼年期，中游属壮年期，下游则属老年期。河系上游的幼年期河流由许多支流汇成主流，以侵蚀作用为主；至中游发育成壮年期，形成泛滥平原；至下游的海、湖岸边发育成老年期，呈网状分叉，恰与幼年期支流汇集河网的情况相反，产生很多分流和分泄，最后汇集于湖泊和海洋。

5.2.1.3 河流的地质作用

A 河流侵蚀作用的方式

河流对地面的侵蚀作用有冲蚀（用水力）、磨蚀（利用挟带的砾、砂）和溶蚀三种方式。

（1）冲蚀作用：流水本身的能量冲击河床及两岸的岩石，使河床遭到破坏，这种作用称为冲蚀作用。在水流湍急的上游地段及松软岩石、松散物质分布的地区，冲蚀作用显著。

（2）磨蚀作用：流水携带着泥沙和大小不同的砾石，在流动过程中磨损河床及两岸岩石的作用称为磨蚀作用。磨蚀作用可使河流中的砾石及碎屑的棱角被磨去而逐渐变圆、变细。在暴雨及洪水季节，河流的中上游地区磨蚀作用明显。

（3）溶蚀作用：河水溶解河床两岸的易溶岩石，从而破坏河床，这种作用称为溶蚀作用。在石灰岩、石膏等易溶岩石分布地区，溶蚀作用较为显著。

水对岩石的化学溶蚀过程是看不见的，对其溶蚀力也很难计算和估计，但河水对河床及谷坡的机械冲蚀和磨蚀作用是很容易观察到的，其宏观效果就是河谷的不断加深和扩宽。

B 河流的下蚀作用

河流侵蚀河床使其不断加深的作用，称下蚀作用。

（1）下蚀作用的原因：

1）顺坡而下的流水在重力作用下产生一个垂直向下的分量，作用于河床的底部，一般坡度越陡，下蚀作用越强。

2）河流挟带的碎屑物在运动过程中对河床底部具有撞击和磨蚀作用，尤其是山区河流，在洪水期尤为明显。

3）锅穴作用是由流水中急速旋转的涡流所引起的，它促使砾石像钻具一样作用于河底。河底上被钻出的坑，称为锅穴。

（2）下蚀作用的结果：

1）“V”字形河谷。从整个河床的纵剖面来看，其下游河段通常已经丧失下蚀能力或表现十分微弱。从中游河段向上，下蚀作用强度逐渐增大。在河流的上游以及山区的河流，由于河床的纵比降和流水速度大，因此河流的动力在垂直方向上的分量也大，从而产生较强的下蚀能力，这样使河谷的加深速度快于拓宽速度，从而形成在横断面上呈“V”字形的河谷，也称 V 形谷。我国长江上游的金沙江河谷，谷坡陡、谷底窄，横断面为“V”字形，著名的金沙江虎跳峡的江面最窄处仅 40~60 m，最陡的谷坡达 70°，峡谷深达 3000 m。

2）急流和瀑布。由于不同河段的岩性差异，其抵抗剥蚀的能力也不同，由坚硬岩石组成的河床，抗剥蚀能力强，下蚀作用的速度较慢，河床相对凸起；而由较软岩石组成的河床，抗剥蚀能力弱，下蚀作用的速度较快，河床相对下凹，从而在河床的纵剖面上形成缓、陡坡交替出现的阶梯。在较陡的河床上，流水急，出现水花，形成急流，急流常具有更强的剥蚀能力。在长期的下蚀作用下，在河床的陡、缓交界处，陡坡下部岩石（软的岩石）不断地被剥蚀，而上部的坚硬岩石还保存下来，使河床在纵剖面上出现直立的陡坡。河水从陡坎处直泻而下就形成了瀑布，如我国贵州的黄果树瀑布，河水从 58 m 高的悬崖上倾泻而下，极为壮观。瀑布一般在河流的上游较发育。

3）溯源侵蚀作用。河水从陡坎直泻而下具有很强的下蚀能力，除水落差产生极大的冲击力破坏河床外，还以挟带的沙石磨蚀、撞击河床，跌落后翻起的河水或沙石不断破坏陡坎的基部岩石，使陡坎下部的岩石被淘空，形成壁龛。当壁龛不断扩大，壁龛上部的岩石由于失去支撑力而崩塌，便形成新的陡坎，于是陡坎的位置就不断向上游移动。美国尼亚加拉瀑布以每年 1.3 m 的速度向上游移动，我国第二大瀑布黄河壶口瀑布平均每年后退 5 cm。瀑布后退（见图 5-5）河床不断加深，河床纵剖面坡度渐渐变小，瀑布消失。同样的道理，急流也向上游发育并逐渐消失。

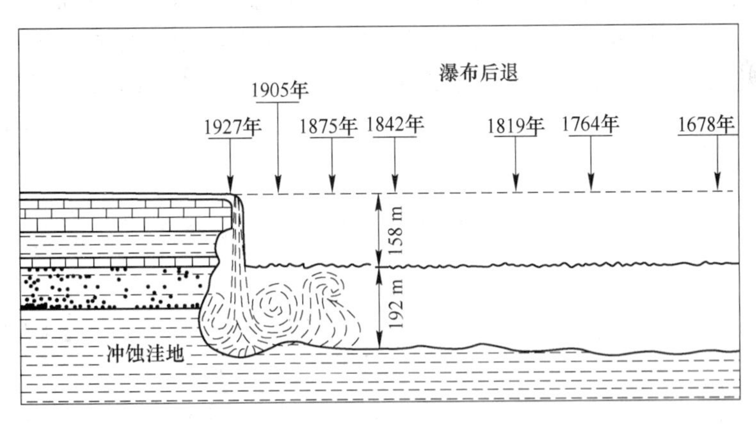

图 5-5 北美尼亚加拉瀑布后退示意图

下蚀作用在加深河谷的同时，还使河流向源头发展，加长了河谷。不同地区的河流下蚀作用强度和速度是不一样的。若位于同一分水岭两侧的两条河流，如果其中一侧的河流下蚀作用较强、下蚀速度快于另一侧的河流时，其河谷可先发展到分水岭，迫使分水岭不断向下蚀作用弱的河流靠近，最后下蚀能力较强的河流侵蚀到下蚀作用较弱的河流，并夺取了它上游的河水，使其流入自己的河流中，这种现象称为河流的袭夺现象，如图 5-6 所示。当河流袭夺现象发生后，被袭夺河流的上游或支流以急转弯的形式流入新的水系，袭夺处的这个急转弯称袭夺弯，被袭夺的河流称为断头河，它的水量大减，甚至会出现干谷河段。

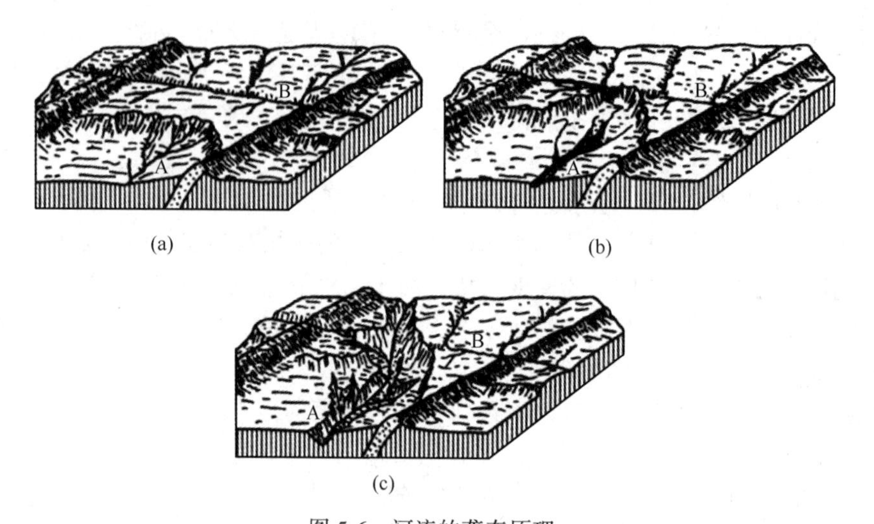

图 5-6 河流的袭夺原理

（a）支流 A 向源侵蚀；（b）B 河被袭夺；（c）A 河河谷加深、延长

4）下蚀极限与河流平衡剖面。河流的下蚀作用不可能无休止进行下去，而是有一个极限，我们把这个极限称为侵蚀基准面，有入海口的河流通常以河流入海口的海平面作为该河的侵蚀基准面。实际上河底降低的最大限度应是河口处的河底海拔高度。河床由河口向上逐渐抬高，如果河流的下蚀使河床的每一段都降低到仅能维持水体流动所需的最小斜度时，此即河流的平衡剖面。河流的侵蚀基准面可分为最终侵蚀基准面和局部侵蚀基准面。陆地上大多数河流最终都注入海洋，所以海平面应是河流的最终侵蚀基准面。局部侵蚀基准面很多，如一些支流汇入主流或湖泊，则主流水面或湖泊水面即为其局部侵蚀基准面，如图 5-7 所示。

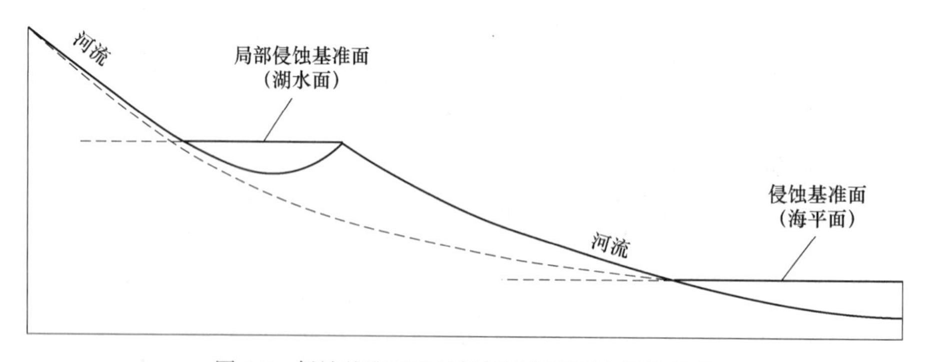

图 5-7 侵蚀基准面和局部侵蚀基准面之间的关系

C 侧蚀作用与侧向堆积作用

河流侵蚀谷坡使河谷不断扩宽的作用，称侧蚀作用。河流侧蚀作用不断掏挖河床两侧的谷坡，其结果是使谷坡后退，谷底加宽，并引起河床的左、右迁徙。引起侧蚀作用的主要原因是河流弯曲所致，另外受科里奥利力的作用可使河流的一侧侵蚀。

（1）科里奥利力的作用。科里奥利力是由地球自转引起的，又可称为地转偏向力。地球上一切运动着的物体，都将产生运动方向上的偏离，北半球向右岸，南半球向左岸。流向近于南北向的河流，因科里奥利力的作用，北半球河流的侧蚀中的水流总是偏向右岸，南半球总是偏向左岸。由于科里奥里利力较小，而且河道曲折多变不会永远保持南北向，因而对侧蚀作用影响不是很大。

（2）弯道环流作用。河道在转弯处，主流线因惯性而偏向凹岸，使凹岸一侧水体壅塞，水面高于凸岸，迫使凹岸的水体下沉形成底流，并沿河底返回凸岸一侧。上述过程是在河水流动中完成的，在三度空间上是一种螺旋流，称为单向横向环流。螺旋流不断掏蚀和冲蚀凹岸，使凹岸一侧逐渐后退，垮落下来的碎屑或岩块被底流带向凸岸，因水流分散、流速降低而发生沉积，在流量和流速保持不变的情况下，河床横切面形态应保持不变。为保持平衡关系，在凹岸被侵蚀后退时，凸岸侧应有与凹岸侵蚀量相等的沉积物沉积下来，就这样凹岸不断后退，凸岸不断前进，如图 5-8 所示。

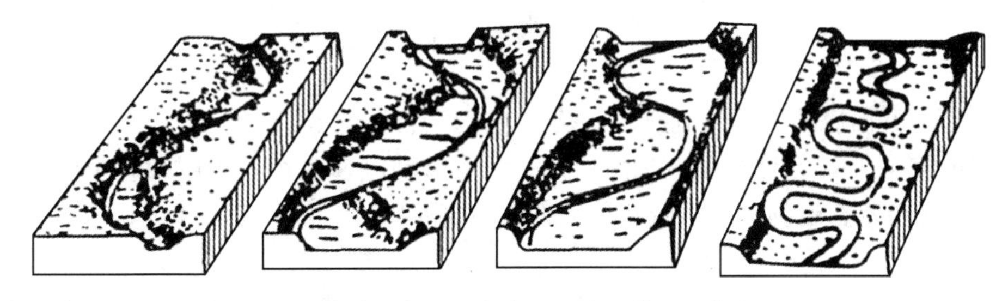

图 5-8 侧蚀作用使河谷加宽和形成河曲、蛇曲的过程

河流侧向侵蚀和侧向沉积作用的第一个直接结果是使河谷谷底不断拓宽；第二个结果是使河床的曲度增加，辗转流动于开阔的谷底上，形成一个曲流带；第三个结果是使相邻两个凹岸会逐步靠近，而且可以使河道发生截弯取直现象，原先的旧河弯被废弃或演变为牛轭湖。

5.2.1.4 河流的搬运作用

A 河流的搬运作用

河流的搬运作用既有机械搬运也有化学搬运，但以机械搬运为主，包括推移、跃移和悬移三种方式。化学搬运以真溶液和胶体溶液的形式进行，生物的搬运作用与前两种类型相比意义较小。

（1）机械搬运作用。碎屑物质的搬运方式取决于颗粒在介质中的受力状况，流体作用于碎屑颗粒上的力主要有浮力（F）、重力（G）、水平推力（P）和垂直上举力（R）。水平推力（简称推力）是流体作用于颗粒上的顺流向的力，垂直上举力则是有紊流的扬举作用和流体由于不同深度的速度差异而产生的一种向上的力。

（2）化学搬运作用。母岩经化学风化、剥蚀作用分解的产物（溶解物质）呈胶体溶液或真溶液的形式被搬运，称化学搬运作用。Al、Fe、Mn、Si 的氧化物难溶于水，常呈胶体溶液搬运；Ca、Mg、Na 等元素所组成的盐类，常呈真溶液搬运。

B 泥沙启动与流速

1935 年，尤尔斯特隆在进行水槽试验之后提出了一个流速与颗粒启动的关系图解，人们称之为尤尔斯特隆图解，如图 5-9 所示。从图中可以看到如下规律：

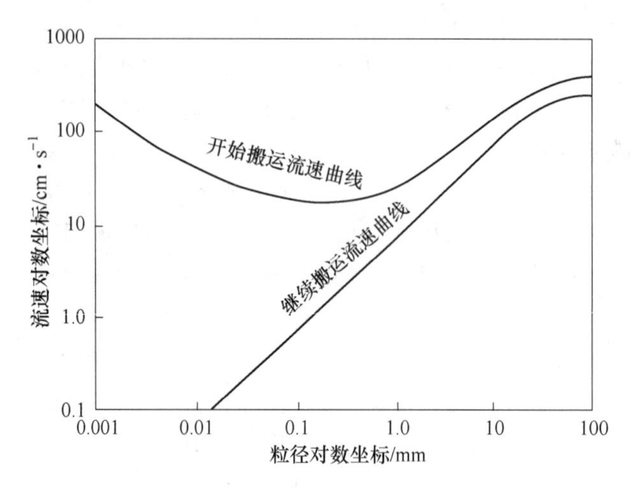

图 5-9 颗粒的启动、搬运、沉积与流速的关系

（1）颗粒开始启动所需的流速比启动后维持正常搬运的流速要大。

（2）0.05~2 mm 粒径的颗粒最易启动，所需启动流速最小，表明细砂及中砂在水中最易移动，是流水搬运物中最活跃和移动方式多变的物质，而且启动和沉积两者的临界流速差较小。

（3）大于 2 mm 的颗粒与小于 0.05 mm 颗粒的启动流速都分别随粒度增加和减少而加大，表明很细的黏土类物质因黏结力增大，也不易启动，但一经启动就只要很小的维持流速即可搬运。小于 0.004 mm 的颗粒，即使在流速极小的流水中也不会沉积。另外，粗大颗粒的启动和沉积临界流速差很小，说明它们具有难以被搬运但极易被沉积的特性。

C 机械搬运力与搬运量

河流的机械搬运力有一个通用的公式，即被搬运物的质量与流速的 6 次方成正比，当流速增大 1 倍时，被搬运颗粒的质量将增大 64 倍。人们在山区河床上常可看到各种大小的石块，有的重达数十吨，显然这是以前的洪水搬来之物；在河流的下游河床上看到的尽是一些较细的卵石和砂，表明上、下游的搬运力相差很大。河流的机械搬运量是非常巨大的，每条河流由于流速、流量，特别是流域自然地理因素等不同，其机械搬运量相差很大。

D 机械搬运与碎屑物质的变化

碎屑物质在长距离搬运过程中，由于颗粒间的碰撞和摩擦，流体对颗粒的分选作用，以及持续进行的化学分解和机械破碎，使得矿物成分、粒度、分选性和外形都发生变化。

5.2.1.5 河流的沉积作用

河流的沉积作用可以在沿河的每一个地方进行，其覆盖宽度与谷底宽度一致，甚至许多谷坡上也有河流沉积物分布。河流的沉积作用是流速降低、动能减小所致，沉积作用除发生在沿河谷底以外，大量沉积发生于山口和河口（最主要是入湖口和入海口）区。河流沉积物称为冲积物。

（1）谷底的沉积作用。在枯水期观察谷底横剖面，很容易划分出河床沉积、堤岸沉积、河漫沉积和牛轭湖沉积 4 种沉积类型。

(2) 山口的沉积作用。山区河流流出山口后，由于地势平缓、水流分散，搬运物发生大量堆积，常形成规模不等的扇形堆积体，称冲积扇。冲积扇的扇体巨大，可达数百至数千平方千米；扇面坡度平缓，水流网十分发育；沉积物包括河床沉积、河漫滩沉积、山口洪积等多种类型，它们呈横向渐变或相互交错重叠在一起。

(3) 河口的沉积作用。河流的入海口（或入湖口）因坡度减缓、水流扩散以及受海水（或湖水）的阻滞，流速迅速降低甚至停止，所以这里是河流沉积作用的最主要的场所。在这里沉积作用进行很快，河床淤高，分流很强烈，沉积物堆积成巨大的三角形，故称三角洲。三角洲的实际形态可以是扇形、鸟足形等，它们是长期发育的结果，而且不断向外伸展。尼罗河三角洲每年向海洋增长 4 m；密西西比河三角洲每年增长 330~350 m；我国长江三角洲每年增长 40 m；黄河三角洲仅从 1855 年以来，面积就扩大了 5450 km^2，每年增长约 400 m。

(4) 河流的化学沉积作用。河流的化学沉积极为罕见，因为河水的盐度小于 1%，溶运物均随水流走，因此，在河流的中、下游不会发生任何元素的过饱和沉淀，但在高山区河流的源头地区则另当别论。我国四川省九寨沟、黄龙地区的河床中正进行着强烈的碳酸盐沉积作用。

5.2.2 湖泊

5.2.2.1 湖泊的基本信息和分类

A 湖泊的基本信息

a 湖盆成因

形成湖泊的原因很多，既有内动力地质作用原因，又有外动力地质作用原因。

(1) 内动力地质作用形成的湖盆：构造运动、火山活动和地震均可形成湖盆，地球上的许多大湖盆主要是内动力作用形成的。地壳构造运动产生的坳陷或断裂形成洼地，积水成湖称为构造湖。里海原是海洋的一部分，由于地壳的上升，一部分海域转变成陆地使其与海隔绝形成内陆湖；我国的太湖是由于地壳的下沉而形成坳陷，湖中的岛屿是原来的山峰。构造运动产生断裂可使局部地区下陷，形成洼地积水成湖，如贝加尔湖、滇池等，其湖盆多狭长而深，湖岸线为直线或折线。火山喷发作用过程中，喷出的熔岩流可阻截河流而形成熔岩堰塞湖，如黑龙江的五大连池和镜泊湖就是由于熔岩流将河流堵截而成的。火山口也是一种湖盆，可积水成湖形成火口湖，如我国长白山主峰白头山的天池。地震引起的岩块崩塌堵塞河床或塌陷成洼地积水成湖，也可以形成湖盆。

(2) 外动力地质作用形成的湖盆：所有外动力地质作用过程中都可以形成湖盆，但所形成的湖盆一般较小、较浅，在湖盆的周围常可见到造成此湖盆的外动力所形成的地形和堆积物。河流的地质作用可形成河成湖。由于河流在蛇曲地段的截弯取直可形成牛轭湖；河水泛滥后，在冲积平原的洼地中常可积水成湖；由于河流改道在旧河道的洼地也可积水成湖。冰川的地质作用可形成冰成湖。冰川的剥蚀和由冰碛物阻塞而形成的洼地，当冰川融退后可积水成湖。此外，风的剥蚀作用可形成风蚀湖盆，地下水的溶蚀作用可形成岩溶湖盆，海水的沉积作用可在海湾地带形成潟湖和海成湖。自然界湖盆的成因往往不是单一的，常常是几种地质作用的综合因素，如北美的五大湖盆，原是由构造运动形成的构造湖盆，以后又经过冰川作用的改造。

地面上有静止或弱流动水补充，而且不与海洋有直接联系的水域称为湖泊。必须有湖盆，并且长期蓄水才能形成湖泊。世界各大陆都有湖泊分布，占大陆总面积的2%。每个湖泊都是由湖盆、湖水和水中物质相互作用的自然综合体，受当地气候、径流等多种自然地理因素制约。

b 湖水来源

在不同的自然条件下，降水、地表径流和地下水带入湖泊的化学元素种类和含量有差别。湖水盐分取决于湖水的类型和气候条件。湖水排泄状况良好与否，使盐分积累过程发生迥然不同的区别。湖岸岩石性质、水生物繁殖状况等，也都会影响湖水的化学成分。湖水的主要来源为大气降水、地表水和地下水。当湖泊的来水量大于其耗水量时，收入大于支出，水量成正平衡，湖水水位就上升；相反，当湖泊的耗水量大于其来水量时，支出大于收入，水量成负平衡，湖水水位就下降。湖中气体有 O_2、CO_2、H_2、NH_3 等，含量受生物影响，随深度骤变。例如，O_2 含量随深度而降低，甚至变得完全没有，出现湖水表层为氧化环境而深部为还原环境的现象。大部分湖水 pH 值接近于 7.0，湖水 pH 值反映了湖水化学过程和生物化学过程的变化、pH 值常与气体和生物活动相关。我国有面积大于 1 km^2 的湖泊 2300 多个，总储水量达 7090 亿立方米，其中 1/3 为淡水。

B 湖泊的分类

天然湖盆是在内、外力相互作用下形成的。以内力作用为主形成的湖盆主要有构造湖盆、火口湖盆、阻塞湖盆等；以外力作用为主形成的湖盆主要有河成、海成、冰成、风成、溶蚀湖盆等。因为湖盆是湖泊形成的基础，故广泛采用了按湖盆成因分类方法。

湖泊的分类是多种多样的，常见的有：

（1）按湖盆的成因，把湖泊分为内营力作用湖和外营力作用湖。内营力作用湖由火山作用、地震和构造运动形成，包括火山湖、塌陷湖和构造湖；外营力作用湖的形成与岩石崩塌有关，包括重力湖、侵蚀湖、牛轭湖、风成湖、冰川湖、海成湖、生物成湖、陨石成湖。

（2）按湖水的来源，把湖泊分为海迹湖和陆面湖两大类。海迹湖过去曾经是海洋的一部分，以后才与它分离，而陆面湖则包括了陆地表面的绝大部分湖泊。

（3）依据湖水与径流的关系，分为内陆湖和外流湖。内陆湖完全没有径流入海，常属非排水湖。外流湖以河流为排泄水道，又称排水湖，湖水最终注入海洋。

（4）根据湖水的矿化程度，把湖泊分为淡水湖、咸水湖和盐湖。其中，咸水湖又可根据水中溶解盐类的主要成分，进一步分为碳酸盐湖、硫酸盐湖、氯化物盐湖等。排水湖为淡水湖，非排水湖多为咸水湖。

（5）按湖水温度状况，把湖泊分为热带湖、温带湖和极地湖。

（6）按湖水存在的时间久暂，湖泊可分为间歇湖、常年湖。

5.2.2.2 湖水的运动

湖水运动有两种基本形式：具有周期性的升降波动和非周期性的水平流动。前者如风浪、波漾，后者如湖流、混合、增减水等，多数情况下这两种运动是相互结合进行的。引起湖水运动的主要因素有风力、密度梯度力、水力坡度力等，河流入湖或湖水流出也可以引起湖水运动。此外，个别地区由于气压突然变化也会引起湖面运动，地震也能造成湖面很大的波动。湖水运动是湖泊中最主要的动力因素，它对于湖盆形态的演变、湖水的物理化学性质、泥沙运动、湖岸变迁、水生生物的活动等都起着重要作用。

湖流是指湖中水团沿一定方向前进的运动，水团在前进中基本保持着它们的理化性质，湖流能促进湖水在水平和垂直方向的混合。按湖流成因可分为重力流和风成流两类。

A　重力流

重力流是由于湖泊水面倾斜产生重力沿水面的分力所引起的流动，又称梯度流。它可以细分为以下几种：

（1）吞吐流。由于出入湖泊的水流引起水面局部上升或下降，造成湖泊水面倾斜而形成湖流。凡外流湖和内流湖中直接接纳河流径流者都有吞吐流产生。

（2）常量流。由于风力形成水面倾斜，当风停止后，水面倾斜所产生的水力坡度力使水团从迎风岸（增水岸）流向背风岸（减水岸）形成湖流。这种湖流产生时，湖中水量并不发生变化。

（3）密度环流。密度环流有两种含义：一种是湖水水层温度变化不均匀，引起不同区域湖水的密度差异，造成水面倾斜而形成湖流；另一种是指入湖或入库河水的温度、溶解质含量、挟带泥沙量与湖水不同，两股水流由于密度差异而产生相对运动。

在湖水增温时期，湖泊沿岸水温较湖中心水温增长快，湖中形成两个相向的环流系统，如图 5-10（a）所示。当湖水冷却时，沿岸湖水又较湖中心的水冷却得快，湖中形成两个背向环流，如图 5-10（b）所示。

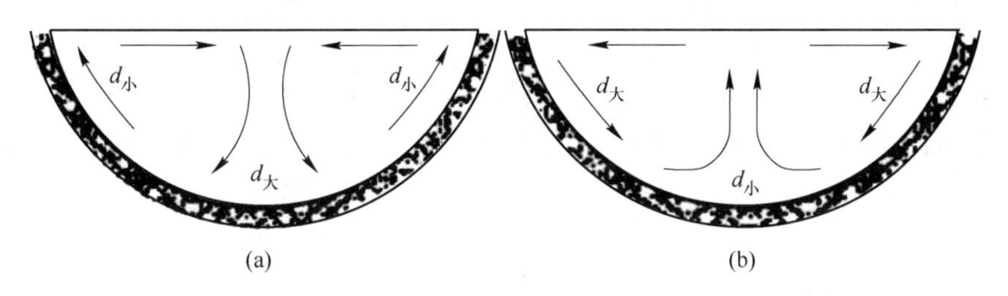

图 5-10　水温变化不均匀引起的密度环流

图 5-10（b）又称异重流。在异重流运动过程中，各层流体都能保持其原来的特性，不因交界面上的紊动作用而发生全局性的掺混现象。在热电站冷却水的引水口常因水温差异而产生异重流。在河水入湖或入库处则主要因含沙量差异而发生异重流。图 5-11 是水库异重流示意图。据研究，入库水的含沙量大于库水含沙量 1%时即可产生水库异重流；但

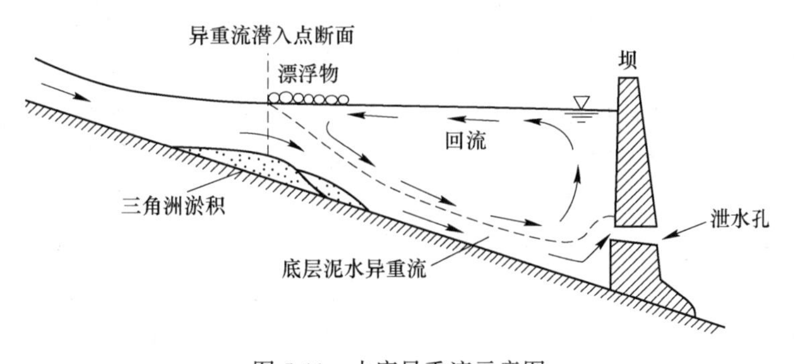

图 5-11　水库异重流示意图

只有当浑水含沙量为 10~15 kg/m^3 时，异重流才比较稳定。产生异重流的另一个条件是其挟带的泥沙颗粒必须细小，一般以 $d=0.01$ mm 的粒径为界限粒径。

B 风成流

风成流是由于风对湖面的摩擦力和对波浪的背压力所引起的湖水运动，又称漂流。风成流是大型湖泊最显著的水流方式，它能形成大规模的水体运动，其特点是开敞区流速往往大于沿岸地区。风成流是临时性水体流动，当风静止后，风成流也就逐渐平息下来。

湖泊增减水：风成流将大量湖水从湖的背风岸迁至迎风岸，在迎风岸引起水位上升，在背风岸水位下降，前一现象称为增水，后一现象称为减水。一岸增水，一岸减水，必然造成两岸水位差，使湖面产生倾斜。倾斜的湖面又反过来阻滞风成流的流动，并在水面下形成与风成流方向相反的补偿流，如图 5-12 所示。

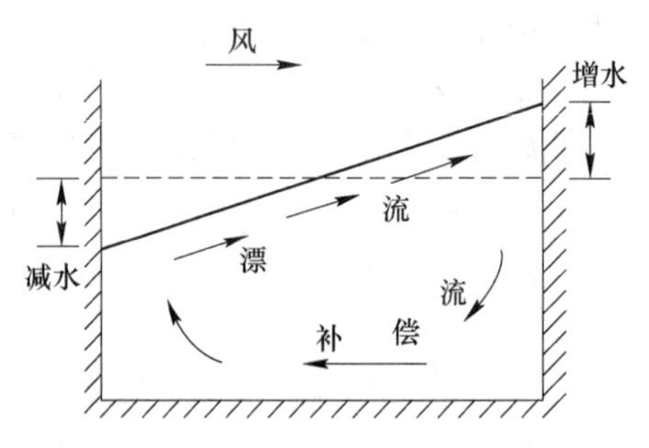

图 5-12 湖泊增减水示意图

5.2.2.3 湖泊的地质作用

A 湖水的剥蚀和搬运作用

湖水的机械动力对湖岸的剥蚀及对物质的搬运与海水基本相似。湖滨基岩在波浪剥蚀之下，同样可以形成湖蚀凹槽、湖蚀崖以及波切台和波筑台等。湖水的搬运力很小，进入湖泊的砾、砂大部停滞在湖岸附近，只有较细的黏土才能随湖流向湖心运移。

B 湖泊的沉积作用

湖泊中的水体处于相对静止状态，沉积作用是其最重要的特征。湖泊沉积作用的过程也就是湖泊发育和消亡的过程。湖泊的沉积作用有机械、化学和生物三种沉积方式，在不同的气候区，湖泊的流泻、蒸发状况以及湖水的成分不同，故其沉积方式和沉积特征也就不一样。

a 潮湿气候区湖泊的沉积作用

在潮湿气候区，由于水量充足，生物繁盛，风化作用进行得比较彻底，地面流水、地下水的作用比较发育，除可将钾、钠、镁、钙等易溶盐类带入湖中外，还可带入铁、铝、锰等难溶的化合物；但由于蒸发量小，且多为泄水湖，故含盐量低，常形成淡水湖。潮湿气候区湖泊的沉积作用既有机械的，也有化学的和生物的，但往往以机械碎屑沉积和生物沉积较为显著。

（1）机械沉积作用。机械沉积物主要来源于河流等地面流水携带的大量泥沙，此外还有湖岸带剥蚀下来的碎屑物质。湖水的机械沉积作用具有明显的分选性，即随着湖水运动速度的变化碎屑物可按颗粒粗细、密度大小而先后沉积下来。一般情况，粗粒碎屑物质沉积于湖岸附近，形成平行湖岸的浅滩，称为湖滩，沉积物具有明显的层理，沉积物表面有波浪和泥裂现象；细小的、呈悬浮搬运的物质，沉积于湖水较平静的湖心，形成湖泥；由河流携带来的泥沙，入湖后由于流速骤减，大部分物质可沉积下来，形成三角洲。由于沉积物的增多，三角洲不断地伸展扩大，可延伸到湖心，使湖泊逐渐淤浅，形成湖积——三角洲平原，使湖泊消失，如图 5-13 所示。所以，湖泊从浅水区到深水区，沉积物机械分异非常明显。从滨岸至湖心，沉积物由粗到细形成同心环带状分布，河流入口一端，由于形成河口三角洲，粗碎屑堆积物向湖心方向作舌状延伸。

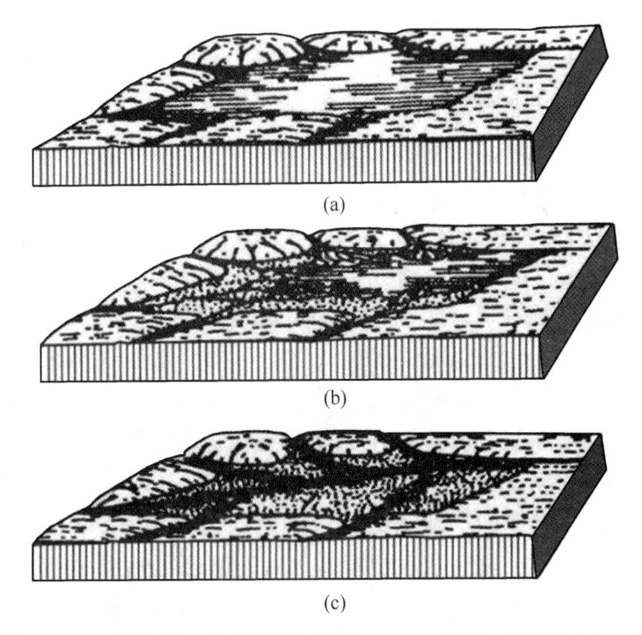

图 5-13 潮湿气候区湖泊发展成湖积——三角洲平原过程示意图

（a）湖泊盛期；（b）半淤塞期；（c）全淤塞期

（2）化学沉积作用。潮湿气候区化学风化和生物风化盛行，矿物分解彻底，易溶的盐类（K、Na、Ca 等）和难溶的元素（Fe、Mn、Al、Si 等）呈真溶液或胶体状态进入湖中。其中，易溶盐类难在湖水中达到饱和，随泄水进入海洋中；难溶元素的离子或胶体在湖水中易于沉淀，成为湖水化学沉积的主要成分。

在适当的条件下，这些离子或胶体可形成低价盐类化合物沉积，并可形成菱铁矿、黄铁矿及褐铁矿等矿床，主要形成方式有细菌作用、硫化氢作用、氧化作用等。

1）细菌作用。湖泊中生长着许多菌类生物，它们对这种地区的化学沉积有重要的意义，如铁细菌能分解出重碳酸铁中的 CO_2 可形成菱铁矿：

$$Fe(HCO_3)_2 \longrightarrow FeCO_3\downarrow + H_2O + CO_2\uparrow$$

当湖水中含有重碳酸钙［$Ca(HCO_3)_2$］时，因为生物吸收了 CO_2，在适当的温度、压力条件下，可使碳酸钙饱和而沉淀下来。

2）硫化氢作用。湖泊的湖心地区或沼泽中，由于生物遗体被埋藏而腐烂，可分解出 H_2S。H_2S 与重碳酸铁或硫酸亚铁作用，可形成黄铁矿：

$$Fe(HCO_3)_2 + 2H_2S \longrightarrow FeS_2\downarrow + 3H_2O + CO_2\uparrow + CO\uparrow$$

或：

$$FeSO_4 + 2H_2S \longrightarrow FeS_2\downarrow + 2H_2O + SO_2\uparrow$$

3）氧化作用。在湖泊的湖岸带地区，湖水中的重碳酸铁经过氧化作用，可形成褐铁矿：

$$4Fe(HCO_3)_2 + O_2 + 4H_2O \longrightarrow 4Fe(OH)_3\cdot 2H_2O\downarrow + 8CO_2\uparrow$$

（3）生物沉积作用。潮湿气候区的淡水湖中可生长大量的生物，这些生物有的是体型微小随水漂移的浮游生物，有的是在水中自由游动的游泳生物，有的是生活在湖底的底栖生物。淡水湖中还有随湖水深浅而成环带状分布的植物，这些植物中有在岸边浅水区生长的沼泽植物、有在较深地带生长的浮水植物，以及在湖泊深处生长的沉水植物。生长在湖泊中的生物死后，遗体堆积即为生物沉积。当大量的低等生物死亡后和湖泥沉积在一起时，在缺氧的环境中，经过细菌的分解，腐泥成岩后可形成油页岩。在深处厚层的腐泥，经细菌作用有机质进一步分解，随着温度压力的加大，可形成组成石油的碳氢化合物，它保存在岩石的空隙中，便可形成石油。

湖泊中大量植物的堆积物被埋在深处缺氧条件下，经细菌作用放出 CO_2 和 CH_4 等气体，使碳的成分相对增多，形成富有碳氢化合物、质地疏松而呈棕褐或黑色的物质，称为泥炭。在温带较冷地区的湖泊中，如生存有大量的硅藻时，其死亡后可沉积而成硅藻土。由于生物的不断生长和死亡，并伴随着碎屑或化学沉积，湖泊逐渐淤浅，湖中的各带植物也不断依次向湖心发展，使湖盆面积逐渐缩小、湖底填高，植物遗体和湖泥的不断沉积，形成大量的泥炭，可逐渐将湖盆填满而转变为长满植物的沼泽。

b 干旱气候区湖泊的沉积作用

分布于干旱地区的湖泊多为不泄水的咸水湖。因为湖水不断被蒸发，盐分不断积累，淡水湖可逐渐咸化而变为咸水湖，湖水中含盐溶液的浓度可达到过饱并发生沉淀。由于干旱，植物生长稀少，故湖泊中无显著的生物沉积，又因周围地面流入湖中的水量少而不能带来大量的碎屑物，只是风和洪流可将一些碎屑物搬运到湖中，因此干旱气候区湖泊的沉积是以化学沉积的蒸发岩为主，其次为机械沉积，几乎无生物沉积。

干旱区湖泊蒸发的盐类沉积可分为以下三个阶段：

（1）碳酸盐沉淀阶段：湖水盐度从 0.4‰到 12‰有一个较大的跨度，先后析出的矿物是方解石（$CaCO_3$）→白云石［$CaMg(CO_3)_2$］→天然碱［$Na_3H(CO_3)_2 \cdot H_2O$］→苏打（$Na_2CO_3 \cdot 10H_2O$），故又称碱湖或苏打湖。

（2）硫酸盐沉淀阶段：湖水进一步蒸发，盐度达 13‰～25‰，析出矿物有石膏（$CaSO_4 \cdot 2H_2O$）→硬石膏（$CaSO_4$）→芒硝（$Na_2SO_4 \cdot 10H_2O$），这种湖称苦湖。

（3）氯化物沉淀阶段：湖水盐度达 26‰以上，这时石盐（NaCl）开始析出；盐度达 33‰时开始有钾盐（KCl）析出；盐度达 35‰以上时，开始有光卤石（$KCl \cdot MgCl_2 \cdot 6H_2O$）和镁盐（水氯镁石，$MgCl_2 \cdot 6H_2O$）沉淀出来，这种湖称盐湖，湖水称卤水。

5.2.3 海洋

5.2.3.1 海洋概述

A 海水的性质

a 物理性质

海水的物理性质主要包括海水的温度、密度、压力和透明度。海水的温度常随纬度和水深的变化而变化，低纬度地区的海水温度较高；深部的海水温度较稳定，常在-1～4 ℃，而表层的海水温度变化较大。海水的密度取决于海水的盐度和温度，0 ℃时，正常盐度（35‰）的海水密度为 1.02 g/cm^3，密度随盐度的增加而增加，但随温度的增高而降低。通常深部海水的密度较大，而浅处较小；近岸边的较大，而海洋中心的较小。海水的压力是指海水自重产生的静压力，海水每加深 10 m 约增加 10^5 Pa。海水的透明度是指海水透过光线的能力，一般近岸带的海水透明度低，而远岸的海水透明度高。

（1）海水的温度：太阳辐射是海水的主要热量来源，表层海水温度较高，深层海水温度较低。表层海水温度自赤道向两极逐渐降低，低纬度地区表层海水年平均温度高达20 ℃以上，最高可达30 ℃；高纬度地区海水年平均温度小于5 ℃。表层海水通过海水运动和水的热传导使深部水温增加，但传递深度有限，因而一定深度的海水温度较低而比较稳定，水温常在-1~4 ℃。正常海水的冰点温度为-1.91 ℃。

（2）海水的密度：海水的密度取决于海水的盐度和温度。0 ℃时正常盐度的海水密度为1.028 g/cm^3，海水盐度越大，密度越高；温度越高密度越低。一般来说，表层海水的密度小于深层海水的密度。不同海域海水密度存在着差异是引起海水运动的原因之一，比如赤道表层海水温度较高，密度较小，而高纬度地区表层海水温度较低，密度较大，导致表层海水由赤道流向高纬度地区。

（3）海水的压力：随水深的增加而海水的压力加大，深度每增加10 m压力约增加10^5 Pa，在1000 m深处压力约为10^7 Pa。

b 化学性质

海水中含有多种化学元素，目前已知的有72种，但常见和含量较高的有12种（除H、O以外），它们是Cl、Na、Mg、S、Ca、K、Br、C、Sr、B、Si、F，这12种元素的含量约占海水中除O、H以外所有元素含量的99.8%。海水中常见的盐类是NaCl，其次是$MgCl_2$、$MgSO_4$、$CaSO_4$、K_2SO_4和$CaCO_3$。海水中溶解的全部盐类物质与海水质量之比称为盐度。如果明显高于35‰的海洋称咸化海，如红海的盐度大于40‰；低于这个数值的称淡化海，如波罗的海的盐度小于10‰。海水中溶解的气体有O_2、N_2、CO_2、H_2S等，O_2主要分布于海水的表层和近岸地带；H_2S通常聚集在海水流动不畅的海域，如海湾或海底；CO_2在海水中分布较广。

（1）盐度：海水中溶解的总矿物质的质量与海水总量之比称为盐度，以千分率表示。大洋海水中的盐度一般介于33‰~37‰，一般认为海水的标准含盐度为35‰。海水含盐度随深度的增加快速减小，到了一定深度后，盐度保持稳定。位于大陆边缘的海域海水含盐度受到气候与注入海中径流量等因素的影响，海水含盐度可能出现比较大的变化，含盐度明显高于33‰~37‰范围的海域称咸化海，明显低于33‰~37‰范围的海域称淡化海，前者如红海（盐度大于40‰），后者如波罗的海（盐度小于10‰），我国的渤海（盐度约22‰）属于淡化海。海水盐度影响着海洋生物的生活环境，含盐度过高或过低都会导致海洋生物种属的急剧减少。含盐度的差异是导致海水运动和海水化学环境变化的原因之一，从而对海洋沉积作用产生重要的影响。研究证明，海水的盐度值自显生宙以来基本上是稳定的。海水盐分主要来源是大陆，其次是海底火山及洋脊火山的喷出物等。

（2）pH值：氢离子在海水中含量为108000 g/t，若按原子数计算，占海洋总原子数的2/3。度量水介质中氢离子浓度的单位称pH值，海水的pH值介于7.5~8.4之间，属弱碱性。海水的pH值随深度而减小。局部海域的pH值高于8.4，某些海域的pH值小于7.5，甚至呈弱酸性。pH值的大小控制着许多矿物的形成，例如方解石和白云石形成于pH值为7.2~9的弱碱性环境，而高岭石等则形成于pH值小于6的酸性环境。

（3）Eh值：每吨海水中含有氧857000 g，和氢一样，氧也是以化合氧的形式存在的。在海水中还溶解有游离氧，游离氧含量控制着生物的生长和分布，在很大程度上也控制着海水的氧化还原性质。海水的氧化还原强度用Eh值表示，称氧化还原电位。洋面上因与大气的交换作用而含氧较高，向下100~200 m深度水区，由于生物呼吸及有机物氧化消耗氧使其含量降至最低值。在某些特殊静水区，因缺乏海水对流，海底形成无氧带，以致这里的底栖生物完全绝迹。水介质按照Eh值的高低可以分为氧化、弱氧化、中性、弱还原、还原、强还原等环境，其相应的矿物形成顺序是氢氧化铁、海绿石、鳞绿泥石、鲕绿泥石、菱铁矿、白铁矿和黄铁矿等。

（4）二氧化碳和碳酸系：二氧化碳和碳酸系是地球上最重要的平衡系统之一，它在生物—大气—水之间进行着复杂的循环，与海水的化学性质、生物的生存和海洋沉积作用关系十分密切。海水中二氧化碳的含量受水温和压力的控制，温暖海水中二氧化碳含量较少，寒冷海水中二氧化碳含量较多；表层海水中二氧化碳含量较少，深层海水中二氧化碳含量较多。碳酸系随温度、压力而转换其存在形式，它直接控制着碳酸盐矿物的沉淀和溶解，是地质作用十分敏感的因素之一。

B 海洋的分布

海洋是地表上巨大盆地中的水体，它既是陆地上水的主要供给者，也是地面流水和地下水最终汇聚的场所。海洋地质作用的主要动力是海浪，其方式包括海洋的剥蚀、搬运和沉积作用等，其中以海洋的沉积作用为主导作用。地球表面积有$510\times10^6\ km^2$，其中海洋面积为$362\times10^6\ km^2$，约占地球表面积的71%，相当于陆地面积的2.5倍。海陆分布随纬度分布很不均匀，如图5-14所示。陆地的三分之二在北半球，只有三分之一在南半球。所以，北半球的海洋占60.7%，陆地占39.3%；南半球的海洋占80.9%，陆地占19.1%。南北海陆具有对称的特点，北有北冰洋，南有南极洲；北半球高纬度区三大洲几乎相连，南半球高纬度区三大洋连成一片。

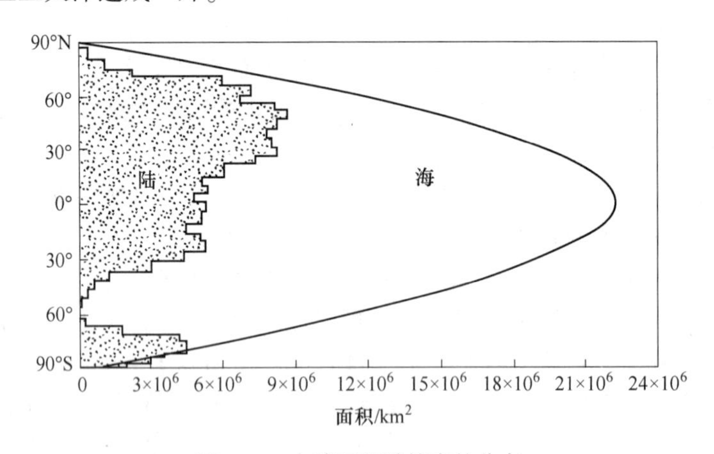

图5-14 水陆面积随纬度的分布

C 海洋生物

生命的发生和进化起源于海洋，生物由最原始状态发展到现代，几乎占领了所有海洋领域，也占领了大陆和空间领域，生物已成为海洋的重要组成部分之一。海洋生物种类繁多，海洋动物有20多万种，海生植物约2.5万多种。依照生活方式，海洋生物可划分为三类：固着或在海底生活的底栖类生物，如珊瑚、海星等；游泳生物，如鱼类等；漂浮于海水上部，随波逐流的浮游生物，如某些藻类等。水深小于200 m的浅海区，阳光充足、氧气充分、食物充足，生物极为繁盛。200 m水深以下的水区属于无光带，植物不能生长；数千米的深水区底栖生物稀少，只有漂浮及游泳生物。海洋生物是海洋有机质及其沉积物的主要来源，据统计，海洋浮游生物每年提供的有机质约占92.9%，底栖生物约占0.6%，大陆每年输入到海洋的有机质约占6.5%，而且集中分布于边缘海和内海。海洋生物对海水中沉积物的形成、有机质的堆积以及某些矿产的形成均有重要意义。

5.2.3.2 海洋的运动

海水的运动是海洋地质作用的最重要动力。引起海水运动的因素很多，风、气压的改变、日月引力、地球自转、海底地震、海底火山爆发以及不同深度海水的温度、密度和盐度的差异及其在区域上的变化等都可以引起海水运动。海水运动的主要形式有波浪、潮汐、洋流和浊流。

A 波浪

海洋中的波浪是指海水在外力和惯性力的作用下，水面随时间起伏（一般周期为数秒至数十秒）的现象。也就是海水质点以其原有平衡位置为中心，在垂直方向上做周期性圆周运动的现象。波浪包括波峰、波谷、波长、波高四个要素。

按波浪成因可分为：由风的作用而产生的“风浪”，因地震或风暴而产生的“海啸”，由引潮力引起的“潮波”，由气压突变而产生的“气压波”，因船行作用而产生的“船行波”等。还可以按波长和水深的相对关系分为“深水波”（短波）和“浅水波”（长波）。按作用力的作用情况可分为“强制波”和“自由波”（余波）。

在大洋中，风浪的振幅和速度与风的强度、风向和阵发性情况等因素有关。波浪前进时，海水的质点在平行风方向的垂直面上做封闭的或几乎是封闭的圆周运动。波峰上水分子的运动方向与波浪前进方向一致，而在波谷中水分子的运动方向与波浪前进方向相反。这样，波浪将能量依次向前传递，而水分子本身并不随波浪前进。这种运动向深部传播，但圆周运动轨迹的直径迅速减少。

B 潮汐

全球性海水周期性涨落的现象称潮汐，由潮汐引起海水的周期性的水平运动称为潮流。

在月球绕地球旋转过程中，月地引力及月地系统旋转所产生的离心力两者之和形成引潮力。在地球的向月一面，引力大于离心力，合力指向月球，使海水涌向月球一面，发生涨潮；同时，在地球的背面，离心力大于引力，合力指向背月一面，也使海水面凸起发生涨潮。在两个涨潮方向之间的海面因海水流走而发生落潮，如图5-15所示。由于地球的自转使涨、落潮的位置不停地改变着，每年的秋分与春分，地、月、太阳在一条直线上，引潮力最大，故每年将有两次特大潮；农历每月的初一、十五左右，地球、月球和太阳同在一个方向上，会产生两次大潮；每天有两次涨、落潮。高潮时海面高程与低潮时海面高程之差，称为潮差，潮差在各地是不同的，这要视纬度和海岸地形而定。

根据万有引力定律，两物体相互吸引的力与其质量成正比，而与其距离的平方成反比。月球质量虽然仅为地球的1/81，但距地球只有38.4×10^{4} km，太阳质量虽为地球的33.3×10^{4}倍，但与地球的平均距离达14960×10^{4} km。所以月球对地球的引力要比太阳的引力大一倍多。地球中心所受的引力是这两种引力的平均值，而地球上任何地点所受到的月球和太阳的引力，同这一平均值比较，大小有差别，方向也不同。这一引力差是海面发生升降的直接原因，因而把天体对地球的引力和地球运动所产生的惯性离心力之合力称为

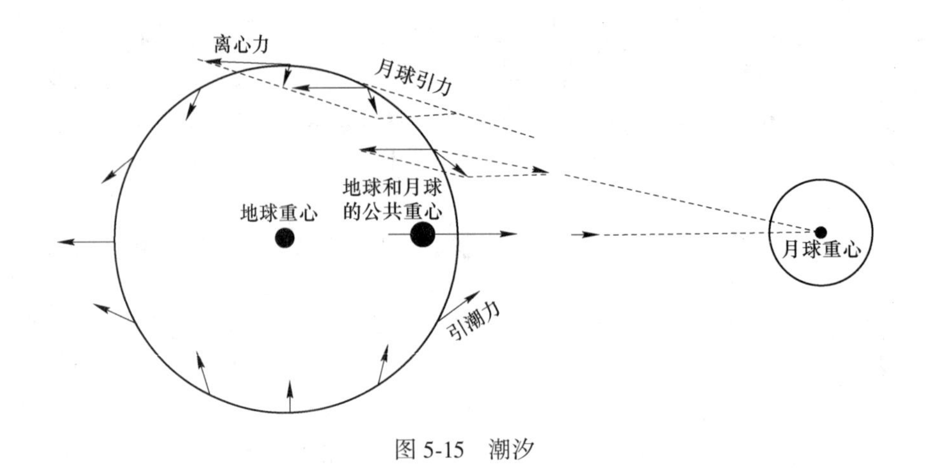

图 5-15 潮汐

引潮力。引潮力是在地球朝向月球和太阳的一面和背向的一面同时发生的。朝向月球和太阳一面形成的潮汐，称顺潮；背向月球和太阳一面的潮汐，称对潮。开阔大洋中潮的高度在 1 m 左右，但在喇叭形海湾或河口湾中，潮流可以激起怒潮，我国的钱塘江口、亚洲的波斯湾、南美的麦哲伦海峡和北美的芬地湾都是以潮高著名的。钱塘江口和波斯湾，潮高可达 10 m；麦哲伦海峡和芬地湾，潮高可达到或超过 20 m。

潮汐现象对一些河流和海港的航运具有重要意义。大型船舶可趁涨潮进出河流和港口。潮流也可用于发电，包括我国在内的许多国家，已经建成了不少潮汐电站。

C 海流（洋流）

大洋中沿一定方向有规律移动的海水称海流（洋流）。它好像大洋中的一条河流，宽度从几十千米到百千米以上，涉及的水层厚度可达数百米，流程长达几千甚至上万千米，流速一般每小时数千米，流径一般不易改变。洋流又可分表层洋流和深层洋流。

表层洋流主要由信风及海水密度差引起，方向以水平运动为主。根据流动水体的温度与周围水体的温度差异又可分为暖流和寒流。暖流一般由低纬度流向高纬度，寒流一般由高纬度流向低纬度。例如，著名的太平洋北赤道海流流程长达 13000 km，海水由中美洲西岸沿北纬 10°~20°西流，直到亚洲东部菲律宾；再由此向北偏转，经我国台湾岛东岸、琉球群岛西侧，直达日本东岸，称黑潮（或台湾暖流、日本暖流）。黑潮在日本北海道东侧与千岛寒流（也称亲潮）相遇后再折向东，流向阿拉斯加；进而再沿北美洲西岸南流形成寒流，补偿赤道附近流走的海水。深层洋流主要由海水温度和盐度差异引起，方向有水平的和垂直的运动。例如在大西洋，海水由格陵兰附近下沉，沿海底穿过赤道，至阿根廷东部上升，再由表层流回北方。

5.2.3.3 海洋的地质作用

A 海洋的剥蚀作用

海洋的剥蚀作用是指由海浪、海水的溶解作用和海洋生物的活动等因素引起的海岸及海底岩石的破坏作用，简称为海蚀作用。海蚀作用的方式可分为机械、化学、生物三种形式。

海水的机械剥蚀作用是由海水运动引起的，其动力以波浪为主，发生于海岸带及海水运动所能影响到的海底部分，其中海岸带是发生海蚀作用的主要地带。冲蚀作用和磨蚀作用是海水的机械剥蚀作用的两种方式，冲蚀作用是指海水在运动过程中对岩石进行冲击并导致其发生破坏的过程，磨蚀作用则是指运动着的海水所携带的砂砾对岩石摩擦、碰撞而引起的破坏作用。若海水的动能大，则冲蚀作用增强；若海水携带的砂砾多，则磨蚀作用增强。

海水的化学剥蚀作用又称溶蚀作用。海水因为含有较多的二氧化碳等溶剂，具有一定的溶蚀能力，可对海岸及部分海底岩石进行溶蚀破坏。

生物剥蚀作用是由海洋生物的生命活动引起的，生活在滨海区的生物多为营钻孔生活的生物，它们可以通过分泌某些溶剂来溶蚀岩石或用壳刺钻凿岩石，形成一些孔道和凹坑，破坏滨岸带的岩石。

海洋的剥蚀作用以机械剥蚀为主，它对海岸的改造起着决定性作用。

滨海及海岸带是海蚀作用最强烈的地带，海蚀作用的结果使海岸从陡岸向缓岸转化，使曲折的岬湾岸变为平直海岸，使以剥蚀作用为主的海岸向以堆积作用为主的海岸转化。海岸按岩性可分为基岩海岸、砾质海岸、砂质海岸、泥质海岸四类，其中后三类是由松散碎屑物组成的海岸，它们遭受海蚀作用的改造过程以及其所形成的剥蚀地形都具有一定差别。

a　基岩海岸的海蚀作用

由基岩组成的海岸一般地形比较陡峭，在岸壁基部与海平面的接触处，因受波浪的频频冲击可形成沿水平方向展布的凹穴，称海蚀槽（见图5-16），也可形成洞穴，称海蚀穴。它们是在拍岸浪长期作用下形成的，在拍岸浪对海岸岩石冲击时，可将海水和空气强行挤入裂隙中，造成很大的压力，在冲击间隙海水退出时又形成强大的负压，这样长期反复作用可导致岩石破碎，裂隙不断扩大，形成凹槽。波浪所携带的砂、石对岩石的磨蚀作用也是使岩石破坏的原因之一。在海湾转折处或岬角处，因波能集中，局部侵蚀能力加强，则易形成海蚀穴。海蚀穴常可深数米至数十米，洞内常发现有磨圆的砂砾；海蚀槽的深度可自数十厘米至数米。当海蚀槽不断向内扩大时，其上悬空的岩石因失去支撑而发生重力塌落，形成陡峭的崖壁，称海蚀崖。海蚀崖的基部将继续受浪击，形成新的海蚀槽，并发生新的重力塌落，如此反复进行，加上风化作用的联合破坏，会使崖壁节节后退，侵蚀海岸后退的平均速度为1 cm/a，波罗的海海岸（由冰碛物构成）的后退速度为1 m/a，经常受暴风袭击的海岸可达2~5 m/a。崖壁后退在崖前形成一个表面平坦，高度几乎接近海平面，微向海洋方向倾斜的平台，称为波切台。波切台在横剖面上呈微向上凸的曲线形，宽

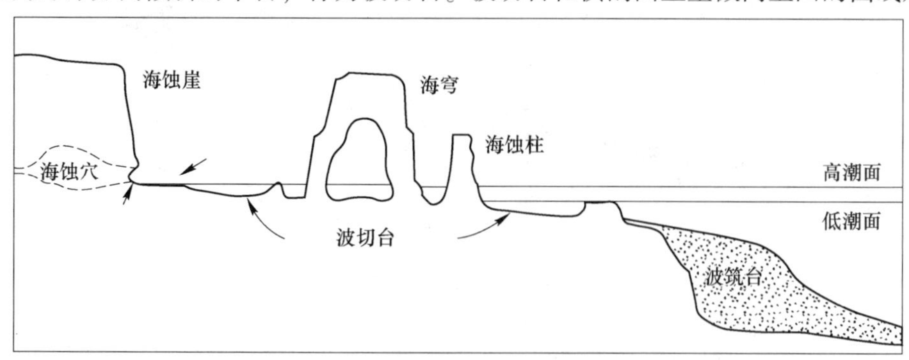

图5-16　海蚀地貌示意图

度自数米至数十米，甚至可达数百米。浪蚀作用和海蚀崖坍落的岩块、砂粒则由底流带至水下堆积，形成由堆积物构成的平台，称波筑台。在海蚀崖后退和波切台扩展的过程中，因岩性和裂隙发育程度的不同等因素，导致海蚀作用程度的差异，可形成海穹、海蚀柱等海蚀地形。如果突出的海岬两侧同遭浪击，可同时发育海蚀洞，一旦洞穴彼此相通，即可形成一座海蚀天生桥，称海穹。当洞穴增大致使顶板塌落时，则可形成孤立的海蚀柱。

b 砂质海岸的改造

砂质海岸的改造是由波浪和潮流引起的，波浪可携带砂粒向海岸方向运动，海水退回时底流又把部分砂粒带回海中。现以理想海滩剖面上的泥沙运动为例来说明砂质海岸的变化。假定组成海滩的砂粒粒度均匀，海滩坡度一致，波浪以稳定的能量沿垂直海岸的方向涌向海岸。以剖面上某点为界，该点沉积物处于不移动状态，称中立点；在该点的下方（即向海一侧），海底沉积物是朝海洋方向移动的，在该点的上方（即向岸一侧），沉积物则向海岸方向移动。

海底沉积物受到的作用力有波浪力、重力和底流作用力等，海底沉积物的移动方向和距离取决于其所受到的作用力的合力及相对大小。在浅水区波浪的作用使海底的水质点做椭圆状或近似直线状往复运动，底面上砂粒也随之做向岸和向海的往复运动；波浪的冲击力使砂粒在每次往复运动中并不回到原地，而是稍微向波浪前进方向移动。同时，海底是一斜面，由于砂粒受重力沿海底产生指向海洋的切向分力，加上底流作用力的影响，导致砂粒向海一侧移动。在中立点，波浪力与重力几乎相等，砂粒向岸和朝海的移动距离相等，纯运动等于零；中立点以上，因水较浅，波浪力较强，致使砂粒向岸一侧移动；中立点以下，因水较深，波浪力弱，且有底流的影响，导致砂粒朝海一侧移动。

在波浪的作用下，即使原来是均一的坡度也会发生变化。中立点以下由于砂粒不断向海一侧推移而形成侵蚀凹地，并把砂粒堆积到更深一点的波浪作用微弱的海底，使这段剖面变得平坦；中立点以上则因砂粒被带向海岸一侧，也出现侵蚀凹地，被推移的砂粒堆积在岸边高处，使这段剖面变陡；经过长期的波浪作用，海滩的剖面形态变为一条下凹形的曲线，剖面上各点的砂粒都只能做等量的往复运动，处于这种状态的海滩剖面称砂质海岸的平衡剖面，如图 5-17 所示。砂质海岸的平衡剖面是一个理想的平衡剖面，由于各种因素（如气候、风力、潮差、波能等）的不断变化，现实中是达不到的，但它能反映砂质海岸的演化趋势，对了解波浪、潮流对砂质海岸的改造过程有重要意义。

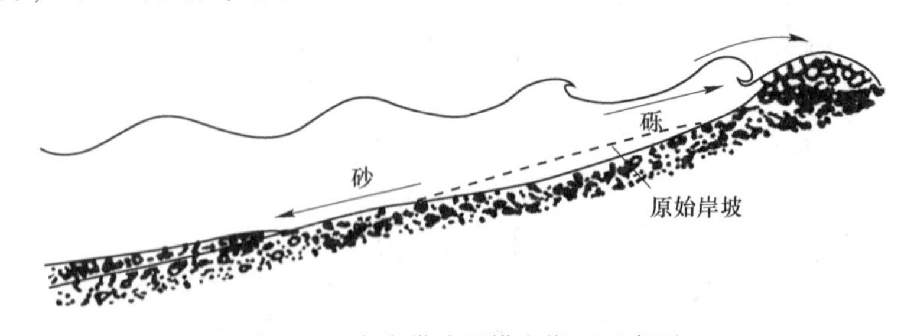

图 5-17 海岸带碎屑横向搬运示意图

c 潮流和洋流的剥蚀作用

潮流的剥蚀作用主要发生于大陆架上一些地形狭窄并有强潮流通过的地方，以及以潮汐作用为主的潮坪海岸，如我国海南岛与雷州半岛之间的琼州海峡、日本濑户内海的明石海峡、东南亚巽他群岛各岛屿之间的水道等。潮流的剥蚀作用可形成潮流侵蚀谷，侵蚀谷在形态上呈孤立的槽形，两端变浅，中间较深，潮流侵蚀谷在纵剖面上的这种起伏，反映了潮流经过海峡时流速由小增大、再减小的变化过程。潮流侵蚀谷的谷底常由粗砂砾或基岩组成。在潮汐作用为主的粉砂—泥质海岸上，往复流动的潮流可在浅滩上侵蚀形成细长的潮水沟，其大致与海岸相垂直，向陆一端往往呈树枝状分叉。潮水沟中落潮的流速可达1.5 m/s，因而具有较强的侵蚀力，沟底常分布有潮流侵蚀泥滩而形成的泥砾。

洋流的剥蚀作用主要分布在大洋底流分布区，深海海谷是大洋底流的主要剥蚀地形，在大洋盆地中分布着许多深海海谷。从大西洋的深层海流（底流）及深海海谷的分布大致吻合，它们的延伸与大陆海岸线近于平行。在冰岛以南的深海海谷中，通过海底摄影曾发现谷壁遭受剥蚀的痕迹。在大西洋近赤道附近的海洋中，大洋底流自西往东流动，横穿大洋中脊，这一段深海谷位置与“罗曼奇断裂带”的位置恰巧一致，无疑此谷具有构造成因，但又受大洋底流侵蚀的改造。

d 海平面的变动与海岸线变迁

海平面是衡量陆地地形的高程和海底地形深度的基准面，是陆地上河流的最终侵蚀基准面，也是影响海陆分布的基本因素。海平面的变动可分短期变化和长期变化两种。海平面的短期变化是由于波浪、潮汐、海流、水温等因素引起的。海平面的长期变化是由全球性因素引起的，主要有地壳的升降运动、地球上冰川的消长、海盆容积的变化、地球自转速度的变动等全球性因素。如第四纪更新世末期的玉木冰期全盛时，由于大陆冰盖面积扩大，大量液态水转变为固态冰，全世界海平面曾下降了100~135 m。

若海平面变动，不论是升高还是降低，都必然引起海岸线的变化，也会影响海蚀作用和沉积作用的进行。海平面相对上升时，出现海侵，海岸线向大陆方向推进；海平面下降时，出现海退，海岸线向海洋方向后退。在海平面保持相对稳定时，海岸线附近刻下了海蚀作用的痕迹或留下了沉积记录；当海平面下降，海岸线后退时，它们可上升成陆地，海蚀平台上升成为高出海面的海蚀阶地，海滩转变为堆积阶地；当海平面上升，海岸线前进时，原来的滨海区乃至海滨平原都会沉入海下，现在大陆架上分布的溺谷、侵蚀面和堆积面，以及陆生动物化石等都是因为海面上升而被淹没的原滨海平原。

海岸带的海洋地质作用也可以独自改造海岸线，使海岸线前行或后退。海蚀作用加强可使海岸线向大陆推进，沉积作用占优势时则发生海岸线向海洋后退。我国黄河自1855年北迁注入渤海后，江苏北部废黄河口附近海岸从此便出现强烈冲刷，海岸线向陆地每年前进100 m左右；射阳河口以南的海岸以接受沉积为主，海岸线平均每年向海洋方向推进100 m左右。最近百余年来，全球海平面是稳定的，并无明显升降，因此完全可以认为江苏北部海岸的变迁是海洋地质作用引起的。

B 海洋的搬运作用

依搬运物的性质，海洋的搬运作用可以分为机械搬运和化学搬运两种方式，前者是指碎屑物的搬运，主要来自河流和地表径流向海洋的输入，海蚀作用也可以形成一定数量的碎屑物；后者是指溶液物质的搬运，主要来自河流和地下水向海洋的输入，海水对海岸和海底岩石的溶蚀作用，以及其对部分海洋生物遗留的骨骼和硬壳的溶解，也可形成相当数量的溶液物质。

波浪、潮流和洋流是海洋搬运作用的动力。在滨海及浅海的近岸部分，以波浪搬运为主，潮流搬运次之；在近海有狭窄海道的地区潮流的搬运作用明显增强；在半深海和深海则以洋流的搬运作用为主。河流和地表径流向海洋输入的粗粒碎屑物质，主要在波浪作用下在浅海（主要在海岸带）呈推运或跃运的方式被搬运，浊流及部分湍急的海流也可以将粗粒碎屑物质带往深海，而细粒碎屑物可呈悬浮状态被波浪、潮流和海流等带至外滨以外的海洋中。

a 海水的搬运作用方式

海水的机械搬运作用方式可分为悬运、跃运和推运三类。通常细粒的物质（如黏土、粉砂）以悬运方式搬运，粗粒的砂、砾则以推运方式沿海底搬运。搬运方式受碎屑物的颗粒大小及海水动能的影响，当海水的动能增大或水流流速增大时，部分原来以推运方式搬运的物质，也可转为以跃运甚至悬运方式搬运。但总的来说，海水运动速度较慢，故搬运力也较小。

海水的化学搬运作用按搬运方式可分为真溶液搬运和胶体状态搬运两种类型。以真溶液状态搬运的主要是 Na、Mg、Ca、K、Cl、S 等元素的离子或化合物；以胶体状态搬运的主要是 Al、Fe、Mn、P、Si 等元素的化合物。影响海水化学搬运能力的主要因素是海水的物理和化学性质（如温度、浓度、氧化还原电位和酸度等)，并与海洋生物的作用有密切关系，而与海水运动强度关系不大。

b 海水的各种搬运作用

波浪搬运的主要场所是海岸带，在海岸带，波浪对碎屑物的搬运可分为横向搬运和纵向搬运两种形式。当波浪垂直作用于海岸时，碎屑物被推向海岸或移向较深海域，称为横向搬运；横向搬运可表现出良好的分选性，通常粗碎屑物被移向岸边，较细的碎屑物移向海里，更细的碎屑物以悬运方式被运往深水海域。波浪斜向冲击海岸产生的沿岸流会使碎屑物做平行海岸方向的运移，称纵向搬运，如图 5-18 所示。这种搬运作用受沿岸流和底流两种因素的影响，使碎屑物质呈“之”字形轨迹大致平行海岸移动，其搬运的速度和总的方向取决于波浪与底流的强度、海底坡度、波浪前进方向与海岸线的交角等因素。

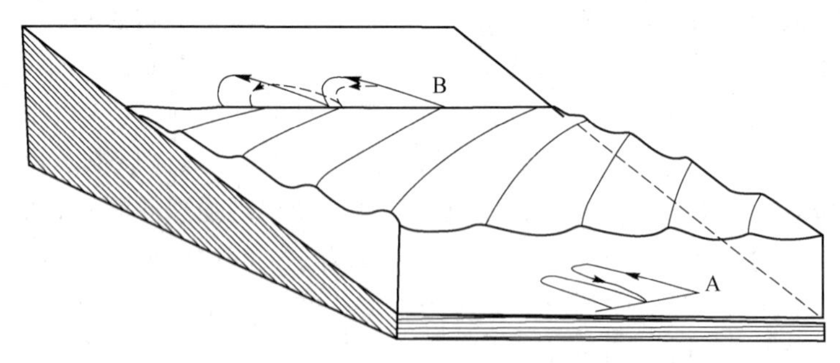

图 5-18 海岸带碎屑纵向搬运示意图

A—细碎屑物纵向搬运；B—粗碎屑物纵向搬运

潮流搬运主要发生于海峡、河口湾等水道狭窄的海域及泥滩上的潮水沟之中，因其流速快而具有明显的搬运能力。潮流将细粒物质运移，使这些地方的底质比周围地区显得更粗糙。

洋流是深海区的主要搬运营力，因其流速较小，通常以悬运及化学搬运为主要搬运方式，当大洋底流流速较大时，也可以搬运一些粉砂和砂质碎屑物。表层洋流可将陆源悬浮物和有机悬浮物运往深海。此外，随洋流漂移的冰山也可以把大陆冰川的冰碛物带至深水海域。

C 海洋的沉积作用

海洋是地表上最主要的沉积场所，现今大陆上见到的沉积岩和沉积矿产大部分来自地质历史时期海洋中沉积的产物。海洋的沉积作用受海水运动、海底地形、海洋生物以及海水的物理化学性质等因素的影响，在不同的海区沉积环境不同，沉积作用及沉积物也各有不同的特点。

海洋沉积物主要来源于陆源物质，其次为海源物质，另外近海或海底火山喷出物也提供了部分沉积物，此外还有来自宇宙的坠落物等。

（1）陆源物质。据统计全世界每年进入海洋的陆源物质超过 2×10^{10} t，其中绝大部分是由河流输入的，其次为风的搬运物和海蚀作用的产物，其他方式输入的仅占少数，如黄河输入渤海的泥沙每年约为 16×10^{8} t。干旱、半干旱气候地区风卷起的尘土，可随风飘向海洋并落入海洋，据估计每年全世界落入海洋的风运物约 16×10^{8} t。全球海岸线总长约 44×10^{4} km，其中约有 25×10^{4} km 为海蚀作用占优势的地段，总剥蚀量约等于河流输入量的 1%。

（2）海洋生物。海洋生物的遗体以及在海洋中形成的化学物质等统称海洋源物质。浅海的生物数量多，约占海洋生物总量的 80%，而深海区生物仅占总量的 1%，在大陆边缘海，暖流流经海域及寒、暖流汇合地段，因海水中营养物多，生物相当繁盛。由于生物具有区域分布的特点，因而海底生物遗体的堆积也有明显的地域差别。海水对海底基岩进行的风化、溶蚀作用产生的溶液物质，也是海洋沉积物的物源之一，如海底玄武岩经风化和溶蚀作用后可提供 Fe、Mg 等元素和 SiO_2 等化合物。

（3）火山和宇宙物质。喷至高空处的火山灰可飘扬几千千米而落入海洋，全世界每年约有 3×10^{9} t 火山喷出物落入海洋；海底火山喷出物也提供了部分沉积物。来自宇宙的陨石与尘埃数量虽少，但在深海沉积物中也有发现。

滨海区海水动荡，波浪与潮汐交替作用，地面时而出露，时而被淹没。波浪和潮汐不仅可以侵蚀海岸岩石，同时还可搬运大量陆源碎屑物至海湾和较平直的海岸中沉积下来。滨海沉积以陆源碎屑物为主，沙砾因经反复的搬运与磨蚀，其分选性和磨圆度都比较好。生活在滨海的坚壳或钻孔生物，它们的贝壳常被波浪击成碎片并混杂于碎屑物中沉积，通常只在特殊条件下滨海区才出现化学沉积。滨海碎屑沉积可形成海滩、沙嘴和沙堤、潮坪、潟湖等沉积地貌，其沉积特点也各不相同。

D 浅海的沉积作用

浅海是海洋中最主要的沉积场所，由于海水较浅、海底起伏小、生物繁茂、离大陆近，陆源物质丰富，所以浅海的碎屑沉积、化学沉积和生物沉积都很发育。

（1）碎屑沉积作用。浅海碎屑沉积物主要来源于大陆，部分来自滨海；沉积物中砾石较少，以砂、粉砂和泥质为主；沉积动力主要是波浪，其次是潮流和洋流。在以波浪作用为主的海域，河流携带入海的碎屑经过波浪的反复搬运后，随波能减弱的方向按颗粒大小依次沉积下来。在浅海水动力条件比较稳定的条件下，碎屑沉积发育有很好的机械沉积分异作用，由近岸到远岸依次沉积下砾石、砂、粉砂和泥，并成带平行于海岸分布。近岸区沉积以砂为主，成分单一，发育斜层理，含底栖生物；远岸区沉积以粉砂、泥为主，成分复杂，具有水平层理，含底栖生物和浮游生物。在研究现代大陆架沉积物的分布特点时，往往发现离岸较远的外陆架上广泛分布着以砂为主的粗粒碎屑物，内陆架上却覆盖着大片粉砂和淤泥，近岸又有较窄的粗粒碎屑物分布。大陆架沉积物的这种分布特点在东海大陆架上也有反映，显然，这种分布与近岸沉积粗粒沉积物、远岸细粒沉积物的规律有矛盾。现已查明，远岸的粗粒碎屑物是大陆架上存在的残留沉积。残留沉积是指大陆架上那些与现代浅海环境不相适应的沉积，是该地在成为浅海以前形成的沉积物。

（2）化学沉积作用。浅海区是化学沉积和生物化学沉积的主要场所，在形成各类化学沉积物的同时还形成了各种沉积矿产，现代浅海化学沉积主要发育于低纬度（南、北纬30°之间）陆源碎屑来源少的海域。地史时期浅海区曾发生过大量的化学沉积，在湿热气候条件下与准平原化的大陆毗邻的浅海区，是最有利于化学沉积和生物化学沉积的古地理环境。自然界纯粹的化学沉积较少，多半有生物作用的影响，这类沉积可称为生物化学沉积。

海水的物理和化学性质是影响化学沉积的重要因素，海水的盐度、酸碱度、温度、压力、氧化还原电位的变化都会影响到化学沉积作用的方式和强度。在有利于化学沉积的条件下，各种可溶性化合物的沉积顺序则受其溶解度大小的影响，发生化学沉积分异作用。海水中主要可溶性化合物的溶解度按由小到大依序为 Al_2O_3、Fe_2O_3、MnO_2、SiO_2、P_2O_5、$CaCO_3$、$CaSO_4$、$MgSO_4$、$NaCl$、KCl、$MgCl_2$，在正常的海水中硫酸盐和氯化物一般不发生沉积。

海水化学沉积作用的主要方式有过饱和沉积、中和作用、吸附作用和浓缩作用。过饱和沉积是指化合物（如 K、Na、Ca、Mg 等的化合物）以离子状态溶于海水中并以真溶液状态被搬运，当溶液达到过饱和时发生沉积；中和作用是呈胶体溶液状态被搬运的化合物（如 Al、Fe、Mn 等的化合物）进入海水后发生胶体电解质的中和反应，以凝聚的方式发生沉积；吸附作用是海水中的微粒物质及有机物能吸附的某些金属元素，随微粒沉积而沉积；浓缩作用是某些生物在其生长过程中可以将海水中的某些元素浓集于躯体内，随生物的新陈代谢物或遗体的堆积而发生沉积。浅海的化学沉积物主要有碳酸盐类、燧石及铝、铁、锰的氧化物和氢氧化物，以及胶磷石等。

（3）生物沉积作用。生物除通过产生气体、分泌有机质等影响沉积作用外，其遗体本身也可构成沉积物。浅海区生物繁盛，因而生物沉积数量多，沉积物中有机质的含量也较高，是深海的 2.5 倍。浅海生物沉积主要有生物礁的堆积、生物碎屑的堆积等。

E 半深海的沉积作用

半深海是水深 200~2000 m 的海域，海底地形为大陆坡。大陆坡并非是一个平坦的斜坡，其地形崎岖，常发育有海底峡谷。波浪已不能影响半深海海底，洋流和底流是其主要的地质营力。在水深 400~500 m 的水域，阳光能及的地带生存有大型软体动物，更深处则以放射虫、有孔虫、海百合为主。沉积物主要来自由洋流和底流从浅海搬运来的陆源泥和粉砂，海洋生物也提供了部分沉积物，此外浊流等可将浅海的粗碎屑物及部分碳酸盐运进本区，局部有冰川碎屑和火山碎屑的沉积等。

F 深海的沉积作用

深海是指水深大于 2000 m 的海域，海底地形包括大陆基、海沟、大洋盆地以及洋脊等，深海水域辽阔，是海洋的主体部分。深海海水运动一般不强烈，以缓慢流动的洋流为主，不仅机械作用微弱，化学作用也很缓慢。深海沉积以浮游生物遗体的堆积为主，而陆源物质稀少。深海的沉积速度缓慢，平均为每千年0.1~10 cm。深海沉积物分深海陆源沉积物、深海生物源沉积物和深海黏土三大类，近年来在大洋盆地上还发现有大量的锰结核和多金属软泥的沉积。

5.2.4 冰川

5.2.4.1 冰川概述

冰川是陆地上终年缓慢流动着的巨大冰体，是地表重要的淡水资源，它广泛分布于两极（高纬度地区）和高山的终年积雪区（地球上到达一定高度的高山地区和一定纬度的高纬地区，气温经常在0 ℃以下，水分的降落和保存多处于固体状态。降雪不能在一年之内全部融化或升华掉，便长年累月地积聚起来，形成终年积雪区，又称作雪原）。积雪层在较长时间的压力等因素作用下，经过一系列的物理变化，可形成具有可塑性的冰川冰。冰川冰在自身的压力和重力作用下，沿斜坡或一定的谷道缓慢流动，就形成了冰川。现代冰川覆盖着陆地面积的约11%，达16.3×10^6 km^2，南极洲大陆和北极附近的格陵兰几乎全部被冰川覆盖。全球冰川的总体积约为29×10^6 km^3。冰川是改造地球表面形态的巨大力量。冰川运动对地表形态的塑造作用，称为冰川作用，包括冰川的剥蚀作用、搬运作用和堆积作用。

我国是世界上中低纬度地区冰川数量最多、规模最大的国家，冰川面积仅次于加拿大、俄罗斯和美国，位居世界第4位。据1999年施雅风院士主编的《中国冰川编目》最新的统计资料，我国总共有46298条冰川，主要分布在西部地区的云贵高原和青藏高原，总面积为59406 km^2，冰储量55897.6×10^8 m^3。

A 冰川的形成与类型

世界上的冰川都是形成于雪原（终年积雪区）地带。在极地和高山地区，气候严寒，降雪量大于消融量，逐年积累形成终年积雪区。终年积雪区的下界称为雪线，雪线以上，积累量大于消融量，形成冰雪的积聚；雪线以下，积累量小于消融量，所以没有雪的覆盖；雪线附近降雪量与消融量基本相等。影响雪线高度的因素有：（1）气温与雪线海拔高度成正比，赤道区气温最高，所以雪线的海拔高度最大；（2）降雪量与雪线高度成反比，雪线高度最大值的地带是南、北纬20°~30°的干燥区；（3）雪线高度与地形的关系是：陡坡雪线高度比缓坡雪线高度大，向阳坡雪线高度比背阳坡雪线高度大。

在雪线以上的地区，如果地形合适，雪就不断积聚起来，最终形成冰川。由雪变成冰川冰，须经历两个过程：新雪变成雪粒，雪粒再变成冰川冰。初降的新雪为六角形的冰片，雪层疏松，密度仅0.085 g/mL。如果温度降低到零下，随着雪层的加厚，下部的雪层受压缩，排出部分空气；同时，在压力和阳光照射下，部分雪升华或融化，水汽迁移到另一部分雪粒上重结晶，雪粒增大变圆，形成粒雪。粒雪是一种白色冰晶，相对密度0.2~0.4，粒雪继续被压实，孔隙进一步减少，彼此结合成冰川冰。冰川冰是浅蓝色的，是致密透明冰层，在缓慢持久的压力下，具有可塑性，通常在低洼处积雪达到40 m厚时，底部雪层经压实，雪粒合并，相对密度达0.9时即转变为冰川冰。冰川冰依靠自身质量及可塑性，在上层压力和重力推动下，从高的地方流向低的地方，或从冰层厚处向薄处缓慢流动形成冰川。气候寒冷是冰川形成的必要条件，同时要有丰富降雪和适合冰雪堆积的场所，才能完成上述“雪花→粒雪→粒状冰→冰川冰”的形成过程。

冰川按形态特征、地理分布的规模可以分为大陆冰川和山岳冰川。大陆冰川是分布在高纬度和极地地区的冰川，又称冰盾或冰盖。其特点是雪线位置低，分布面积大，常呈面状分布，不受地形控制，运动相对较快，冰层厚（达千米以上），中厚边薄，并由中间向四周流动。例如，格陵兰冰盖面积 $174\times10^4\ km^2$，占该岛面积的 80%，中心部位冰层厚达 3411 m，边缘仅 45 m。现代大陆冰川的覆盖面积在 $1400\times10^4\ km^2$ 以上，占现代冰川覆盖面积的 97%。在第四纪大冰期时，大陆冰川覆盖的面积要比现代大得多，估计可达 $4714\times10^4\sim5200\times10^4\ km^2$，当时欧洲和北美洲的大部，以及贝加尔湖以北的亚洲北部地区，都处于冰盖之下。大陆冰川不受下伏地形的影响，几乎一切高低起伏都被淹没在冰层之下。大陆冰川的冰层厚，覆盖区地形相对较平缓，冰川运动主要靠冰层自身压力，以挤压流的方式，由冰层较厚处向四周呈舌状流动，因而不受地形限制，逆坡而上，覆盖在起伏不平的地面上。若冰舌推进至大陆边缘时，连同所挟带的岩石碎屑塌落海中便形成冰山，冰山可随海流漂移至远处。1927 年曾在南极克拉连斯岛附近发现高 40.5 m、面积达 $2.6\times10^4\ km^2$ 的冰山，是迄今已知的最大冰山。

B 冰川的运动

冰川的运动呈固体流流动，受重力和压力的影响，冰川的运动上部为脆性变形，下部为塑性变形。冰体在压力下呈塑性，冰川底部的冰层在上覆冰层的压力下可产生塑性流动，塑性的大小与压力成正比。山岳冰川主要靠重力向下坡方向流动；大陆冰川则主要靠压力往外流，自中心冰层厚处向四周冰层薄处流动。冰川的流动速度十分缓慢，日平均不过几厘米，多的也不过数米，以致肉眼难以发觉。格陵兰的一些冰川，运动速度居世界之首，但每年也不过运动千余米而已，其他地区的冰川，像比较著名的某些阿尔卑斯山的冰川，年流速不过 80~150 m。山谷冰川平均每年运动仅数米至数百米，南极冰川平均每年运动约 10 m。冰川的流速与降雪量、坡度和温度等条件有关。冰川运动速度随季节变化，夏快冬慢，如天山和祁连山的冰川，夏季运动速度一般要比冬季快 50%。另外，冰床坡度大、冰的厚度大，冰川的运动速度就快。

C 冰川的前进和后退

冰川以雪线为界划分为冰川积累区和冰川消融区两类。积累区和消融区的累积量与消融量之间的平衡，控制着冰川的前进和退缩。如果积累大于消融蒸发，冰川冰量增加，扩展延长；如果积累小于消融蒸发，冰川冰量减少，冰川退缩；如果积累与消融蒸发相当，则冰川物质平衡。冰前（冰川前端）有时可延伸到雪线以下较远的地方，当冰体推进到雪线以下时，其表层开始逐渐消融，冰层减薄直至消失。冰川终年流动着，但是冰河前进并非一定向前推进，这是冰川最主要的特征之一。

在同一位置，随着温度降低，供冰量大于消融量时，冰河前进，称冰进；相反，随着温度升高，供冰量小于消融量时，则冰河后退，称冰退。如果供冰量与消融量长时间内保持平衡，冰河可固定在同一位置上。在地质历史上曾经发生周期性的寒冷时期，产生过全球性的大冰进，称为冰期。两个冰期之间的大冰退期间，为温暖时期，称为间冰期。

冰川越是接近前端，消融现象逐渐加剧，冰裂隙被扩大，冰融水在冰层下部融出洞穴，形成冰下河。在冰川表面经常散布着山坡上滚落的大小石块，由于石块吸收太阳辐射，升温快，可使冰层局部融化，而使其深陷于冰层之中。大石块传热慢，对其下面的冰层起遮阴作用，当外围冰层融化后形成凸出冰面、上顶石块的冰蘑菇，冰蘑菇上的石块掉落后，便形成冰芽和冰塔。

D 冰川的消退

由于全球气候逐渐变暖以及人为的原因，世界各地冰川的面积和体积都有明显的减少，有些甚至消失，这种现象称为冰川的消退。冰川的消退在低纬度和中纬度的地方尤为显著。非洲肯尼亚山的冰川失去了92%；欧洲的阿尔卑斯山脉在过去一个世纪已失去了一半的冰川。占世界冰储量91%的南极冰盖，1998年以来占其总面积1/7的冰体已经消失。2005年底，美国地理协会报告称，南极三个最大的冰川在10年内变薄而减少了45 m厚度。冰川萎缩的速度也相当惊人。在秘鲁利马地区，近年来冰川正以每年30 m的速度消融，而在1990年以前，消融速度每年只有3 m。科学家预计，到2050年，全球大约1/4以上的冰川将消失，到2100年可能达到50%。那时，可能只有在阿拉斯加、巴塔哥尼亚高原、喜马拉雅山和中亚山地还会有一些较大的冰川分布区。

5.2.4.2 冰川的地质作用

A 冰川的剥蚀作用

冰川有很强的侵蚀力，大部分为机械侵蚀作用。冰川在流动过程中，以自身的动力及挟带的砂石对冰床岩石的破坏作用称为冰川剥蚀作用，简称冰蚀作用。冰蚀作用的方式主要有挖掘作用和磨蚀作用两种。

（1）挖掘作用：又称拔蚀作用，是指冰川在运动过程中，将冰床基岩破碎并拔起带走的作用，如图5-19所示。其机理是压力和冰劈的共同作用：一方面是冰川的压力，如冰层厚100 m时，其压力达90 t/m^3，可以压碎岩石；另一方面是渗入到岩石裂隙之中的冰融水冻结膨胀，促使岩石崩裂，崩裂的岩块被冻结在冰川底部或边侧随冰体移动。

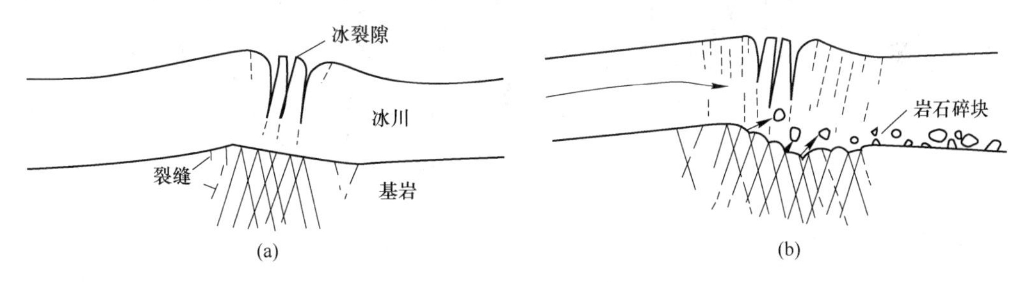

图5-19 冰川的拔蚀作用

（a）冰川前进中遇到冰床基岩的突起，突起处有裂缝；（b）冰川处的基岩压碎崛起，崛起的岩块冻结在冰川底部或边部被带走，进一步腐蚀基岩表面

（2）磨蚀作用：也称为锉磨作用，冰川挖掘出来的岩石被冻结在冰川底部或侧部，像锉刀一样研磨和刮削冰床的底部及两侧的基岩，其本身同时也被磨损，这种作用称冰川的磨蚀作用。冻结于冰层中的石块，部分是在挖掘冰床时得来的，更多的则是冰川两侧由冰劈作用崩解并坠入冰流中的岩块。磨蚀作用的强度取决于冰川所携带的岩石碎屑数量、冰层的厚度以及冰川的流速，磨蚀的结果是使冰床受到破坏，并形成细粒的碎屑物（粉砂、黏土等）。冰块的刮锉可以在冰床的基岩面上形成断续的磨光面——冰溜面，冰溜面上常见有擦痕（见图5-20）和刻槽。擦痕一般深几毫米至几厘米，长数米，一端粗另一端细，粗的一端指向上游，它的延伸方向反映了冰川的流动方向。

图 5-20　冰川擦痕

在冰川的刨蚀作用下，可形成冰蚀谷、冰斗、角峰、羊背石等地形地貌。

（1）冰蚀谷：经冰川作用的刨蚀、改造而形成的谷地称冰蚀谷。由于拔蚀作用和锉磨作用的联合效应，冰川谷受到强烈的挖掘与刨蚀，使谷地不断加深和扩宽，而且切去突出的山嘴使之成为平直开阔的“U”形谷，也称为槽谷。支冰川与主冰川的冰层厚度不等，有时相差较大，当冰川退走后，支谷高悬主谷壁上，称悬谷，如图 5-21 所示。

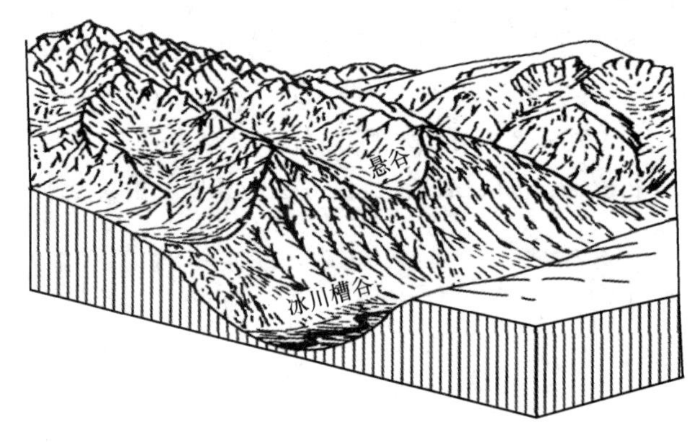

图 5-21　悬谷

冰蚀谷的纵剖面常呈阶梯状，这是由组成冰床岩石的抗蚀力所决定的，坚硬的岩石常突起呈冰坎，易蚀岩石因易被深掘而成洼地。冰川后退，洼地可以积聚冰融水而成冰蚀湖或称冰湖。谷底和谷壁经长期磨蚀后，可形成十分光滑的冰溜面，其面上常有钉子形的冰川擦痕。

（2）冰斗：冰斗为山谷冰川重要冰蚀地貌之一，形成于雪线附近。在平缓的山地或低洼处积雪最多，由于积雪的反复冻融，造成岩石的崩解，在重力和融雪水的共同作用下，雪窝后壁和侧壁不断后退，将岩石侵蚀成半碗状或马蹄形的洼地，形成藤椅状的冰斗。冰斗的三面是陡峭岩壁，向下坡有一口，若冰川消退后，洼地积水成湖，即冰斗湖。

（3）角峰：若冰斗因为挖蚀和冻裂的侵蚀作用而不断的扩大，冰斗壁后退，相邻冰斗间的山脊逐渐被削薄而形成尖锐的锯齿状山脊，称为刃脊或鳍脊。几个方向冰斗同时进行溯源侵蚀，后壁可围成锥形的孤峰，形状很尖，称角峰。在刃脊之间的底下鞍部处，则为冰哑。应该特别指出的是，冰斗主要形成于雪线附近，因而古冰斗是当时雪线位置的标志，角峰的生成也在雪线上部不远处。然而，若地处强烈上升运动的山区，冰斗和角峰也随之升至高处；相反，若在低处发现冰斗，表明是地壳下降的结果。

（4）羊背石：在广阔的冰床上由于岩石软硬不同，受冰川剥蚀作用的程度也有差异，可形成起伏不平的地面，其中由基岩组成的小丘常成群分布，远望如匍匐的羊群，故称为羊背石，如图 5-22 所示。羊背石平面为椭圆形，长轴方向与冰川流动方向一致，朝向冰川上游方向的一面由于冰川的磨蚀作用，坡面较平，坡度较缓，并有许多擦痕；而在另一侧，受冰川的挖蚀作用，坡面坎坷不平，坡度也较陡。羊背石的形成，是由于岩层软硬相间排列的，当侵蚀、风化作用并行时，软的岩层会被侵蚀得较多、较深；而硬的岩石抵抗侵蚀、风化的能力较强，则形成隆起的椭圆地形，一面受磨蚀、一面受挖蚀。

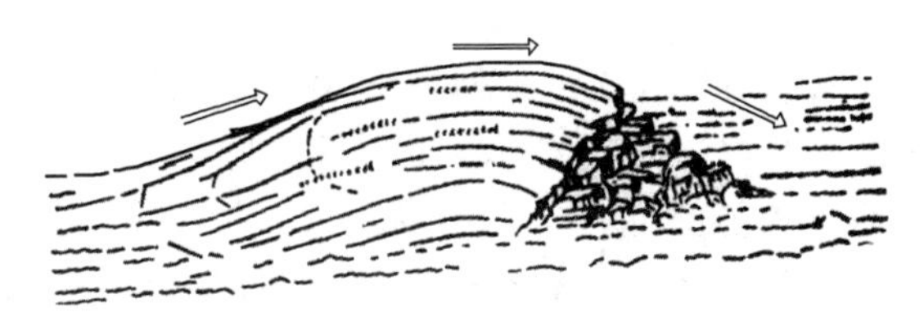

图 5-22 羊背石

B 冰川的搬运作用

冰川将刨蚀的产物以及坠落冰面的风化物一并冻结于冰体之中，像传送带一样将它们带到冰川的前端，称为冰川的搬运作用。冰川的搬运作用是纯机械性的，对搬运物以携带（冰层内部）、载浮（冰面上）及推移（冰川前端）等形式进行。

与其他地质营力相比，冰川具有特殊的搬运方式和惊人的搬运能力。冰川是一种固体流，冰川的搬运物都是碎屑物，在冰川中呈固着状态。除因冰体不同部分运动速度有所差异，某些粗大碎屑相互之间可以局部发生摩擦，以及位于冰川底部和边部的碎屑物可以和冰床基岩发生摩擦以外，绝大多数搬运物在冰体内不能自由转动和位移，不能相互作用，因而在搬运过程中难以受到改造。冰川中大小不等的碎屑一律同步移动，不产生分选作用，这是冰川搬运和流水搬运的重要区别。在搬运的过程中，冰运物还会发生剧烈的研磨作用和压碎作用。

作为固体介质的冰川，尽管其流速很慢，但其搬运能力很强，可以将直径达数十米的巨大石块搬运很长的距离。大陆冰川以冰山的形式伸入高纬度地带的海洋中，将大量粗大的碎屑物带入海洋中沉积，能造成异常的海底沉积物分布，这是冰川搬运和流水搬运的又一重要区别。

C 冰川的沉积作用

冰运物在搬运过程中，由于冰体的融化而堆积下来，称为冰川的沉积作用。冰川的沉积作用在冰前，以及接近冰川前端的两侧和底部最发育，只要有冰川的存在，就会有不间断的冰川堆积发生。被冰川搬运的物质和由冰川地质作用堆积下来的物质统称为冰碛。据估计，大约欧洲面积的 36%、北美洲面积的 23%和世界地表面的 8%覆盖着冰碛。冰碛的特点是以机械碎屑物为主，无分选、无层理、大小混杂，大至直径几米的石块，小到黏土物质；碎屑颗粒具棱角，有的砾石表面有磨光面或冰擦痕，有的表面有压坑等。显然，冰河长期稳定时间和后退时期都将有大量冰碛物的形成。冰融水可以搬运泥沙等物质，在冰层下和冰川边缘地带堆积下来，称为冰水沉积物。另外，冰川沉积作用也可发生在河流、湖泊、海洋中，例如从冰川或极地冰盖邻海一端破裂落入海中漂浮的冰山等。这些直接由冰川沉积的物质或由于冰水作用的沉积物，以及因为冰川作用而沉积在河流、湖泊、海洋中的物质统称为冰积物。冰积物有一定的分选性、成层性，并有斜层理等，主要类型有蛇丘、冰河扇地、纹泥等。

5.3 地下水和天然水化学

5.3.1 地下水

地下水是埋藏在地表以下岩石和松散堆积物空隙中的水体。水源主要来自地面流水和大气降水，通过岩石或松散堆积物的空隙下渗而保存在地表以下。岩石中存在空隙（包括孔隙、裂隙和溶隙）是地下水能够储存、运动的条件，如图 5-23 所示。岩石中空隙的体积与岩石的总体积之比称为空隙率。空隙率越大，能储存的地下水越多。空隙的连通性也很重要，连通性越好，越利于地下水的运动。虽然一些黏土类岩石的空隙率较大，但由于空隙太小、连通性差，即使储存有地下水也很难运动。不同种类岩石的空隙率和空隙的连通性都不相同，所以透过地下水的能力也不一样，我们把岩石或堆积物能透过地下水的能力称为岩石的透水性。由透水性较好的岩石组成的岩层称为透水层；储存有地下水的透水层称含水层。相反，地下水不易透过的岩层称不透水层或隔水层。

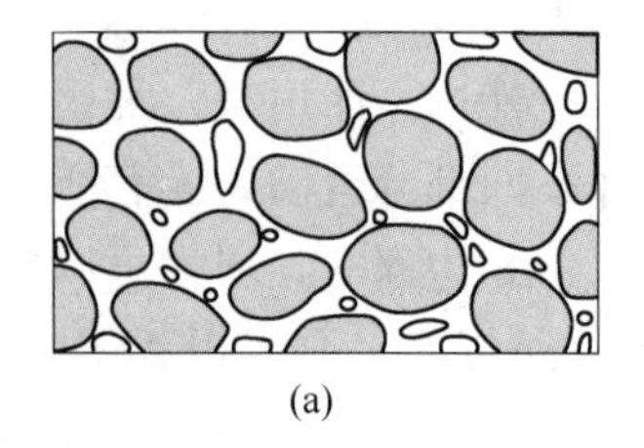
(a)

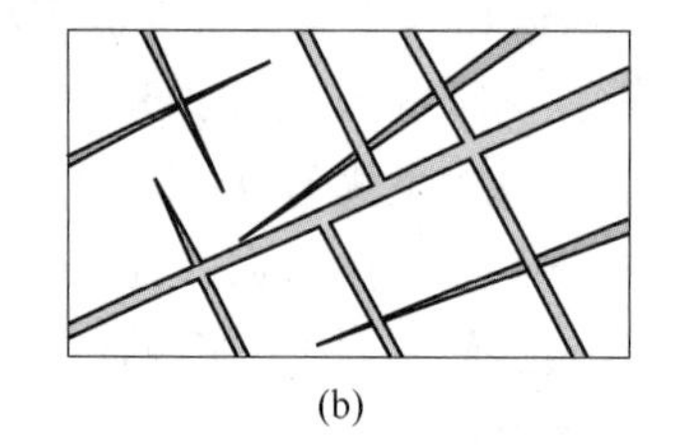
(b)

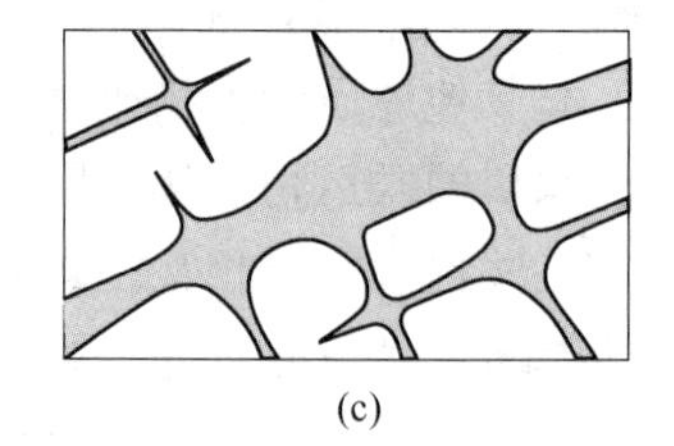
(c)

图 5-23 岩石中的空隙示意图
（a）孔隙；（b）裂隙；（c）溶隙

地下水有气态、固态和液态三种，但以液态为主。地下水分布广泛，它不仅发育在潮湿地区，在沙漠、极地和高山地区的地下也同样有地下水。地下水是地球水资源的重要组成部分，它不仅是河水、湖水的重要来源，而且是工农业用水和饮用水的重要来源。作为油田水，地下水在油气藏的开发中是重要的研究和利用对象。另外，在石灰岩地区，其所造成的岩洞、钟乳石及其所形成的地形景观，在旅游上甚具观光价值。

根据土壤、岩石空隙中空气与水的分布情况，自地表面起至地下某一深度出现不透水基岩为止，可以区分为包气带和饱和水带两大部分。前者空隙中主要为空气所充填，后者空隙中主要为水所充填。这两个部分还可以进一步划分，图 5-24 所示为典型水文地质条件下，地下水垂向层次结构的基本模式。

地下水的来源主要有下列几类。

（1）渗透水：是由大气降水、冰雪融水、地面流水（江、河、湖、海）等从地面渗

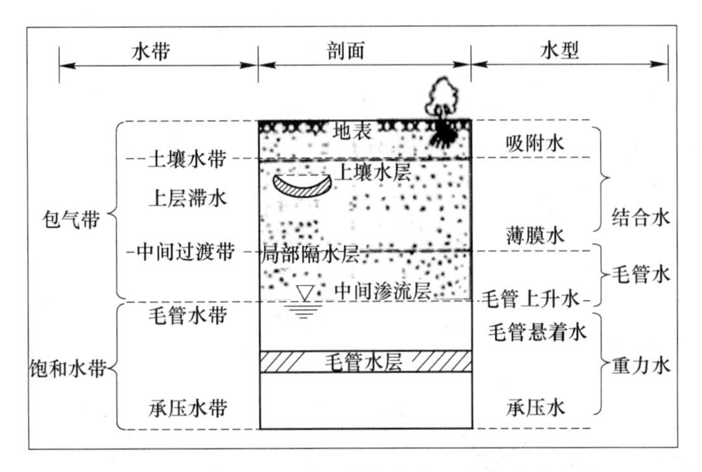

图 5-24 地下水垂向层次结构的基本模式示意图

入地下积聚而成，是地下水最主要、最普遍的来源；

（2）凝结水：空气中的水汽因降温在地面凝聚成水滴后渗入地下积聚而成；

（3）埋藏水（古水）：被封闭保存下来湖水或海水伴随沉积物一起沉积而保存起来的古水，即地史中沉积物孔隙中的水；

（4）岩浆水（原生水）：地下岩浆活动形成的水（结晶水、水汽），是由岩浆活动过程中冷却析离出来的水积聚而成的原生水。

地下水按运动特征和埋藏条件可分为包气带水、潜水、承压水三种基本类型：包气带水是指埋藏在包气带中的地下水，如图 5-25 所示。包气带意指岩石空隙未被地下水充满的地带。包气带中的地下水以吸着水、薄膜水、毛细水为主，而重力水较少。在下渗水多时，可出现较多的重力水。包气带水主要做垂直方向上的运动，如重力水常由上向下运动、毛细水由下向上运动。

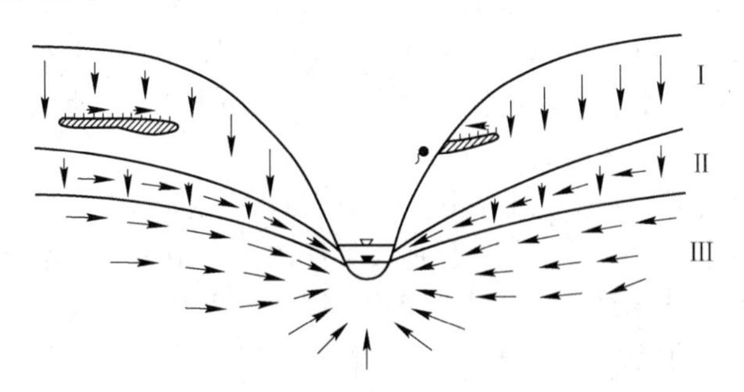

图 5-25 包气带水与潜水的分布及运动

Ⅰ—包气带；Ⅱ—季节变动带；Ⅲ—潜水（饱水）带

潜水是埋藏在地表以下第一个稳定隔水层以上、具有自由表面的重力水，也称饱水带水，如图 5-26 所示。其自由表面称潜水面。大气降水和地面流水通过岩石空隙不断下渗，在下渗过程中，当遇到隔水层时，阻挡了地下水下渗，就慢慢地集积起来充填于岩石的空隙中，形成饱水带水。饱水带水与包气带水的分界面就是潜水面，如水井水面、泉水面。

潜水面不是一个平面，而是一个凹凸不平的起伏面，常随地形的起伏而形成相应起伏。它还会随季节发生变化，在雨季时下渗水较多，潜水面升高，而旱季时则降低。潜水在重力的作用下一般从高处往低处流，以近水平方向流动为主。

承压水是指埋藏在两个稳定隔水层之间的透水层内的重力水，故又称层间水，如图 5-26 所示。承压水受两个隔水层所限，位置低的水体受位置高的水体的静压力，这种压力常称水头压力。如果在适当的位置钻通上隔水层，承压水在水头压力的驱使下，可沿钻孔自流上升。承压水的运动方向一般为从补给区流向排泄区。

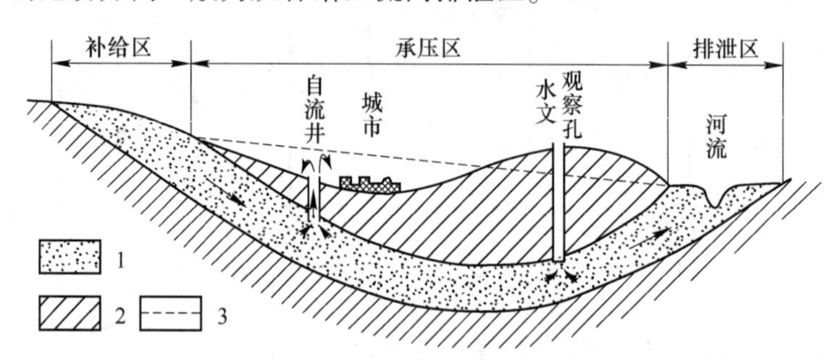

图 5-26　承压水的补给与排泄

1—含水层；2—不透水层；3—承压水面

地下水因受阻力较大，运动速度较慢，一般为每日数米，很少超过每日 10 m。地下水保存于岩石的空隙中，而且具有一定的压力、温度，与岩石有较大的接触面积，运动速度慢，又有较长的接触时间，所以地下水能溶解部分岩石，常常含有较复杂的化学成分，常见的有 O_2、CO_2、H_2S、Na^+、Mg^{2+}、Ca^{2+}、SO_4^{2-} 和 HCO_3^- 等，这种成分对地下水的化学性质有重要影响。

5.3.1.1　地下水的储存形式

水在岩石中存在的形式是多种多样的，按其物理性质上的差异可以分为气态水、吸着水、薄膜水、毛管水、重力水和固态水等。重力水在重力作用下向下运动，聚积于不透水层之上，使这一带岩石的所有空隙都充满水分，故这一带岩石称饱水带。饱水带以上的部分，除存在吸着水、薄膜水、毛管水外，大部分空隙充满空气，所以称为包气带。包气带和饱水带之间的界限，就是潜水面。

潜水是埋藏在地表下第一个稳定隔水层上具有自由表面的重力水。这个自由表面上潜水充满了岩石所有空隙，称为潜水面。从地表到潜水面的距离称为潜水的埋藏深度。潜水面到下伏隔水层之间的岩层称为含水层，而隔水层就是含水层的底板。潜水面以上通常没有隔水层，大气降水、凝结水或地表水可以通过包气带补给潜水，所以大多数情况下，潜水的补给区和分布区是一致的。

绝大多数潜水以大气降水和地表水为主要补给来源。补给潜水数量的多少，决定于降雨特点、地表岩层的透水性、补给面积及植物被覆盖情况。时间不长的降雨，由于还未渗透到潜含水层，就以蒸发、地表径流的形式消耗掉了，因此，只有连绵不断的细雨降落到地表，才能绝大部分通过下渗补给潜水。潜水面的位置随补给来源的变化而发生季节性升降。当降水丰富、地表径流量大时，含水层中的水量增加，潜水面就随之上升。干燥地区降水量少，大气降水补给潜水的量很小。在大河的下游及河流中上游的洪水期间，河水面常常高于岸边的潜水面，因此，河水、湖水常常补给沿岸的潜水，我国的洪泽湖沿岸即是一例。当含水层或含水通道被揭露于地表时，地下水出露成泉。

5.3.1.2 地下水的运动

地下水运动的通道是土壤中的孔隙，而土壤中孔隙的几何形状是极其复杂的，大体上是粗细混杂和在各个方向都是相通的。土壤本身是不均一的，其孔隙远非一束细长管可比。因此，地下水在土壤孔隙中的流速因孔径和相应的土水势不同而在各个方向上有所变化，很难按其真实情况处理。所以在研究地下水的流速时，只能是在一定容积的土层中取其流速的平均值。据此，一般认为描述液体在多孔介质中流速的达西定律亦适用于描述地下水的运动。根据达西定律，地下水的通量（Q），即在水压梯度方向上单位时间通过单位断面的水容积与水压梯度（dH/dx）成比例。水压梯度（dH/dx）是地下水流动的推动力。通量（Q）与水压梯度（dH/dz）之间的比例常数 K 称为导水率（或渗透系数），也就是单位水压梯度下的地下水通量。在一维系统中用公式表示为

$$Q = -K\frac{dH}{dx}$$

式中，x 为水的流程；负号表示水流方向，由水压或土水势高处向低处流动。

比例常数 K 是由两方面的性质决定的，一是土壤本身的导水难易；二是水的性质，如黏滞度、密度等。有时为简化起见，常设地下水的黏滞度及密度为定值，则 K 值只随土壤导水的难易程度变化。

达西定律运用于地下水的饱水流动和非饱水流动时不尽相同。在饱水流动中土水势为零，K 为常数（不随水压值的大小而变化）；但是在非饱水运动中，K 是变数，即土壤水吸力不同，K 值亦随之变化。

5.3.1.3 地下水的地质作用

A 地下水的剥蚀作用

地下水的剥蚀作用称潜蚀作用，通过化学和机械两种方式破坏岩石，其中以化学潜蚀作用（也称溶蚀作用）显著。

a 地下水的溶蚀作用及其产物

地下水中溶有一定数量的 CO_2、Cl^-、SO_4^{2-}、HNO_3 以及有机酸等，故较纯水具有更大的溶蚀能力。地下水的剥蚀作用集中地反映在碳酸盐类岩石发育地区，化学反应式为

$$CaCO_3 + H_2O + CO_2 = Ca(HCO_3)_2$$

$$CaCO_3 + 2HNO_3 = Ca(NO_3)_2 + H_2O + CO_2$$

上述化学反应式能够在常温常压下进行，所以地下水的溶蚀作用随时随地可以发生。

（1）岩溶作用、作用过程和影响因素。地下水通过对岩石、矿物的溶解所产生的破坏作用，称化学潜蚀作用，我国称为岩溶作用，国外称为喀斯特作用。这种作用使岩石孔隙、洞穴、裂缝扩大，大洞穴上部岩层因失去支撑而垮塌陷落，形成奇特的地质现象。岩溶作用形成的地形称岩溶地形。这种作用及其产生的自然现象可统称为岩溶或喀斯特现象。影响岩溶作用的主要因素有两个，即是否具有溶蚀作用的水和可溶性岩石。

1）水的溶蚀力：水的化学溶蚀强度主要决定于水中游离 CO_2 的多少，水中 CO_2 的含量与温度呈负相关，高温地区水中的 CO_2 理应较少，但实际上在湿热的气候条件下，由于大量有机质的分解，土体空气中的 CO_2 分压力较大，另外碳酸钙的溶解又会随温度的增高而加强，因此总的来看，在湿热条件下水的溶蚀力较大。水的溶蚀力还决定于水的流动

性，几种浓度不同的饱和溶液相混合，会使饱和的溶液变为不饱和溶液，因此水在流动中会不断获得新的溶蚀力。此外，水的流动还会加强机械侵蚀作用。水的溶蚀强度与气候条件密切有关，在湿热地区，降雨量大，地下水充足，溶蚀作用强，如我国两广、云南、贵州等地普遍发育喀斯特地貌。在寒冷和干燥地区地下水缺乏，溶蚀作用十分微弱，如我国西北、东北，虽然有石灰岩分布，但喀斯特发育缓慢。

2）岩石的可溶性：岩石可被溶解的程度决定于岩石的成分、结构和构造。在自然界中，卤盐类岩石，如石盐、钾盐等溶解度最大；硫酸盐类如石膏、芒硝等溶解度次之；碳酸盐类岩石，如石灰岩、白云岩等溶解度虽不如前者，但其分布较广，因此溶蚀现象也最广泛。在碳酸盐岩中，溶解度依次为：石灰岩>白云岩>硅质灰岩>泥质灰岩。在结晶质岩石中，晶粒越小越均匀，溶解度越大。岩石的可溶性还决定于岩石的透水性，孔洞和裂隙越多的岩石透水性越强，溶蚀作用也越明显，在厚度较大、构造裂缝又十分发育的碳酸盐岩地区，喀斯特作用常常有很好的表现。

（2）岩溶地貌。从地面到潜水面之间，地下水主要是竖直方向的下渗或流动，喀斯特作用主要也是在垂直方向上进行，如图 5-27 所示。最初，由雨水或片流对碳酸盐类岩石进行差异溶蚀，可形成无数起伏不大的沟纹，称溶纹；进而起伏加大，形成深为数十厘米，甚至数十米的沟槽，称为溶沟；纵横交错的溶沟之间的突出部分，称为石芽；大的石芽发育区，似剑峰矗刺林立，称为石林；溶沟通常是循岩石的节理发育而成的，在适当部位可沿一定通道向地下渗流，可溶蚀成垂向发育的管洞系统，称落水洞，落水洞可深达潜水面附近。落水洞的地面出口处因片流汇聚剥蚀，形成漏斗状，称溶斗，又称为岩溶漏斗，溶斗的斗坡上满布溶沟和石芽。

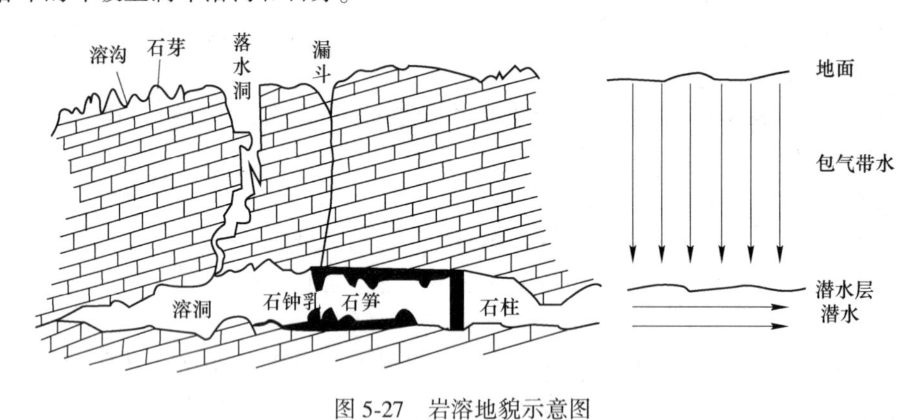

图 5-27　岩溶地貌示意图

大致沿水平方向渗流的潜水，同时也进行着水平方向的溶蚀作用。由于潜水流速以潜水面附近最大，溶蚀作用也最强，因此能在潜水面附近塑造出横向洞穴，称溶洞。溶洞发育程度视潜水面在固定高度上停留的时间长短而定，潜水面高度保持稳定的时间受该地区地壳运动情况的控制。

随着落水洞和溶洞的扩大和发展（特别是地下的溶洞），将引起溶洞顶层规模不等的岩溶塌陷，陷落部分形成塌陷溶斗；当其继续扩大，底部被泥沙填平形成大型洼地时称为溶蚀洼地，洼地常呈串珠状连接构成大型溶蚀谷。洼地和谷地之间是残留下来的溶蚀残丘、残峰或残山，分别称为孤峰、峰林或峰丛。

一般而言，在地壳相对稳定的条件下，岩溶地貌形成呈现阶段性。早期，以地表形貌为主。地表水沿着岩层表面的裂缝向下流动，形成大量溶沟和石芽，以及少量落水洞和溶斗，地表水系切入可溶性岩石中，地下河道开始形成。中期，以地下形貌为主，有完整的地下水系。溶斗和落水洞不断产生和扩大，地表密布着大小不同的喀斯特洼地、干谷，地表水流大都进入地下河道，形成完整的地下水系，地面只有主要河道保持水流。晚期，地下形貌不断破坏，地下水系向地表水系转化。地下溶洞进一步扩大，地下河道及溶洞顶部不断坍塌，地面更为破碎，许多地下河道变成明流，形成溶蚀谷及天然桥。此外，还可发育喀斯特洼地以及峰林。末期，地下水系全部转化为地表水系，喀斯特平原形成。长期的岩溶作用，地下水以水平为主，溶洞顶部大量坍塌，地下河道均转变为地表水系，地面高程降低，残留少数孤峰或残丘，形成喀斯特平原，如图 5-28 所示。

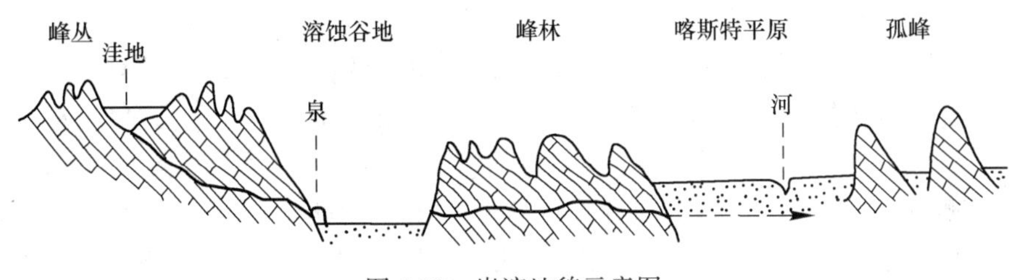

图 5-28　岩溶地貌示意图

（3）岩溶的发育条件。严格说岩溶作用可以发生在任何有水的地区，只是强弱程度不同而已。有利于岩溶作用进行的主要条件有：

1）丰富的地下水。流水，尤其是丰富的地下水是岩溶发育的前提。在湿热地区，降雨量大，地下水充足，有利于岩溶发育，如我国两广、云南、贵州等地普遍发育岩溶地貌。在干冷地区，地下水缺乏，如我国西北、东北，虽然有石灰岩分布，但岩溶发育缓慢。

2）节理发育厚度大、质地纯的可溶性岩层（主要是石灰岩）。一些地质构造发育的地区，如断层带附近、褶皱的轴部，有大量的裂缝、多组节理，都为地下水提供了良好的通道，促进了岩溶的发育。同时，只有可溶性岩石，主要是石灰岩地区才有岩溶发育，可溶性成分越纯溶蚀越强烈，如云南路南石林等景观。

3）半封闭式大面积盆地等良好的排水条件，如广西乐业地区等。

4）岩层产状较平缓。近于水平的岩层产状利于保水，有利于岩溶发育，如云南路南石林。

5）阶段性地面抬升和较长时间的相对稳定等。

（4）古岩溶。古岩溶系非现代营力环境下形成的岩溶，多指新生代以前发育的岩溶。在古岩溶的岩溶面上可见有古风化壳，古风化壳上的残积物多为铝土质及铁质等，古岩溶的研究和识别无论在理论上还是在生产实践上都具有重要的意义。近年来已发现石油和天然气可储存于古潜山周围和溶洞中，在鄂尔多斯、塔里木、四川等盆地的奥陶系、石炭系、二叠系、三叠系及震旦系等多套地层中均已发现不少典型的古岩溶油气田。

b　地下水的机械剥蚀作用

地下水流动缓慢、动能小，通常对岩石的冲刷破坏较小，机械潜蚀作用较弱，在非可溶性岩石中做渗透性流动时，基本上不产生机械剥蚀，主要在一些较大的裂缝或洞穴，如暗河水流集中，能够冲刷带走一些砂砾、黏土。在可溶性岩石中，当地下溶洞系统连通形成地下河流后，其机械剥蚀作用与河流相似，但由于运动于碳酸盐岩地区，水的含砂量很少，因而其机械剥蚀作用的意义也不大。但在黄土区，黄土未胶结成岩，较疏松，易于被冲蚀掉，地下水机械冲刷可把黄土掏空，引起地面塌陷，称为“假岩溶”。

B 地下水的搬运作用

地下水的搬运作用是指地下水将其剥蚀产物沿垂直或水平运动方向进行搬运。由于流速缓慢，地下水的机械搬运力较小，一般只能携带粉砂、细砂前进，只有流动在较大洞穴中的地下河，才具有较大的机械动力，能搬运数量较多、粒径较大的砂和砾石，并在搬运过程中稍具分选作用和磨圆作用，这些特征类似于地表河流。机械搬运物来源，部分来自溶洞的塌落物，部分来自地表河流。

地下水主要进行化学搬运，包括真溶液及胶体溶液两种形式。化学搬运的溶质成分取决于地下水流经地区的岩石性质和风化状况，主要为重碳酸盐，次要为氯化物、硫酸盐和氢氧化物。如果地下水流经金属矿床时，也可将金属元素带入水中，如 Fe^{2+}、Cu^{2+}、Pb^{2+} 和 K^{+}等，并引起地下水化学性质的变化。地下水的搬运能力与水温、压力、运移速度、pH 值及 CO_2 含量有关，一般说来，温度高、压力大、流速快、CO_2 和酸类物质含量高时，其搬运能力强；反之，则较弱。地下水的化学搬运物部分沉积于泉口，绝大部分通过河流进入湖泊或海洋，全世界河流每年运入海洋的 23.4 亿吨溶解物质中大部分来源于地下水。

C 地下水的沉积作用

地下水的沉积作用包括机械沉积和化学沉积两类。地下水的机械沉积较少，只发生在地下有流动地下河的较大洞穴中，其作用与河流沉积相似。地下水的化学沉积是主要的，表现为溶解物质析出，其方式主要有过饱和沉淀与置换沉淀两种。

过饱和沉积是因为水分挥发或蒸发，以及吸附或参与化学反应而散失，使其中所含的某些元素达到过饱和；由于压力的变化，引起不同元素溶解度的变化，达到过饱和而沉淀；温度变化对化学反应更为敏感，一般表现为温度升高，溶解度增高，化学反应加快。

置换沉积是指地下水中的矿物质与掩埋在沉积物中的生物体之间发生物质交换，生物体内物质溶蚀流失，其空间被地下水中的矿物质（SiO_2、$CaCO_3$）沉淀充填，物质成分改变了，但仍完全保留着生物内部原有的构造。最常见的是硅质替换植物机体，最后形成的硅化木，就是被 SiO_2 石化（交代、置换）的树干，其中有些植物纤维构造、树的年轮依然可见。此外，溶洞由于和地下水作用关系密切，其堆积物也属于地下水的沉积作用。溶洞堆积物中有化学沉积物、重力堆积物、地下河湖堆积物、生物和人类文化堆积物。

5.3.2 天然水化学

自然界不存在化学概念上的纯水。因为天然水在循环过程中不断地与环境物质相接触，或多或少地溶解它们。天然水是化学成分极其复杂的溶液。俄国学者阿列金把天然水中的溶质成分概略地分为以下 5 组。

（1）溶解性气体：含量较多的有 O_2、CO_2 和 H_2S，含量少的有 N_2、CH_4 和 He 等；

（2）主要离子：Na^{+}、K^{+}、Ca^{2+}、Mg^{2+}、Cl^{-}、SO_4^{2-}、HCO_3^{-} 和 CO_3^{2-}；

（3）营养物质：氮与磷的化合物；

(4) 微量元素：指在天然水中含量低于 10^{-2}%的阴离子（如 I^-、Br^-、F^-、BO^-）、微量金属离子、放射性元素等；

(5) 有机物质：Na^+、K^+、Ca^{2+}、Mg^{2+}、Cl^-、SO_4^{2-}、HCO_3^- 和 CO_3^{2-} 是天然水中含量最多的 8 种离子，它们的含量占天然水中离子总量的 95%~99%。

5.3.2.1 陆地水中溶质成分的形成过程

A 岩石的化学风化作用与陆地水溶质成分的形成

化学风化作用对岩石中元素的释放与迁移，对天然水获得离子成分有极为重要的意义。岩石的化学风化作用是在 H_2O、CO_2、O_2 以及生物分泌的各种有机酸作用下进行的，这些物质对原生矿物的作用可归结为水解作用和氧化作用。对硅酸盐和铝硅酸盐矿物来说主要是水解作用，对硫化物和含 Fe^{2+}、Mn^{2+}的矿物来说主要是氧化作用。

a 硅酸盐和铝硅酸盐矿物的水解作用

硅酸盐的水解作用以镁橄榄石为例，其风化反应如下：

$$Mg_2SiO_4 + 4H_2O \longrightarrow 2Mg^{2+} + 4OH^- + Si(OH)_4$$

由于地表水中经常溶解有 CO_2，形成 H_2CO_3，其解离出的 H^+多于纯水。这部分多余的 H^+可加强上述水解过程，其反应式为：

$$Mg_2SiO_4 + 4H_2CO_3 \longrightarrow 2Mg^{2+} + 4HCO_3^- + Si(OH)_4$$

在局部地方，当有比碳酸更强的酸存在时，如在黄铁矿氧化带附近，将更加强上述过程，其反应为：

$$Mg_2SiO_4 + 4H^+ \longrightarrow 2Mg^{2+} + Si(OH)_4$$

铝硅酸盐的水解作用，以钾长石为例，其反应为：

$$4KAlSi_3O_8(\text{钾长石}) + 22H_2O \longrightarrow 4K^+ + 4OH^- + Al_4Si_4O_{10}(OH)_8(\text{高岭石}) + 8Si(OH)_4$$

从上面反应式中不难看出，硅酸盐和铝硅酸盐矿物水解作用的结果是向溶液中释放硅酸、阳离子和使风化溶液呈碱性反应，并生成固体残余物（黏土矿物），其通式如下：

阳离子-铝硅酸盐（原生矿物）$+H_2CO_3+H_2O \longrightarrow HCO_3^-+Si(OH)_4+$阳离子+铝硅酸盐（次生矿物）

b 含铁、锰、硫矿物的氧化还原作用

氧化还原是矿物化学风化作用的重要反应，其结果是使天然水溶液的酸性增强，现以黄铁矿的氧化作用为例予以说明。

$$4FeS_2 + 15O_2 + 14H_2O \longrightarrow 4Fe(OH)_3 + 16H^+ + 8SO_4^{2-}$$

实际上此反应可能分多步进行：

$$2FeS_2 + 7O_2 + 2H_2O \longrightarrow 2Fe^{2+} + 4H^+ + 4SO_4^{2-}$$

$$4Fe^{2+} + O_2 + 4H^+ \longrightarrow 4Fe^{3+} + 2H_2O$$

$$Fe^{3+} + 3H_2O \longrightarrow Fe(OH)_3 + 3H^+$$

在上述反应中生成大量 H^+，每摩尔黄铁矿风化可生成 4 mol 的 H^+，并使风化溶液的 pH 值有可能降至 2 或更低，因此大部分天然矿坑水的酸度极大。

B 陆地水溶质成分变化的主要化学和物理过程

a 天然水中离子的相互作用

溶解于天然水中的各盐类之间可以相互反应，从而改变天然水的离子组成，下面举一些最常见的反应。

（1）天然水中的硅酸盐与 CO_2 的反应：岩石风化过程中释放出的硅酸是初生的陆地水中的主要成分。当进一步溶入 CO_2 时，便发生下列反应，使 SiO_2 自水中析出，使水中增加 Na_2CO_3 和 $NaHCO_3$ 的含量，此即为天然水的苏打化过程。

$$Na_2SiO_3 + CO_2 + H_2O \longrightarrow Na_2CO_3 + SiO_2 \cdot H_2O$$

（2）水中的碱金属碳酸盐与 $CaSO_4$ 的反应：这个反应使水中 Na_2CO_3 的含量减少，并沉淀出 $CaCO_4$ 或 $CaMg(CO_3)_2$，使水转变成以 Na_2SO_4 为主的成分。

$$Na_2CO_3 + CaSO_4 \longrightarrow CaCO_3 + Na_2SO_4$$

b 天然水的蒸发浓缩作用

当水溶液蒸发时发生浓缩作用，使水中盐分浓度相对增加。在内陆干旱地区，蒸发作用十分强烈，对天然水，尤其是对浅层地下水和内陆湖水化学成分浓度的增高有显著作用。

在水的蒸发浓缩过程中，所含盐类逐个达到饱和状态而析出沉淀。首先从水中析出的是溶解度小的碳酸盐，以后是硫酸盐，最后是氯化物。因此，高度蒸发浓缩区域的浅层地下水和内陆盐湖水多为氯化物水。

c 天然水的混合作用

在自然界广泛存在着不同化学成分水之间的混合作用，混合后水的成分与混合前显著不同。其大部分情况是，在天然水混合时，一种水的组分 P_1 与另一种水的组分 P_2 相互作用，结果形成含另一种组分 P_3 的水，并析出固体 T。这类作用可表示为：$P_1+P_2 \rightarrow P_3+T$。

兹举二例：

$$2NaHCO_3 + CaCl_2 \longrightarrow CaCO_3\downarrow + 2NaCl + H_2O + CO_2$$

$$CaCl_2 + Na_2SO_4 + 2H_2O \longrightarrow 2NaCl + CaSO_4 \cdot 2H_2O\downarrow$$

反应结果形成与原来水的成分不同的水。但更多的情况是两种天然水混合后，不形成新的成分，仅是原来的成分浓度发生变化。在这种情况下，可用简单的方法分别计算出等量混合或不等量混合后每种离子的浓度。

C 影响陆地水溶质成分的因素

影响陆地水溶质成分的地质地理因素可分为直接和间接两类。前者直接使水添加离子，或者相反从水中析出离子，岩石、土壤及生物有机体对陆地水成分的影响属于直接影响因素。间接影响因素指地区气候条件及水体水特征等，它们虽不直接给水以任何成分，但对陆地水溶质成分的分异起着重要作用。

a 岩石对陆地水溶质成分的影响

有些岩石中的矿物较易溶于水，能给水以大量离子，这类岩石含大量方解石、白云石、石膏、无水石膏、钠盐和其他各种蒸发岩矿物、硫化物等。当陆地水流经含这类岩石时，能从中获得大量的 Ca^{2+}、HCO_3^-、Na^+、Mg^{2+}、Cl^-、SO_4^{2-} 等离子。相反地，由硅酸盐矿物（如石英、长石、角闪石、辉石、云母和黏土矿物）与氧化矿物（如磁铁矿、赤铁矿等）组成的岩石相对难溶，这类岩石主要是火成岩、变质岩以及碎屑沉积物（砂岩、页岩等）的组分。砂岩和页岩中既含有某些相对易溶的物质（如 $CaCO_3$ 胶结物），也含有难溶的矿物（石英、黏土矿物等）。当陆地水流经这些岩石时，从中获得的离子成分较少。

从整体上说，火成岩的风化作用对供给天然水溶质成分有极重要的意义，它为天然水中各种离子成分提供了最初的来源。由于火成岩的风化作用，在漫长的地质历史中形成了厚层的沉积岩，目前沉积岩覆盖了大陆的大部分地区。沉积岩中可溶岩的含量按质量计占5.8%，是正在循环的陆地水中各种离子的主要来源。

地质历史时期的风化产物一部分被流水搬运至内陆盆地中，一部分被带入海洋，使大量易溶盐类在海水中聚集。将现代海水中各种无机离子的数量与岩石风化过程中所释放的元素数量进行比较，可以发现海水中的成分除来自岩石风化产物以外，还有相当数量的元素来自地球早期阶段海洋中的火山喷发物（主要是HCl蒸汽、SO_2气体）。

美国的米勒在研究新墨西哥州某山区各种均一岩性区域的河水成分时发现，岩石类型与河水溶质成分关系密切。花岗岩地区的水为软的重碳酸盐钙质水或重碳酸盐钠钙质水；砂岩地区为中等硬度的重碳酸盐钙质水，见表5-4。花岗岩与石英岩地区的软水的生成与这两类岩石的风化产物的难溶性有关，岩石类型对地下水溶质成分的影响比河水更为显著。

表5-4　地区岩性与河水成分的关系

岩性	水质类型	硬度	Ca^{2+}在阳离子中所占比例
花岗岩	重碳酸盐钙质水	软	最少
石英岩	重碳酸盐钙质水	软	中等
砂岩	重碳酸盐钙质水	中等	最多

b　土壤对陆地水溶质成分的影响

水渗过土壤时，淋溶其中的可溶性物质，使水中的离子含量和有机质含量增加，并使水中可溶性气体含量改变。当水与土壤接触时，水从土壤中获得什么样的组分和获得量的多少决定于土壤的性质。水流经已遭到强烈淋溶的红壤、砖红壤和灰化土时，从中获得的离子数量很少，且水呈酸性反应。如果水流经含有大量盐基的土壤（如栗钙土、棕钙土、荒漠土或盐渍土）时，则可获得大量盐基离子，水呈碱性反应。水经过土壤后CO_2含量增加，O_2含量减少。

c　生物有机体对天然水溶质成分的影响

生物有机体对天然水溶质成分的影响表现在以下几个方面：

（1）生成可溶性有机物。随环境条件和植物种属不同，植物通过光合作用生成大量有机物，有3%~40%的有机物以可溶性有机质的形式排出体外，进入陆地水。赫德估计，健康植物在生长良好的条件下，迅速排出体外的可溶性有机物约占其产量的10%。

（2）改变水中可溶性气体的含量。例如，夏季水生生物光合作用旺盛时，可使溶于湖水的氧处于过饱和状态；死亡有机质进入水后分解耗氧，可使水中溶解氧含量降低。

（3）改变水中离子含量的比例。例如，由于陆生植物从土壤水和地下水中选择性地吸收某些离子，必使另一些离子在水中相对积聚。钾和钠在地球化学上的分道扬镳是这方面的突出例子。钾和钠的克拉克值近似，地球化学性质相近，但天然水中含有大量钠而缺少钾，与植物对钾的选择性吸收有关。天然水中的NO_3^-、NO_2^-、H_2S及SO_4^{2-}等的含量均与微生物的活动密切相关。

d 气候条件对天然水溶质成分的影响

气候条件是间接影响天然水溶质成分的最重要因素，因为在不同的气候条件下，发育着具有不同地球化学性质的风化壳和土壤，当水与其接触时从中获得的溶质种类和数量是不同的。另外，在不同的气候条件下，由于降水量、地表径流量和蒸发量不同，使水中的溶质成分也不同。例如，在降水量和地表径流量少而蒸发量高的干旱地区，地表水与地下水蒸发浓缩，使水中溶解性固体总量增高；而在潮湿地区，降水量和径流量大，冲淡河水和湖水，使水中溶解性固体总量减小。据霍兰研究，河水中溶解性固体总量与径流量的乘积是一个常数。

e 水体水循环特征对天然水溶质成分的影响

各类水体（河流、湖泊、地下水、海洋等）的水循环特征，对天然水溶质成分的形成也有重要影响。例如，在河流中由于水的流速快，河道中水的更替速度快和仅仅作用于侵蚀基准面以上的岩石，因此河水的离子总量远较地下水低。又如，河水的溶质成分与河水的补给状况有密切关系。在枯水期当河流主要为地下水补给时，河水的离子浓度就较高；洪水期，当河流主要为地面水补给时，河水的离子浓度就降低。与河流相比，湖泊有另外一些特点。一般来说，湖泊具有缓滞的水交替条件，水在湖泊中停留的时间较河流中长，这种情况促使湖泊蒸发远较河面蒸发强。在湿润地区，湖泊的流入水量远大于自湖面蒸发的水量，并且有大量的排出水；在这种情况下，河流带来的溶解性物质可不断地被带走，所以湖水的离子浓度一般不高，多为淡水湖，此时湖水的离子总量基本上等于流入水的平均离子量。在干旱地区，常常是湖泊水的蒸发量超过流入量，因而这些地区湖泊的流出水量很少，甚至无流出水量；在这种情况下，湖泊中发生着盐分的积累作用，形成咸水湖甚至盐湖。

地下水又具有另外一些条件。地下水是充满地壳与土壤的孔隙与裂隙的水，流速很慢，它与含各种盐类的土壤和岩石接触时间很长。对深层地下水来说，其接触时间甚至以地质年代计算。因此，地下水中溶质的含量远较地表水高。海洋作为一个独特的水体，其化学成分更具有独特之处。海洋接收来自大陆的化学溶解物质，大量盐分聚积在海洋中。海洋具有良好的水交替条件，通过潮汐、洋流等使海水在水平和垂直方向上能很好地混合起来，决定了海水有如下的基本化学性质：（1）含盐很高（平均为 35 g/kg）；（2）水的成分均一而恒定，水化学类型单一，几乎全为 Cl^--Na^+-SO_4^{2-} 水，仅在边缘海有河流汇入和地下水补给的地方才有其他水化学类型出现。

5.3.2.2 *海洋水溶质成分的形成*

地质学家研究海洋水溶质成分的演化，曾采用两种方法：一种方法是根据地球形成的历史，先设想海水的原始化学组成，然后探讨原始海水经历了哪些变化而在数量和化学变化上变成现代的海水；另一种方法是以今论古，即根据现代取得的样品进行研究，从而论述古代海水的数量和化学组成。著名地球化学家戈德施密特曾经应用“元素地球化学平衡法”，研究了海水中物质的平衡问题。他指出在地球历史初期，地球表面即有了液态水，从此时起就进行着由蒸发、凝结、降水构成的水循环。在循环过程中，水对岩石进行风化作用，使岩石中的部分元素溶于水，成为原始海水的成分。在整个地球历史过程中，一直进行着这样的循环，使海水中元素浓度增高。

但进一步的研究表明，上述见解是不全面的。上述假说可在一定程度上说明现存海水中阳离子的来源，但不能说明大量各类阴离子的来源。因为硅酸盐和铝硅酸盐岩石在风化过程中，溶解释放出的 Cl^-、Br^-、I^-、F^-、SO_4^{2-} 等很少。有的学者从另外角度和资料提出早期地球通过火山活动，向原始海洋输送挥发性化合物（HCl、SO_2、CH_4、HF）的观点，并认为从原始海洋到现代海洋水中 Cl^- 的浓度几乎未发生变化。

前面指出，凡不受陆地影响的海水中主要元素的比例，在世界大洋的任何部分都是固定不变的。克雷默曾经报道过他对此问题的独到见解，他研究了溶解在海水中的 10 种主要离子成分：H^+、Na^+、K^+、Ca^{2+}、Mg^{2+}、PO_4^{3-}、SO_4^{2-}、Cl^-、F^- 和 CO_3^{2-}，认为这些溶存的化学物质与在海底沉积物中存在的矿物之间处于化学平衡状态，海水中这些元素的浓度是由水与沉积物之间的平衡关系所决定的。克雷默认为，作为与海水中的离子处于平衡的矿物种类应该是在任何海域都能见到的，且其平衡常数能精确地测定。就这 10 种元素的浓度来说，其阳离子与阴离子的当量数应该相等。这里必须指出，对氯离子来说，尚未发现适当的矿物与之处于平衡状态，而且如前所述，海水中 Cl^- 的浓度在整个历史时期是恒定的，为 0.3 当量。因此，克雷默在以这 10 种元素为研究对象时，把 Cl^- 和 H^+ 除外，仅列出了与其余 8 种离子平衡的矿物的形式，测定了其平衡常数，解 8 个联立方程（见表 5-5），从而算出各离子的浓度。

表 5-5 为克雷默采用的用于计算与海水平衡、决定海水中离子浓度的矿物种类和平衡常数。克雷默还认为，海水中的各离子之间能生成离子对和络合物。为正确地进行计算，不应使用离子的浓度，而应使用离子的活度。表 5-6 列举了按活度计算的海水中各种离子之间的平衡常数。克雷默把表 5-5 和表 5-6 所列的方程联立起来求解，得出了表 5-7 所示的海水中各种离子的浓度。计算结果与实测结果相当一致，从而揭示了这方面的一个非常重要的事实：即只要在任何海域都能见到的矿物与海水处于平衡，再给出 [Cl^-] 的数值，就可确定海水中元素的浓度。从计算结果看，海水的 pH 值是由海水中的 H^+ 与黏土矿物蒙脱石和伊利石中 K^+ 和 Na^+ 的离子交换平衡来决定的。

表 5-5　海水平衡决定海水中离子浓度的矿物种类与热力学数据

离子	矿物种类	反应体系	常数
钠离子（Na^+）	Na-蒙脱石	H-蒙脱石═Na-蒙脱石	$(H^+)/(Na^+)=10^{-7.4}$
钾离子（K^+）	K-伊利石	H-伊利石═K-伊利石	$(H^+)/(K^+)=10^{-5.7}$
氯离子（Cl^-）	—	$Ca_2Al_4Si_8O_{24}\cdot 9H_2O$（钙十字石）$+4H^+$═$4SiO_2$（石英）$+2Al_2Si_2O_7\cdot 2H_2O$（高岭石）$+2Ca^{2+}+9H_2O$	$(Ca^{2+})/(H^+)^2=10^{13}$
硫酸根离子（SO_4^{2-}）	碳酸锶-硫酸锶	$Mg_5Al_2Si_3O_{14}\cdot 2H_2O$（绿泥石）$+10H^+$═$SiO_2$（石英）$+Al_2Si_2O_7\cdot 2H_2O$（高岭石）$+7H_2O+5Mg^{2+}$	$(Mg^{2+})/(H^+)^2=10^{14.2}$
钙离子（Ca^{2+}）	钙十字石	$Ca_{10}(PO_4)_6(OH_2)$ ═ $10Ca^{2+}+6PO_4^{3-}+2OH^-$	$(Ca^{2+})_{10}(PO_4^{3-})_6(OH^-)^2=$ 常数$=10^{103}$
镁离子（Mg^{2+}）	绿泥石	$CaCO_3$（方解石）═ $Ca^{2+}+CO_3^{2-}$	$(Ca^{2+})(CO_3^{2-})=10^{-8.09}$
磷酸根离子（PO_4^{3-}）	OH-磷灰石	$SrSO_4$ ═ $Sr^{2+}+SO_4^{2-}$	$(Sr^{2+})(SO_4^{2-})=10^{-9.15}$

续表 5-5

离子	矿物种类	反应体系	常数
二氧化碳 (CO_2)	方解石	$H_2CO_3 = H^+ + HCO_3^-$	$(H^+)(HCO_3^-)/(H_2CO_3) = 10^{-6.52}$
氟离子 (F^-)	F-CO_2-磷灰石	$HCO_3^- = H^+ + CO_3^{2-}$	$(H^+)(CO_3^{2-})/(HCO_3^-) = 10^{-10.6}$
氢离子 (H^+)	—	$CO_2(g) + H_2O(l) = H_2CO_3$	$p_{CO_2}/(H_2CO_3) = 10^{1.19}$

注：5 ℃，1 atm，( ) 为活度。

表 5-6 海水中离子浓度存在形式间的平衡常数

$CaHCO_3^+ = Ca^{2+} + HCO_3^-$	$(Ca^{2+})(HCO_3^-)/(CaHCO_3^+) = 10^{-1.26}$
$NaCO_3^- = Na^+ + CO_3^{2-}$	$(Na^+)(CO_3^{2-})/(NaCO_3^-) = 10^{-1.27}$
$CaCO_3^0 = Ca^{2+} + CO_3^{2-}$	$(Ca^{2+})(CO_3^{2-})/(CaCO_3^0) = 10^{-3.2}$
$NaHCO_3^0 = Na^+ + HCO_3^-$	$(Na^+)(HCO_3^-)/(NaHCO_3^0) = 10^{+0.25}$
$CaSO_4^0 = Ca^{2+} + SO_4^{2-}$	$(Ca^{2+})(SO_4^{2-})/(CaSO_4^0) = 10^{-2.31}$
$KSO_4^- = K^+ + SO_4^{2-}$	$(K^+)(SO_4^{2-})/(KSO_4^-) = 10^{-0.96}$
$NaSO_4^- = Na^+ + SO_4^{2-}$	$(Na^+)(SO_4^{2-})/(NaSO_4^-) = 10^{-0.72}$
$MgHCO_3^+ = Mg^{2+} + HCO_3^-$	$(Mg^{2+})(HCO_3^-)/(MgHCO_3^+) = 10^{-1.16}$
$MgCO_3^0 = Mg^{2+} + CO_3^{2-}$	$(Mg^{2+})(CO_3^{2-})/(MgCO_3^0) = 10^{-3.4}$
$MgSO_4^0 = Mg^{2+} + SO_4^{2-}$	$(Mg^{2+})(SO_4^{2-})/(MgSO_4^0) = 10^{-2.36}$
$MgF^+ = Mg^{2+} + F^-$	$(Mg^{2+})(F^-)/(MgF^+) = 10^{-1.60}$
$NaPO_4^{2-} = Na^+ + PO_4^{3-}$	$(Na^+)(PO_4^{3-})/(NaPO_4^{2-}) = 10^{-0.25}$
$NaHPO_4^- = Na^+ + HPO_4^{2-}$	$(Na^+)(HPO_4^{2-})/(NaHPO_4^-) = 10^{-0.24}$
$KPO_4^{2-} = K^+ + PO_4^{3-}$	$(K^+)(PO_4^{3-})/(KPO_4^{2-}) = 10^{-0.20}$
$KHPO_4^- = K^+ + HPO_4^{2-}$	$(K^+)(HPO_4^{2-})/(KHPO_4^-) = 10^{-0.20}$
$CaHPO_4^0 = Ca^{2+} + HPO_4^{2-}$	$(Ca^{2+})(HPO_4^{2-})/(CaHPO_4^0) = 10^{-2.20}$
$MgHPO_4^0 = Mg^{2+} + HPO_4^{2-}$	$(Mg^{2+})(HPO_4^{2-})/(MgHPO_4^0) = 10^{-1.50}$
$H_2PO_4^- = H^+ + HPO_4^{2-}$	$(H^+)(HPO_4^{2-})/(H_2PO_4^-) = 10^{-7.28}$
$HPO_4^{2-} = H^+ + PO_4^{3-}$	$(H^+)(PO_4^{3-})/(HPO_4^{2-}) = 10^{-12.66}$
$Ca_2HPO_4CO_3^0 + H^+ = 2Ca^{2+} + HPO_4^{2-} + HCO_3^-$	$(Ca^{2+})(HPO_4^{2-})(HCO_3^-)/[(Ca_2HPO_4CO_3^0)(H^+)] = 10^{-1.33}$
$Ca_2HPO_4CO_3^0 = H^+ Ca_2PO_4CO_3^-$	$(H^+)(Ca_2PO_4CO_3^-)/(Ca_2HPO_4CO_3^0) = 10^{-8.3}$
$H_2O(l) = H^+ + OH^-$	$(H^+)(OH^-) = 10^{-14.73}$

表 5-7 计算的海水溶质成分与实测的现代海水溶质成分 (mol/L)

离子	计算结果	现代海水
Na^+	0.45	0.47
K^+	9.7×10^{-3}	1.0×10^{-2}

续表 5-7

离子	计算结果	现代海水
Ca^{2+}	6.1×10^{-3}	1.0×10^{-2}
Mg^{2+}	6.7×10^{-2}	5.4×10^{-2}
F^-	2.4×10^{-5}	7×10^{-5}
Cl^-	0.55（给定）	0.55
SO_4^{2-}	3.4×10^{-2}	3.8×10^{-2}
pH 值	7.95	7.89
CO_3^{2-}	4.3×10^{-2}	2.3×10^{-3}
p_{CO_2}（分压）	1.7×10^{-2}	4×10^{-4}
p（总）	2.7×10^{-6}	1.5×10^{-8}
Sr^{2+}	5.5×10^{-4}	4×10^{-4}

根据西林和霍兰等人的计算，若上述黏土矿物和海水中 H^+ 的交换平衡成立，那么海水的 pH 值应该是 8.0 左右，这个值与根据海水中碳酸物质（$CaCO_3$、H_2CO_3、HCO_3、CO_3^{2-}）的平衡关系计算所得的值很一致。若考虑海水的历史，由于认为 $CaCO_3$ 在早期海水中出现以前，0.3 mol/L HCl 就和硅酸盐岩石接触产生了黏土矿物，所以就海水的 pH 值来看，可以认为它是由黏土和海水的平衡关系决定的。以后，因岩石中 Ca^{2+}、Mg^{2+}、K^+、Na^+ 的溶解，海水被中和，此时大气中的 CO_2 开始溶于水中；不久，即使能生成 $CaCO_3$，也不会导致海水 pH 值的改变。克雷默讨论现代海水化学组成恒定性问题的方法很吸引人，无疑对海水主要离子化学的研究做出了重要贡献。但是也必须指出，表 5-6 列举的矿物是否在任何海底都存在呢？这是有疑问的。对此还应该作进一步探讨，否则不能把克雷默成果原封不动的全部接收下来。

5.3.2.3 天然水按主要离子成分的分类

地球上不同地区和不同水体，水的溶质数量和成分是多种多样的。为研究方便，要求以某种方法使水化学资料系统化，到目前为止，已经提出多种多样的水化学分类方案，这里介绍两种常用的分类。

A 天然水按离子总量（又称矿化度）的分类

苏联学者阿列金（1970）提出的按离子总量的分类方案如下：

淡水离子总量小于 1 g/kg，微咸水 1~25 g/kg，具海水盐度的咸水 25~50 g/kg，盐水（卤水）大于 50 g/kg。

把淡水的范围定在 1 g/kg 是基于人的感觉。当离子总量高于 1 g/kg 时便具有咸味。微咸水与具有海水盐度的水之间的界限确定在 25 g/kg，是根据在这种离子总量时（海水为 24.696 g/kg）水的冻结温度与最大密度时的温度一致。具有海水盐度的水与盐水的界限定在 50 g/kg，是因为在海水中尚未见到过离子总量高于 50 g/kg 的情况，只有盐湖水与强盐化的地下水才会有这种情况。

美国（1970）采用的按离子总量分类的数值界限稍有区别：

淡水 0~1 g/kg，微咸水 1~10 g/kg，具有海水盐度的咸水 10~100 g/kg，盐水（卤水）

大于 100 g/kg。

B 天然水按主要离子间比例关系的分类

曾有很多学者按优势离子成分的原则提出多种分类方案。其中，最常用的是阿列金提出的方案，这个方案综合了优势离子的各种划分原则以及它们之间的数量比例。首先按优势阴离子将天然水划分为三类：重碳酸盐类、硫酸盐类和氯化物类，如图 5-29 所示。然后，在每一类中再按优势阳离子划分为钙质、镁质和钠质三个组，每一组内再按离子间的毫克当量比例关系划分为四个水型：

Ⅰ型：$HCO_3^- > Ca^{2+} + Mg^{2+}$；

Ⅱ型：$HCO_3^- > Ca^{2+} + Mg^{2+} < HCO_3^- + SO_4^{2-}$；

Ⅲ型：$HCO_3^- + SO_4^{2-} < Ca^{2+} + Mg^{2+}$或 $Cl^- > Na^+$；

Ⅳ型：$HCO_3^- = 0$。

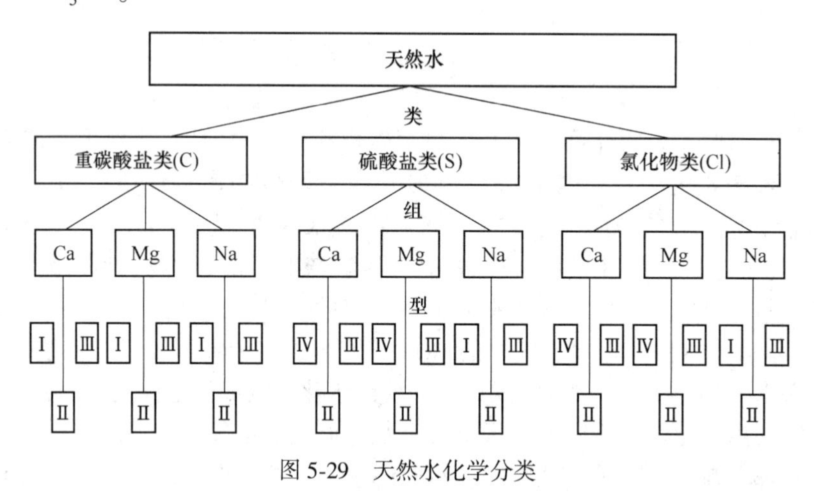

图 5-29 天然水化学分类

根据阿列金的分类，共可划分出 27 个天然水种类。阿列金水化学分类的重要特点在于，它能较充分地反映水溶质成分的生成条件。Ⅰ型水的特点是 $HCO_3^- > Ca^{2+} + Mg^{2+}$，是在含有大量 Na^+和 K^+的火成岩地区形成的，水中主要含 HCO_3^- 与 Na^+，这一型水多半是低矿化度的。Ⅱ型水的特点是 $HCO_3^- > Ca^{2+} + Mg^{2+} < HCO_3^- + SO_4^{2-}$，本型水与各种沉积岩有关，主要是混合水，大多数低矿化和中矿化的河水、湖水和地下水属此类型。Ⅲ型水的特点是 $HCO_3^- + SO_4^{2-} < Ca^{2+} + Mg^{2+}$，或者为 $Cl^- > Na^+$。从成因上看，也是混合水，由于离子交换作用使水的成分激烈变化。通常是水中的 Na^+被土壤底泥和含水层中的 Ca^{2+}和 Mg^{2+}所交换，大洋水、海水、海湾水、残留水和具有高矿化度的地下水属此类型。Ⅳ型水的特点是 $HCO_3^- = 0$，基本型水为酸性水。在重碳酸盐中不包括此型，只有硫酸盐与矿化物的 Ca 组与 Mg 组中才有这种水，在这两组中无第Ⅰ型水。

本分类中每一性质的水用符号表示。“类”采用相应的阴离子符号（C、S、Cl），“组”采用阳离子的符号表示，写作“类”的方次的形式。“型”采用罗马数字标在“类”符号右下边。全符号写成下列形式：如 $C_{Ⅱ}^{Ca}$，表示重碳酸盐类钙组第二型水，$S_{Ⅲ}^{Na}$表示硫酸盐类钠组第三型水。

5.3.2.4 天然水中离子总量增长与水化学类型的关系

在阐述了天然水中各种离子积累的特征以及天然水按主要离子成分的分类以后，有可能总结关于天然水离子总量增长过程和水化学类型之间的关系。随着天然水中离子总量的增长，水的化学类型相应地更替。根据这一情况，柯夫达将天然水的演变分为以下四个主要阶段。

（1）硅酸盐-碳酸盐水阶段：主要特征是离子总量不高，溶质组成中以 Na 和 Ca 的中碳酸盐为主。在这一阶段后期，由于硅酸盐与碳酸盐饱和，可从水中析出这两种盐的沉淀。

（2）硫酸盐-碳酸盐水阶段：特征是离子总量可达 3~5 g/L，水逐渐为 $CaCO_3$ 和 $CaSO_4$ 所饱和，发生这两种盐的沉淀和析出作用。

（3）氯化物-硫酸盐水阶段：开始于不同离子总量的情况下。某些地方，当离子总量达 0.5~1.0 g/L 时，即达到此阶段；另一些地方，当离子总量达 5~20 g/L 时才到此阶段。这主要决定于与 SO_4^{2-} 结合的阳离子的组成。由于不同地区天然水中 Na_2SO_4、$MgSO_4$ 及 $CaSO_4$ 含量不同，以及这些盐类的溶解度不同，所以不同地区的这些盐类饱和时所达到的浓度也不同。这一阶段可能析出的沉淀有 SiO_2、$CaCO_3$、$MgCO_3$ 和 $CaSO_4$，也可能有一定数量的 Na_2SO_4 沉淀。

（4）硫酸盐-氯化物水阶段：这是天然水化学成分演化的最后阶段，也是天然水离子总量最高的阶段，多出现在最干旱地区低洼地貌部位的地下水与盐湖水中，其离子总量通常为 5~20 g/L。在这些盐土地区，地下水离子总量为 30~70 g/L，有时达 100~150 g/L。这个阶段的特征是天然水为钙和镁的硅酸盐和重碳酸盐，以及钙和镁的硫酸盐所饱和，这些盐类可自水中析出。在这个阶段水中其浓度能继续增高，使钠质水有向镁质水转换的趋势。

5.3.2.5 水化学类型的地理分布

上述四个演化阶段的水在空间上是有一定的地理区域分布规律性的，特别是对于浅水和封闭的内陆湖水来说表现得最为明显。

（1）硅酸盐-碳酸盐水：主要分布在地球上的苔原带、森林带与潮湿的亚热带地区，在我国主要分布于东北和淮河以南的地区及大多数山地。

（2）硫酸盐-碳酸盐水：主要分布在森林草原带、草原带和荒漠草原带，在我国内蒙古西部、宁夏、甘肃等地区有这类水分布。

（3）氯化物-硫酸盐水：主要分布在荒漠与荒漠草原地带，我国新疆、青海、甘肃等省区的内陆盆地中广泛分布有这类水。

（4）硫酸盐-氯化物水：主要分布在世界上最干旱地区（如亚洲中部、北非等地）的局部封闭凹地的中心部分和盐湖周围。

最后要指出，在干旱地区的山前地带，上述四种水除第一类型外，其他几类常常自地形上的高处向低处呈现有规律的带状分布。在我国的天山南北麓地区、祁连山南北麓地区地下水的类型按上述演变系列呈明显的带状更替。

5.4 水污染和水资源管理

5.4.1 水污染

水体污染是指排入的污染物质在水体中的含量超过了一定的指标，超过了水的自净能力，进而对人体、动植物等产生危害的水质状况。水体污染已成为全球性的一个危及人类生存的重要问题，无论是海水、地面流水，还是地下水，乃至冰川，都受到不同程度的污染，控制和治理水体污染已成为一项迫在眉睫的艰巨任务。造成水体污染的物质大致来源于两方面：一是自然污染源，二是人为污染源。前者是指自然界地球化学异常对水体的污染，如巢湖边缘寒武纪地层中的高磷岩石在磷的大量释散中导致水体富营养化，又如天然水中缺碘或高放射性等引起的地方病。我们通常所说的水污染是指人为的污染。我国1984年制定的《中华人民共和国水污染防治法》对水污染的定义是：因某种物质的介入，而导致水体化学、物理、生物或者放射性等方面特性的改变，从而影响它的有效利用、危害人体健康或者破坏生态环境，造成水质恶化的现象。对污染物的定义是：能导致水污染的物质。

水污染按污染性质，可分为化学性污染、物理性污染、放射性污染、生物性污染、生理性污染等。化学性污染包括需氧污染物、有机合成物质、植物营养素和无机污染物。需氧有机污染物的组成比较复杂，其浓度常以生化需氧量（BOD）、化学需氧量（COD）和总有机碳（TOC）来表示。有机合成物质种类很多，对环境污染危害较大的有：有机氯农药（滴滴涕、六六六等）、聚氯联苯（PCB）等。这些物质化学性质稳定、生物对它们难以分解，毒性大。全世界每年有3700 t的滴滴涕从大陆上流入海洋，有24000 t滴滴涕从降水中进入海洋。生长在南极的企鹅体内检出滴滴涕，可以想见有机氯农药污染范围多么广泛。

植物营养素是指在植物生长过程中需要的营养成分。在水环境中，碳、氮、氢、氧、硫、钾、磷、钙、镁等都是水生植物的主要营养物。一般认为，造成水污染的营养物，主要是磷和氮。随着现代工农业生产的发展，肥料的产量迅速增加，工业固氮量每年有4000万吨，磷肥年产量也在2000万吨以上。这些肥料施入农田，只有一部分为农作物所吸收，氮肥一般情况下未被植物利用的超过50%。这些物质大量排入到流动缓慢的湖泊、水库、内海时，就能促进藻类等浮游生物在适当的季节大量繁殖。而这些浮游生物死亡、腐败，又引起水体中植物营养素增多。这种恶性循环，造成水体“富营养化”。

无机污染物质包括各种金属、类金属以及酸、碱、无机盐类和无机悬浮固体等。金属中有许多重金属被认为是具有潜在危害的污染物。所谓重金属通常是指密度大于5 g/cm^2的金属，如汞、铜、铅、铬等。砷属非金属，但是它的毒性及某些性质类似于重金属，因此在研究水污染时常将砷作为重金属。污染物按成分、性质、造成的危害大致可分为需氧污染物、植物营养物、油类污染物、重金属及放射性污染物、生物污染物、酚类化合物等（见表5-8），这些污染物造成的危害是不同的。

表5-8 水体主要污染物及其危害

污染物类型	主要物质	来源	主要污染水体	危害
需氧污染物	碳水化合物、蛋白质、木质素、脂肪	生活污水、某些工业废水	地表水、地下水、海洋	消耗水中的溶解氧，使水体厌氧细菌发育，造成水体缺氧
植物营养物	氮、磷、钾等	生活污水、化肥、鸟粪等	地表水、地下水、海洋	促进水中植物生长，藻类过度旺盛，水中溶解氧降低

续表 5-8

污染物类型	主要物质	来源	主要污染水体	危害
油类物质	石油、柴油、汽油等	石油开采、石油运输	地表水、海洋	造成水质恶化、生物死亡
重金属污染物	汞、镉、铅、砷、铬等	工业废水	地表水、地下水、海洋	引起肝病、骨痛病、肾病、神经麻痹、癌症
放射性污染物	铀、锶等	铀矿开采、核电站、核试验、医学等	地下水、海洋	引起遗传变异、癌症

5.4.2 水资源管理

5.4.2.1 地球上水资源数量

地球上的水资源数量较难精确估计，特别是海洋水和地下水的水量。近年来由世界各方面专家综合估计，积蓄在海洋里、大气中和陆地上的天然水资源数量，见表 5-9。其中，海洋水为 13.5×10^8 km^3、大气水 1.3×10^4 km^2、陆地水约 3600×10^4 km^3，全球合计约 13.86×10^8 km^3。

表 5-9 地球上积蓄水和流动水分类及其数量

积蓄水分类	估计数量/km^3	流动水分类	估计数量/km^3
（1）海洋水	1350000000	（1）蒸发总量	496000
（2）大气水	13000	其中：从海洋表面蒸发	425000
（3）陆地水	35977800	从陆地表面蒸发	71000
其中：河水	1700	（2）降水总量	496000
湖泊淡水	100000	其中：降到海洋的水量	385000
内陆湖咸水	105000	降到陆地的水量	111000
土壤水	70000	（3）流入海洋的径流总量	39.700
地下水	8200000	其中：河流径流量	27000
冰盖/冰川中水	27500000	地下水径流量	12000
生物体内的水	1100	冰川融水径流量	700

表 5-9 中所列的全球积蓄水，其中海洋水占 97.4%、陆地水占 2.6%。陆地水可供人类直接采用的河流及淡水湖水量只有 101700 km^3，而地下水量为 8200000 km^3，比河流及淡水湖的水量多 80 倍。此外，陆地水中的冰盖和冰川数值最大，为 27500000 km^3，其中 80%位于南极地区，而且每年融化流入海洋的水量只有 700 km^3。

5.4.2.2 地球上的河水与湖水

与海水量和地下水量相比，地球上河水和湖水的数量很少。但它们直接供应人类生活和生产的需要，与人类的关系密切，是水资源的最重要的组成部分。表 5-10 列举了世界上年径流量较大的 10 条河流的特征值，最重要的特征值是年径流总量、河长和流域面积。年径流量最大的河流是位于南美洲的亚马孙河，年径流总量为 3767.8 km^3，河流长度及流域面积分别为6751 km和7049980 km^2。位于非洲的尼罗河，其长度居世界第二，为6689 km，但其年径流量仅80.7 km^3，居世界的第27位。我国的长江，年径流总量位居世界第三，长度亦居世界第三。

表5-10 世界十大河及其特征值

年径流量排序	河名	所在国	河长/km	流域面积/km^2	年径流总量/km^3	年径流强度/$mm \cdot a^{-1}$	河长排序
1	亚马孙河	秘鲁、巴西	6751	7049980	3767.8	534	1
2	刚果河	刚果、扎伊尔	4370	3690750	1255.9	340	10
3	长江	中国	6300	1959380	690.8	353	3
4	密西西比-密苏里河	美国、加拿大	6210	3211180	556.2	173	4
5	叶尼塞河	俄罗斯	4988	2597700	550.8	212	9
6	湄公河	中国、泰国、柬埔寨、越南	4183	810670	538.3	664	12
7	奥里诺科河	委内瑞拉	2064	906500	538.2	594	24
8	巴拉那河	巴西、阿根廷	3871	3102820	493.3	159	14
9	勒拿河	俄罗斯	5850	2424020	475.5	196	5
10	布拉马普特拉河	中国、印度、孟加拉国	1610	934990	475.5	509	27

河流的另一重要的特征值是年径流强度，该值为年径流总量除以流域面积。世界径流强度最大的河流是位于亚洲的伊洛瓦底江，其径流强度为1029 mm/a，但其径流年总量仅443 km^2/a，居世界第11位。我国长江的年径流强度为353 mm/a，居世界第8位。径流强度大的河流一般均位于降雨量大的季风气候区。

5.4.2.3 我国的水资源状况

从广义来说，水资源是指水圈内水量的总体；从狭义来讲，是指可供人类经济社会利用或有可能被利用，具有足够的数量和可用的质量，并能满足一定地区一定用途可持续利用的水（联合国教科文组织）。通常所说的水资源主要是指陆地上的淡水资源，如河流水、淡水湖泊水、地下水和冰川等。水资源同其他资源相比较，具有以下特点：(1) 补给的循环性；(2) 变化的复杂性；(3) 利用的广泛性；(4) 利害的两重性。

我国水资源总量为2.8×10^{12} m^3，仅次于巴西、俄罗斯和加拿大，居全球第四位，但人均2200 m^3左右，是世界人均水平的1/4，名列第111位，是全球13个人均水资源最贫乏的国家之一，水资源短缺的问题已经成为中国经济社会发展的主要制约因素。水质是水资源利用中另一个重要因素，生活饮用、农业灌溉、工业生产对水质都有不同的要求。水质的评价一般需考虑色度、pH值、含盐量、盐分组成、有益元素、有害元素的浓度指标等。人类活动对水质有着极大的影响，如大量工业废水的排放，使得有些水质标准不仅超过了饮用水标准，而且也超过了农业灌溉的标准。另外，污染严重的水，为了不使其对环境产生危害又要用10倍的清洁水稀释，从而进一步加剧了水资源的供需矛盾。因此，防止水污染、保护好水资源成了水资源利用的当务之急。

思考和练习题

5-1 阐述水循环的过程、类型和意义。

5-2 阐述水量平衡的基本原理和水量平衡方程。

5-3 简述海洋的组成和海底地貌基本特征。

5-4 什么是潮汐的基本要素，潮汐有哪些类型，引潮力是怎样形成的？

5-5 什么是湖泊的富营养化过程，湖泊富营养化过程有哪些危害，如何控制富营养化过程的发展？

5-6 按埋藏条件地下水有哪些类型，不同类型的地下水各有什么特征？

5-7 简述天然水的基本化学组成。各种自然条件（岩石、气候、土壤、生物等）怎样影响天然水的化学成分？简述天然水化学成分的分类。

6 岩石圈环境

6.1 岩　石　圈

岩石圈一般是指由地壳和上地幔顶部坚硬岩石所组成的地球圈层之一，厚为 70~100 km。虽然岩石圈的厚度相对于地球的其他圈层来说相当薄，它却是同地球外部各个圈层（大气圈、水圈、生物）关系最紧密、反映地球内外力作用最明显的圈层，也是人类和其他生物立地的基础。因此，认识岩石圈的物质组成、岩石圈的运动、变化、现象以及它们对自然环境的影响，对于研究自然环境，全面理解自然环境各要素之间的相互作用、相互联系是十分重要的。

6.1.1 岩石圈的化学组成

元素以矿物的形式出现在岩石中，在地球化学的动力系统中，岩石的产出类型决定于构造运动和岩浆作用、变质作用的强度和过程。有机碳可转变为金刚石，花岗岩可转变成黏土岩，随着物质与能量的交换，物质存在的形式也在变动。我们关注的首先是物质的化学组成、物质的物理形式以及物质形式转变时间的有效标定。地球历史时间尺度是这样的重要，失去时间的概念，演化的体系就失去了立体的纵深感。相对地质年代提供了地质历史的先后次序，同位素地质年代则给出了地球的年龄是约 46 亿年。

近代地质学把地球、地壳看成物理作用下的化学体系，即不但要在矿物和岩石的水平上去考察，而且要从元素和同位素的水平上去研究它们在地球尤其是在地壳中的分布、分配、迁移、富集和分散的规律及其运动的历史，这就是地球化学的研究领域。其中，对元素丰度的研究开拓了地球化学研究的先河。

化学元素在宇宙或地球化学系统中（如地球、大气圈、水圈、岩石圈）的平均含量称为丰度。通常把各元素在地壳中含量的百分比称为克拉克值，用质量百分数表示称为质量克拉克值，用原子百分数表示称为原子克拉克值。克拉克值就是元素的地壳丰度。克拉克是一位美国化学家，曾在美国地质调查所从事了多年的岩石样品的化学分析，他对来自欧美的 5159 个岩石样品的化学分析结果进行了大量的统计工作。当时他用地表 16 km 以下的岩石圈及大气和水圈作为“地壳”，经过前后四十年的努力，于 1924 年和华盛顿共同发表了第一份地壳元素的丰度资料，确定了地壳 50 种元素的含量。为了表彰克拉克的贡献，把元素的地壳丰度称为克拉克值。克拉克的结果未免有局限性，因为岩石样品在地壳表面分布并不均匀，且主要来自欧美，很少有大洋中的岩石样品。此外，克拉克的地壳深度是人为选择的，并没有考虑物质成分随深度变化的因素，所以不断有人对克拉克值进行修订。1965 年，黎彤、饶纪龙用分区法计算地壳元素丰度，既考虑到海洋地壳的化学成分，也反映了不同构造单元的元素分布特点。1976 年，黎彤又作了进一步的修改与补充。黎彤等人的贡献在于对我国的主要地壳组成首次给出了科学的结果，这是欧美和苏联学者没有过多涉及的研究区域。

丰度和克拉克值通常用 ppm 或 g/t 来表示。克拉克值的研究结果显示出元素分布和分配存在以下规律：

（1）地壳中元素分布具有明显的不均匀性。地壳中分布量大的和分布量小的元素之间的克拉克值差别很大，按克拉克值递减的顺序排列，其次序为：O、Si、Al、Fe、Ca、Na、K、Mg、H、Ti、C、Cl。前三种元素的总量占地壳总量的 84.55%，前九种元素为 99.18%，前十三种元素为 99.67%，而其余的八十多种元素只占地壳总量的 0.33%。

（2）元素的分布量一般随原子序数的增大而降低。分布量大的元素一般接近周期表的开始，随着原子序数的增大，克拉克值一般越来越小。

（3）地壳中偶数元素的分布量高于奇数元素，并且相邻的元素之间偶数元素的分布量一般高于奇数元素，特别是稀土元素无例外地符合这一规则。

（4）元素在时间和空间上的分配是不均匀的，突出的表现在一些成矿元素呈条带状分布、相对富集。例如，太平洋内带多半是新生代的褶皱带，主要富集亲铜元素，如 Cu、Pb、Zn、Ag、Bi、Sb、Au 等；太平洋外带多半是中生代褶皱带，主要富集亲石元素，如 W、Sn、Li、Be、Nb、Ta 等。世界各大陆在不同的地质历史时期成矿元素的变化规律是：前寒武纪主要成矿元素有 Pt、Fe、Ni、Co、Au、U 以及亲铁元素，占这些元素储量的一半以上；古生代主要成矿元素为 U、Co、Ni、Pb 及 Pt 族，其次为 W、Sn、Mo 等；中生代主要成矿元素是 W、S、Au、Sb；新生代则以 Hg、Mo、Cu、Pb、Sb 为主。中、新生代成矿元素为亲石元素，如 Cu、Pb、Zn 和黑色金属类。

总之，这种空间和时间上的不均匀主要是由于地壳运动、岩浆活动和演化引起的，而决定的因素是地幔物质差异与地壳在后期发展演化的不均匀性。研究地壳中成矿元素的区域性分布及时间上的变化规律可以有效地指导找矿，这便是区域地球化学的主要研究任务。

6.1.2 矿物

一般来说，描述矿物的物理性质包括：（1）矿物的硬度；（2）矿物的解理、断口和裂开；（3）矿物的脆性和延展性；（4）矿物的弹性和挠性；（5）矿物的颜色；（6）矿物的条痕；（7）矿物的透明度；（8）矿物的光泽；（9）矿物的密度；（10）矿物的磁性。

一般说来，矿物的颜色是矿物对可见光波的吸收作用引起的。通常将矿物的颜色分为三类：自色、它色和假色。自色是矿物内部性质决定的颜色；他色是矿物内部混杂了某些杂质表现出来的颜色；假色是因为矿石内部发生了裂隙，对光线散射和干涉引起的或其他外部因素引起的颜色。

矿物的条痕就是矿物粉末的颜色，一般是指矿物在白色无釉瓷板上划擦时所留下的粉末的颜色，条痕能较真实地反映自色。矿物的条痕可以与其本身的颜色一致，也可以不一致。矿物的条痕可以消除假色，减弱它色，因而更有代表性，是鉴定矿物的重要特征。

光泽是指矿物表面反射光线的程度，可分为三类：金属光泽、半金属光泽和非金属光泽（金刚光泽、玻璃光泽）。光泽一般是根据折射率和反射率来划分的。如果矿物的表面不平或略有孔隙或非单体，还可造成一些特殊光泽，如油脂光泽、珍珠光泽、丝绢光泽、土状光泽、沥青光泽等。

矿物抵抗刻划和机械压力的强度称为矿物的硬度，矿物的相对硬度是鉴定矿物的重要性质之一，一般采用标准摩氏硬度计。摩氏硬度计由十种矿物组成，按其软硬程度排成十级：（1）滑石；（2）石膏；（3）方解石；（4）萤石；（5）磷灰石；（6）正长石；（7）石英；（8）黄玉；（9）刚玉；（10）金刚石。测试矿物的硬度时要尽量在颗粒大的矿物新鲜面上进行，以免受风化、裂隙、杂质等影响。

矿物受力后，沿一定方向规则地裂开成光滑面的性质称为解理，光滑的平面称为解理面。并不是所有的矿物都有解理，有些矿物在受力后不沿一定的面裂开，破裂面参差不齐，这种破裂面称为断口。解理只在晶体矿物上发生，而断口在晶体矿物和非晶体矿物上都可发生。

矿物的物理性质除了上述几种外，尚有发光性、脆性、延展性、导电性、磁性等。

在室内系统地研究矿物的物理性质，就可以有效地鉴定一种矿物。但是，应当提醒的是，鉴定一种矿物，一般抓住几种特征的物理性质（俗称鉴定特征），就可以有效地与其他矿物区分开来，如石榴子石的形态和高硬度、磁铁矿的强磁性和颜色。

矿物的形态是指矿物的单体以及其中矿物集合体的形状，可以分为单一晶体和集合体两种。晶体就是指内部质点在三维空间成周期性重复排列，内部结构严格地服从空间格子规律，外形为规则的几何多面体，如图 6-1 所示。

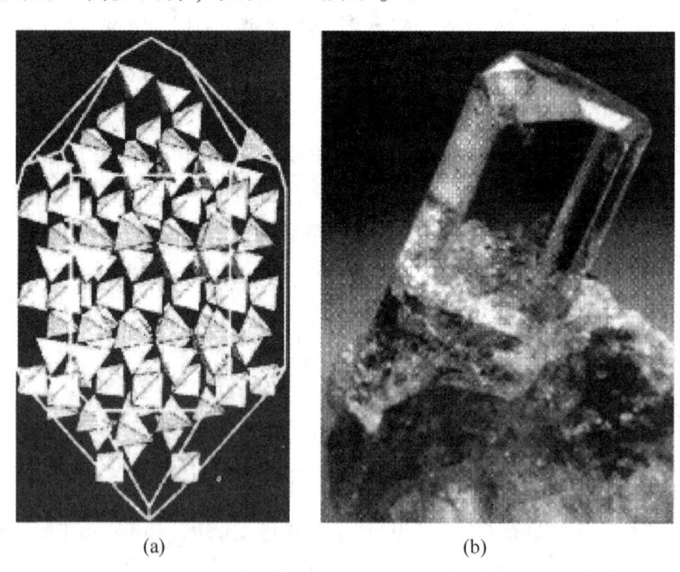

图 6-1　石英内部晶体结构（a）和实际晶簇（b）

单一晶体是指在不受空间限制的条件下，生长出来的完整的晶体，它们都是一些有特定形态的几何多面体，常见的单一晶体主要呈柱状（如石英）、板状（如透石膏）、立方体（如黄铁矿、石盐）、八面体（如磁铁矿）、五角十二面体（如石榴子石）、柱状晶簇（如电气石，见图 6-2）等。集合体是指同种矿物在生长空间受到限制的条件下由多个单体聚集在一起形成的整体，大多数矿物属于此种类型。矿物集合体形态取决于单体的形态和它们的集合方式，常见的集合方式主要有粒状、片状、板状、针状、柱状、放射状、纤维状、鲕状、豆状、钟乳状、土状等。

矿物种根据化学键类型的不同划分为大类，可以将自然界中的矿物分为五类：自然元素、硫化物、卤化物、氧化物及氢氧化物、含氧盐。

以下列举几种常见的造岩矿物：

（1）自然元素包括石墨和金刚石。

1）石墨：六方晶系，常为鳞片状、片状、粒状、块状集合体，完整晶体极少。铁黑至钢灰色，条痕黑灰色，金刚光泽至金属光泽，硬度 1~2，有一组极完全解理，滑腻污手，密度 2.09~2.23 g/cm^3，具导电性，耐高温。

2）金刚石：等轴晶系，无色透明，强金刚光泽，硬度 10，八面体解理中等，性脆，密度 3.47~3.56 g/cm^3，不导电，具高度的抗酸碱性。

石墨和金刚石为同素异形体。此外，常见的自然元素类矿物还有自然金、自然银、自然铜、硫黄等。

图 6-2　电气石柱状晶簇

（2）硫化物包括黄铁矿、黄铜矿、方铅矿。

1）黄铁矿：等轴晶系，常发育成良好的晶形，有时呈块状、粒状集合体或结核状。浅黄色，条痕黑色带微绿色，强金属光泽，不透明，硬度 6~6.5，无解理，性脆，密度 4.9~5.2 g/cm^3。黄铁矿是硫化物中分布最广泛的矿物，在各类岩石中均可见到。

2）黄铜矿：矿物晶体化学式是 $CuFeS_2$，正方晶系，多呈致密块状或分散粒状，完好晶体少见（见图 6-3（a））。金黄色，条痕黑色微带绿色，金属光泽，不透明，硬度 3.5~4，性脆，密度 4.1~4.3 g/cm^3，常产于基性岩、热液矿脉和接触交代矿床中。

3）方铅矿：等轴晶系，矿物化学式为 PbS，矿物常呈立方体，粒状，块状（见图 6-3（b）），颜色铅灰色，条痕钢灰色，金属光泽，硬度 2~3，密度 7.3~7.6 g/cm^3，三组完全正交解理。

(a)

(b)

图 6-3　黄铜矿的矿物集合体（a）和方铅矿矿物晶体（b）

（3）卤化物包括萤石和石盐。

1）萤石：等轴晶系，集合体多呈具有明显解理的致密块状。浅绿、浅紫或白色，有时为玫瑰红色，条痕白色，玻璃光泽，透明至半透明，硬度4，八面体解理（四组）完全，密度3.01~3.25 g/cm³。在紫外线、阴极射线照射或加热情况下易发荧光。

2）石盐：等轴晶系，六面体结晶，通常呈粒状或块状集合体。无色透明，有时带浅灰、浅蓝色，玻璃光泽，硬度2~2.5，三组立方解理完全，密度2.1~2.6 g/cm³。味咸，易溶于水。

（4）氧化物及氢氧化物包括石英、磁铁矿、赤铁矿、褐铁矿。

1）石英：一般泛指α-石英（低温石英）。三方晶系，晶体多为六方柱及菱面体的聚形，柱面上有明显的横纹。颜色变化大，一般为无色透明—乳白色，玻璃光泽，断口处呈油脂光泽，硬度7，无解理，贝壳状断口，密度2.65 g/cm³。石英是自然界几乎随处可见的矿物，透明的晶体称为水晶（见图6-1），是一种很好的压电材料，在光学上用途颇大。石英在地壳中含量仅次于长石，占地壳质量的12.6%，它是各类岩石的重要造岩矿物。

2）磁铁矿：等轴晶系，矿物晶体化学式是 Fe_3O_4，实际上由两个三价铁和一个二价铁混合而成。矿物多呈块状，粒状（见图6-4（a）），颜色铁黑色，深灰色，条痕黑色，半金属光泽，硬度5.5~6，密度4.9~5.2 g/cm³，无解理。

3）赤铁矿：六方晶系，矿物晶体化学式是 Fe_2O_3，成分不纯，矿物多呈块状，肾状，鲕粒状（见图6-4（b）），颜色钢灰色，铁黑色，红褐色，条痕樱红色，半金属光泽，硬度5.5~6，密度5~5.3 g/cm³，菱片状的赤铁矿称为镜铁矿。

(a) (b)

图6-4 磁铁矿矿物晶体（a）和赤铁矿矿物晶体（b）

4）褐铁矿：是许多氢氧化铁和含水氧化铁等胶体矿物集合体的总称。成分不纯，水的含量变化也很大。一般呈致密块状、土状或疏松多孔状，又常呈钟乳状、肾状、葡萄状等。黄褐、黑褐以至黑色，条痕黄褐色，半金属或土状光泽，不透明，硬度4~5.5，风化后硬度小于2，可染手，密度2.7~4.3 g/cm³。

（5）含氧盐包括硅酸盐、硫酸盐、磷酸盐、碳酸盐、硼酸盐等，其中最常见的是硅酸盐矿物。硅酸盐矿物按照最强键分布所决定的结构基型，可划分为岛状基型、环状基型、链状基型、层状基型和架状基型五个亚类，如图6-5所示。

在硅酸盐矿物的晶体结构中，硅氧四面体连接方式同与之相结合的阳离子的种类存在

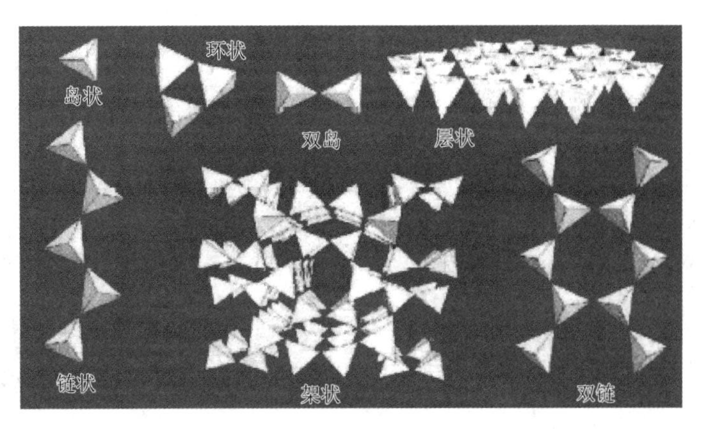

图 6-5　岛状基型、环状基型、链状基型、层状基型和架状基型五种结构图示

着内在的联系。硅氧骨干的形式取决于阳离子的大小及其配位多面体的形式。中等阳离子 Al^{3+}、Mg^{2+}、Fe^{2+}、Mn^{2+}、Ti^{4+}等主要呈Ⅵ配位，这些阳离子配位多面体的棱长为 2.6~2.8 Å（0.26~0.28 nm），与［SiO_4］四面体棱长相当，故与这些阳离子配位多面体相适应结合的硅氧骨干以孤立的［SiO_4］四面体为主。Ca^{2+}、K^+、Na^+、Ba^{2+}等大半径阳离子，其配位多面体棱长远超过［SiO_4］四面体的棱长，所以与这些阳离子配合形成的硅氧骨干就不完全是孤立的［SiO_4］四面体，而是与［SiO_4］连接成的双四面体、环、链等相适应。大的阳离子除存在于硅氧层状骨干之间，还充填在架状骨干的大空隙之中，起着连接层或平衡电价的作用。

（6）常见硅酸盐矿物亚类有以下几种。

橄榄石：斜方晶系，岛状结构亚类。矿物形态一般为粒状（见图 6-6（a）），橄榄绿色，硬度 6.5~7，密度 3.3 g/cm³，无解理，透明。

普通辉石：单斜晶系，链状结构亚类，晶体化学式复杂。短柱状晶体，横剖面近八边形，在岩石中常呈分散粒状或粒状集合体。绿黑色或黑色，玻璃光泽，硬度 5.5~6，解理完全，近不透明，两组柱面解理完全，相交近直角，密度 3.2~3.6 g/cm³。

普通角闪石：单斜晶系，链状结构亚类，晶体化学式复杂。横剖面为近菱形的六边形，在岩石中常呈分散柱状、粒状及其集合体。绿黑至黑色，条痕白色略带浅绿色，玻璃光泽，硬度 5~6，两组解理完全，密度 2.9~3.4 g/cm³。

云母：三斜晶系，矿物化学式复杂。形态为短柱状、板状、片状集合体（见图 6-6（b）），颜色为褐色、黑色、棕色、白色、金色；条痕为浅绿色、白色、珍珠光泽，硬度 2~3，密度 2.7~3.12 g/cm³，一组极完全解理，薄片具有弹性。常见的有黑云母和白云母两种，通过颜色可以区别。

长石：三斜晶系，分正长石和斜长石两个亚类。前者的矿物晶体化学式是 $K[AlSi_3O_8]$，晶体形态通常为板状，颜色为肉红色，玻璃光泽，硬度 6~6.5，密度 2.7 g/cm³，两组完全解理；斜长石的矿物，系由钠长石分子端元和钙长石分子端元构成的完全类质同象系列。晶体形态通常为板状，颜色为白色、淡黄色，玻璃光泽，硬度 6~6.5，密度 2.7 g/cm³，两组完全解理。

（7）其他含氧盐矿物包括方解石和石膏。

(a)　　(b)

图 6-6　橄榄石矿物晶体形态（a）和云母矿物的形态（b）

1）方解石：晶体化学式为 $CaCO_3$，规则形态呈菱面体，常见粒状、结核状和钟乳状。颜色为无色或灰色，玻璃光泽，硬度 3，密度 2.7 g/cm^3，三组完全解理，其低温的同质多象变体为文石。

2）石膏：矿物晶体化学式为 $CaSO_4 \cdot 2H_2O$，矿物一般呈板状、块状和纤维状，颜色白色、浅灰色，条痕白色，玻璃光泽或珍珠光泽，硬度 1～1.5，密度 2.3 g/cm^3，具有一组极完全解理。

6.2　岩　　石

岩石是在各种不同地质作用下产生的，由一种或多种矿物有规律组合而成的矿物结合体。根据岩石的成因，可将岩石分成岩浆岩、沉积岩和变质岩。

6.2.1　岩浆岩

岩浆是指在地下深处形成的、富含挥发成分的高温、黏稠的硅酸盐熔浆流体。岩浆浸入或喷出地表冷凝固结而成的岩石称为岩浆岩。

根据岩浆凝结的环境，岩浆岩通常可分为两类：岩浆在深处凝结而成的岩石称为浸入岩，岩浆喷出地表凝结而成的岩石称为喷出岩。根据岩浆岩中 SiO_2 的含量又可分为四类，见表 6-1，其中苦橄玢岩和苦橄岩罕见。岩浆岩的颜色是由深色矿物和浅色矿物的量比决定的，如果岩石中石英、长石等浅色矿物占主导地位，岩石就呈现红色、灰白色等淡色，如酸性岩石；如果岩石以深色矿物辉石、角闪石、橄榄石为主，那么岩石就会呈现灰色、灰绿色甚至暗绿色，如基性、超基性岩石。

表 6-1　岩浆岩分类简表

岩石大类	侵入岩		喷出岩	二氧化硅含量
	深成岩	浅成岩		
酸性岩类	花岗岩	花岗斑岩	流纹岩	>65%

续表 6-1

岩石大类	侵入岩		喷出岩	二氧化硅含量
	深成岩	浅成岩		
中性岩类	辉长岩	闪长玢岩	安山岩	52%~65%
基性岩类	闪长岩	辉绿岩	玄武岩	45%~52%
超基性岩类	橄榄岩	(苦橄玢岩)	(苦橄岩)	<45%

6.2.1.1　岩浆岩的结构

岩浆岩的结构是指组成岩石矿物的结晶程度、颗粒大小、晶体形态、自行程度和矿物间（包括玻璃）相互关系。岩浆岩结构根据结晶程度，可分为全晶质结构、玻璃质结构和半晶质结构；根据岩石中矿物颗粒的大小，又可分为显晶质结构和隐晶质结构；根据矿物颗粒的相对大小，又可划分为等粒结构、不等粒结构和风状及似斑状结构；根据岩石中矿物的自形程度，可分为自形晶结构、他形晶结构和半自形晶结构。

（1）岩浆岩的结晶程度包括全晶质结构、玻璃质结构、半晶质结构。

1）全晶质结构：岩石全部由结晶的矿物组成，多见于深成浸入岩中，结晶条件好，缓慢结晶的产物；

2）玻璃质结构：岩石几乎全部由未结晶的火山玻璃组成，多见于火山岩中，是快速冷凝结晶的产物；

3）半晶质结构：岩石由部分晶体和部分玻璃质组成，多见于浅成岩和火山岩中。

（2）岩石中矿物的颗粒大小有以下几种。

1）显晶质结构：肉眼观察时基本上能分辨矿物颗粒；

2）粗粒结构：矿物颗粒粒径大于 5 mm；

3）中粒结构：矿物颗粒粒径 5~2 mm；

4）细粒结构：矿物颗粒粒径 2~0.2 mm；

5）微粒结构：矿物颗粒粒径小于 0.2 mm；

6）隐晶质结构：矿物颗粒很细，肉眼无法分辨出矿物颗粒。

如果在显微镜下可以看清矿物颗粒者，称显微晶质结构；如果镜下只有偏光反映，而无法分辨矿物颗粒者，称显微隐晶质结构。

（3）矿物颗粒的相对大小又可划分为以下几种。

1）等粒结构：岩石中不同种主要矿物颗粒大小大致相等；

2）不等粒结构：岩石中不同种主要矿物颗粒大小不等；

3）斑状及似斑状结构：岩石中所有矿物颗粒可分为大小截然不同的两群，大的称为斑晶，小的称为基质，其中没有中等大小的颗粒。如果基质为隐晶质或玻璃质，则称斑状结构；如果基质为显晶质，称似斑状结构。

（4）岩石中矿物的自形程度有以下三种。

1）自形晶结构：岩石主要由自形晶组成；

2）他形晶结构：岩石主要由他形晶组成；

3）半自形晶结构：岩石主要由半自形晶组成。

6.2.1.2 岩浆岩的构造

岩浆岩的构造是指岩石中不同矿物集合体之间或矿物集合体与其他组成部分之间的排列、填充方式等。岩浆岩构造类型有块状构造和枕状构造。

(1) 块状构造（均一构造）：组成岩石的矿物在整块岩石中分布是均匀的，岩石各部分在成分或结构上都是一样的。包括以下两种。

带状构造：不同成分的岩石彼此逐层交替，或者是成分相同但结构、颜色及造岩矿物成分或数量不同的岩石彼此逐层交替呈带状、条带状彼此平行或近于平行；

气孔和杏仁构造：喷出岩中常见构造，主要见于熔岩层之顶部，它是由于从冷凝着的岩浆中，尚未逸出的气体，上升汇聚于岩流顶部，冷凝后留下的气孔，称为气孔构造（见图6-7（a））。气孔的拉长方向代表岩流的流动方向。当气孔被岩浆期后矿物充填，则形成杏仁构造。

(a)

(b)

图6-7 玄武岩的气孔构造（a）和海口地质公园玄武岩中发育的柱状节理（b）

(2) 枕状构造：是岩浆水下喷发的典型构造。枕状体孔构造常具玻璃质冷凝边，有的气孔呈同心层状或放射状分布，中部有空腔（见图6-7（b））。包括以下两种。

流纹构造：是酸性熔岩中最常见的构造，是由不同颜色的条纹和拉长的气孔等表现出来的一种流动构造；

流动构造：岩浆岩中的片状矿物、板状矿物和扁平捕虏体、析离体的平行排列，形成流面构造，柱状矿物和长形析离体、捕虏体的定向排列，形成流线构造。

6.2.1.3 岩浆岩的物质成分

岩浆岩的物质成分主要包括化学成分和矿物成分。按照化学元素在岩浆岩中发生、发展、演化等一系列形成过程中的行为，考虑其含量、地球化学特征以及在岩石中的意义，可将其划分为主要造岩元素、微量元素等。主要造岩元素包括O、Si、Al、Fe、Mn、Mg、Ca、Na、K、Ti、H、P十二种，在研究岩浆岩的化学成分时，常用氧化物的质量百分数表示。一般岩矿分析中用下列十三种氧化物来表示岩石的化学成分，即SiO_2、Al_2O_3、Fe_2O_3、FeO、MnO、MgO、CaO、Na_2O、K_2O、TiO_2、H_2O、P_2O_5和CO_2。

矿物成分是岩浆岩分类的重要根据，根据矿物在岩浆岩中含量的多少和在分类上所起的作用，可分为主要矿物、次要矿物和副矿物三类。

(1) 主要矿物：岩石中含量较多，在岩石分类和命名中起主要作用的矿物，岩浆岩中的主要造岩矿物有石英、钾长石、斜长石、云母、辉石、角闪石、橄榄石。作为一种特定的岩石来说，往往只由2~3种主要矿物组成。

（2）次要矿物：是指岩石中含量较少的矿物，它对岩石的分类不起决定作用，却是岩石进一步分类的依据。

（3）副矿物：是岩石中含量最少的矿物，肉眼不易看到，处于从属地位，岩浆岩中常见的副矿物有磁铁矿、磷灰石等。

6.2.1.4 岩浆岩主要岩石类型

A 超基性岩

超基性岩：化学成分的特点主要是：SiO_2 含量很低（<45%），贫 K_2O 和 Na_2O 而富含 FeO 和 MgO。

浸入岩的矿物成分特点：主要是橄榄石、辉石；其次是角闪石，黑云母很少出现，不含或很少含斜长石，常见副矿物有磁铁矿、钛铁矿、铬铁矿和尖晶石等；其他特点：颜色深，色率大于75%，密度大，常呈块状构造。

a 超基性浸入岩主要岩石类型

（1）纯橄榄岩：深绿、黄绿、褐绿色；全自形或他形粒状结构，块状构造；矿物组成：几乎全部（90%~100%）由橄榄石组成，间或有少量（<10%）的辉石和角闪石。副矿物多为铬铁矿、尖晶石和磁铁矿。

其他特点：新鲜的纯橄榄岩少见，通常遭受不同程度的蛇纹石化。若部分蛇纹石化则称蛇纹石化纯橄榄岩；若全部蛇纹石化，则称蛇纹岩。

（2）橄榄岩：具细粒-粗粒结构，常呈包含结构和海绵陨铁结构（明显他形的金属矿物，胶结了自形较高的橄榄石和辉石）。矿物组成：主要由橄榄石（40%~90%）和辉石构成，含少量角闪石、黑云母或斜长石。副矿物常为铬铁矿、磁铁矿。其他特点：如果岩石中角闪石较多，则可称为角闪橄榄岩。橄榄岩也易遭受次生变化，其中橄榄石变为蛇纹石，辉石和角闪石变为绿泥石等。

（3）辉石岩：浅褐色、暗黑色或灰绿色。全自形粒状结构，也可有包含结构或海绵陨铁结构；主要由辉石组成，可含少量橄榄石、角闪石及磁铁矿、钛铁矿、铬铁矿等。

（4）角闪岩：黑色或墨绿色。矿物组成：主要由角闪石组成，有时含少量辉石、橄榄石和磁铁矿。其他特点：常呈脉状产出，穿插于其他超基性岩体中。

超基性浸入岩的产状、分布及有关矿产主要有以下两种。

（1）阿尔卑斯型超基性浸入岩体：产于褶皱带，岩体呈透镜状、似层状产出，许多岩体呈串珠状沿区域性构造线方向分布，延伸数千米乃至数百千米，因首先在阿尔卑斯山研究，故称阿尔卑斯型。

（2）层状型超基性—基性侵入杂岩体：常产于地台区，多呈岩盆、岩床产出，一般由似层状橄榄岩和辉长岩构成。玄武岩中的角砾状超基性岩（橄榄岩）包体在河北张家口、江苏南京、海南省海南岛等地有产出。

分布：我国已发现该类岩体的出露面积10000余平方千米，其中西藏日喀则岩体最大，约1000平方千米。我国地槽区以内蒙古超基性岩带延伸最长，延续1400多千米；地台区以康滇地轴的此类岩体延伸最长，南北170余千米。此外，吉林、宁夏、青海诸省

（区）也有产出。

矿产：主要有铂矿、铬铁矿、镍钴矿、钒钛矿、磷灰石等。另外，该类岩石蚀变后可形成石棉、滑石、蛇纹石、金云母、菱镁矿等非金属矿产。

b 超基性喷出岩类

超基性喷出岩主要有苦橄岩、玻基纯橄岩和金伯利岩，下面介绍它们的具体特征。

（1）苦橄岩：呈淡绿色至黑色，隐晶质结构、块状构造，有时具气孔或杏仁构造。矿物组成：主要由橄榄石（50%~70%）和辉石（<40%）组成，可含少量基性斜长石、普通角闪石，副矿物有钛铁矿、磁铁矿、磷灰石等。

（2）玻基纯橄岩：具玻基斑状结构，是一种半晶质的纯橄榄岩。斑晶为粗粒橄榄石（唯一的），基质为黑色玻璃质，其中有钛辉石、磁铁矿微晶。

（3）金伯利岩：多呈黑、暗绿、绿、灰等色，而以绿色常见，常见斑状结构和角砾状构造。矿物成分复杂，在斑状结构中斑晶成分主要是橄榄石、金云母。在角砾状构造中，角砾成分十分复杂，有早期形成的金伯利岩、橄榄岩、辉岩破碎而成的岩块，也有来自围岩的岩块，角砾之间的胶结物为金伯利岩浆物质。金伯利岩通常是金刚石的母岩。我国山东蒙阴地区有金伯利岩产出。

B 基性岩

基性岩在化学成分上的特点是 SiO_2 含量低至中等（45%~53%），CaO、Al_2O_3、FeO、MgO 含量较高，尤其是前两者，Na_2O 和 K_2O 含量低。

侵入岩主要由辉石和斜长石组成，可含少量橄榄石、角闪石、黑云母、石英、碱性长石。辉石多为单斜辉石（单斜晶系）和紫苏辉石（斜方晶系），斜长石则为基性斜长石。岩石呈深灰色或灰黑色，颜色一般较深，色率 35~65，密度较大。

a 基性浸入岩主要岩石类型

（1）辉长岩和苏长岩：由辉石和基性斜长石组成，二者比例近于 1∶1，可含少量橄榄石。若辉石为单斜辉石就叫作辉长岩，若辉石为紫苏辉石就叫作苏长岩。岩石呈灰黑色，多具中粗粒半自形粒状结构、辉长结构，常见块状构造。有时具有条带构造，此时可称为条带状辉长岩。辉长岩中的基性斜长石有时呈聚片双晶，双晶纹较宽，有时因次生变化呈灰绿色；辉石多带棕色色调，具近直交的两组解理。含辉石较少而呈浅灰色者叫作浅色辉长岩，含辉石较多而岩石呈灰黑色者叫作暗色辉长岩，含少量橄榄石者叫作橄榄辉长岩。

（2）斜长岩：几乎全部由斜长石（基性）组成，其含量占 90%以上，暗色矿物很少，含量小于 10%，主要为辉石、角闪石、橄榄石。岩石具半自形或他形粒状结构，一般为白色、灰色，有时因次生变化（钠黝帘石化）而颜色稍深些，块状构造。它既可呈独立的岩体产出，也可与辉长岩共生，在层状侵入体中常构成“浅色层”。

（3）辉绿岩：矿物成分和辉长岩相当，即由辉石和斜长石组成，其不同点是呈细粒结构，或呈辉绿结构。所谓辉绿结构，是由自形-半自形的长条形斜长石（肉眼观察时呈细针状）构成网格状骨架，在骨架空隙中填充着粒径接近的辉石颗粒。岩石常因绿泥石化、钠黝帘石化而呈暗绿色。辉绿岩是一种分布很广的基性浸入岩；常呈岩墙、岩脉、岩床或岩盘产出，它既可以单独产出，也可以同辉长岩、基性喷出岩共生。

（4）碱性辉长岩：主要由基性斜长石和辉石构成，但含较多的正长石和少量

（<10%）副长石（多半是霞石）和碱性暗色矿物（霓辉石、霓石等）。

（5）其他变种：这些变种在矿物成分方面和辉长岩相同，仅以结构区别之，常见者有以下两种。

1）辉长玢岩：具斑状与似斑状结构，斑晶为斜长石和辉石，基质具粒状结构或隐晶结构，炙晶和基质成分基本相同。

2）微晶辉长岩：因具细粒结构而得名，常呈脉状产于基性浸入岩体内部或边缘。以似层状产出为特点，形成所谓堆积岩。这种层状岩体常具垂直分带性和层理，底部为橄榄岩，中部为辉长岩，顶部为含斜长石较多的辉长岩或闪长岩。这里的所谓层理是指基性浸入岩中的带状构造，或称堆积层理，一般由辉石（下层）和斜长石（上层）构成双层层理单元，这些层理单元在空间上有规律地重复，构成所谓韵律层理。辉长岩在自然界的分布比超基性岩稍微多些，二者分布的地区和范围基本一致。该类岩石的含矿性和超基性浸入岩相同，即含铬、镍、铂、铜、钴、钒、钛等。辉长岩是良好的建筑石料。

b　基性喷出岩

基性喷出岩主要是玄武岩，其成分与辉长岩相当，呈黑色、灰黑色、黑绿色，细粒至隐晶结构，也可有玻璃质结构和斑状结构，致密块状，气孔和杏仁构造。水下喷发者具枕状构造。

按结构构造的类型划分有四种。

（1）粒玄岩：具细粒结构，粒度一般是细粒至中粒，可鉴别出辉石、斜长石和橄榄石，有时出现较大的橄榄石斑晶。

（2）玄武岩：隐晶质结构，块状构造，偶尔有橄榄石斑晶，肉眼可凭其颜色识别。

（3）杏仁玄武岩：具杏仁构造的玄武岩，杏仁体多由方解石、蛋白石、绿泥石构成。

（4）玻璃玄武岩或玄武玻璃：玻璃质岩石。若具球粒，则称球粒玄武岩；若有多量气孔，则称浮岩。

按化学成分和矿物成分的类型划分有两种。

（1）钙碱性玄武岩：特征是 SiO_2 含量较高，平均 50%，Na_2O+K_2O 含量小于 3.5%。矿物成分上为辉石较多，橄榄石无或仅少量，长石偏基性。

（2）碱性玄武岩：SiO_2 含量略低于钙碱性玄武岩，平均 47.81%。碱质含量高，Na_2O+K_2O 含量平均 6.99%。橄榄石含量多，斜长石多偏于中性，可出现碱性长石。其余特征（结构、产状、分布等）和拉斑玄武岩基本相同。

C　中性岩

化学成分特点：SiO_2 含量中等（53%～66%）；FeO、MgO、CaO 含量较基性岩明显减少；Na_2O 和 K_2O 含量明显增加；Al_2O_3 含量 15%左右。主要矿物成分为中性斜长石和角闪石，辉石和黑云母次之，常见副矿物有磁铁矿、磷灰石、榍石、锆石等。颜色较浅，色率约 30。自然界分布不多，约占岩浆岩总面积的 2%。

a　中性侵入岩

中性侵入岩以闪长岩为代表。典型的闪长岩由中性斜长石和普通角闪石组成，两者比例约 2∶1，不含碱性长石和石英。角闪石多呈墨绿色，细柱状。本类岩石常见全晶质中-细粒半自形粒状结构，块状构造。一般本类岩石可含少量石英和碱性长石，但石英含量不超过 20%，碱性长石含量不超过 10%；当闪长岩中出现这两种矿物时，表明它已向酸性岩过渡，若超过上述限量就应划归到酸性浸入岩。具体种类有：

闪长岩：石英含量小于5%，暗色矿物含量20%~40%（平均30%）。暗色矿物含量大于40%者叫作暗色闪长岩，暗色矿物含量小于20%者称浅色闪长岩，常见暗色矿物为角闪石、辉石和黑云母。据此，可将岩石命名为角闪闪长岩、辉石闪长岩、黑云母闪长岩；石英闪长岩：石英含量5%~20%，暗色矿物含量一般15%~20%。可按暗色矿物种类命名，其命名方式和上述闪长岩相同；闪长玢岩：岩石具斑状结构，斑晶为自形、宽板状斜长石，其上往往可见环带结构。基质是细粒至隐晶质。它既可以单独呈岩墙或其他小岩体产出，也可成为闪长岩体的一个局部岩相。

闪长岩呈独立岩体者少见，一般均与辉长岩或花岗岩共生，构成它们的边缘（顶部）相或岩枝。一般把它们视为基性岩浆的分异产物，单独产出的岩体多为岩脉、岩床或岩株。这类小岩体往往产于与其成分相当的喷出岩-安山岩地区，推测它们可能是同源产物。

闪长岩在自然界产出较少，占岩浆岩总面积的2%。我国云南、四川、山东、长江中下游以及南美洲安第斯山均有产出。与闪长岩有关矿产主要是岩体和石灰岩的接触带上形成的矽卡岩型铁、铜、铅-锌矿，也有钨、锡、铍矿，如大冶铁矿、水口山铅-锌矿等。由于闪长岩的热液蚀变作用，还形成一类重要的斑岩型铜矿，主要分布在环太平洋一线。

b　中性喷出岩

中性喷出岩以安山岩为代表，是与闪长岩成分相当的喷出岩。因广布于南美洲安第斯山而得名，是岛弧的重要组成部分，构成环太平洋“安山岩线”。安山岩一般具有较多的矿物晶，含斑晶的安山岩主要由角闪石和斜长石组成，也有一些石英，如图6-8所示。

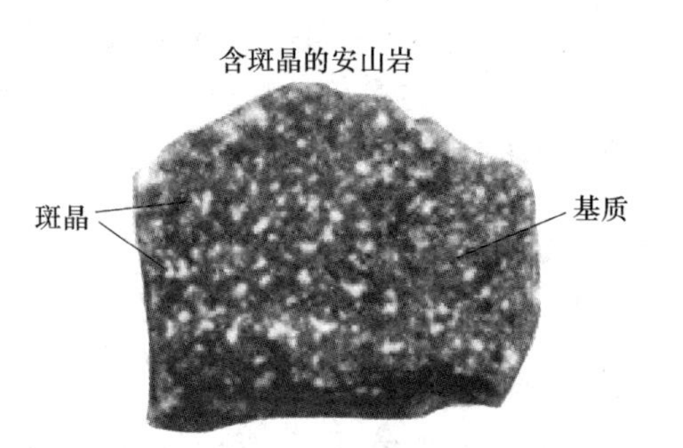

图6-8　安山岩的基质和斑晶

D　酸性岩

酸性浸入岩化学成分的特点：SiO_2 含量高（>66%），一般为66%~78%，属酸性过饱和岩石。碱质（Na_2O+K_2O）含量较高，为7%~8%，MgO、FeO、CaO含量低；浸入岩矿物成分特点是大量出现石英（>20%），钾长石和酸性斜长石也多，约占60%，暗色矿物含量一般小于10%，主要为黑云母及角闪石。颜色浅，色率低，密度小，多具中粗粒他形粒状结构，也常见斑状、似斑状结构。副矿物较多，有锆石、榍石、独居石、磷灰石、磁铁矿等。

a　酸性浸入岩的主要岩石类型

花岗岩：一般为灰白、肉红色，块状构造，花岗（半自形粒状）结构。主要矿物是石英、钾长石和酸性斜长石；次要矿物是黑云母、角闪石，辉石很少出现。石英含量一般大于25%，暗色矿物含量常小于5%，碱性长石含量（平均约40%）高于斜长石含量（平均约25%）。花岗岩可按暗色矿物种类命名，如黑云母花岗岩、二云母花岗岩、角闪花岗岩等。若暗色矿物含量小于1%的，则称白岗岩；花岗闪长岩：深灰、灰绿色，较花岗岩深一些。同花岗岩比较，石英含量低些，斜长石含量较多，多于钾长石，暗色矿物含量略增高。典型的花岗闪长岩：石英含量约15%，斜长石含量大于40%，碱性长石含量小于20%，暗色矿物含量约15%，暗色矿物以角闪石为主。同样可根据暗色矿物进一步命名，如黑云母花岗闪长岩、角闪花岗闪长岩等；碱性花岗岩：主要矿物成分与花岗岩相似，其特征是含有碱性暗色矿物，如霓石、霓辉石、铁锂云母、碱性角闪石等，长石则为碱性长石。

其他变种有四种。花岗斑岩：矿物成分和花岗岩相同，但具斑状结构，斑晶为钾长石和石英，基质呈隐晶质-细粒结构；石英斑岩：斑晶几乎全部为石英的花岗斑岩变种，基质为隐晶质；斑状花岗岩：具有似斑状结构的花岗岩；花岗岩的产状：花岗岩多呈巨大的岩基、岩株产出，常同中性浸入岩共生而构成中-酸性杂岩体。

岩体内部岩相带变化明显：中心（内部）相：岩石结晶较粗，岩性均一，多为块状构造。边缘相：岩石结构复杂，出现细粒、斑状结构，构造不均匀，往往有斑杂构造或流动构造。岩石趋向于中性。过渡相：呈现各种过渡特征。

分布和矿产：花岗岩类在自然界分布广泛，并且主要分布在褶皱带和古老地台的结晶基底上。例如高加索山区，花岗岩占该区岩浆岩总面积的95%，北美洲西海岸有一千余千米的花岗岩带，我国一些地区（如南岭）也广泛出露。

花岗岩是重要的含矿岩石，很多有色金属，如：钨、锡、铋、钼、金、银、铜、铁、铅、锌以及稀有、稀土和放射性元素，与花岗岩有密切成因联系，花岗岩有“工业之母”的美誉。一些花岗岩还是良好的乃至名贵的建筑石料，如人民英雄纪念碑就是由青岛花岗岩雕刻而成的。

b　酸性喷出岩的主要岩石类型

酸性喷出岩主要是流纹岩、英安岩和石英角斑岩，其具体岩性特征如下：流纹岩：成分相当于花岗岩。岩石呈灰、砖红、灰白等颜色，常具流纹构造和斑状结构。斑晶有透长石、斜长石、石英（高温石英），少量黑云母和角闪石。石英可见六方双锥状或熔蚀浑圆状。暗色矿物常暗化，基质多为隐晶质或玻璃质。

英安岩：成分相当于花岗闪长岩，呈土红色、浅紫色或灰色。斑状结构，斑晶为斜长石、石英、正长石和透长石。斜长石晶多于正长石，暗色矿物斑晶较少。

石英角斑岩：酸性岩浆海底喷发产物。呈灰白色，斑状结构，斑晶由钠长石和石英组成。基质为隐晶质，岩石也可全部为隐晶质结构，常与细碧岩、角斑岩构成细碧-角斑岩系。

6.2.2　沉积岩

沉积岩是在地表及地表下不太深处形成的地质体，它是在常温常压下由风化作用、生物作用和某种火山作用的产物，经搬运、沉积和成岩作用而成的岩石，它与岩浆岩的显著区别是具有层状构造且多含有生物遗迹。

由于沉积岩的物质主要来源于岩浆岩，所以其总平均化学成分和岩浆岩的总平均值很相似，但各类沉积岩的化学成分相差很大。沉积岩中很少见到在岩浆岩中常见的橄榄石、辉石、角闪石等深色矿物，而钾长石、斜长石、石英等浅色矿物，在岩浆岩和沉积岩中都较常见。沉积岩中还有岩浆岩中所没有的、在沉积作用中新形成的矿物，如碳酸盐类矿物、黏土矿物等。

沉积岩的结构主要取决于沉积岩的成因，它是指沉积岩的颗粒大小和表面形状，一般可以分为碎屑结构（岩石或生物碎屑胶结而成）和生物结构（由生物遗体或碎片形成）。碎屑结构根据碎屑的形状和大小还可以分为角砾状结构、砾状结构、砂质结构、粉砂质结构、泥质结构。

沉积岩的构造是指沉积岩石组分的空间分布及相互间的位置关系。层理是沉积岩最典型的构造，它是沉积岩中由于不同成分、不同颜色、不同结构构造等的渐变、相互更替或沉积间断所形成的成层性质。层理的类型很多，反映了沉积时的自然地理环境，比如水平层理是在静水中堆积而成的，层面和岩性变化的方向垂直；斜层理是在气流和水流中形成的，特征是由倾斜的层系重叠组成，层系之间的界面是平直的，细层与层面斜交。

除层理外，沉积岩层面上经常保留有自然作用产生的一些痕迹，这些痕迹统称为层面构造。它包括波痕（由风、水流或波浪等作用形成的一种波状构造）、泥裂（沉积时沉积物露出水面，受太阳曝晒，水分蒸发而形成干裂）、雨痕（雨滴打击沉积物时留下的痕迹）等，在干旱地区由于风化作用，沉积岩经常构成十分壮观的地貌景观，如图 6-9 所示。

图 6-9　澳大利亚沙漠地区沉积岩的风化地貌景观

结核是沉积岩中最常见的一种构造，结核的形状可以是球形、椭球形、扁饼形或不规则的形态，它的成分主要有铁质、钙质、磷质、硅质和泥质。在沉积岩中保存着各种生物化石，这是沉积岩十分重要的一个特征。根据化石可以确定沉积岩形成的时代，并可以了解当时的沉积环境，还可以用来研究生物的演化规律。

沉积岩的颜色取决于成分，并与形成条件密切相关。一般情况下，暗色矿物以及碳质含量较多的颜色较深，浅色矿物含量较多的颜色较浅。沉积岩分布面积很广。陆源碎屑岩和内源碎屑岩的分类是我国按照沉积岩的沉积物来源而分的沉积岩两大类别。陆源沉积岩是机械搬运陆源物质形成，内源沉积岩沉积物是在盆地通过生物与化学沉积形成。其中，陆源沉积岩又可按碎屑颗粒大小分为碎屑岩（按结构还可细分为砾岩、角砾岩、砂岩和粉砂岩）和泥质岩；而内源碎屑岩可分为蒸发岩、非蒸发岩及可燃性有机岩。砂岩可按杂基含量分为：净砂岩（杂基含量低于 15%，简称砂岩）和杂砂岩（杂基含量高于 15%），也可按石英、长石和岩屑分为：石英砂岩（杂砂岩）类、长石砂岩（杂砂岩）类以及岩屑砂岩（杂砂岩）类。

6.2.3　变质岩

变质岩是由变质作用形成的。变质作用是指主要在固态下进行，由内动力地质作用所引起，使岩石的成分、结构和构造发生一系列改变的作用。变质岩的母岩是岩浆岩、沉积岩和先成的变质岩。由岩浆岩经变质作用形成的变质岩称正变质岩，由沉积岩变质形成的称副变质岩。因此变质岩中可以保留属于岩浆岩和沉积岩中的矿物，同时也有部分在变质作用过程中形成的，是变质岩所特有的矿物。在三类岩石中都能稳定地存在的矿物有石英、长石、云母、磁铁矿、方解石，它们可能是原来岩石中的残余矿物，也可能是变质过程中新生的矿物。在变质岩中还存在一类矿物，这些矿物一般说来常常是变质作用过程中产生的，因此又称变质矿物，如石榴子石、滑石、石墨、金云母、蛇纹石、绿泥石、刚玉等。

A　变质岩的结构与构造

变质岩的结构和构造是变质岩的重要特征，变质岩一般具有全晶质结构。根据其成因和特点，又可分为两种类型：一是变晶结构，是变质过程中矿物重新结晶形成的；二是变余结构，是母岩的残留结构。主要由片状矿物组成的变质岩，称为鳞片变晶结构。当这些矿物定向排列时，组成片状构造；若矿物分布无定向时，则为块状构造。结构和构造彼此有密切的成因关系，有时甚至不能明确区分。比如，碎裂变质时，岩石及其中的组成矿物都可强烈破碎，此时，既可称为碎裂结构，也可称为碎裂构造。所以，有人对二者不加区分，总称为变质岩的组构，用于指其中矿物成分的空间存在和聚集状态。

变质岩的结构构造受原岩和变质作用联合控制。在探讨具体变质岩的结构构造成因时，必须综合考虑原岩特点和变质作用对它们的控制作用，不能一概而论。这是因为控制变质岩的结构构造因素是很复杂的。例如，变晶的粒度，虽然一般来说，粒度越粗，可能反映变质程度越深；但考虑原岩的特点后，情况就比较复杂了，原岩的矿物组成、化学组分和结构构造在某种变质条件下，都可能对所形成变质岩的组构有影响。例如，冀东地区前寒武纪地层中，存在与中粒麻粒岩共生的细粒变粒岩，它们往往成间层状产出，不能说明它们是由变质条件的不同而形成的，虽然该地区的变质作用程度深，岩石的矿物组成相近，但变晶的粒度有明显的差异；又如，以碳酸钙为主的灰岩，由于原岩含杂质组分碳的有无，常影响到灰岩的重结晶和粒度，在相同的变质条件下，不含碳质的灰岩常重结晶成粗粒的大理岩，而含碳质的灰岩则常为细粒大理岩，于是在野外可观察到白色粗粒大理岩和灰黑色细粒大理岩成间层状产出。另外，如具层理构造的原岩，经变质后，可以继承原岩的层理而发育成片理或条带状构造等。上述例子说明，原岩的特点，应作为变质岩结构构造分析的重要方面来考虑。至于变质作用因素，强度对变质岩结构构造的控制作用，情况也相当复杂。比如，应力作用于岩石内部，产生矿物的压碎，变形；应力与温度的配合有利于方向性结晶片理的形成；当活动性流体的存在有利于交代作用时出现相应的交代结构，在此就不详述了。

结构构造是变质岩的重要特征，因此常用作变质岩分类命名的重要依据。许多变质岩的名称，是以变质岩的组构特征命名的。例如，具板状构造的岩石叫作板岩，具千枚状构造的岩石叫作千枚岩，具片状构造的岩石叫作片岩等。在变质岩研究中，要求按一定的术语对结构构造进行描述，同时又必须兼顾成因分析。因此，作为岩石基本特征的结构构造的描述是需要的，但要防止单纯形态的描述，必须从现象到本质，密切联系成因进行分析。要注意它们成因的复杂性，许多貌似相同的结构构造，在成因上可以是不同的。例如，变质岩中的斑状结构，它既可以是变质重结晶形成，也可以是交代成因，还可以是变余斑晶。

结构构造的研究，对查明变质前的原岩也有重要意义。在变质程度低的岩石中，常有原岩组构的残留，通过对这些残留组构的研究，有时可以直接查明原岩的矿物成分、结构构造和成因类型。比如，由绿泥石、绿帘石、钠长石和石英组成的绿片岩中，若残留有杏仁、气孔和斑状结构存在，就可确切说明它们是基性熔岩变质形成。在完全重结晶的岩石中，变晶结构的特征，如粒度、矿物分布等在很大程度上也受原岩成分和组构的控制，在具有韵律性层理的泥质和沙质互层的原岩，变质后易形成具条带状构造的变质岩，借助这种条带状构造的分析，常能判断它们的原岩是层状岩石。

变质岩的结构类型繁多，按成因可分为四大类：变余（残留）结构、变晶结构、交代结构、碎裂结构。

在描述此类变质岩中，我们经常用到以下概念：

劈理：传统意义上劈理是指岩石沿一组近似平行、紧密分布的位面发生破裂的特征。有些地质学家更倾向于把其定义为分布于一种板状页硅酸盐的面理，此种板状页硅酸盐结晶很好，以至于用肉眼根本看不到其单个晶粒。

片理：片理是指在变质作用产生出的一些不等粒的颗粒或颗粒集合体的定向排布，其中矿物颗粒较粗大，可用肉眼看出，常呈板状排列，但并不排除线状。变质岩的构造是指变质岩中矿物排列的特点，亦即矿物与矿物之间的空间分布关系所表现出来的岩石外貌特征。变质岩大多数具有片理构造，它是岩石中所含的大量片状、板状和柱状矿物在定向压力作用下平行排列形成的，岩石易沿片理劈开。根据矿物组合和重结晶程度，片理构造又可分为以下几类（变质程度由浅到深）：板状构造、千枚状构造、片状构造、片麻状构造。它们分别是板岩、千枚岩、片岩、片麻岩所具有的构造。

不具面理及线理结构的变质岩：这是一个广泛适用于等方性的没有定向排布的变质岩的术语，可定义其为角斑岩。角斑岩结构就是指一种缺少定向排布的结构，角页岩是发育在接触变质带附近，结晶完好、颗粒紧密的一种典型的角斑岩。变质岩的结构多种多样，它能够记录岩石形成时的变形和结晶之间的联系，但它是建立在好的矿物薄片和观察的基础上。在结构上，可分为具有片状和线状结构的、非片线状结构的，以及两者之间的过渡结构。片线状结构是一种具有一定排列方位的矿物结构。从尺度上讲，有两个方面，一个是宏观上的空间方位，另一个是微观尺度上的晶格方位。一些岩石虽然从空间上看不具一定方位，但在微观的晶格上看，其仍具有特定的结晶方位，最典型的矿物就是石英和橄榄石。

B　变质岩构造的基本类型及其特征

a　变余构造（残留构造）

变质作用对原岩构造改造不彻底使原岩构造的某些特点得以保留，构成变余构造，常见的有变余层理构造、变余杏仁构造、变余枕状构造、变余流纹构造等。

b　变成构造

变成构造是指变质作用过程中由重结晶和变质结晶作用形成的构造，常见类型有：

斑点状构造：大小不等的由碳质、铁质物或红柱石、堇青石、云母等的雏晶集合体组成斑点。

板状构造：变质泥岩等柔性岩石受压力作用形成的一种构造。特点是岩石具有相互平行的破裂面（劈理面），如同板状，破裂面上有时有微晶绢云母、绿泥石等矿物，但岩石基本没有重结晶，新生矿物很少。

千枚状构造：是一种低级定向构造。微片理面上因绢云母、绿泥石密集排列而有强烈的丝绢光泽。岩石重结晶程度不高，矿物肉眼难辨，镜下见较多新生矿物如绢云母、绿泥石、微粒石英等密集定向排列，也常呈微褶皱状。

片状构造：岩石中含较多的片柱状矿物，连续定向排列构成片理。片理可较平直，也可成波状弯曲甚至强烈揉皱。岩石重结晶和变质结晶程度较高，肉眼可辨认矿物种类，常发育变斑晶。

片麻状构造：岩石主要由粒状浅色矿物组成，少量片状及柱状暗色矿物断续定向排列，或者这些柱状及片状矿物集结成宽度和长度都不大的薄透镜体断续定向排列。

条带状构造：不同变质矿物呈条带状定向分布。

块状构造：岩石中矿物成分和结构都很均匀，不显示定向排列。

c　混合岩的构造

混合岩构造是指混合岩中基体和脉体的空间分布特征及其相互关系，可分为以下几种。

条带状构造：基体与脉体呈条带状相间分布。

眼球状构造：长英质（主要是碱性长石和石英）呈眼球状团块断续分布于基体中。

网脉状构造：长英质脉体不规则地穿切基体，呈细脉状、分枝状、网状分布，脉体数量较少，宽窄不定，有时尖灭。

角砾状构造：基体被脉体分割包围，呈角砾状。

肠状构造：脉体呈肠状褶曲分布于基体之中。

片麻状构造：基体与脉体界限基本不清，基体中的暗色矿物断续定向排列。

雾迷状构造：也称阴影状构造、星云状构造，基体与脉体界线完全不清，有时隐约可见被交代基体的残留轮廓，呈斑杂状或阴影状分布。

C　常见的变质岩类

板岩：为由黏土（如页岩）、粉砂质或中酸性凝灰岩经局部变质而成的浅变质岩。这种岩石变化不大，矿物大部分保存着原来的沉积岩的泥质成分，还没有明显重结晶，矿物颗粒极小，肉眼难以辨认，只在板理破裂面上可见绢云母或绿泥石的鳞片，颜色随所含成分不同而变化，有灰、灰绿色。如果含碳质则呈黑色，含铁则呈红色或黄色。

千枚岩：为富泥质（包括凝灰岩）岩石经浅变质而成，分布很广。矿物成分主要有新生绢云母和石英，并可有绿泥石等。颗粒很细，变质程度比板岩深，故重结晶程度比板岩高。泥质一般无保留，具显微鳞片变晶结构，千枚状构造。片理面呈丝绢光泽，颜色多样，常见者为浅红色、灰色及黑色等。

片岩：具片状构造的岩石，原岩已全部结晶。矿物成分中片状或柱状矿物含量大于30%，以云母、绿泥石、角闪石等为主，其他粒状矿物石英、长石都比较少，石英含量超过长石，也可含有变质矿物石榴子石、十字石等，矿物组成肉眼可以辨认。

片麻岩：具有明显的片麻状构造或条带状构造。晶粒粗，多为中粗鳞片粒状变晶结构，也常有斑状变晶结构。主要矿物有石英、长石（含量大于30%）、云母及角闪石、辉石等；也常含有变质矿物，如石榴子石、硅线石等。一向或二向延长矿物呈断续地平行定向排列，中间间杂粒状矿物，片麻状构造使岩石具有黑白相间的条带。也有些岩石片状矿物或柱状矿物较少，以至片麻状构造表现得很不明显，颜色深暗较均匀。

角闪岩：主要由角闪石和斜长石组成，它可以是片状结构的，也可以不是，它的母岩为铁镁质的火成岩和硬砂岩。

大理岩：是由石灰岩或白云岩晶过热接触重结晶作用变质而成，具等粒（细粒到粗粒）变晶结构、块状构造。纯粹的大理岩几乎不含杂质，洁白如玉，称汉白玉。多数大理石因含有杂质，重结晶后可以产生新矿物而呈现出花纹和不规则条带。如果含有机质可以形成石墨大理岩，含镁质（如白云质石灰岩）可以形成蛇纹石大理岩，显绿色。

石英岩：是由石英砂岩变质而成。石英砂岩化学性质稳定，但其胶结物受热极易重结晶与石英颗粒结为一体，形成孔隙少、质地坚硬致密的岩石。石英岩的主要矿物成分为石英，可有少量云母、长石等。纯粹的石英岩颜色洁白，具等粒变晶结构、块状构造。由于含杂质而成灰白、黄、红等颜色。岩石极为坚硬，抗风化能力很强，常常形成陡峭的山峰。

榴辉岩：是一种红绿色的岩石，它是由斜辉石和石榴子石（绿辉石和石榴子石组成）组成的岩石，它的母岩为典型的玄武岩。

麻粒岩：是一种泥质的、铁镁质的石英长石演变来的变质岩。它主要由一些含 OH^- 的岩石组成，因此白云母会很少，而斜长石和辉石会较多。

矽卡岩：是一种由接触变质作用形成的岩石。它是由硅质变质碳酸岩形成的，所以会含有含钙的硅酸盐，比如钙铝榴石、绿帘石、透闪石等。

蛇纹岩：是一种由超基性岩石低变质作用而来的岩石，所以其包含了大量的蛇纹石。

蓝片岩：是一种由含角闪石的基性岩石和铁镁质硬砂岩变质而来的岩石。

混合岩：是一种硅质岩石的复合物，这些硅质岩石只在微观尺度上有区别。它通常含有一种黑色片麻状的晶体，以及少部分浅色的长石石英矿物。混合岩可能成层状，或者其白色矿物呈密集排列，或者会形成网状的十字形切割纹理，常见的是基体（长英质）和脉体（铁镁质）两种物质混合，形成明暗相间的特征。根据形态常有：

条带状混合岩：浅色的脉体呈条带状贯入到基体中，平行于基体，片麻理或片理分布则形成黑白相间或深浅相间的条带状混合岩。两种条带的宽窄、数量变化较大，但基体仍占岩石的主体。

眼球状混合岩：是典型的眼球状构造，脉体是眼球或透镜状顺基体片理分布的混合岩。“眼球”体一般是呈纺锤形单独的长石（多为钾长石）晶体或石英长石的集合体，“眼球”长轴方向平行于原岩片理。

混合花岗岩：是混合岩化的最高产物，是脉体彻底交化原来岩石时，原来岩石宏观特征完全消失，基本上与脉体已无法辨认。片理全部消失，岩石总的矿物成分相当于花岗岩或花岗闪长岩，岩性不均一，通常称混合花岗岩。整体岩石在外貌上与岩浆成因的花岗岩很难区别。表 6-2 为常见变质岩类的典型结构构造以及典型矿物组合总结。

表 6-2 常见变质岩类的典型结构构造以及典型矿物组合总结

岩石类型	结构构造	母岩	特征
板岩 (Slate)	有页理化的板状构造	泥质岩	非常细粒矿物，少量新生矿物

续表 6-2

岩石类型	结构构造	母岩	特征
千枚岩（Phyllite）	有页理化的千枚状构造	泥质岩	细粒或中等粒度，较多新生矿物，如绢云母、细粒石英
片岩（Schist）	有页理化的片状构造	泥质岩，花岗质岩或火成岩	大量新生矿物，如片状矿物（云母）、柱状矿物（角闪石）和粒状矿物（石英）
片麻岩（Gneiss）	有页理化的片麻状构造	泥质岩，花岗质岩或火成岩	粗粒非云母物质，如长石、石英
角闪岩（Amphibolite）	弱页理化	基性（镁铁质）火成岩	粗粒，如斜长石、角闪石
麻粒岩（Granulite）	弱页理化	基性（镁铁质）火成岩	粗粒，如长石、辉石
榴辉岩（Eclogite）	弱页理化	基性（镁铁质）火成岩等	粗粒，如辉石、石榴石

6.2.4　岩浆岩、沉积岩、变质岩的成因联系和相互区别

岩浆岩是由岩浆自下而上逐渐冷凝形成的岩石，所以它是一个降温降压的过程。变质岩的母岩是岩浆岩和沉积岩，要使已形成的岩石变成变质岩就必须有变质作用，这个变质作用的过程就是一个升温升压的过程。

沉积岩的母岩是先形成的各类岩石，经过风化、剥蚀、搬运、沉积、固结成岩作用形成的岩石，这个过程多半是在水介质中进行的，一般是处于常温常压之下。

三大类岩石的成因不同，所以它们的产状、矿物成分、结构和构造也就不同，特别是依据不同种类的矿物在三大类岩石中的组合特点，可以把这三类岩石区别开来，见表 6-3。

表 6-3　三大岩类矿物分布的基本特点

岩类	岩浆岩	沉积岩	变质岩
产状	侵入接触	层状产出	受原岩产状及变质程度联合控制
形成环境	降温降压	常温常压	增温增压
结构	大部分为结晶的岩石，部分为隐晶质、玻璃质	碎屑结构、泥质结构、化学结构和生物结构等	重结晶石，具粒状、鳞片状、斑状等各种变晶结构
构造	多为块状构造，喷出岩具有气孔状、杏仁状、流纹状等构造	各种层理结构，如斜层理、水平层理、交错层理等	常具片理构造，多见变形特征
标准矿物	橄榄石等	石盐、石膏等	滑石、石墨等
其他	不含生物化石，围岩有烘烤现象	多含生物化石，可形成明显的褶曲	可有化石（副变质岩），也可形成褶曲等强塑性变形

6.3　地球的内部活动

6.3.1　岩浆作用

岩浆作用是地球内能的表现形式之一，与地壳运动的关系极为密切。一般认为，岩浆发源于地幔上部软流圈及地壳中的局部地段，现代火山活动使得人们能够直接研究岩浆作用的过程。岩浆是地壳深部或上地幔物质部分熔融而产生的炽热熔融体，其成分以硅酸盐为主，并溶解有挥发分。岩浆具有一定的黏度，它在构造运动或其他内力的影响下，可以浸入地壳或喷出地表，经冷却固结后形成各种火成岩。岩浆中还常含有岩石碎块或矿物晶体。岩石碎块是上地幔或地壳深部局部熔融时，难熔的源岩残留体；或者是岩浆上升、侵入或喷发过程中，被捕获的围岩捕虏晶。矿物晶体有的是岩浆房上升过程中早期结晶的矿物，有的是被捕获岩石碎裂而成的捕虏晶，也有的是岩浆来源地区难熔的残留矿物晶体。目前非常重视对岩浆中的残留体、残晶的研究，因为它不仅提供了上地幔及地壳深处物质组成的直接证据，而且也提供了岩浆源区的深度、温度等方面的重要信息。

（1）岩浆的成分。岩浆的成分十分复杂，但其主要成分是硅酸盐和挥发分。

1）硅酸盐常以氧化物表示，主要有 SiO_2、Al_2O_3、FeO、CaO、MgO、N_2O 及 K_2O，其中 SiO_2 最多。另外，还含有少量重金属、稀有金属及放射性元素。SiO_2 与其他氧化物有消长关系，因此，根据岩浆中 SiO_2 的含量，可将岩浆划分为酸性岩浆（$SiO_2>65\%$）、中性岩浆（$SiO_2=65\%\sim52\%$）、基性岩浆（$SiO_2=52\%\sim45\%$）和超基性岩浆（$SiO_2<45\%$）四类。SiO_2 的含量也是研究岩浆演化的主要变量。

2）挥发分岩浆中含有大量挥发分，水蒸气占挥发分总量的60%~90%，其次为 CO_2、SO_2、CO、N_2、NH_3、HCl、KCl、NaCl 等。在地下深处，压力增大，它们溶解于岩浆之中；在地壳浅处，压力降低，挥发分呈气态析出。在较低温度下，挥发分还可形成热水溶液。火山的强烈爆发，就是由于挥发分的大量富集，压力突然释放造成的。

（2）岩浆的温度。岩浆温度一般为700~1300 ℃。酸性岩浆温度较低，一般为700~900 ℃；基性岩浆温度较高，一般为1000~1300 ℃；中性岩浆温度则介于二者之间。

（3）岩浆的黏度。岩浆呈黏稠状，其黏度与岩浆的氧化物、挥发分、温度及压力有关。氧化物尤其是 SiO_2 的含量越高，岩浆的黏度越大；挥发分越多或温度越高，岩浆的黏度越小。压力对黏度的影响要复杂一些，对富含水的岩浆，压力越大，水的溶解度增大，大量挥发分溶解，从而使岩浆的黏度降低。对于含水极少或不含水的干岩浆，压力越大，黏度越大。

6.3.2　岩浆作用的概念

地下深处的岩浆呈高温高压状态，在其挥发分及地质应力的作用下，沿构造薄弱地带向上运移，浸入岩石圈上部，甚至喷出地表。岩浆在上升过程中，随着温度、压力的降低，自身的化学成分和物理状态便会发生一系列的变化，与此同时，岩浆与围岩也会发生种种化学反应，从而引起岩浆成分的进一步变化，最后冷凝固结成为岩浆岩。这种从岩浆的形成、演化、运移，直至冷凝成岩的整个活动过程称为岩浆作用。按其浸入地壳之中或喷出地表，可分为浸入作用和喷出作用。浸入作用形成的岩石，称为浸入岩；喷出作用形成的岩石，称为喷出岩。

6.3.3 喷出作用

喷出作用又称火山作用，是指地下高温岩浆喷出地表，形成熔岩及火山碎屑岩的过程。

6.3.3.1 火山爆发现象

美国西部的圣海伦斯火山在1857年爆发后，1980年3月27日又突然喷发。据资料记载，3月20日此处发生了4级地震，之后余震不断，27日火山再次爆发。喷出的火山灰被抛到10英里的高空。这一景象吸引了众多的旅游者，为了安全，官方暂时封闭了火山周围的地区。火山喷发前，往往有许多预兆，如地震、地下轰鸣、出现温泉、地温增高、地面出现新的裂隙等。

火山爆发虽然壮观，但也给人类带来了严重的灾难。1902年5月8日，加勒比海东部西印度群岛的培雷火山喷发，使位于火山脚下的圣彼得城毁于顷刻之间。一位幸存者目睹了当时的情景：一堵火墙从撕裂开的山坡裂缝中喷射出来，伴随着千万门大炮齐发似的巨响，火浪像闪电般奔涌而来，强大的烈火像风暴一样席卷了圣彼得城。烈火冲击着海水，海水沸腾了，并形成了巨大的蒸汽云。火焰的喷射只持续了几分钟，它所到之处，一切都燃烧起来。圣彼得城于顷刻之间被烈火吞噬，将近4万人丧生。有的火山爆发很强烈，有的却很平静。宁静的火山爆发，通常只有灼热的熔岩和少量气体溢出。火山喷发后，在火山周围的裂缝中常常还冒出气体，此外，在火山附近还有温泉和间歇喷泉活动。这些都是火山活动晚期现象。通常，把人类历史上没有发生过喷发活动的火山叫作死火山，现在正在活动的火山称活火山，在人类历史记载上曾经有过喷发活动而近代长期停止活动的火山称为休眠火山。

6.3.3.2 火山机构

火山通道、火山口和火山喷出物堆积成的火山锥是构成火山的主要部分，如图6-10所示。

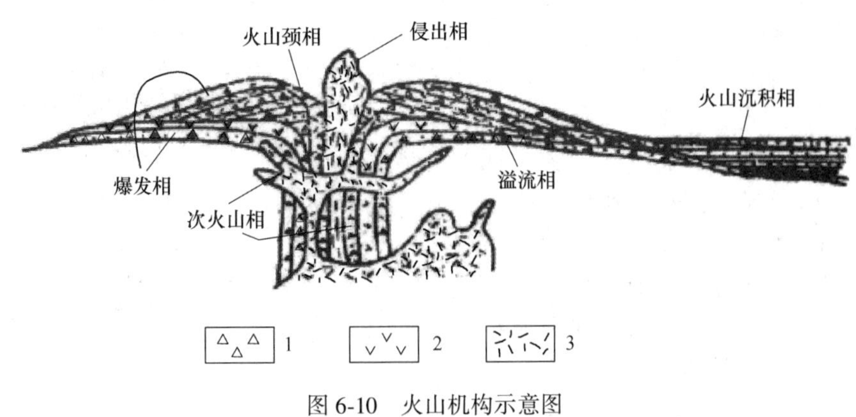

图6-10 火山机构示意图

1—火山碎屑岩；2—喷出岩；3—次火山岩

（1）火山通道：它是火山喷发时岩浆喷出的通道。火山喷发后常被熔岩或者火山角砾岩充填，形成火山颈。火山上部被剥蚀时，因火山颈抗风化能力强于周围的熔岩和火山碎屑岩，所以常直接暴露于地表。

（2）火山锥：火山喷出物堆积在火山口通道四周形成的锥状地形叫作火山锥，如图 6-11 所示。火山锥形成之后，若火山再次活动，岩浆沿火山锥上的裂隙涌出，在原先锥坡上形成了小火山锥，叫作寄生火山锥。

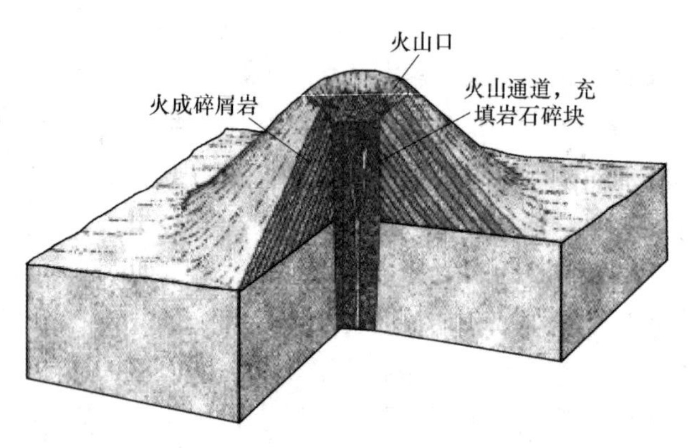

图 6-11　火山锥结构剖面图

（3）火山口：在火山锥顶部，火山通道的出口，叫作火山口。火山喷发后，火山口下凹常积水成湖，称火口湖，如图 6-12 所示。火山再次喷发时，由于强烈爆炸有时将旧火山口炸掉一部分，使火山口扩大成为大的洼地，形成破火山口。火山喷发后，剩余岩浆冷却收缩，使火山锥上部向下塌陷，有时也形成破火山口。

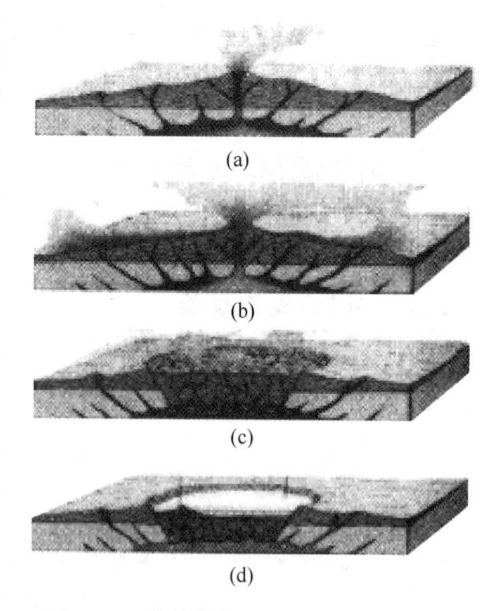

图 6-12　美国俄勒冈州克拉特尔湖形成过程示意图

（a）喷发早期；（b）喷发主期，火山锥体的上部开始下陷；（c）喷发以后；（d）现阶段，洼地中有新的火山锥形成，洼地已经积水成湖

6.3.3.3　火山喷出物

火山喷出物的化学成分复杂，但就其物态而言，可分为气态、液态和固态三种物质。岩浆向上运移，压力逐渐减低，溶解在岩浆中的挥发分以气体形式分离出来，最常见的是水蒸气，一般占 60%～90%。此外，还有 CO_2、H_2S、S、H_2、N_2、CO、SO_2、HCl、NH_3 等。气态的逸出量及成分能预示火山活动的进程。如果气体的逸出量越来越多，气体中的硫质成分越来越浓，气体的温度越来越高，说明火山活动更加强烈。如果气体逸出量逐渐减少，气体中 CO_2 成分增多且硫质成分减少，气体温度降低，则意味着火山活动将逐渐减弱。火山喷出的气体，有的直接形成凝华物，堆积在火山口附近，最常见的是硫磺，另外还有 KCl、AsS、$CuCl_2$ 等。大量堆积时，可形成火山喷气矿床。

岩浆喷出地表时，压力骤降，挥发分大部分逸出，这种喷出地表失去了大部分挥发分的岩浆称为熔浆。熔浆冷却固结后形成的岩石称为熔岩。熔岩与岩浆的区别是含水分和气体较少，故也可根据 SiO_2 含量，主要将其分为酸性、中性、基性三种。酸性熔岩 SiO_2 含量大于65%，阳离子以 K^+、Na^+ 为主，Fe^{2+}、Fe^{3+}、Ca^{2+}、Mg^{2+} 较少，密度小。酸性熔浆黏度大，不易流动，温度相对中、基性熔浆要低，冷凝较快，加之喷出时大量挥发分吸取了表层热量，促使表层迅速冷却，凝固成硬壳。当熔浆继续流动时，表层硬壳被挤碎成杂乱无章的碎块，最后形成了表面不平的块状熔岩。酸性熔岩颜色较浅，多具流纹构造，流纹岩为其典型代表。

中性熔岩成分和性质介于酸性和基性熔岩之间，中性熔浆冷凝形成的喷出岩以安山岩为代表。基性熔岩含 SiO_2 小于 52%，阳离子以 Fe^{2+}、Fe^{3+}、Cu^{2+}、Mg^{2+} 为主，K^+、Na^+ 较少，密度较大。基性熔浆的黏度小，易于流动，温度高，冷凝较慢。熔浆表面常先冷凝成柔软的薄壳，当下面熔浆继续流动时，表面的软壳便发生变形，呈波状起伏或扭曲成绳状，前者称为波状熔岩，后者称为绳状熔岩。基性熔岩颜色深，玄武岩为其典型代表。

固态喷出物是指火山喷出的岩石碎屑物质，称为火山碎屑。其来源有二：一为火山通道中原先冷凝的熔岩和通道四周的围岩被爆炸成碎块或粉末抛向空中；一为喷射到空中的液态熔岩冷凝而成的岩块。这些在空中冷凝的固态喷出物，因飞行时急速旋转，常形成纺锤状岩块，称为火山弹。火山弹长度大的可达 10 m 以上，常有流纹及旋扭痕迹。按固态喷出物的颗粒大小和形状，分别将其命名为：火山灰（<0.01 mm）、火山砂（0.01～2 mm）、火山豆（2～100 mm）、火山集块（>100 mm）以及具有特殊形状的火山弹。这些火山碎屑物质经胶结、压固等成岩作用，形成各种火山碎屑岩。

6.3.3.4 火山喷发类型

按照火山通道的形态可将火山喷发形式划分为三种类型：熔透式、裂隙式和中心式。

（1）熔透式喷发：岩浆以其热力熔透顶部岩石，因而大面积露出地表，这种火山喷发方式称为熔透式喷发。人们推测这是太古代时期火山的一种活动方式，它现在已不存在。在加拿大、瑞典、苏格兰等地的太古代岩石中，可见到喷出岩与深成岩直接过渡的现象，它被认为是熔透式火山喷发的例证，如图 6-13 所示。

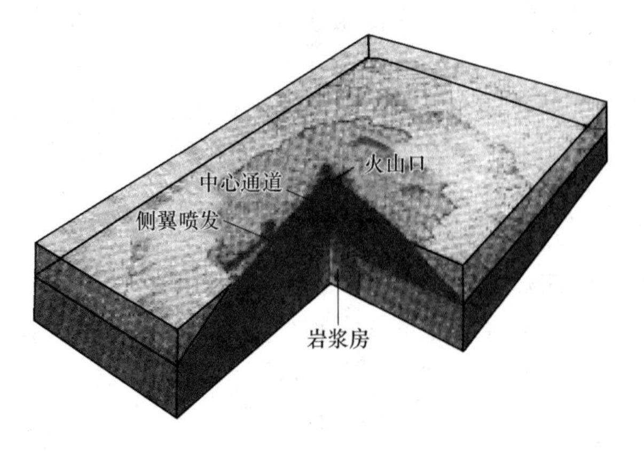

图 6-13 溶透式喷发

（2）裂隙式喷发：岩浆沿岩石圈的巨大裂缝溢出地表，称为裂隙式火山喷发，这种喷发类型形成的熔岩通常是玄武岩质的。例如，冰岛拉基火山，在 1783 年的一次喷发中，玄武岩岩流沿长达 32 km 的裂隙宁静地溢出，熔岩被面积达 565 km^2。现代洋脊和大陆裂谷的火山喷发即为此类火山喷发的代表。

（3）中心式喷发：岩浆从地壳中的管状通道喷出地表，称为中心式喷发。现代火山除大陆裂谷和洋脊外，几乎都是中心式喷发。这可能是现代地壳厚度加大了，岩浆只能沿裂隙交叉处喷出的缘故。应该指出，一个火山在不同时期，可能有不同的喷发类型，如早期是猛烈式、后期变成宁静式，这主要是由于岩浆的性质和挥发分含量不同所导致的。

6.3.3.5 岩浆岩岩相的概念和主要类型

岩浆岩的岩相是指岩体生成条件不同而产生不同的岩石和岩体总的特征。以中心式喷发为例，大致可分为以下相和相组：

（1）溢流相：成分从超基性到酸性皆有，以基性最发育，可形成于火山喷发的各个时期，但以强烈爆发之后出现为主。

（2）爆发相：成分不定，但以含挥发分多、黏度大的岩浆常见，尤以中酸性、碱性更有利于爆发，可形成于各个时期，但以早期和高潮期最发育。

（3）侵出相：多见于火山作用末期。在岩浆分异晚期，黏度大、温度低，而挥发分少到不能爆发的情况下，堵塞通道的黏度很大的熔浆被推挤出地表，堆积于火山颈之上部，形成直径小、厚度大、产状陡的穹丘。

（4）火山颈相：是火山锥被剥蚀后，残存的具充填物的火山通道，又称岩颈、岩筒等。

（5）次火山相：是与火山岩同源的、呈浸入产状的岩体。它与火山岩有四同：同时间，但一般较晚；同空间，但分布范围较宽；同外貌，但结晶程度较好；同成分，但变化范围及碱度较大，侵入深度一般小于 3.0 km。它又可细分为：近地表相 0~0.5 km，超浅成亚相 0.5~1.5 km，浅成亚相 1.5~3 km。

（6）火山沉积相：在火山作用过程中皆可产出，但以火山喷发的低潮期-间隙期最为发育，是火山作用叠加沉积作用的产物。它可形成于陆地，也可形成于水体。

6.3.3.6 现代火山的分布特征

现今地球上有 500 多座活火山，数百座休眠火山以及约 2000 座死火山。它们并不是杂乱无章地分布，而是比较集中地分布在以下几个带上。

（1）环太平洋带，分布在太平洋板块周围大陆板块边界上的活火山现有 319 座，占全世界火山总数的 62%，其中 45%分布在太平洋西岸的岛弧带上，17%分布在太平洋东岸的南、北美洲海岸。此带火山喷发的熔岩均为中性的安山质-酸性的流纹质熔岩，与太平洋板块内的基性玄武岩的喷发明显不同，故有人把这个洋壳玄武岩与环太平洋带安山质-流纹质灭山岩之间的界线叫作安山岩线。世界著名的火山堪察加的克留契夫火山、阿拉斯加的卡特曼火山、日本的富士山等均分布在此带中。

（2）阿尔卑斯-喜马拉雅带，与地震带和年轻褶皱带一致，正好位于非洲板块、印度板块同欧亚板块之间的地缝合线上。现已知有 94 座活火山分布在此带上，占全世界活火山总数的 18%，著名的维苏威火山、克拉克托火山分布于此带。

（3）洋中脊与东非裂谷，有 42 座活火山分布在大西洋洋脊，7 座分布在东非裂谷附近。

从上述火山分布来看，火山分布是呈带状的，并与年轻山脉、海沟、岛弧和地震分布带相吻合，这些地带与岩石圈板块的边界有着密切的关系，是现代构造运动最活跃的地带。

我国活火山不多，除新疆、台湾、西藏等地尚有现代火山活动外，其余地方未发现火山活动，而火山地形保存完好的死火山则有广泛分布。吉林长白山的白头山火山颇负盛名，它是叠置在玄武岩盾状火山锥上的一个复式火山锥，由中性岩浆喷发物堆积而成，锥顶部是一个巨大的破火山口——天池。云南大理以西的腾冲火山群十分著名，该地区有火山锥 70 余座，熔岩分布面积达 2800 km^2 以上，这一地区蕴藏有丰富的地下热水。长江中下游的安徽、江苏境内，也有不少火山，它们大部分由玄武质熔岩构成。海南岛有许多玄武岩构成的火山，火山口保存很好。新疆于田曾有火山活动报道，1951 年 5 月 27 日山顶冒烟，并发出巨响，连续数日，但无岩浆喷发，该处火山地貌保存完好。

6.3.4 侵入岩的产状

侵入岩的产状主要是指侵入体产出的形态、大小以及与围岩的关系。根据侵入体与围岩的接触关系，可将侵入体划分为整合侵入体和不整合侵入体两类。

A 整合侵入体

侵入体与围岩的接触面基本上平行于围岩层理或片理，是岩浆以机械力沿层理或片理等空隙贯入而形成的。依其形态不同，可分为以下几种类型：

（1）岩床是由岩浆沿岩层面流动铺开，形成与地层整合的板状岩体。岩床以厚度较小，面积较大为特征。其规模大小不一，厚度从几厘米到几百米，延伸从几米到几百千米，以基性、超基性岩为常见。

（2）岩盆是中央微凹的盆状侵入体。岩浆侵入到岩层之间，其底部因受岩浆的重力而下沉，形成中央凹陷。岩盆的成分多为基性，一般显示明显的分带性，在岩体下部及边缘更偏基性一些，上部及中心偏酸性些。岩盆规模一般较大，直径可达 10 km，甚至 100 km 以上。

（3）岩盖也叫作岩盘，是上凸下平的穹窿状整合侵入体。中央厚，边缘薄，规模一般不大，底部直径 3~6 km，厚度小于 1 km。岩盖多为中酸性侵入体，由于中酸性岩浆黏度大，流动不远，上覆岩层被拱起，因而形成盖状。

（4）岩鞍侵入于背斜或者向斜鞍部的岩体。由于岩浆顺围岩层面挤入褶皱弯曲部位的岩层虚脱处，而形成鞍状岩体。岩鞍规模不大，最厚的部位可达几百米，以中性岩、基性岩为主。

B 不整合侵入体

不整合侵入体是岩浆沿着切过围岩层理或面理的断裂贯入而形成，或者是由岩浆熔融交代围岩而形成的。常见的有以下几类：

（1）岩墙是岩浆沿地层断裂贯入而形成的厚度稳定，近于直立的板状侵入体。厚度几十厘米到几十米，长度几十米甚至若干千米，岩性从基性到酸性都有。在一个较大区域内，岩墙很少单一产出，往往几十条、几百条有规律地出现，形成岩墙群，其组合形态严格受断裂系统控制。

（2）岩株又称岩干，是一种似树干状向地下延伸的呈不整合浸入的岩体，平面上近圆形或不规则状。与围岩的接触面陡立，规模较大，但较岩基面积为小，出露面积小于

100 km²，岩株以花岗岩类最为常见。

（3）岩基是一种大规模的深成岩体，出露面积超过 100 km²，气平面上呈长圆形。常产于褶皱带的隆起部分，延伸与褶皱轴走向一致，多受深大断裂控制。岩基的产状多与围岩斜交，倾角较陡，以花岗岩类最常见。

关于岩基的成因现在有争论。一种观点认为岩基是岩浆上侵推挤围岩，并顶蚀围岩，一部分围岩落入岩浆中被熔化、同化，从而占领大范围空间，冷凝成岩。其主要证据是岩基与围岩界线截然呈浸入接触关系，且岩基边部具流动构造等。另一种观点认为岩基是原地岩石受强烈交代及深熔作用，致使围岩在原地花岗岩化，变成花岗岩类岩石，从而取得空间。其主要证据是部分岩基与围岩之间为逐渐过渡关系，岩基内保留有未变动的围岩及其构造等。在我国，以上两种成因的证据都能见到。图 6-14 是侵入岩产状的综合示意图。

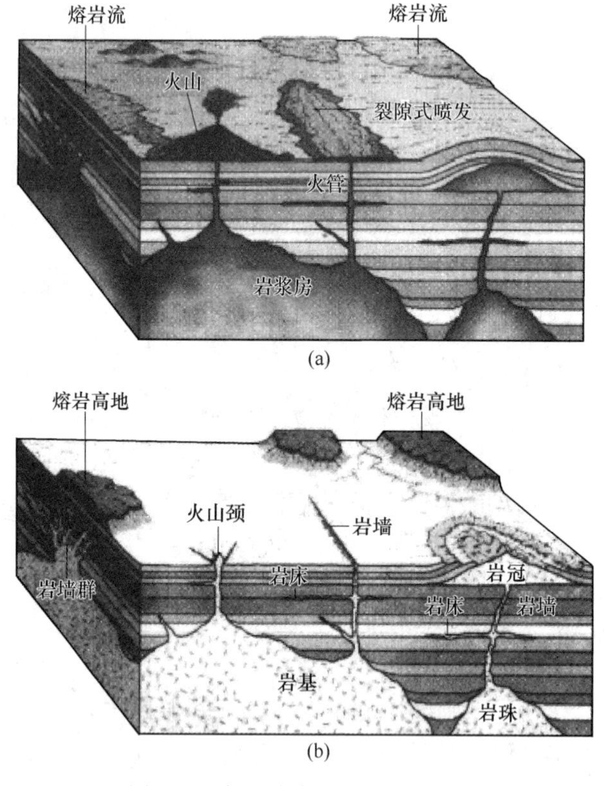

图 6-14　侵入岩产状的综合示意图

（a）整合侵入体；（b）不整合侵入体

6.3.5　岩浆的形成和演化

岩浆的起源与演化是一个经过地质工作者长期研究，至今仍有争议的问题。

A　岩浆的形成途径

早期的火成学派认为地球内部充满着火热的岩浆，而现代科学已证明，地幔中除软流圈以外皆为坚硬的固体岩石。在一些现代火山活动地区进行的研究表明，地震波的横波在此地区并未中断，只是速度降低，说明岩浆并非液体，而是一种熔融体。岩浆冷凝便形成岩石，岩石熔化就能形成岩浆。因为在岩浆冷凝成岩石的过程中，物化条件在不断地发生变化，即温度、压力不断下降，挥发分大量散失，甚至岩浆同围岩发生一系列物理化学反应。

假设原始岩浆的形成是岩浆变成岩石的逆过程，那么以上这些条件是无法可逆的。究竟岩浆是怎样形成的呢？实验证明，组成地壳的各种岩石，包括来自地幔顶部的一部分物质，是形成各类岩浆的物质基础。热是使固体岩石熔化的基本因素。实验证明，岩石加热到 600 ℃以上便开始熔化；温度达 800 ℃左右时，可以产生酸性成分的熔融体；温度达到 1300~1500 ℃时，可以产生中性成分的熔融体；如果温度大于 1400 ℃，且原岩成分许可，则可以产生基性成分的熔融体。

应该指出，压力和挥发分的含量对岩石的熔化具有很大的控制意义。压力是阻碍岩石熔化的因素，压力增大，岩石熔点提高；压力降低，岩石熔点降低。另外，岩石熔化时水分增加，能降低岩石的熔点。总之，温度和水分升高促使岩石熔化，压力升高则阻碍岩石的熔化。原岩成分对其形成某种岩浆的数量也有直接影响，岩浆的形成是个十分复杂的物理化学过程。

我们知道，地壳上部为花岗岩类岩石，下部为基性玄武岩类岩石，上地幔则由超基性岩组成。随着温度的升高，一种固体岩石可熔出不同成分的熔融体，从酸性向基性逐渐发展，这种分级熔化的现象称为分熔。一般认为，基性岩浆是地幔顶部的超基性岩分熔的产物；中性岩浆及酸性岩浆可以是地幔顶部岩石分熔形成，也可以是地壳岩石分熔而成；一部分酸性岩浆则可能是地壳浅处的岩石在一定的温度、压力下完全熔化而形成的；超基性岩浆可能是上地幔岩石局部完全熔化形成的，也可能是基性岩浆分熔的最后产物，这些都有待于进一步研究。

B 原生岩浆的种类

我们已经有了矿物和岩石的基本概念，也认识了一些主要造岩矿物和常见的岩浆岩、沉积岩和变质岩。1928 年鲍文提出自然界只有一种玄武岩浆，其他岩浆都是由玄武岩浆通过结晶分异作用派生出来的，这就是所谓的岩浆一元论观点。鲍文的实验证明：玄武岩浆结晶时，首先结晶的矿物是一些基性的铁镁质矿物，由于它们密度较大，因而下沉。这样熔体中的 SiO_2 含量相对增加，使岩浆向偏酸性演化。矿物的结晶顺序被称为鲍文反应系列。岩浆从开始产生直到固结为岩石，始终处在不断的变化过程中。对于岩浆岩成因具有直接意义的是岩浆浸入地壳，特别是浸入地壳浅部以后到凝固为岩石这一期间内岩浆在物质成分上发生的演化。该期间内岩浆演化的基本过程是通过分异作用和同化作用，由少数几种岩浆形成多种的岩浆岩，并在适宜条件下形成一定的矿床。岩浆的分异和同化，是岩浆岩成因方面的基本问题，在理论上和实际上均具有很大意义。

a 原始岩浆的种类和起源

根据目前研究，岩浆起源于上地幔和地壳底层，并把直接来自地幔或地壳底层的岩浆叫作原始岩浆。岩浆岩种类虽然繁多，但原始岩浆的种类却极其有限，一般认为仅三四种而已，即只有超基性（橄榄）岩浆、基性（玄武）岩浆、中性（安山）岩浆和酸性（花岗或流纹）岩浆。目前认为种类繁多的岩浆岩就是从橄榄岩浆、玄武岩浆、安山岩浆、花岗岩浆通过复杂的演化作用形成的，这几种原始岩浆是上地幔和地壳底层的固态物质在一定条件下通过局部熔融产生的。

局部熔融是现代岩浆成因方面的一个基本概念，大致解释如下：和单种矿物比较起来，岩石在熔化时有下列两个特点：第一，岩石的熔化温度低于其构成矿物各自单独熔化时的熔点；第二，岩石从开始熔化到完全熔化有一个温度区间，而矿物在一定的压力下仅有一个熔化温度。岩石熔化时之所以出现上述特点，是因为岩石是由多种矿物组成的，不同的矿物其熔点也不相同，在岩石熔化时不同矿物的熔化顺序自然不同。一般的情况是：矿物或岩石中 SiO_2 和 K_2O 含量愈高，即组分愈趋向于“酸性”，愈易熔化，称为易熔组分；反之，矿物或岩石中 FeO、MgO、CaO 含量愈高，即组分愈趋于“基性”，愈难熔化，称为难熔组分。所以，岩石开始熔化时产生的熔体中 SiO_2、K_2O、Na_2O 较多，熔体偏于酸性，随着熔化温度的提高，熔体中铁、镁组分增加而渐趋于基性。岩石的局部熔融作用又叫作重熔作用或深熔作用。岩石局部熔融基本是按石英→长石→橄榄石的顺序进行。由于地壳深部和上地幔的温度很高，固态地壳物质和上地幔物质同样也会发生局部熔融或重熔作用，一般认为上地幔物质的局部熔融产生橄榄岩浆、玄武岩浆、安山岩浆，而地壳深部（底层）岩石的局部熔融作用产生花岗岩浆。

（1）玄武岩浆：是上地幔物质（地幔岩）局部熔融的产物。目前推断，在上地幔的不同深度上通过局部熔融产生三种岩浆，即：拉斑玄武岩浆小于 15 km、高铝玄武岩浆 15~35 km、碱性玄武岩浆 35~75 km，但也有人主张只有一种玄武岩浆。

从玄武岩浆中可以直接冷凝结晶成玄武岩和辉长岩。玄武岩浆通过分异作用也可生成少量的中性岩和酸性岩，但自然界少见，仅是一种实验和理论上的可能性。可通过玄武岩浆的分异作用产生超基性岩，则有充分的实验、理论和地质根据，例如前面提到的超基性-基性层状浸入杂岩体就是最好的例证。

（2）花岗岩浆：是大陆地壳深部物质重熔的产物。根据理论计算，在不同深度上可能形成性质稍有差异的花岗岩浆。例如，在约 10 km 深度上形成活动性很弱的岩浆，许多巨型花岗岩岩基即由此种岩浆形成；大约在 20 km 深度上可生成活动性很强的岩浆，能够上侵至地壳浅部形成浅层侵入体，以至喷出地表形成流纹岩。花岗岩浆通过同化作用，可形成中性岩和碱性岩。

（3）安山岩浆：提出该岩浆存在的主要论点是环太平洋地区广泛地分布着安山岩。板块学说认为，此种岩浆的生成模式是：当玄武岩洋壳到达海沟并向下俯冲时，玄武岩及其上覆的洋底沉积物发生局部熔融即可形成安山岩浆，其俯冲下插的深度达 95 km 时即可发生这一作用。对于大陆内部的安山岩，有人则认为是地幔或地壳深部局部熔融产生的安山岩浆活动的产物，其深度约为 60 km。

（4）橄榄岩浆：是上地幔物质在 80~160 km 深度上局部熔融的产物。此种岩浆形成的浸入岩多沿深大断裂或平行于褶皱带的走向分布，许多独立的超基性岩体呈串珠状分布，构成绵延数百千米的岩带。例如，我国祁连山、欧洲阿尔卑斯山的超基性岩即属此类。再次指出，关于原始岩浆及其起源问题极其复杂，许多问题并未得到圆满解决，尚待进一步研究，在这一方面深部地球物理探测是一个很重要的手段。

b　岩浆的演化（分异和同化）

原生岩浆在源区形成以后，由于构造、密度、热状态的影响而向上移动。它可以在岩浆源区发生演化后，再浸入地壳或喷出地表；也可以在上升途中形成次生的岩浆房，演化后，再侵位或喷发。均一成分的岩浆演化成多种成分的岩浆及岩石，主要是由分异作用、同化作用和混染作用所致。在岩浆演化过程中，这几种作用是共同存在和相互依赖的。

6.3.6 构造运动

事物是在不断运动着的，运动是有规律的。地壳内的构造运动在不停地进行，但在不同时间、不同地点，构造运动的强弱程度、表现形式大不相同，我们必须认识构造运动的发展规律。构造运动在内动力地质作用中起着主导作用，它形成了地壳中的各种构造形体，决定了地壳的构造特征和地壳外貌的总体特征。

构造运动是指地球内能引起的地壳岩石发生变形、变位的机械作用。它反映在地表，表现为地形高低变化，海洋、陆地范围的改变，岩石产状的改变以及地震等。地震波传播情况表明，岩石圈下面为塑性的软流圈，因此也可以说构造运动是发生在软流圈上面岩石圈内的机械运动。地壳运动的概念有广义与狭义之分。广义的地壳运动是指地壳内部物质的一切物理和化学的变化，包括地壳的变形、变质作用以及岩浆作用与地震等。狭义的地壳运动是指主要由地球内动力作用所引起的地壳隆起、拗陷以及形成各种构造形态的运动。它与构造运动的概念十分接近，一般情况下它们是通用的，但严格来说两者是有区别的。地壳运动限于地壳范围内，而构造运动涉及整个岩石圈，如板块运动。

构造运动按运动方向分为水平运动与垂直运动。水平运动是指地壳（岩石圈）块体沿地球表面切线方向上发生的运动，这种运动使相邻块体受到挤压，或者被分离拉开，或者剪切错动，甚至于旋转。水平运动主要使地壳中的岩层弯曲和断裂，在弯曲和断裂形成的同时，有时伴随着垂直运动，从而形成山岭或洼地。

水平运动有以下几种形态：挤压相邻块体相对运动，形成褶皱山脉，如喜马拉雅山脉就是印度大陆与欧亚大陆从中生代（180 Ma）开始做相对水平运动，于新生代（约6500万年前）汇聚碰撞挤压而形成的。拉张相邻块体背向运动，如红海扩展两岸分离。

剪切挤压与拉张作用都可产生剪切，此时相邻块体的运动界面与块体受力方向平行或斜交，形成平移断层，如中国东部地区的郯庐断裂带和美国西海岸的圣安德列斯断层。前者是一个于中新生代发育完成的平移断裂系统；后者是一个至今还活动着的活断层，正是它的平移活动，导致美国西海岸地区频繁的地震活动。

垂直运动又称升降运动，是指地壳块体沿地球半径方向上发生的运动，表现为大面积的上升或下降，如青藏高原的隆起上升。一般说来，在地壳的同一地区升降运动是交替进行的，而且运动速度较水平运动更为缓慢，如华南地区 600 Ma 年来大规模的升降运动只有 3 次，造成了海水的大规模进退。

毫无疑问，水平运动与垂直运动是地壳（岩石圈）块体的两个基本运动方向。由于两个方向上的运动常常相伴产生，究竟哪种运动在构造运动中占主导地位，争论一直未休。垂直运动学派以别洛乌索夫为代表，断然否认大规模水平运动的存在。李四光则认为，一切形式的升降运动都是水平运动的结果。大陆漂移说和板块学说均认为，岩石圈的运动是以水平运动为主导，但水平运动论仍没有从根本上解决此争论。

6.3.6.1 构造运动的表现

我国是最早论述有关海陆变迁的国家。北宋的沈括在《梦溪笔谈》中曾记载：“予奉使河北，遵太行而北，山崖之间往往衔螺蚌壳及石子如鸟卵者，横亘石壁如带。此乃昔之海滨，今距东海已千里。”南宋朱熹在《朱子全书》中写道：“尝见高山有螺蚌壳，或生石中，此石即旧日之土，螺蚌现水中之物，下者却变而为高，柔者却变而为刚”。通常把晚第三纪以前发生的构造运动称为古构造运动；晚第三纪以来发生的构造运动称为新构造运动；其中人类历史时期所发生的或正在发生的地壳运动称为现代构造运动。研究地质灾害就必须研究现代构造运动。

A 现代及新构造运动的表现

现代地壳运动最典型的例证是意大利那不勒斯海湾的一个小城镇遗址。该遗址保存有三根完好的大理石柱，它的下段被火山灰掩埋过，柱面光滑无痕，中段布满海生动物蛀孔，上段柱面为风化痕迹。据历史记载，该镇初建于陆地上，后被维苏威火山喷出的火山灰掩埋。13 世纪时，地面沉降到海面以下 6 m 多，致使石柱中段被海生瓣鳃类凿了许多小孔，而上段一直在水面以上，接受风化剥蚀。后来，该地区上升到海面以上，才修建起现代的波佐奥利城。此例充分说明了构造运动可造成沧海桑田之变。

地壳的升降也表现在高出现代海平面的海成阶地，海蚀凹槽、滨海平原等方面，如广州附近的七星岗，可见高出现在海面的波切台及海蚀凹槽，说明了海岸的上升。地壳的升降状况还可以根据河流阶地、高于现代潜水面的溶洞、位于深海中或高出现代海面的珊瑚礁等来确定。我国地形的总体特点是西高东低，这也是近代地壳升降运动确定的。西部高原地区以上升为主，中部地区升降运动交替进行，东部平原地区则以下降为主。

精密的大地测量方法可以准确地反映出地壳水平运动状况。据测量，美国西部的圣安德列斯大断层在以每年约 4 cm 的速度水平错动；还有格林威治和华盛顿之间的距离，曾在 13 年内平均每年缩短约 70 cm；我国著名的郯庐大断裂，长期以来，水平错距竟达数百千米。通过深海钻探和磁异常条带的研究，人们认识了海洋的形成、发展和消亡的过程，证实了海底扩张这一事实，根据地磁反转年代测定，海底扩张速度每年 1~10 cm 不等。板块间的分离、汇合、平移运动都属于水平构造运动。目前多数人认为，板块运动是产生各种地质构造的主要原因。

研究现代和新构造运动对国民经济建设具有重要的意义。例如，地面升降会改变一个地区的水文状况，从而影响到地下水的分布以及供给关系，也影响到水电站、巨型水库的建设。因此，在河口改造、海港修建及海滨城市的建设时，都必须了解海岸的升降状况，从长计议。另外，地震也是现代构造运动的表现之一，有时具有极大的破坏力，如 2008 年 5 月 12 日，中国四川汶川地区发生的 8.0 级特大地震，造成了近 10 万人的失踪和死亡。

B 古构造运动的表现

从地球产生之日起，构造运动一直在进行之中，现代及新构造运动可以通过直接观察地貌特征变化或者通过精密仪器测量反映出来，但地质历史时期的构造运动距今久远，只能靠运动后留下的形迹来判断。具体说来，保留在岩石地层中的构造形迹，以及地质剖面中的岩相、岩层厚度和层间接触关系能间接地反映出古构造运动的历史。

（1）岩石变形：是古构造运动的明显标志。它可以是不均匀的升降运动造成的，也可以是水平运动造成的，主要表现为褶皱构造及断裂构造，具体内容将在下文述及。

（2）岩相变化：在地质学中，人们把“相”定义为某一地质单元的具体特征及其形成环境的概括。沉积相反映了沉积物的岩石特征、生物化石特征以及它们所代表的沉积环境。地质剖面中沉积相在垂向上的变化反映了古地理环境的变化，而古地理环境的变化则主要取决于地壳的升降运动。一个地区由早期的海相沉积转变为后期的陆相沉积，便反映了该地区地壳由下降转变为上升、海洋转变为陆地的历史。

（3）沉积厚度变化：是地壳下降幅度的标志。在地壳稳定的情况下，一定环境下形成的沉积物，其厚度是有限的，有一极大值。例如，浅海沉积物平均厚度极大值小于200 m，河流沉积物最大厚度不超过洪水期深水区的深度。但是，在许多地区都发现了岩相类型不变，而沉积物厚度却大大超过沉积极大值的地层，如燕山震旦纪浅海沉积厚达10000 m以上。很显然，它反映了地壳的下降运动，表明它是在地壳下降的同时接受沉积而形成的。由于岩相没有变化，说明了地壳下降幅度与沉积物堆积厚度大致相等。

（4）岩层接触关系：在地壳稳定下降的情况下，沉积物逐层堆积，形成连续的岩层。老地层在下，新地层在上，层间平行接触，这种沉积层序连续、产状一致的地层接触关系称整合接触。并非所有地层都是整合接触，在野外我们常看到地层间的不平行接触以及古风化面是因为地壳运动在不停地进行，沉积物的堆积速度和沉积相在逐渐变化，到一定程度便停止沉积，地层抬升，进而接受风化剥蚀，表现在地层上即为沉积间断和风化剥蚀面的存在，而且岩层常常发育不同程度的构造变形。当地壳重新下降接受沉积时，新的沉积物便直接覆盖在老地层剥蚀面上，这种岩层接触关系称为不整合。也就是说，不整合是指同一地区，两套岩层之间有明显的沉积间断或缺失，岩层时代不连续。两套岩层的接触面产状一致，称为平行不整合，也叫作假整合。两套岩层的接触面斜交称为角度不整合。总之，整合接触说明了地壳的稳定下降，不整合接触说明了地壳的上升运动。

6.3.6.2 构造运动的产物——地质构造

沉积岩、火山岩等岩层除了在沉积盆地及岛屿边缘或火山锥附近等局部地区以及陆相沉积具有原始倾斜，基本上是水平产出的，而且在一定范围内是连续的。经过地壳的构造运动，岩层或岩体的原有空间位置和形态发生改变，称为构造变形。构造变形的产物称为地质构造，主要包括褶皱和断裂。层状岩石的产状及其接触关系是研究地质构造的基础。

A 岩层的产状

a 岩层厚度及产状要素

岩层是指具有平行或近似平行顶底面的层状岩石。岩层顶底面之间的垂直距离为岩层厚度，也叫作真厚度。由于岩层的形成环境和形成方式不同，有的岩层厚度稳定，有的岩层厚度横向变化较大，有时向一个方向变薄，以致尖灭。在野外观测岩层时，要注意区别真厚度与假厚度。假厚度是指岩层顶底面间的斜向距离，它大于真厚度。只有当地面与岩层面垂直时露头宽度才等于岩层的真厚度。通常情况下，岩层的露头宽度多为假厚度。

所谓“产状”，即“产出状态”，在不同场合，其含义有些区别。对于具有面状构造（如层面、片理、褶皱轴等）与线状构造的地质体，产状是指它们相对于水平参考面的空间位置，表示这种空间位置的数据称产状要素。面状构造的产状要素包括走向、倾向和倾角；线状构造的产状要素包括走向和倾伏角。对于非面状构造和线状构造，如地质体、生物化石等，产状则泛指它们的形状及其在空间中的产出状态，如辉绿岩呈垂直岩墙状产出。

走向：倾斜岩层或其他面状构造与水平参考面的交线称为走向线，而走向线两端的延伸方向即为走向，它表示岩层在水平面上的延展方向。岩层的走向用走向线的方位角来表示，同一岩层的走向有两个值，相差180°。

倾向：倾斜层面上与走向垂直，并指向下方的直线为倾斜线，倾斜线在水平面上的投影线指向走向线的方向称为倾向。它代表岩层的倾斜方向，倾向一般用方位角来表示，与走向相差90°。

倾角：指倾斜线与其水平投影线之间的夹角。它是岩石层面与水平面之间的最大夹角，也叫作真倾角。在不垂直岩层走向线的任何方向上测量的倾角，叫作视倾角。在野外用地质罗盘测量岩层产状，并用规定的文字记录或符号标在图上，通常用方位角表示岩层的产状要素。

b　水平岩层

水平岩层的层面基本在同一水平面上，具相同的海拔高度。实际上，岩层层面与水平面之间的夹角在0°~5°范围内的，均称为水平岩层。由于构造运动的影响，水平岩层很难保存，它分布面积较小，仅局限在少数构造运动特别微弱的地区。我国陕北地区以及四川盆地中的中生代地层，部分地段为水平岩层。在俄罗斯地台区，由于构造运动微弱，亦多见水平地层出露。

水平岩层的特征：岩层面水平，地层层序正常时，时代较新的地层在上，时代较老的地层在下，位置越高，地层时代越新，在山顶出露最年轻的地层；在冲沟和河谷中可见较老的地层。在地质图上地质界线与地形等高线平行或者重合，在山峰处形成同心圆状，在河谷中形成尖端指向河流上游的“V”字形态。水平岩层的厚度是顶底面之间的高差，因而它可以直接从地形地质图上读出。当岩层厚度一定时，在地质图上表现的露头（出露在地表的基岩）宽度与地形坡度成正比，地形坡度越小，露头宽度越大，反之亦然。在陡崖处，图上露头宽度为零。

c　倾斜岩层

自然界的岩层大部分都是倾斜岩层，除极少数原始倾斜以外，几乎都是在构造运动作用下，原来水平岩层的产状发生变动的结果。

倾斜岩层的特征：当地层层序正常时，沿岩层倾斜方向，地层由老到新。一般认为，实际上不存在真正独立的倾斜构造，倾斜岩层往往是某种构造形态的一部分，如褶皱的一翼、断层的一盘等。它的露头形状很复杂，出露宽度变化大，既受地形的影响，又受岩层产状的影响。

在地质图上倾斜岩层的地质界线与地形等高线斜交，在山坡及沟谷处均呈“V”字形态。当岩层倾角、地形坡度及坡向不同时，“V”字形亦表现出不同的特点，具有一定的规律性，亦称“V”字形法则。

当岩层倾向与地面坡向相反时，岩层露头线与地形等高线朝相同的方向弯曲，但岩层露头线的弯曲度小。岩层倾角越小，“V”字形越接近等高线形态，在河谷处“V”字形的尖端指向河谷上游。当岩层倾向与地面坡向相同，而岩层倾角大于地面坡度时，岩层露头线与地形等高线朝相反方向弯曲，在河谷处“V”字形的尖端指向河谷下游。当岩层倾向与地面坡向相同，而岩层倾角小于地面坡度时，岩层露头线与地形等高线朝相同方向弯曲，在河谷处“V”字形的尖端指向河谷上游，但其弯曲度大于地形等高线的弯曲度。因而可根据“V”字形法则，从地质图上判断岩层的倾向。

d　直立岩层

倾角为90°的岩层为直立岩层，它的露头宽度即为岩层真厚度。直立岩层的地质界线不受地形影响，通常为一直线。在野外所见的直立岩层多为呈岩墙状产出的浸入岩。

B 褶皱构造

岩层在构造应力的作用下，发生弯曲，便形成了褶皱构造，它是岩石塑性变形的结果。

a 褶皱的基本形态

褶皱的形态是多种多样的，但其基本形态只有两种：背斜和向斜。(1) 背斜是指岩层向上拱起的弯曲，其核心部位的岩层时代较老，而向外岩层时代依次变新。判别背斜不能简单根据其形态的上凸，还要根据岩层时代自核部向两翼由老变新。如岩层的时代不明，则统称为背形。(2) 向斜是指岩层下凹的弯曲，其核心部位的岩层时代较新，而向外岩层时代依次变老。判别向斜不能仅根据其下凹形态，还要求岩层时代自核部向两翼由新变老。如果岩层的时代不明，则统称为向形。褶皱中的背斜与向斜总是并存的。相邻背斜之间为向斜，相邻向斜之间为背斜，只不过由于后期的改造，在实际地质事件中可能只保留了背斜或向斜，甚至是其不完整的部分。

b 褶皱要素

褶皱要素是指褶皱的基本组成，根据它们在褶皱中的空间位置，分别叫作褶皱的核、翼、枢纽、轴迹、转折端等，如图 6-15 所示。核是相对于褶皱翼部而言的一个术语，泛指褶皱的中心部分。翼泛指褶皱核两侧相对平直的岩层。翼的倾角称翼角。枢纽是指同一褶皱面上最大弯曲点的连线，它可以是水平的、倾斜的或者直立的，可以是直线，但多数是波状起伏的曲线。

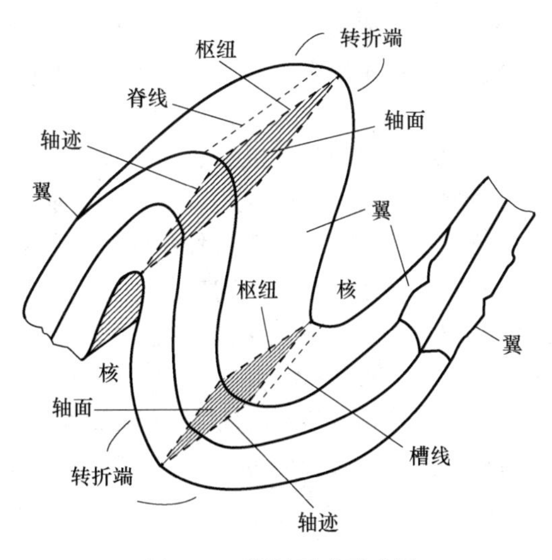

图 6-15 褶皱要素示意图

轴面大致平分褶皱两翼的对称面，也就是褶皱中各岩层面的枢纽连成的面。它是个假想面，可以是平面，也可以是曲面。

轴迹是褶皱轴面与包括地面在内的任何平面的交线。转折端是褶皱从一翼过渡到另一翼的转折部位。

c 褶皱的主要类型

褶皱的形态多种多样，根据不同原则，将其划分为以下主要类型。

根据轴面产状，褶皱可分为：直立褶皱轴面近直立，两翼倾向相反，倾角大致相等。斜歪褶皱轴面倾斜，两翼向相反方向倾斜，但倾角不等。倒转褶皱轴面倾斜，两翼向相同方向倾斜，一翼产状正常，另一翼产状倒转。平卧褶皱又称横卧褶皱，轴面近于水平（倾角 1°~10°），两翼产状也近水平，一翼产状正常，另一翼产状倒转。

根据褶皱横剖面的形态，可将褶皱划分为：扇形褶皱两翼岩层均倒转、褶皱呈扇形、背斜两向轴面倾斜、向斜两翼向轴面外倾斜。箱形褶皱两翼产状较陡，转折端较平俎而宽阔，形似箱状。尖棱褶皱两翼岩层平直相交，转折端呈棱角状。根据褶皱在平面图上的长宽比，可将其划分为：线状褶皱延伸长度与宽度比大于 10∶1、短轴褶皱长度为宽度的 3~10 倍。穹窿与构造盆地褶皱长度为宽度的 3 倍以下，平面上呈浑圆形或椭圆形。若为背斜称穹窿，若为向斜称构造盆地。

d 褶皱的形成时代

褶皱是构造运动的结果，所以褶皱的形成时代与同期构造运动是相联系的，一般通过区域性的角度不整合来确定褶皱形成的时间范围。原始水平岩层在构造应力作用下，发生弯曲，形成褶皱，同时伴随着地壳的上升运动，进入相对稳定时期。褶皱地层接受风化剥蚀，形成风化剥蚀面；其后地壳又重新下降，在风化面上沉积了新的地层，这一过程就是角度不整合的形成过程。显然，褶皱的形成时代在最新褶皱岩层时代之后，不整合面上最老岩层时代之前。同一时期形成的褶皱构造系统的排列组合往往有一定的规律，可以用统一的构造应力场来解释。

C 断裂构造

断裂构造是指岩层或岩体在构造应力作用下产生的破裂。它是地壳中普遍发育的基本构造之一，其规模有大有小。通常根据破裂岩石的相邻岩块相对位移的程度，将断裂构造分为两大类：节理和断层。

节理是岩石中的裂隙，是没有明显位移的断裂，也是地壳上部岩石中发育最广的一种构造。断层是地壳表层中岩层顺破裂面发生明显位移的构造。断层发育广泛，它是地壳中最重要的构造。大断层常构成区域地质格架，不仅控制区域地质的结构和演化，还控制和影响区域成矿作用。活动性断层则直接影响水工建筑，甚至引发地震。通常所说的断层是指地壳表层中的脆性断裂。在地壳深处，随着温度压力的增高，岩石由脆性转变为韧性，因此形成韧性断裂，一般称之为韧性剪切带。在野外实际所见到的断层，其断层面往往是一个波状起伏甚至是不规则的面，断层面两侧的地质体称为断盘。规模较大的区域断裂，往往由一系列的次级断层构造沿同一组方向发育的断层带，如中国东部的郯庐断裂就是由一系列北东向的断层带组成的巨大走滑断裂体系，它也是东亚大陆上自中新生代以来规模最大的断裂体系。

断层面以上的断块称为断层上盘，断层面以下的断块称为断层下盘。根据两盘的相对滑动，可以将断层分为以下类型，如图 6-16 所示。

（1）正断层：断层上盘相对下盘沿断层面向下滑动的断层。正断层产状一般较陡，大多数在 45°以上，而以 60°左右者较常见。不过研究发现一些大型正断层往地下变缓，总体呈铲状。倾向相同的几个正断层在一起，它们的上盘依次下降，就组合成阶梯状断层。如果两组正断层相向倾斜，中间岩块下降，两边岩块相对上升，则形成地堑；反之，中间上升，两侧下降则叫作地垒。地形上地堑常为狭长的凹陷带，如图 6-17 所示。

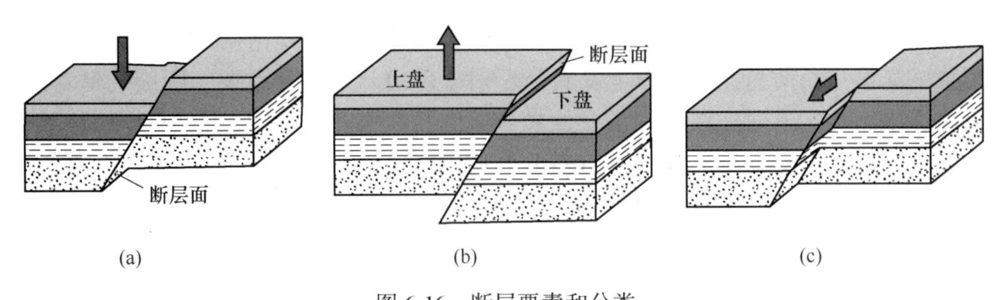

图 6-16 断层要素和分类
（a）正断层；（b）逆断层；（c）平移断层

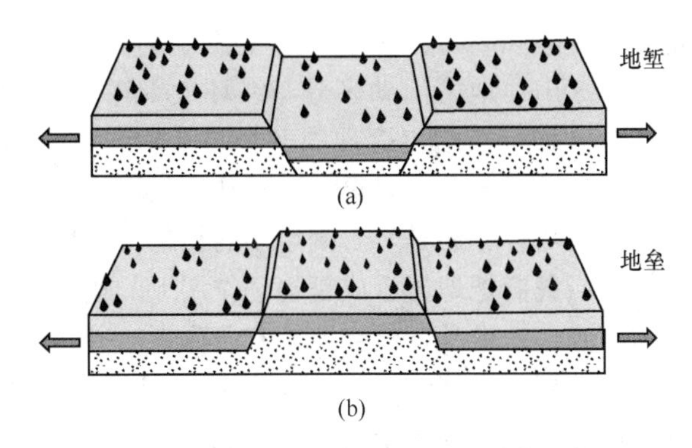

图 6-17 地堑（a）和地垒（b）形成示意图

（2）逆断层：断层上盘相对下盘沿断层面向上滑动的断层。根据断层面倾角大小分为高角度逆断层和低角度逆断层。高角度逆断层倾角大于 45°，常在正断层发育区产出，断层面倾角小于 45°的逆断层称为低角度逆断层。逆冲断层是指位移量很大的低角度逆断层，倾角一般在 30°左右或更小，位移量一般在数千米。逆断层常显示出强烈的挤压破碎现象，形成角砾岩、碎裂岩等。

大的逆冲断层上盘因其从远处推移而来，故称为外来岩块，推覆体就是指这种外来岩体，下盘意味着相对未动称为原地岩块。逆冲断层与推覆体共同构成逆冲推覆构造。有时逆冲推覆构造遭受强烈侵蚀切割，部分外来岩块被剥蚀掉，而露出下伏原地岩块，表现为在一片外来岩块中露出一小片由断层圈闭的原地岩块，常常是较老地层中出现一小片由断层圈闭的较地垒年轻地层，这种现象称为构造窗。如果剥蚀强烈，大片外来岩块被剥蚀，只是局部残留于周围原地岩块上，这种由断层圈闭的残留外来岩块被称为飞来峰，它常为陡立的山峰。如果一系列的逆断层相邻产出，它们倾向相同，而且每个断层的上盘为相邻另一断层的上盘，则形成叠瓦状断层。

（3）平移断层：断层两盘顺断层面走向相对水平移动的断层。规模巨大的平移断层常称为走向滑动断层。根据两盘的相对滑动方向，又可进一步命名为右行平移断层和左行平移断层。平移断层面一般陡峻以至直立。实际上，断层两盘往往不是完全顺断层面垂直走向滑动或顺走向滑动，而是斜交走向滑动。这类断层一般采用组合命名，称为平移-逆断层、逆-平移断层、平移-正断层和正-平移断层，组合命名中的后者为主要运动类型。

D 研究断裂构造的意义

断裂构造对于内生金属矿床，是矿液良好的沉淀场所，特别是多个断裂交叉处、断层产状突变处、羽状节理发育处，牵引褶皱中的断裂构造也是含矿溶液的通道。断裂构造常对已形成的矿体进行改造，研究掌握其特征，对于矿山开采十分重要。断裂构造对地面工程的安全影响很大，有时还诱发地震。此外，研究断裂构造的空间展布规律和时间演化规律，对了解区域构造的发育和演变具有重要的理论意义。

6.3.7 岩石圈的活动模式假说

地球是一颗充满活力的星球，我们的目的在于判断它是怎样成为今天这个样子的。现在地球表面强烈的地形反差究竟是一成不变的，还是一个屡经变化的舞台？如果我们是活动论者，大陆和海洋是怎样形成的，它们为什么有今天这样的分布状态？中国的地势是西高东低，太平洋西岸是平原丘陵和岛弧，而东岸是连绵的海岸山脉，这些究竟是偶然的还是有其必然的原因？现代的火山、地震活动多分布在环太平洋带、阿尔卑斯-印尼带和大洋中脊带，地球动力学能对这种分布给出合理的解释吗？矿产资源的畸形分布十分突出，中东集中了石油，智利的铜矿储量比我国多得多。石油和煤炭多集中在盆地和平原，金属矿产多集中在山脉，这仅仅是巧合，还是岩石圈运动的结果？地球这个大舞台演出的节目似乎是杂乱无章的，但是，当我们把地球看成是物理作用下的化学体系，找出各种事件的相互关系，即找出规律的时候，一堆乱麻就会比较有条理了。一百多年来，岩石圈的活动模式在不断发展着，在不同的层次上影响着我们对这颗行星活动特性的认识。毫无疑问，从槽台学说到板块学说是认识论发展的两个重要阶段。

6.3.7.1 槽台学说

1859 年美国地质学家霍尔在研究了美国东部的阿巴拉契亚山脉及其两侧平原的古生代地层后发现：山区的古生界地层均为浅海相沉积，其厚达一万余米，是相当时代平原地区地层的 10 倍。霍尔认为，山脉在形成之前是一个缓慢沉降的狭长浅水沉积盆地。1873 年，另外一位美国地质学家丹纳把这种拗陷地带称为地槽，他把地槽的形成归因于地球的冷却收缩。

丹纳认为，原始地球在冷却过程中首先固结的是大陆腹地的中心地块，冷却收缩产生的侧压力集中在大陆边缘，沉积物的不断增加导致盆地持续下沉，底部地层在高温高压下发生断裂，引起岩浆浸入，上层则褶皱成山并附着在大陆边缘，在其前缘又形成新的地槽，前述过程持续发生，大陆面积增大。丹纳的学说得到了地质学术界的普遍支持，欧洲学者通过对阿尔卑斯山的地层与构造的研究，进一步完善了地槽学说，他们认为地槽也可以发生在大陆的内部或两个大陆之间，地槽的快速沉降和补给不足，可导致地槽出现深水沉积。

1885 年，奥地利地质学家休斯首次提出了地台的概念，他认为地台是地壳的相对稳定地区，地槽是地壳的活动地带，地槽、地台是地壳的两个不同的大地构造类型。槽台学说经过近一个世纪的发展形成了一整套建立在地质事实基础上的大地构造理论，在 20 世纪 70 年代以前，作为正统的学说支配着地质学的发展，直到今天，槽台学说的某些认识仍然是不容忽视的，尤其是在大地构造的演化方面，无法回避槽台学说提出的研究结果。因此，有必要了解现代的槽台概念。地槽是指大陆内部、大陆之间和大陆边缘强烈活动的沉积盆地，有巨厚的沉积建造，长达数百千米至数千千米，宽仅几十千米至几百千米。地球上巨大的山系如阿尔卑斯山、阿巴拉契亚山都曾经是强拗陷的地槽，在造山运动过程中，地槽隆起褶皱成山，形成地槽褶皱带。大西洋大陆边缘海如地中海、红海，都是现代的地槽。

地槽一般具有以下特征：

（1）大幅度的升降运动、水平运动和巨厚的沉积建造。地槽发育的全过程包括两个阶段，早期以下降占优势，晚期以上升占优势。在地槽下降占优势的阶段，下降的幅度是有差别的，出现了相对拗陷较深的地向斜和相对隆起的地背斜。前者沉积厚度较大，后者沉积厚度较薄或缺失，它们呈平行系列。

在上升阶段，上升运动总是从最活动的地向斜部分开始，形成中央隆起，在两个相邻的隆起之间，由地背斜演化成山间拗陷。中央隆起在上升到侵蚀面之上时遭受剥蚀，山间拗陷成为新的沉积区，最后地槽的各个部分先后隆起，沉降的优势最终被上升所取代，这称为普遍回返。地槽从下降至回返的全过程称为地槽的构造旋回。地槽的发育过程形成了巨厚的沉积建造。沉积建造是指在一定的构造单元中，在一个构造旋回的某一特定阶段所形成的一套岩石组合。地槽在下降阶段可首先形成下部碎屑建造——海侵范围扩大自下而上碎屑粒度由粗变细，接着产生海底火山建造，在下降晚期，碎屑来源减少的较平静时期形成石灰岩建造。在地槽上升阶段形成了上部碎屑建造，其中形成了早期的复理石建造（海相陆源物质组成，韵律清楚的细碎屑岩组合，单个小旋回的厚度仅几厘米到几十厘米）和晚期的磨拉斯建造（褶皱回返阶段山间拗陷中堆积的粗碎屑岩组合），以砾岩和砂岩为主。

（2）在地槽褶皱回返时期，构造变动强烈，形成了线性褶皱。倒转、平卧、紧密褶皱极为发育，断裂变动也十分强烈，多形成叠瓦式逆掩断层和推覆构造。

（3）岩浆活动具有以下特征：酸性、中性、基性、超基性岩均有发育，喷出岩以海相为主，且多为基性和超基性喷发。浸入相以酸性浸入岩为主。在地槽下降阶段以基性海底火山喷发为主，逐渐过渡为中酸性的小型侵入体，在地槽上升阶段尤其是褶皱造山阶段，发生大规模的花岗岩岩浆侵入和强烈的区域变质作用，其中又以中低级变质作用为主。

（4）在地槽下降阶段初期可形成煤和石油，但规模一般均不大。伴随基性岩浆浸入可产出 Cr、Ni、Pt、Ti 等金属矿产。在地槽回返阶段可形成岩盐、钾盐、石膏、煤和石油，在酸性岩浆活动中可形成 Cu、Pb、Zn、W、Sn、Mo 等及矽卡岩型 Fe、Cu 矿床等。

地槽褶皱带形成后，地壳活动相对微弱，转入相对稳定阶段，活动带转变成相对稳定区。地壳上相对稳定的地区称为地台，一般是指在前寒武纪结束地槽发展阶段的地台。在古生代或中生代结束地槽发展阶段的稳定区称为年轻地台或新地台。由于它们通常都处在山脉状态，一般不称其为地台，而用褶皱带这样的术语。

典型地台具有以下特征：

（1）一般具有双层结构，即具有地槽发展的基底和在基底侵蚀面之上沉积形成的盖层，二者之间为不整合接触。地台基底裸露的地区称为地盾，地盾就是被剥蚀的地台。地台的特征指的是盖层特征。

（2）与地槽的活动性相反，地台升降运动幅度小，沉积厚度较薄，厚度仅几十米到几百米，少数可达上千米，岩性和岩相稳定，沉积范围广，构造变动弱。地台往往也经历下降和上升两个阶段。在下降阶段形成宽缓的台背斜和台向斜，并可形成次一级的穹窿和构造盆地，断裂变动少，一般以正断层为主，岩浆活动和变质作用微弱。

（3）地台在下降阶段早期多可发育石英砂岩建造并出现成煤沼泽，下降晚期以发育石灰岩建造为主，在地台上升阶段多为陆相沉积建造。长期的风化和外动力活动形成了 Fe、铝土、煤、石油、岩盐和石膏等丰富的沉积矿产资源，但地台中金属矿的种类和数量较少。但是，上述规律对中国地台，如中朝地台、扬子地台并不完全适用，因为我国地台具有较大的活动性。

槽台学说一百年间对地质学的发展做出了贡献，在矿产资源的勘查中起到了重要的理论指导作用。槽台学说对地壳运动规律的总结是建立在大量实际资料的基础上的。尽管板块构造学说对槽台学说的正统地位提出了有力的挑战，但是，在解释大陆地壳的运动和演化时，槽台学说的影响是无法回避的。另外，槽台学说的各个学派也正在与板块相结合，出现了许多新的观念，因而它仍然处在发展过程中。

6.3.7.2 大陆漂移学说

20 世纪最激动人心的地质学思想应当是板块构造学说，以威尔逊为代表的一批地质学家称这个学说为地质学的一场革命。自 20 世纪 60 年代大陆漂移学说以板块的运动形式复活之后，在短短的十几年时间中，在没有激烈争论的情况下，地学界出现了一边倒的支持或合作的倾向，并很快取得了地质学主流派的地位。这与大陆漂移假说形成发展过程中的坎坷命运形成了鲜明的对照。尽管如此，板块的运动机制这个核心问题仍然停留在假说阶段。

大陆漂移这种想法，在 1620 年第一张世界地图问世时，就在英国哲学家弗朗西斯·培根的大脑中萌生了。他认为，大西洋两岸海岸线的吻合并非偶然。1858 年，安东尼奥·斯奈德不仅从几何上而且从地质上注意到大陆可能分裂过，他是第一个公开发表图解来说明大陆上石炭纪漂移的人，同时指出欧洲和北美洲 3 亿年来煤系地层中的化石十分相同。在 20 世纪，泰勒用大陆漂移解释了现代山脉的起源。但是这些敏锐的思想并未能应用到寻找大陆漂移证据的系统研究中，因而未能引起学术界的重视。1910 年，德国马尔堡物理学院教气象学的青年教师魏格纳开始注意大西洋两岸的吻合，并系统地搜集和整理了前人的资料，全面地提出了大陆漂移的证据，并且编制了大陆漂移的一张古地理图。

魏氏的假说在 20 世纪 50 年代以前从未在理论上获得过普遍承认，支持与反对大陆漂移假说的地质学家展开了一场激烈的辩论，大论战的本身确立了魏格纳作为漂移说代表人物的地位。按照魏格纳的看法，所有的大陆在晚石炭世连接成单一的超级统一泛大陆。后来，奥地利地质学家休斯进一步提出石炭世时地球上的陆地是由两块大陆构成的，即北部的劳亚古陆和南部冈瓦那古陆。前者由欧洲、大部分亚洲、北美洲和格陵兰组成，后者由南美洲、非洲、印度、东南亚、澳大利亚和南极洲组成，并以非洲为核心。两个大陆之间为特提斯海（古地中海），大陆之外为泛大洋。魏格纳认为，泛大陆在中生代初期开始逐渐分裂、漂移，一直漂移到现在的位置。大西洋、印度洋、北冰洋是在大陆漂移过程中形成的，太平洋是泛大洋的残余。

魏格纳从地质、古生物和古气候等方面详细搜集和整理了大量资料，对大陆漂移假说进行了论证。欧洲有一条巨大的加里东褶皱带，形成于志留纪-泥盆纪，它在北欧横贯挪威和苏格兰，按照漂移说，它们是在大西洋张开前形成的。显然，在北美洲应当存在与加里东山脉连贯的山脉，这条山脉就是北美洲东部的阿巴拉契亚山脉，这两条现在为大西洋分割的山脉具有相同的地质和构造特征。同样的情况是，南非的海西褶皱山系开普山脉已经在南美洲的布宜诺斯艾利斯南部找到。

大西洋两岸地质发展史也有惊人的相似之处，在距今2亿~10亿年南部各洲的沉积物和熔岩出现的层序几乎完全相同，清楚地说明相互之间的联系。古生物化石的证据极多，比如二叠纪时的舌羊齿植物化石广泛分布在统一的冈瓦那古陆，而在地中海-雅鲁藏布江以北的地区则绝迹；特别有意义的是一种叫作中龙的爬行类动物，分别出现在非洲和南美洲的二叠系湖泊相沉积层内，这种动物不可能穿越辽阔的大西洋，合理的推测自然是大西洋两岸在晚古生代曾是统一的。到侏罗纪，这种跨大西洋两岸的生物现象就不存在了。

在古气候方面也有证据支持大陆漂移说：从晚石炭世的世界古地理图中可以看到一个引人注目的地理配置，即劳亚大陆的南部位于赤道，而冈瓦那大陆的大部分位于南极圈内，南极则位于非洲的好望角附近。显然下述现象就不足为奇了：在劳亚大陆的南部近赤道处形成煤田，在冈瓦那大陆存在冰川沉积。魏格纳从大陆边缘的几何形态、地质、古生物和古气候这些方面提出的证据，科学地阐述了大陆曾经漂移过。但是，他难以回答大陆是怎样漂移的，即：不能令人信服地解释大陆漂移的机制和动力来源。实际上，魏格纳等自己也未必完全信服这类机制。大陆漂移的机制是假说的脆弱点，加之存在被批驳的事实，使它很容易受到攻击。南半球的地质学家热情支持这个假说，北半球的地质学家尤其是地球物理学家强烈反对这个假说。第二次世界大战转移了注意力，关于大陆漂移的论争，至此完全处于停滞状态。

6.3.7.3 海底扩张学说

大陆漂移假说在20世纪40年代几乎沉寂之后，50年代由于布莱克特和朗肯关于古地磁学的著作而再次兴起。他们的成果证明，磁极过去的位置相对于大陆而有所改变，大陆漂移可以解释这些变化。克莱格等发现，英格兰叠系地磁场方向离开现代地理北极约30°，它的磁倾角是30°，而现代是65°。这证明了古磁极与英格兰曾经彼此相对地移动过，但并没有提供关于英格兰、古磁极或它们二者相对与现代地理坐标系的相对运动的资料。他们假定英格兰从三叠纪以来旋转了30°，用于解释偏角的改变，倾角的改变则用三叠纪以来英格兰曾向北迁移35°来解释。古地磁提供了非常有力的证据，支持了大陆漂移假说，古地磁成果已迫使地质学家和地球物理学家重新考虑大陆漂移问题。

1961年，美国海军电子学实验室的迪茨发表了《通过洋底扩张的大陆和大洋盆的演化》。这篇论文第一次引入了洋底扩张的概念，但首创这个理论的是普林斯顿大学的赫斯。他的《大洋盆的历史》论文发表于1962年，但海底扩张的基本思想是1960年提出的。赫斯的理论主张：海底基本上是已经部分地水化为蛇纹岩的橄榄岩地幔的露头，它被一薄层沉积物和火山岩覆盖。在地幔的软流圈中存在热对流，他认为莫霍面是化学相变面，对大规模构造运动是可以忽略不计的。海底的主要构造是对流作用的直接表现，洋中脊标志着地幔对流室的上升翼，大洋沟则同对流室的敛合或下降翼相伴生。大陆岩石圈在对流着的软流层上被动地运移。大陆主导边缘在撞上对流地幔的下降翼的地方受到强烈变形，大洋沉积物和火山岩盖层也可冲进下降翼中而发生变质，并最终被焊接在大陆边缘上。按照海底扩张理论，如果对流的运动速率为每年1 cm或2 cm，洋盆的底必然要每隔200万~300万年完全更新一次，这样就解释了洋底考察的一个重大发现：洋底不存在老于侏罗纪的地层。根据海底扩张说，新的洋底是在洋中脊处发生的，那么较老的靠近海沟的洋底将在对流室的下降翼被带向海沟深处的软流圈中，如图6-18所示。20世纪50年代末大洋考察发现了许多使地质学家极为震惊的事实，经典地质学理论既未能预测也未能解释这些事实，而根据海底扩张说这些现象都是不难解释的。

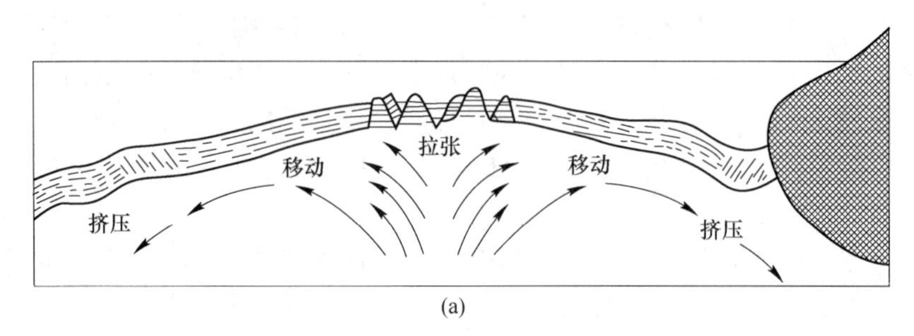

(a)

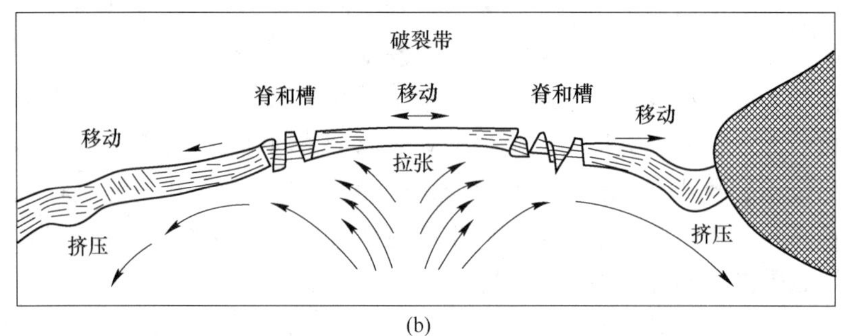

(b)

图 6-18　对流假说示意图

（a）洋中脊形成；（b）劈裂带形成

海底扩张学说发表之后，发生了一个戏剧性事件，即凡因和马修斯在 1963 年用他们原来反对的漂移和扩张说解释了海底磁异常之谜。海底的磁性特征是美国的“先驱者号”考察船从 1955~1960 年对东北太平洋的沿岸海域进行磁性测量过程中发现的；1961 年公布的部分结果表明：海底存在正负相间的线性磁异常，线性条带与洋脊平行并在洋脊两侧对称分布。对这种异乎寻常的现象，学者提出了很多种解释方案，但都难以令人信服。凡因和马修斯认为，太平洋发现的线性磁异常图案（见图 6-19）是由在相反方向上磁化的海底条带造成的。他们用下述方式来解释这种条带的形成，即：新的大洋壳是在洋脊下面地幔对流的上升流上形成的，按照海底扩张观点，当冷却到居里温度以下时，它会在地球磁场方向上磁化。如果当海底扩张发生时地球磁场曾经周期性地倒转，则平行于洋脊峰顶的先后相继的大洋地壳条带也将交互地被正常或转向地磁化。这种先后相继的大洋地壳条带就会使周围磁场的总强度增大或减小，因而产生了线状异常的系列。

凡因和马修斯应用海底扩张说解释了海底“斑马”图案，并且用海底磁异常在洋脊两侧的对称分布（见图 6-19）为海底扩张假说提供了重要证据。到 1966 年，海底扩张说已获得了广泛的支持。地球科学理论思维的天平已经倾向新漂移论一边，从而拉开了板块构造的序幕。

6.3.7.4　板块构造

板块构造学说结合了大陆漂移和海底扩张假说的令人满意的部分，地球的表面被看成是由一些彼此接近或背离的岩石圈板块组成的，板块之间被活动边界分割，活动边界包括敛合边界、背离边界和转换边界。萨维尔·勒皮雄以六个主要板块来考虑全球构造，它们

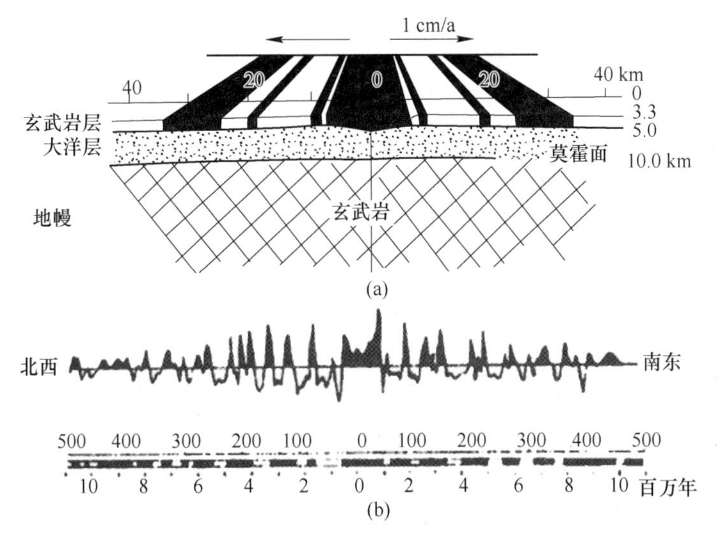

图 6-19 当洋底扩张速度为 1 cm/a 时，洋中脊脊岭带中的大洋地壳形成示意图（a）和东太平洋隆起的磁异常剖面（b）

是：太平洋板块、美洲板块、非洲板块、欧亚板块、印度板块和南极洲板块。

系统的板块构造理论包含以下基本原理：

（1）固体地球的外壳、岩石圈和软流圈参与了地球表层的构造运动。

（2）岩石圈可分成若干个刚性板块，它们在软流圈上做水平位移。

（3）板块的水平位移具有三种形式：板块之间的相对运动——汇聚、板块之间的反向运动——背离和板块之间的相互错动——转换。

（4）汇聚与背离在全球范围内相互补偿，使地球半径基本保持不变。

（5）板块运动的驱动力是上地幔热对流，背离和拉张发生在上升流处，汇聚与挤压发生在下降流处。

（6）板块运动是大洋地壳演化的根本原因，洋壳在不断更新，新洋壳在洋脊处形成，老洋壳在海沟处消亡，洋底更新一次约 2 亿年。一般认为，板块运动对大陆地壳演化的影响至少可追溯到 10 亿年前。

板块之间的分界线有四种类型：大洋中脊、转换断层、深海沟和地缝合线。根据活动边界的应力状态来划分，海沟与地缝合线均属于挤压或敛和界面，大洋中脊属于拉张或背离边界，转换断层属于剪切边界。

（1）大洋中脊。在全球大洋中存在着绵连不断的水下山系，在大洋中没有封闭端，在北冰洋中找到的洋脊是大西洋中脊的直接延续，更证明了这一点。世界大洋中脊的长度达 64000 km 以上。洋脊在接近大陆时，它仍以强烈的地震、构造和火山活动带的形式继续延伸，如埃塞俄比亚的阿法尔三角地区连接舍巴洋脊和东非裂谷的地带。各大洋脊相对于邻近的深海平原具有大致相同的平均高度（为 2000~3000 m），这似乎是大洋地壳条件下巨大山体抬升时能够达到的某种极限。大西洋的洋中脊有中央裂谷，东太平洋隆起中没有中央裂谷，前者称为洋脊，后者称为洋隆。为什么会出现这种情况，目前还不很清楚。一种观点认为它可能反映了大洋中脊的不同发展阶段，还有一种猜测认为裂谷的形成取决于缓慢的海底扩张（1~2 cm/a），当扩张速率超过3 cm/a时，不能形成裂谷。但是实际的观测与这种推测也有矛盾，具有相同的板块增长速度的北大西洋中脊在形态方面发生的变化得不到充分解释。

（2）转换断层。从全球范围来看，洋脊是一个整体。但是，实际上洋脊被一系列相互近于平行的水平断层切割，加拿大学者威尔逊首先描述了这种断层并指出了它与平移断层的区别，称其为转换断层。转换断层是长而平直的破碎带，可长达数千千米、宽数十千米，其横剖面为狭长的海槽，两壁陡峻。转换断层在被其切断的洋脊之间做相对运动，一般发生震源深度小于20 km的浅源地震，而在洋脊的外侧，断层两侧做同向运动，不发生位移。

转换断层作为板块边界的交接方式，最著名的例子是美国的圣安德列斯断层，过去一直作为平移断层处理。但是，这条断层南部到东太平洋洋隆就转变为张应力的机制难以解释，北部在入海后碰到戈达洋脊时，平移分量突然消失，同样难以说明。现在作为转换断层就很好解释了，它是太平洋板块与美洲板块的一段分界线，平移分量是南北西段洋脊的扩张造成的。

（3）海沟和地缝合线。在太平洋边缘存在着一条近于环形的海沟带，其深度一般超过4000 m、宽度不超过800 m，大洋最深点位于马里亚纳海沟中，深达-11033 m。20世纪50年代，对海沟的地形和地球物理特征已有相当了解，海沟是低热流带，海沟处重力值很低，不存在均衡的平衡，证明存在着一种与重力均衡相对抗的作用力，海沟下的地壳厚度不到大陆地壳厚度的三分之一，说明是洋壳。现在知道，海沟是大洋板块向大陆板块下俯冲形成的，老的洋壳在海沟处俯冲到大陆地壳之下，从而插入软流圈，最大俯冲深度可达700 km。目前已知最深的地震发生在马利亚纳海沟，震源深度为720 km；一般认为，在这个深度以下，下插板块要么完全被吸收成为地幔，要么是地幔物质的强度太低，以致不能积累应变能。洋壳在海沟处向陆壳下俯冲的带称为俯冲带，又称为贝尼奥夫带或消减带。俯冲角度的变化幅度很大，一般在45°左右，上部较缓，约30°；下部较陡，为50°~60°；有的俯冲带很平缓，只有7°（如祚乃鲁海沟）；有的很陡，近乎直立（如马利亚纳海沟）。海沟俯冲带有两种类型，即海沟-岛弧系和海沟-海岸山脉系。

大洋岩石圈板块在海底扩张作用下到达海沟时，俯冲进入较轻的大陆板块之下。在一定的深度，洋壳玄武岩发生重熔，重熔作用产生的安山岩浆垂直上升，从而在海沟的陆侧形成安山岩岛弧——20世纪50年代就已发现的“安山线”，这便是西太平洋海沟与岛弧形影不离的原因。当大洋板块直接沿大陆边缘俯冲时，火山则沿大陆边缘呈带状展开而不发育岛弧，从而形成紧邻海沟的弧形山脉。也有人认为与俯冲的角度有关。岛弧总是出现在活动的或现在已不活动的消减带的陆侧，主要由年轻的钙碱性火山岩和深成岩组成，现代岛弧系以强烈的地震活动性和火山作用为特征，西太平洋岛弧系的弧顶一般总是突向大洋盆地。岛弧地壳为陆壳，也有人认为是过渡形地壳。

海沟-岛弧系和海沟-海岸山脉系都是大洋岩石圈板块俯冲进入大陆板块之下的板块汇聚地带，海沟是洋、陆板块的敛合界面，地缝合线则是两个大陆板块以相对碰撞为主要方式焊接在一起形成的敛合界面。实质上，与海沟是同一种类型，统称为板块的敛合界面，所不同的是地缝合线出现在大陆上。最著名的地缝合线是雅鲁藏布江地缝合线，它是印度洋板块和欧亚板块的碰撞线。从表面上看，雅鲁藏布江地缝合线是印度洋板块和欧亚板块的碰撞线，实质上在晚古生代，印度大陆位于南半球，与劳亚大陆之间为古特提斯海，晚白垩纪—第三纪时，印度大陆向北的漂移导致洋壳在欧亚大陆下的俯冲与消亡。两个大陆板块的持续挤压和俯冲最终导致了印度大陆与青藏高原的碰撞，陆壳的直接碰撞形成了喜马拉雅山，同时形成了一系列大规模推覆构造。青藏高原的地壳厚度达 50~70 km，这与大陆的碰撞是有紧密联系的。

一般认为原始洋壳都是从大陆裂谷中，由浸入和喷出的基性岩浆形成的，大西洋就是在欧洲、非洲与美洲的分裂中形成的。在上地幔热对流的驱动下，新生洋壳驮载在软流圈上，自洋脊运载到海沟，俯冲入地幔并局部熔融，最后消失在上地幔软流圈之中，构成了一个封闭的循环系统。威尔逊把大洋的形成、演化归纳为六个发展阶段（见表 6-4），这六个阶段构成了大洋底演化的一个完整旋回，又称为威尔逊旋回。

表 6-4　大洋盆地的发展阶段

阶段	胚胎期	幼年期	成年期	衰退期	终结期	遗迹期
活动方式	上升	上升、扩张	扩张	挤压	挤压、上升	挤压、上升
举例	东非裂谷	红海、亚丁湾	大西洋	太平洋	地中海	喜马拉雅山

6.4　地球的外部活动

地球表面的岩石受到来自地球外部的自然动力作用，使得组成地壳的物质成分、结构和地貌发生变化，这种作用称为外动力地质作用。外部能量来源主要包括太阳能、太阳和月球的引力能，以及地球自身的重力能等。这些能量主要作用于地壳表层，并且表现出不同的作用方式，如风化作用、剥蚀作用、搬运作用、沉积作用和成岩作用等。外动力地质作用和内动力地质作用之间既有区别，又有联系。它们共同作用，通过破坏、建设、再破坏、再建设的不断循环往复过程，促使地球处于不断演化和发展之中。例如，在板块运动过程中，通过内动力作用，原来的沉积岩、岩浆岩和变质岩被不断变质和熔融，产生新的变质岩和岩浆岩，并形成复杂的构造变形，以及起伏地形；而外动力变质作用不断改造起伏的地形，使高处的岩石被转移到低平处，地面趋向平原化，产生表生矿物和各种不同类型的沉积岩，并再参与岩石圈的循环。

6.4.1　风化作用

地表或接近地表的岩石受大气、水温度、生物和其他环境因素的不断改造，在原地发生物理和（或）化学性质变化，并变成松散堆积物的过程，称为风化作用。风化作用过程是一个持续、普遍和缓慢的过程，形成产物保留于原地。地壳岩石发生风化作用的区域，称为风化带。根据性质和影响因素的不同，风化作用可以分为物理（机械）风化、化学风化和生物风化三种类型。

6.4.1.1　物理（机械）风化作用

物理（机械）风化是指岩石由于外动力作用被破碎成小块，但化学成分和矿物组合没有明显改变的作用过程。例如，花岗岩浸入体被物理风化后成为细小块体，但其中原来的矿物组合如石英、长石和暗色矿物等没有明显改变。物理风化过程只是使岩石破碎成粗细不等、棱角明显、没有层次的松散碎块，堆积在原来岩石表面或滑落到坡麓。物理风化的主要作用方式有冰劈作用、释荷（卸载）作用和温度作用等。

（1）冰劈作用。冰劈作用的主要作用介质是水，在 0 ℃左右冰-水转换过程中，通过其体积的变化，对岩石产生作用力，使得岩石开裂、破碎。地表岩石都有大小不等的裂隙(如节理)，其中有时会存留液态水，当环境温度下降到 0 ℃以下时，裂隙中的水结成冰，其体积膨胀约 9%，增大的体积会对周围岩石产生强大的压力，使裂隙扩大。当周围温度上升到 0 ℃以上时，冰融化成水，体积缩小，这时外界有更多的水补充并扩大缝隙。当温度再次下降后，继续扩大岩石的裂隙，如此循环往复，像冰楔一样最终使岩石破裂、崩解成不同大小的碎块，如图 6-20 所示。由于冰劈作用的主要影响因素为温度和水，因此在高山雪线、高纬度寒冷地区等气温在 0 ℃上下变化的区域最为显著。

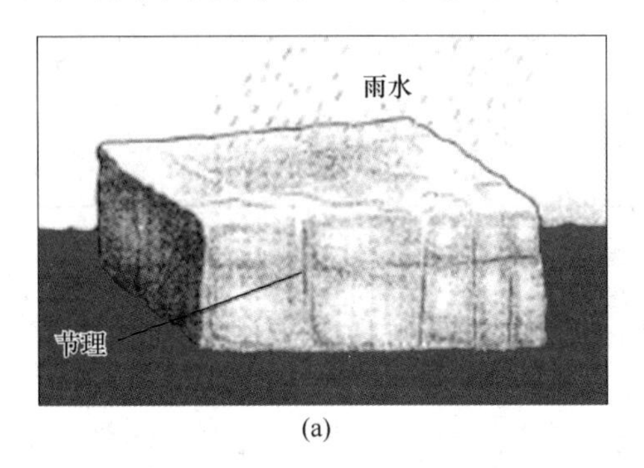

(a)

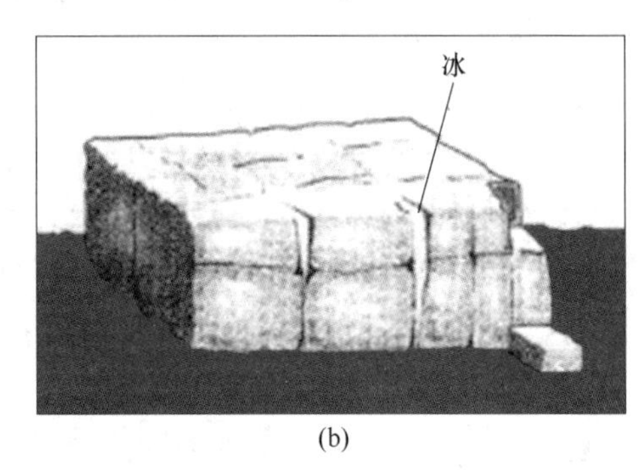

(b)

图 6-20 冰劈作用示意图

（a）液态水在岩石节理存留；（b）冰扩大岩石裂隙

（2）释荷作用。释荷作用是物理风化作用的重要类型之一，是由于岩石上部的压力减小，导致岩石膨胀产生裂隙的过程。例如，侵入体岩基通常形成于地壳深部，上面覆盖有数千米厚的岩石，对岩基产生极大的压力，后期地壳抬升，岩基因上覆岩石被逐渐剥蚀而出露，上覆的压力释放，导致岩基内部岩石体积扩大，向上膨胀，因外部和内部的扩张速率不同，形成近于平行岩石表面的席状节理（见图 6-21)，并导致外侧表面的岩石发生破裂，沿席状节理剥离滑脱，形成剥离丘。在花岗岩形成的风景区中常可见此类地貌。

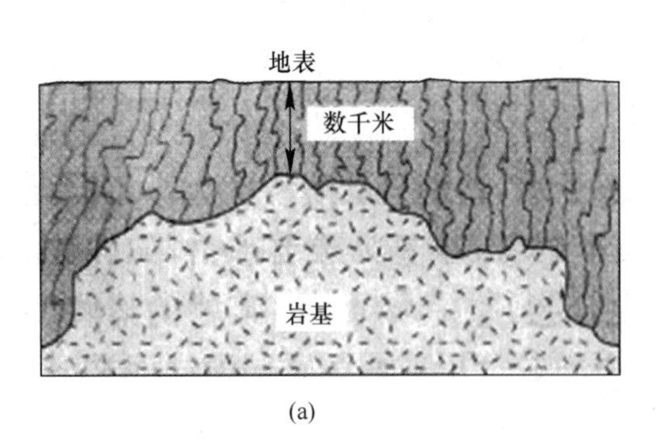

(a)

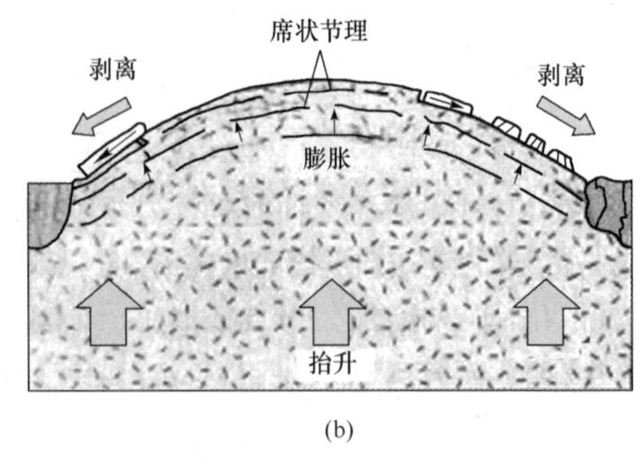

(b)

图 6-21 由于压力释放形成的席状节理（a）和岩石破裂剥离（b）的释荷作用

（3）温度作用。温度的作用是指由于环境温度的剧烈变化，使岩石发生迅速的热胀冷缩而引起破裂。由于岩石不能迅速传导热量，在气温剧变、温度升高时，岩石表面温度升高较快，体积膨胀，而内部热传递很慢，温度升高缓慢，外部和内部产生较大温差，因而会平行岩石表面产生微裂隙；当温度下降后，岩石表面温度先下降，逐渐向内收缩，但内部温度下降缓慢，还处于膨胀状态，使岩石外部产生垂直表面的裂隙。如此反复速率不一的膨胀收缩，使岩石表面形成横向和纵向的交错裂隙，导致岩石逐渐破碎崩解。这种作用常发生于昼夜温度变化较大的内陆干旱地区，形成大小不一的棱角状松散堆积物。中国古代劳动人民在修筑道路时也常利用岩石的这一特点，先通过加热烘烤岩石，再用冷水使岩石迅速降温，使挡路的巨大岩石破碎，再进行清理。

6.4.1.2 化学风化作用

化学风化作用是指在地表或近地表条件下，组成岩石的矿物发生化学变化，使其逐渐分解，遭到破坏，并产生新矿物的过程。引起化学风化作用的主要因素是氧和水溶液。尽管组成地壳岩石种类繁多，但化学风化作用的产物只有有限的几种，如红土、高岭土等残留黏土矿物等。风化作用的方式包括溶解作用、水解作用、水化作用和氧化作用。

（1）溶解作用。自然界中组成岩石的任何矿物都能溶解于水，差别只是溶解度大小不同，其中溶解度大者为易溶矿物，如卤化物、碳酸盐矿物等；小者为难溶矿物，如硅酸盐矿物。此外，由于水溶液中含有多种气体和化合物，能提高对某些矿物的溶解度，如水中含较高的 CO_2 时，难溶碳酸盐就形成易溶重碳酸盐而被溶解。

$$\underset{(方解石)}{CaCO_3} + CO_2 + H_2O \longrightarrow \underset{(重碳酸钙)}{Ca(HCO_3)_2}$$

在溶解作用中，除矿物的溶解度和水溶液性质对溶解度有影响外，其他外部条件如温度、压力等对矿物的溶解程度也有影响。随温度、压力的增加，石英矿物的溶解度也有明显增加；温度升高或压力降低可以使水溶液中 CO_2 含量下降，重碳酸盐会分解成难溶碳酸盐，重新沉淀出来。溶解作用的结果，使得岩石中易溶物质随水溶液流失，在原地保留难溶物质，岩石中孔隙增加，强度降低，有利于后期的剥蚀作用。

（2）水解作用。水解作用是指矿物与水相结合，H^+或 OH^-和矿物中金属离子之间发生反应，矿物结构发生改变，形成新的矿物，这种反应是不可逆反应。自然界中最常见的矿物水解反应是长石的水解，由于长石为强碱弱酸型的硅酸盐矿物，与水反应后形成高岭石、氢氧化钾和二氧化硅。其中，氢氧化钾和 SiO_2 可以溶液或胶体形式被带走，而高岭石则成为松散物质残留在原地，成为做陶瓷制品的原料。由于上地壳岩石中大多含有长石，而且其他硅酸盐矿物也多为强碱弱酸型矿物，因此水解作用是地表岩石风化中一种普遍的作用形式，风化产物甚至可以形成矿床。

$$4KAlSi_3O_8 + 6H_2O \longrightarrow Al_4[Si_4O_{10}][OH]_8 + 4KOH + 8SiO_2$$

（3）水化作用。水化作用是指某些矿物与水接触后，能吸收一定量的水分子进入矿物组成中，水分子以结构水或结晶水形式存在，形成新的含水矿物的过程。例如，硬石膏变成石膏、赤铁矿变成褐铁矿等：

$$CaSO_4(硬石膏) + 2H_2O \longrightarrow CaSO_4 \cdot 2H_2O(石膏)$$

$$Fe_2O_3(赤铁矿) + nH_2O \longrightarrow Fe_2O_3 \cdot nH_2O(褐铁矿)$$

水化作用后，新形成的矿物硬度较低，体积膨胀，使得原有岩石抗风化能力下降，并对围岩产生挤压力，加速了岩石的机械风化作用。

（4）氧化作用。由于地球大气圈和水圈中有很高的氧含量，组成岩石的元素尤其是金属元素可以与氧发生化学作用，受到氧化，形成新的矿物。例如，硫化物矿物中黄铁矿在地表被氧化，转变为褐铁矿，铁离子从+2价氧化成+3价，矿物颜色由原来的铜黄色变为褐黄色，硬度、密度降低。

$$4FeS_2 + 15O_2 + (8+n)H_2O \longrightarrow 2Fe_2O_3 \cdot nH_2O + 8H_2SO_4$$

由于矿物结构中有水分子的加入，使岩石的结构疏松，同时，产生的酸性物质使岩石受到腐蚀，风化作用进一步加强。在干燥的条件下，氧化作用较为缓慢，但有水或潮湿的条件下，氧化作用会明显加强。在一些金属矿床中常伴生黄铁矿，因此矿床的地表露头易被氧化为褐色的褐铁矿，覆盖在矿床上，形成铁帽，这是金属矿床的良好找矿标志。

6.4.1.3 生物风化作用

生物风化作用是指通过生物的活动，岩石、矿物等以机械或化学等方式被破坏的过程。由于地表生物分布极为广泛，因此生物风化作用是一种普遍的地质过程。岩石在经历物理、化学风化后，再经过生物风化，会在松散堆积物中加入有机成分如腐殖质。地表含有矿物质、腐殖质、水分和空气的松散物质就是土壤。

（1）生物机械风化作用。生物的机械风化作用主要表现在生物的生命活动过程中，如生长在岩石缝隙中的植物，在其不断生长过程中，其根部变粗变长，使岩石缝隙逐渐加宽加深，最终使岩石崩解，称为根劈作用。此外，穴居动物对地表岩石、土壤的挖掘钻孔，可以使岩石破碎程度增加，风化作用加深。

（2）生物化学风化作用。生物的化学风化是指由于生物的新陈代谢或生物遗体腐烂分解产生的物质对岩石的破坏作用。生物如植物、微生物等在新陈代谢中，会分泌各种酸性物质，通过化学反应，可以缓慢分解岩石和矿物；生物遗体分解也能产生有机酸溶蚀岩石。自然界中，由于总量非常巨大，微生物的活动对岩石有强烈的化学风化作用，如单细胞低等植物硅藻能在常温下分解高岭土，而高岭土的化学分解要在1000 ℃下才能完成。

6.4.1.4 风化作用的关系和风化壳

在自然界中，物理、化学和生物风化作用之间并非相互孤立，三者间存在密切联系。在岩石矿物的风化过程中，一方面，三种作用相互影响，如物理风化使岩石发生破碎，裂隙增加，便于氧气和水进入，为化学风化提供了有利条件，增加的接触面使风化作用在更多方向上发生，使岩石变得疏松易碎，又有利于物理风化。另一方面，物理、化学风化后的松散堆积物为生物活动提供了更多场所，大量的生物活动又反过来促进了物理、化学风化作用更广泛地发生，最终形成适于生物生长的土壤，其中生物风化有很重要的贡献。

岩石经过长期风化作用之后，可溶性物质随水流失，残留原地的物质称为残积物。残积物之上是经过生物风化作用形成的土壤，残积物之下是半风化的岩石，再向下逐渐过渡为基岩——基本未接受风化作用的完整岩石。基岩以上的土壤、残积物、半风化岩石构成了风化壳剖面（见图6-22），不存在风化壳且露出地表的基岩称为露头。风化壳的性质与气候关系最密切，不同的气候条件形成不同的风化壳，形成后被上覆沉积的环境，因此埋藏风化壳标志着沉积间断。在我国华北地区，中奥陶统与其上覆的中石炭统地层之间发育一层厚数厘米至数米的Fe-Al风化壳，它标志着历时一亿多年的风化剥蚀留下的残余物，可见风化壳是研究地壳运动的一个依据。

6.4.1.5 影响风化作用的因素

由于风化作用主要是在地表条件下发生，是持续不断的过程，因此对地表岩石来说，风化作用的速度在不同条件下存在显著差异。其中，主要的影响因素包括气候条件、地形条件和岩性等。

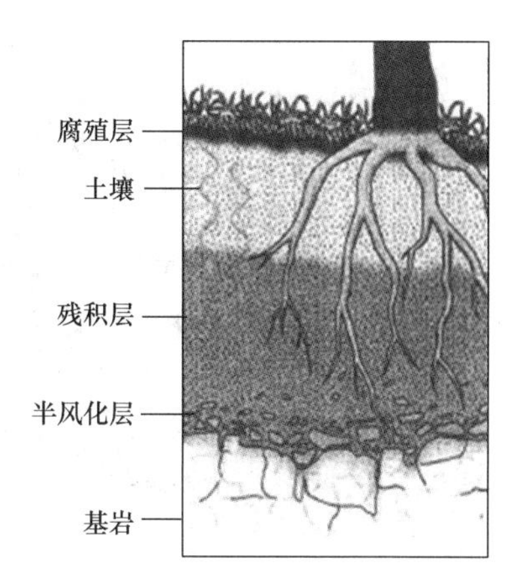

图 6-22 风化壳剖面结构

（1）气候条件。不同地区存在不同的气候条件，具体表现在有不同的气温及气温变化、不同的降水量以及降水性质、不同的生物发育环境等，因此对地表岩石产生不同的风化作用过程。在气候寒冷或干旱地区，水的活动很少以流体形式存在，生物分布密度很小，因此化学和生物风化作用微弱，物理风化作用占主导地位，岩石被简单破碎成大小不一的块体，岩石的化学性质变化较小，少有土壤形成，覆盖较小，利于野外地质研究。气候炎热潮湿，降水多的地区，各种动植物和微生物生长发育茂盛，种类繁多，因此化学风化和生物风化都很显著，地表或近地表的岩石被分解得较为彻底，形成较厚的土壤层，基岩裸露较少，不利于野外地质研究。

（2）地形条件。地形从两个方面影响风化作用的速度：一方面，在相对高程变化较大的山区，不同高度分布不同的气候带能产生不同类型的风化作用；另一方面，地形陡缓能直接影响风化。例如，在陡峭地，地下水位低，动植分布稀少，风化作用以机械方式为主，风化产物滑落堆积到陡坡下，暴露出内部岩石，继续风化；在平缓地形，有大量生物分布，水量充足，以化学和生物风化作用为主，矿物分解彻底，形成黏土矿物和土壤。

（3）岩性条件。除上述两种因素外，岩石本身的岩性条件，如矿物组成、结构构造、构造环境等对风化作用也有影响。从成分上，不同矿物的物理性质和化学组成不同，因此由多种不同矿物组成的岩石的抗风化能力也不同。一般而言，物理强度大的矿物组成的岩石比强度小的矿物组成的岩石更抗机械风化；而由溶解度大的矿物组成的岩石更容易被化学风化。岩浆岩比变质岩、沉积岩更容易风化；岩浆岩中岩石基性程度越高，越容易风化。由于组成岩石的矿物抗风化能力有明显不同，而导致在同一风化条件下岩石表面凹凸不平的现象称为差异风化，如图 6-23（a）所示。

从岩石的结构特征看，非晶质、等粒或细粒结构的岩石分别比晶质、不等粒或粗粒的矿物易于化学风化，但抗机械风化能力更强。此外，岩石的裂隙如节理发育，使表面积增加，更容易被物理和化学风化。例如，花岗岩中次生节理发育时，岩石被切割成块状，由于棱角处更易被风化，因此岩石被风化成球状或独立块体，如图 6-23（b）所示。

6.4.2 剥蚀作用

剥蚀作用是指由于不同介质（河流、地下水、海洋、冰川、湖泊和风）的活动，介质本身及其所含动能，对地表岩石的破坏作用，最终导致地表形态变化的过程。由于不同的介质性质、活动环境、作用方式与对象，表现出的剥蚀作用既存在某些共性也存在显著差异，因此下面对各种剥蚀作用过程进行描述。

6.4.2.1 河流的剥蚀作用

河流分布于大陆表面，河水来源于大气降水、雪水和地下水等，在河谷中流动，在地

(a)

(b)

图 6-23 河南云台山中元古代地层的差异风化作用（a）和黄山花岗岩的风化特征（b）

表呈线状分布，对流经地区的地表不断进行破坏，并将破坏下来的物质由水流带走。其中，由于河水的特点，河流的剥蚀作用包括物理剥蚀和化学剥蚀两种方式，并以物理剥蚀为主。河流的化学剥蚀主要是指河水对流经地区或河谷的岩石中矿物进行溶解，使得岩石遭到破坏。物理剥蚀主要取决于流动河水所含的动能，这与河水流量以及流速有关，其中流速起更重要的作用，也就是说，同一河流中，流速越大的区域，剥蚀作用越强。因此在不同的区域，河流表现出不同的物理剥蚀作用方式，如下蚀作用和侧蚀作用。

A 河流的下蚀作用

河流侵蚀河床底部，降低河床高度的作用过程称为河流的下蚀作用。河流的下蚀作用主要依靠河水流动时的冲击力和河水中携带的沙石对河床的摩擦、撞击等机械力量完成，因此作用强度、速度受到河水的流速、流量、携带物以及河床的软硬程度的影响。在河流上游，河谷狭窄，落差大，因此河水流速大，强烈下蚀河床，河谷不断加深，形成两岸陡峭的“V”形河谷；而到达下游时，河面高度接近海平面，流速较小，下蚀作用微弱。

由于组成河床的岩石硬度有时存在差异，因此河流的下蚀作用会在河床上形成急流或瀑布。由硬度大的岩石组成的河谷不易被剥蚀，而硬度小或易溶岩石组成的河床容易被剥蚀，形成较深的洼地，因此不同类型的岩石组成的河床在纵向上被下蚀成高低不平的地形，其中高差小时就形成急流，高差大时则形成瀑布。例如，我国最大的黄果树瀑布就是因为灰岩的差异性溶蚀形成高差达 58 m 的陡坎，河水飞流而下。由于瀑布的水流从较高处垂直落下，对瀑布下方的河床形成强烈的冲击，下蚀作用显著，在瀑布下方形成较深的水潭。由于水流冲击同时对瀑布陡坎下方也形成剥蚀作用，若底部为较软的岩石时，水流逐渐将其剥蚀掏空，使上部岩石失去支撑而崩落塌陷，因此瀑布不断向上游后退，如美国和加拿大边境的尼加拉瓜瀑布每年平均后退的距离是 0.5~1.5 m。瀑布逐渐后退，河床的落差也逐渐减小，陡坎逐渐消失，最终变成较平坦的河床。

B 河流的侧蚀作用

河流沿水平方向对河床两侧或谷坡的破坏作用称为侧蚀作用。直线式的河床或河流的上游，侧蚀作用微弱，主要以下蚀作用为主，而河流中下游，水流平缓，河谷弯曲，侧蚀作用才较显著。在弯曲河道，由于水流按惯性保持原来直线流动方向，因此对前方凹岸形成冲击力，使其被剥蚀，这就是侧蚀，如图 6-24 所示。当河水流向凹岸时，不断涌向凹岸，使凹岸侧水位升高，下层河水压力增大，向压力较小水位较低的凸岸侧流动，形成垂直流向的横向环流。由于横向环流是从凹岸流向凸岸，使前者受到强烈剥蚀被掏空垮塌，剥蚀下来的物质被带向凸岸，结果使凹岸不断后退，凸岸接受沉积不断延伸，河谷曲率不断增加，使河床在河谷底部形成不断迂回摆动的曲流，称为蛇曲。这时，相邻的河曲不断靠拢，在洪水期，蛇曲的颈部被冲断，河流截弯取直，原来的弯曲河道被遗弃淤塞后，形成弯曲的湖泊，称为牛轭湖。

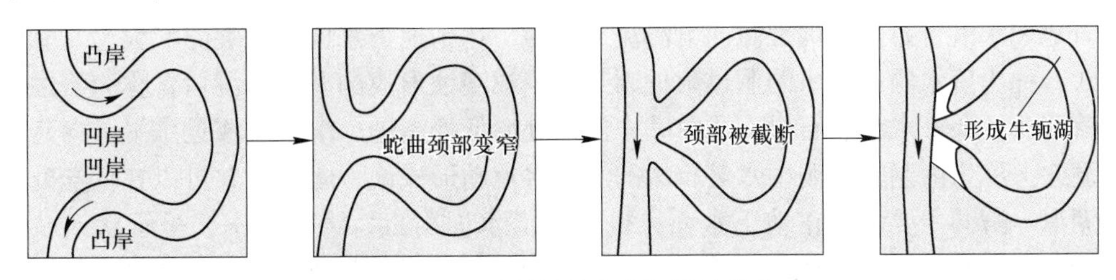

图 6-24 河流的侧蚀和牛轭湖的形成

6.4.2.2 地下水的剥蚀作用

地下水是指地表以下存在于松散堆积物或岩石缝隙中的水，是地球水圈的重要组成部分，是河流、湖泊的重要补充水源，也是人类生活的重要淡水来源之一。由于其主要分布在地表下，主要由雨水、雪水、地表水和湖水等渗入地下聚集形成，因此地下水的地质作用以气候湿润、雨量充沛的地区较为活跃，特别是对易溶岩石分布广泛的地区作用显著。

由于地下水运行于岩石或堆积物的缝隙中，流动缓慢、水量较小，因此机械剥蚀作用微弱，除非是在地下暗河中。但由于地下水与岩石或堆积物有较大的接触面积和充足的接触时间，因此化学作用较为强烈，特别是当水中含有酸性物质时化学剥蚀作用明显。

A 地下水的溶蚀作用

由于地下水普遍溶解有一定量的 CO_2 和各种有机酸，因此表现出弱酸性，而且地下的温压高于地表，因此地下水比纯水的溶蚀能力大。在地下水运移于岩石和松散堆积物孔隙中时，能迅速分解可溶性岩石如碳酸盐岩、石膏等，地下水中 CO_2 含量越高，溶蚀能力越强。在碳酸盐岩类广泛分布的地区，地下水沿层面和裂隙流动，表现出较强的作用能力，不断溶解岩石，扩大流动通道。$Ca(HCO_3)_2$ 可以溶解于水，并随地下水的流动而运移到别处。因此溶蚀作用使岩石中形成各种形态和大小不等的洞穴、通道，地表也是怪石林立，坑洼不平。这种由于可溶性岩石经水（主要是地下水）溶蚀形成的各种地表和地下地形地貌称为喀斯特地形，其过程称为岩溶作用，如图 6-25 所示。

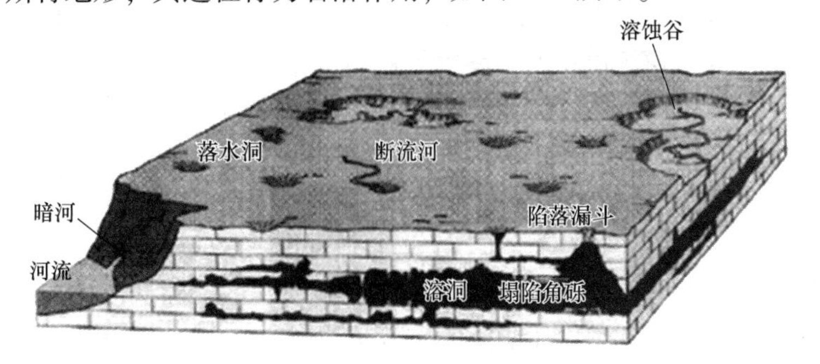

图 6-25 岩溶作用示意图

喀斯特地形的形成有一个相对较长的时间，需要满足一定的条件，如：有厚层可溶性岩石（碳酸盐岩类）；产状平缓，节理（裂隙）发育；有丰富的且运动的地下水。在碳酸盐岩类发育地区，地下水沿斜坡或岩石缝隙（如节理）流动，并向下渗透，使岩石溶解，表面形成数厘米到数米深度的沟槽，称为溶沟，溶沟间突起部分称为石芽。由于溶沟和石芽，地表沟槽相间，崎岖不平；随溶蚀程度增加，溶沟不断加深扩大，形成高大直立，阵列如林的石林。

若地表水沿岩石的节理裂隙向下渗流、溶蚀，达到地下水面，使裂隙扩大为直立的井状洞穴，称为落水洞；落水洞洞口附近因为塌陷或溶蚀形成的漏斗状洞口，称为溶蚀漏斗或陷落漏斗。地下水在岩石层面或缝隙中由高处向低处流动，溶蚀形成近水平方向延伸的地下洞穴，称为溶洞。溶洞中水量较大的地下水流动形成地下暗河，并可以在低洼处形成地下湖泊。溶洞主要发育在地下水面，也就是潜水面附近，大小不一，呈管状或枝状延伸。若在后期地质运动中地壳上升或地下水面下降，可以沿较低的地下水面形成新的溶洞，而早先形成的溶洞则成为干溶洞。若溶蚀作用进一步加强，溶洞不断扩大，导致顶板垮塌，使溶洞出露地表形成沟谷，称为溶蚀沟；残留的顶板则形成天生桥，溶蚀谷不断被溶蚀扩大，形成溶蚀盆地，盆地中残留的岩石构成峰林。

B　滑坡的形成

地下水的机械剥蚀作用微弱，仅能对松散堆积物中的细粒砂石或黏土进行作用，但这一方面可以使堆积物中孔隙扩大，增加堆积物质量；另一方面可以降低堆积物内部的摩擦力和矿物间的黏结力。因此当松散的堆积物位于斜坡上，并充满地下水后，由于重力的作用，堆积物会大量从高处往低处运动，形成滑坡。

6.4.2.3　海洋（湖泊）的剥蚀作用

海洋的剥蚀作用是指由海水的机械动能、溶解作用和海洋生物活动等因素引起海岸及海底物质的破坏作用，简称海蚀作用。海蚀作用按方式有机械的、化学的和生物的三种。机械海蚀作用主要是由海水运动产生的动能而引起的（如波浪、潮汐等），破坏的方式有冲蚀和磨蚀；化学海蚀作用是海水对岩石的溶解或腐蚀作用；生物海蚀作用既有机械的也有化学的。机械、化学和生物海蚀作用这三种方式往往是共同作用的，但以机械方式为主因。海岸地区水浅，受波浪和潮汐作用影响大，因而该区域是海蚀作用最强烈的地带。

当波浪在海水深度大于1/2波长的深水区传播时，其水质点基本上作规则的圆周运动，波浪是规则对称的，不发生变形，波长和波高变化不大。但当波浪进入水深小于1/2波长的浅水区时，受海底摩擦阻力的影响，使水质点的运动速度产生差异（上部快于下部），水质点的运动轨迹发生变形，成为椭圆形；在惯性力的作用下，波峰的水体就向前（波浪运动方向）倾斜，使波浪变形，形成不对称波浪。若水深进一步变浅，波浪向前倾斜程度加大，波峰明显超前并且翻卷破碎，称为破浪；破浪进一步涌向岸边，拍击海岸，称为拍岸浪或激浪。所以，浅水区波浪变形所形成的破浪和拍岸浪能直接作用于海底与海岸，常常具有很强的破坏能力，是海蚀作用的主要动力（图6-26）。

6.4.2.4　冰川的剥蚀作用

由于冰川是巨厚的冰体，其中通常冻结有大量石块，因此对冰床的压力巨大，冰川流动时会对冰床产生破坏，称为刨蚀作用。按照破坏方式，可以分为挖掘和磨蚀作用，均为机械剥蚀作用。挖掘作用是指冰川底部的冰由于受上部的重压而融化，融水渗入冰床岩石

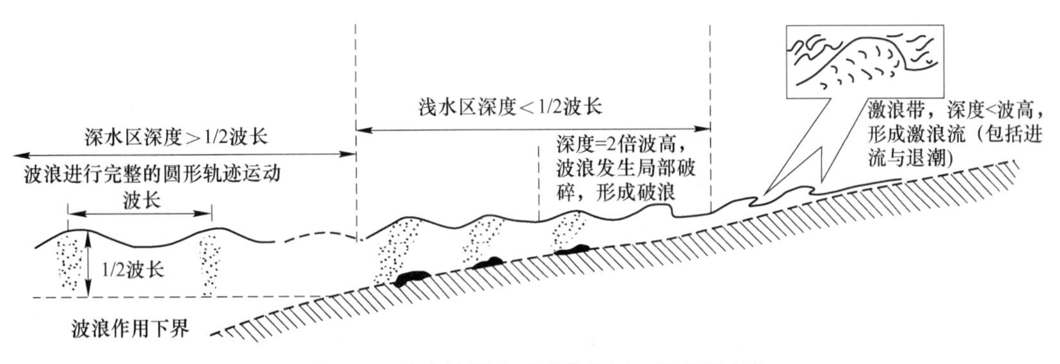

图 6-26 波浪从深水区到浅水区、海岸的变化

缝隙中，使岩石和冰川冻结在一起，随冰川的流动，冰床上的岩石碎块被冰川带离原地，这种作用方式主要发生在冰床地形起伏较大且岩石裂隙发育的地区。磨蚀作用是指冰川和所携带的石块对冰床底部和两侧的岩石进行摩擦破坏，形成光滑的磨光面，也就是冰溜面以及细密平行的冰川擦痕。

6.4.2.5 风的剥蚀作用

风的作用是纯机械作用，作用程度受风力和地表状况的影响。风的剥蚀作用称为风蚀作用，其力量小于上述数种介质的作用。按作用方式分为吹蚀作用和磨蚀作用。风的吹蚀作用是依靠风力对地表风化后松散堆积物的吹扬，但对大块岩石作用微弱。风的磨蚀作用是其主要作用方式，主要是指风挟带的砂石对地表岩石的碰撞和摩擦作用。风力越强，挟带物越多，对岩石的磨蚀作用越强，这种作用在干旱地区较为常见。在地表松散堆积物被吹走后，暴露的石块被磨蚀成具有光滑表面和明显棱角的砾石，称为风棱石；孤立的基岩被风化和磨蚀后可以形成上大下小的石蘑菇；若岩石由硬度不同的矿物组成，则可能被风化和磨蚀成多孔的蜂窝石；被风蚀作用改造的干涸沟谷，则形成宽度、深浅不同的弯曲风蚀谷，如图 6-27 所示。

图 6-27 各种风蚀产物

（a）风棱石；（b）蜂窝石；（c）石蘑菇；（d）风蚀谷

6.4.3　搬运和沉积作用

上述各种介质不仅能对地表或近地表岩石进行破坏，由于其本身所含的能量，对风化剥蚀的产物也可以进行搬运，随着能量大小不同和消耗情况，表现出不同的搬运过程和沉积作用过程，并对地形地貌进行改造。

6.4.3.1　河流的搬运和沉积作用

河流搬运的物质除了砂石、黏土等不同粒径的碎屑物外，还有溶解的物质或化合物胶体状物质，对碎屑物的搬运称为机械搬运，对溶解物质的搬运称为溶运。机械搬运物的大小、数量及搬运状态受河流的流速、流量的控制，尤其是流速的控制。流量可以控制搬运物质的数量，但不能控制粒度的大小；而流速与搬运物的数量及粒度间存在正相关关系，因此当山洪暴发时，不仅能携带大量碎屑物，同时可以搬运体积很大的砾石或岩块，而河流下游流量巨大，但流速缓慢，只能搬运细小的沙粒或黏土。

随河流流量、流速的变化，河流的搬运能力也会发生变化，这时，搬运的碎屑物也逐渐沉积下来，这种沉积过程称为机械沉积。从河流的上游到下游，随流速的逐渐减缓，对大颗粒碎屑物的搬运能力也逐渐减弱，因此由于机械分异作用，从河流的上游到下游，碎屑物会由重到轻、由大到小依次沉积，这一过程也称为分选。如某一河段中的沉积物颗粒大小一致，密度相近，表明分选性好。在不同时期同一河流的流速、流量受降水、气候的影响会存在变化，因此河床上沉积物从下到上碎屑物的粒度、成分也会有所变化，使沉积物从外观上表现出明显的层理特征。

在搬运沉积过程中，由于受河床的阻力和流水的牵引，在河床上可以沉积形成细小的沉积纹层，并不断沉积增高，形成更大的沙坡，这些沙坡次第排列，则形成波痕。沙坡在水流推动下缓慢向下游移动，形成由纹层组成的斜层理；若水流方向有间歇性变化，则可能成交错层理，如图6-28所示。

图6-28　斜层理和交错层理示意图（a）和河南云台山云梦山组中交错层理（b）

河流的机械沉积过程受河流的动能变化控制，因此在河流的不同地段，形成不同的沉积地形。在河谷中，河流沉积物主要形成心滩、边滩和河漫滩。心滩是由于河水在宽阔河道或遇到河床中的隆起物阻碍后，流速减缓，河水携带的砂石在河床中心沉积下来，形成平行流向的梭形滩地，其长度从数十米到数千米，表面平坦，如湘江中的橘子洲就是一个面积很大的心滩；边滩是指河床边缘的沉积地貌，通常是在凸岸形成的沉积或在支流河口沉积形成；河漫滩是指由于河道加宽，河流两侧边滩增加，在洪水时被淹没，平时露出水面。平原地区的河漫滩通常可以形成宽广平坦的平原，称为冲积平原，如华北平原。

在河流入海处的沉积不仅有机械沉积，还包括化学沉积。在河口，水流平缓，水域面积宽阔，流速缓慢，大量碎屑物沉积在这里；同时，由于海水的加入改变河水中电解质状态，河流中溶运的胶体物质也沉积下来，共同形成三角状的地形，称为三角洲，其尖端指向河流，呈扇形向海洋方向展开。由于河流携带大量营养丰富的有机物，因此三角洲中生物发育繁盛，生物死亡后又形成有机质沉积，在三角洲中常形成丰富的有机矿产，如石油和天然气。

6.4.3.2 地下水的搬运和沉积作用

由于地下水的动能较小，因此不能像河流一样机械搬运碎屑物，而以溶运方式为主，其溶运能力与地下水的水量和性质有关，溶运物质以溶液或胶体方式搬运，物质成分与地下水流经区域的岩性相关。因此，地下水的沉积作用以化学沉积为主，在地下水渗出地表或岩石裂隙时，因压力变化而形成沉积，其中与岩溶作用有关的是溶洞沉积。当富含$Ca(HCO_3)_2$的地下水从岩石缝隙渗漏出来时，压力降低，CO_2逸出，水分蒸发，$CaCO_3$沉积，形成各种奇特的溶洞沉积物，如果从洞顶滴落的速度缓慢，形成向下沉淀生长的石钟乳；滴水速度较快，会直接落到洞底，形成向上不断生长的石笋；两者不断生长连接成一体，则形成石柱。除了溶洞沉积外，地下水还可以在地表形成泉口沉积，称为泉华；在缝隙沉积，形成热液脉；在矿物或岩石孔隙中沉积，形成胶结物等。

6.4.3.3 海洋的搬运和沉积作用

海水搬运的物质除来自海洋剥蚀的物质外，还包括河流、地下水、冰川和风等介质剥蚀搬运过来的物质，搬运方式包括机械搬运和化学搬运。海水的机械搬运通过海浪和潮汐的运动完成，海水向海岸运动时，可以将海底的沙、砾等碎屑物带到海岸，底部海流返回时，又将沙、砾等碎屑物带入海内。一方面，由于表面海流动能大，可以将大颗粒搬运到海岸，底流动能小，只能将较小颗粒带回，因此在海岸边留下粗大颗粒；另一方面，由于搬运过程中碎屑物不断摩擦、磨圆、破碎，碎屑物的磨圆程度增加。因此海洋的搬运过程使碎屑物经历反复的磨圆和分选，并在机械沉积物中有明显反映。

6.4.3.4 冰川的搬运和沉积作用

由于冰川是具有流动性的固体物质，因此其搬运方式与河流和海洋有明显区别。其搬运方式为固体搬运，分为推运和载运。推运是指冰川最前沿的冰体推动碎屑物向前运动，载运是指冻结在冰体表面或内部的碎屑物随冰体一起移动的方式。冰川的搬运能力受其规模控制，规模大，搬运能力强，可以搬运体积巨大的砾石。当冰川移动到温暖地区时，冰体融化，搬运能力减弱，搬运的碎屑物就堆积下来，形成冰碛物。由于搬运过程中碎屑物被冻结在冰体中，碎屑物之间很少摩擦和机械分异，因此冰碛物没有磨圆性和分选性，没有层理。在冰川前端的堆积物称为终碛物，冰川两侧的搬运物堆积形成侧碛。

6.4.3.5 风的搬运和沉积作用

风的搬运作用与河流的机械搬运相似，但由于空气密度小，因此搬运能力较弱，搬运的颗粒较小。风的影响面积和距离较大，因此搬运的物质可以运移达到数万平方千米的范围。风的搬运过程中也存在机械分异作用，如靠近地面搬运的颗粒大，搬运的距离短，而稍小颗粒可以搬运到很远地区。同时，搬运的碎屑物之间会互相碰撞摩擦，使搬运颗粒具有磨圆性，且搬运距离越远，磨圆程度越高。

当风速减弱或遇到障碍物时，搬运的碎屑物就会降落下来，形成风成沉积物。其中，砂质堆积物称为风成砂，可以凸起形成沙丘；细粒尘土的堆积称为风成黄土。沙丘通常呈新月形，并受风的不断吹蚀搬运向前移动，并在沙丘表面形成波痕，内部形成交错层理。风成黄土呈灰黄色或灰棕色，以粉砂质为主，无明显层理。在中国西北部黄河中游地区分布广泛，形成于距今 40 万年左右。

6.4.4 成岩作用

松散沉积物转变为坚硬岩石（沉积岩）的过程称为成岩作用。按作用方式可以分为压固、胶结、重结晶等。压固作用是指由于沉积物厚度不断增加，产生的重力对下部沉积物形成压力，使松散堆积物逐渐紧密，孔隙度减小，含水量减少，密度增加，颗粒之间相互联结成为坚硬岩石的过程，这种方式是黏土沉积物成岩的主要方式。胶结作用是指沉积物颗粒间的孔隙被溶液充填后，溶液中化学物质沉淀，使松散碎屑颗粒黏结，并硬化成岩的过程，这种化学沉淀物称为胶结物；通常有 SiO_2、$CaCO_3$、Fe_2O_3 等几种，分别称为硅质、钙质和铁质胶结，这种胶结过程类似于混凝土的制作过程。重结晶作用是指沉积物在保持整体化学和矿物成分不改变的条件下，由多个细小的矿物颗粒重新组合结晶形成较大的颗粒，而形成结晶程度较好岩石的过程。例如，海相沉积的碳酸盐岩中方解石矿物微晶重新结晶后，晶体颗粒明显增大，形成结晶灰岩。

思考和练习题

6-1 什么是矿物，可分为哪几大类，常见的造岩矿物有哪些？

6-2 什么是岩浆作用？为什么岩浆形成后，总以向上运动为主？

6-3 什么是地壳构造运动，有哪几种基本形式，可以根据哪些形迹来了解地壳运动？

6-4 三大类岩石之间相互转化的条件是什么？

6-5 褶皱有哪些基本形态，为什么不能单从向斜或背斜识别地形？

6-6 风化作用在岩石圈表面塑造过程中起何作用？

6-7 河流在地貌发育中的作用如何？

7 土壤圈环境

扫码获得数字资源

7.1 土 壤 圈

土壤是地球表面的疏松层，其英文"soil"一字来源于拉丁文"solum"，意指地面或地表的物质。土壤原由岩石风化而来，其定义随学科而异。从地质学的角度看，土壤是岩石原地风化而成的土状物质，未经自然营力的搬运，以黏土矿物为主要成分，属未固结碎屑岩的一种。从工程建筑的土质学而言，土壤是具有特殊的材料理化性质和物理机械性质，并能作为建筑材料和承压基础的物体。土壤与农业科学、生命科学关系最为密切，作为独立的历史自然体和地表生活圈的基层，土壤被定义为位于地球陆地具有肥力，能够生长植物的疏松表层，是人类赖以生存的重要自然资源。

自 20 世纪 70 年代以来，随着土壤污染问题的日益严重，土壤环境问题也和其他环境问题一样，成为当今世界上一个重要的社会、经济和技术问题。21 世纪初，土壤污染有全球化的趋势；占世界 1/4 近 36×10^8 hm^2 的土地，有 1/6 的地区将遭沙化；地球每年将有 6×10^6 ~ 7×10^6 hm^2 土地遭侵蚀；有 2×10^7 hm^2 灌溉土地遭盐渍化；土壤科学将面临新的机遇与挑战。人们认识到，土壤不仅是一种资源，同时在稳定和保护人类生存环境中也起着极其重要的作用，传统的土壤学被赋予了新的环境含义。

土壤在地球表面断断续续地形成一个圈层，通常称为土壤圈。土壤圈是处于大气圈、岩石圈、水圈和生物圈之间的过渡地带，是联系有机界和无机界的中心环节，是结合地理环境各组成要素的枢纽。土壤界面体系中生命部分和非生命部分互相依存、紧密结合，共同构成了人类和其他生物生存环境的重要组成部分；在自然环境中，土壤是运动着的物质、能量系统，它包括物质、能量的输入、转化、迁移和传递过程。同时，在自然环境中，土壤是一个开放的系统，它与环境之间不断进行着物质和能量的交换和转化。其最显著的特征：一是它能够提供植物生长所需的营养条件（水分和养分）和环境条件（温度和空气）；二是其内部有生物栖息，它是物理风化、化学风化和生物风化作用的综合产物。

从环境系统而言，环境是由大气圈、水圈、土壤圈、岩石圈和生物圈组成的。土壤圈是地球环境系统的组成部分，它处于大气圈、水圈、岩石圈和生物圈之间的界面和交互作用层之上，既是该系统的支持者又是它的产物，如图 7-1 所示。

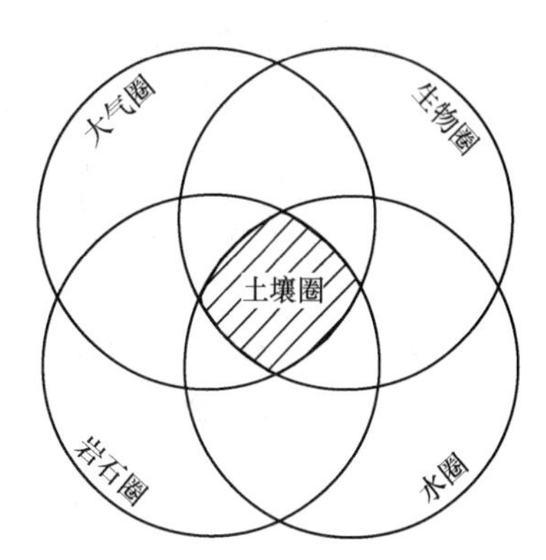

图 7-1 土壤圈的地位

土壤圈与整个地球环境系统的各圈层之间存在以下关系：

（1）生物圈。与生物圈之间通过吸收与归还形成污染物质及养分元素的循环，支持和调节生物过程，提供植物生长的水分、养分和适宜的理化条件，决定植被的分布与演替，影响元素的生物地球化学行为，保持生物多样性，同时土壤圈的限制条件对生物起不利影响。

(2) 气圈。通过气体与污染物质的吸收、交换与释放影响大气圈的化学组成、水分与能量平衡，对全球大气变化和空气质量有明显影响。

(3) 岩石圈。通过金属与微量元素循环，与岩石圈存在一定的继承性；同时"土壤"对岩石圈有一定的保护作用。

(4) 水圈。影响降水的重新分配，影响水分平衡、分异、转化和水圈的化学组成；土壤圈物质主要通过水分而累积、迁移与淋溶，对地表水和地下水的水质有重要影响。

从污染物质在环境中的分布看，土壤是污染物质在环境中的主要堆积场所，其逸度容量和浓度最高；各组分的百分比，土壤和沉积物中也最多，两者合计达 99.6%，空气、水体和生物仅占 0.4%，见表 7-1。这个特点使得土壤环境的缓冲、同化、积累、释放和净化性能的研究成为环境问题研究的重要组成要素。

表 7-1　污染物在环境中达平衡时的分布状况

组分	体积/m^3	逸度容量①（Z）	浓度/$mol \cdot m^{-3}$	污染物/%
空气	10^{10}	40	4×10^{-10}	0.35
水体	10^6	10^4	10^{-7}	0.01
沉积物	10^4	10^9	10^{-2}	9.1
土壤	10^5	10^9	10^{-2}	90.5
水生生物	10^6	10^4	10^{-7}	0.01

①衡量环境组分对污染物的容纳能力，Z 值越高的组分，容纳某一物质的能力越强。

同时，由于土壤圈层地位（中心位置）和功能（土壤肥力）的特殊性，使得土壤环境问题越来越为环境科学研究人员所关注。

7.2　土壤的形成、结构和性质

7.2.1　土壤的形成

作为一个"科学有机体"，土壤并不孤立存在，而是与岩石圈、大气圈、水圈和生物圈处在经常的相互作用及物质与能量循环过程之中。土壤是在各种环境因子综合作用下形成的历史自然体，也不断对周围环境及其他圈层产生影响。

土壤形成因素学说由俄国土壤学家 B. B. 道库恰耶夫于 19 世纪末提出，其后这一理论不断为后继的土壤科学工作者所发展，较全面地揭示了土壤与环境的辩证统一性，并可较正确地解释土壤的起源和形成过程。土壤发生学理论的提出，开始了划时代的近代土壤分类的阶段，在此基础上建立了苏联土壤地理发生学派、西欧形态发生学派和美国 Marbut 分类学派。总体而言，其土壤分类基本处于定性阶段。1975 年 G. D. Smith 博士主持的《土壤系统分类》揭开了土壤分类定量化的新篇章，其意义有如文艺复兴，给土壤科学注入了新鲜血液。

7.2.1.1 成土因素

土壤形成因素又称成土因素，是影响土壤形成和发育的基本因素，它是一种物质、力、条件或关系的组合，这些因素已经对土壤形成发生影响或将继续影响土壤的形成。自然成土因素包括母质、生物、气候、地形和时间；而人类活动也是土壤形成的重要因素，可对土壤性质和发展方向产生深刻的影响，有时甚至起着主导作用。

A 母质因素

母质是与土壤有直接发生联系的母岩风化物，也就是说，土壤是以母质为基础，不断地同生物圈、水圈、大气圈进行物质和能量的交流或交换的过程中产生的。所以，母质在土壤形成过程中具有十分重要的作用。

(1) 母质同土壤之间存在“血缘”关系：母质一方面是建造土体的基本材料，是土壤的“骨架”；另一方面它是植物矿质养料元素的最初来源。

(2) 母质因素直接影响成土过程：具体表现在土壤的物理和化学性状上。例如，正长石风化土壤多含 K；斜长石风化土壤多含 Ca；角闪石、辉石风化土壤多含 Fe、Ca、Mg；花岗岩风化土壤土质疏松，盐基贫乏，多呈酸性反应；玄武岩风化土壤往往质地黏重，阳离子交换量较高。

(3) 母质影响土壤环境元素背景值：尽管成土作用或多或少可改变土壤中微量元素的原始分布格局，但对母质含量的继承性仍然是大多数地区土壤微量元素含量分布的基本特征，而成土过程和其他成土因子的影响往往被母质作用所掩盖，因此土壤微量元素不像常量元素那样表现出鲜明的地带性分异特征。

(4) 母岩的化学组成对土壤腐殖质影响深刻：石灰岩发育的土壤，由于富含 CaO，对腐殖质起凝聚作用，可以腐殖质钙的形式大量保存于土壤中。而花岗岩发育的地带性土壤中腐殖质铁铝含量较高，易解离。母质因素会引起土壤腐殖质含量与化学结构、基团组成的差异，从而影响土壤腐殖质的表面性质、循环周转及流出特点等环境特性。

(5) 土壤母质影响成土过程的进程和方向：例如，我国广泛分布的石灰土和四川盆地的紫色土，均受母质特性影响。太平洋地区火山带，如日本、夏威夷、南北美洲及远东，土壤发育于富含 Fe、Mg 的火山渣，以碎屑状、玻璃质非结晶物质为主，土层深厚、疏松、层理不清、容重小，表层色暗、有机质含量高，在土壤系统分类中被单独划分为火山灰土。

B 气候因素

气候因素决定着成土过程的水热条件，直接影响土壤与其他圈层之间物质迁移、转化和能量转化，地球上不同地带由于热量、降水量的差异，其天然植被互不相同，土壤类型也不相同，因此是影响成土过程方向和强度的最基本因素。

(1) 影响母质的风化过程。湿润和高温条件下，土壤化学风化作用强，原生矿物风化淋溶程度较高，形成以高岭石和氧化物为主的黏土矿物。低温条件下，风化过程和生物过程微弱，母质以物理风化为主，多为碎屑状原生矿物。温带地区的中温系列土壤成土作用时间较长，黏土矿物以伊利石-蒙脱石为主，土壤胶体丰富。我国南方湿热气候带下，花岗岩风化壳厚度可达三四十米；在湿润的云贵高原，常见厚达数米的山地黄壤及其母岩风化体；而在干旱寒冷的西北高山区，岩石风化壳很薄，常形成粗骨性土壤，母岩风化度和土壤发育度都很低。

（2）影响物质淋溶过程。土壤化学物质的迁移状况也取决于水热条件，西北内陆地区降雨少、蒸发量大，土壤中仅一价盐或氯化物等有明显淋溶，甚至形成一价盐表层积累的盐碱土，内蒙古及华北地区发育的土壤，一价盐多已淋失，二价盐在土壤中也产生明显分异，形成明显的钙积层，至华北东部，降水量进一步增加，二价碳酸盐多已淋失出土体，而热带、亚热带土壤中已发生强烈的脱硅和三价氧化物的淋溶过程。

（3）影响有机物质的积累分解。气候条件首先决定了不同植物带有机物质的年生长量，就我国而言，热带雨林植物生长量可达荒漠带的 500~1000 倍。其次，土壤腐殖质含量取决于有机物质的矿质化或腐殖化过程，在水热中等指标值时，腐殖质含量最高，随着土壤湿度的增高和温度的下降或水分减少、温度上升，腐殖质含量会明显降低，同时腐殖质的 HA/FA 比会表现出不同的区域规律。

C　地形因素

地形在成土过程中的主要作用，一方面表现是母质在地表进行再分配，另一方面表现是土壤及母质接受光、热条件的差别以及接受降水或水在地表的重新分配的差别。

（1）地形重新分配作用。不论基岩风化物或其他地表沉积体，均可因地形条件不同而有不同的搬运、冲刷和堆积状况。因此，在这些不同地形部位的土壤发育度及具体属性是不一致的。一般地讲，陡坡土壤薄，质地粗，黏粒易流失，土壤发育度低；缓坡地则与此相反。平原地形的土层较厚，它们在较大范围内的同一母质层的质地也是较均匀一致的。在干旱气候带，不同地形条件下的土壤盐渍化程度各不相同。例如，在微起伏的平原小地形区，高凸地的表土积盐现象特别严重，而浅凹地的心土中，常有石灰或石膏淀积层。

（2）地形影响水热再分配。海拔愈高，气温愈低，湿度愈大，植被与土壤生长发育不尽一致。坡向也会影响水热条件。在北半球，南坡接受光热比北坡强，但南坡土温及湿度的变化较大；北坡则常较阴湿，平均土温低于南坡，因而影响土壤中的生物过程和物理化学过程。所以，在一般情况下，南坡和北坡同一海拔高度的土壤发育度，甚至土壤发育类型，均有所不同。

（3）地形影响土壤类型和分布。局部地形范围内由于地形部位的不同会引起地理景观和土壤类型的差异，从而形成不同水分状况、物质与化学组成及理化性状的土链。

D　生物因素

生物因素是影响土壤发生发展的最活跃的因素。由于植物的光合作用，才把大量太阳能引进了成土过程的轨道，才有可能使分散在岩石圈、水圈和大气圈的营养元素向土壤聚积产生腐殖质，形成良好的土壤结构，改造原始土壤的物理性质，从而创造仅为土壤所固有的各种特殊的生化环境。从这个意义上说，没有生物的作用，就没有土壤的形成过程。

a　植物

植物在土壤形成中的作用，最重要的是表现在土壤与植物之间的物质和能量的交换过程上。植物，特别是高等绿色植物，可把分散于母质、水圈和大气中的营养元素选择性地加以吸收，利用太阳辐射能，制造成有机质，把太阳能转变为潜能。据估计，陆地上植物每年形成的生物量约 5.3×10^{10} t，相当于 8.9×10^{17} kJ 的热能。统计结果表明，陆地上以土壤腐殖质形态存在的结合能达 10^{9} kJ，可与储存在陆地上生物体中的能量相比拟。

但是，由于不同的植物类型形成有机质的性质、数量和积累方式等不同，它们在成土过程中的作用也有不同。例如，木本和草本植物对土壤的影响就有很大的差别，木本植物的组成以多年生木本植物为主，每年形成的有机质只有一小部分以凋落物的形式堆积于土壤表层上，形成粗有机质层。一般地说，针叶林凋落物多以真菌分解为主，分解产物中的盐基不足以使酸类得到中和，出现大量可溶性腐殖质，土壤溶液呈强酸性反应，使土壤遭受强烈的酸性淋溶。阔叶林凋落物分解产物中盐基较丰富，土壤溶液多呈中到弱酸性反应，土壤所遭受的淋溶程度也相对较弱。

草本植物的组成以一年生和多年生草本植物为主，但无论是一年生或多年生，一年内植株的主体部分都要死亡，因而每年都有大量的有机残体进入土壤，其中以死亡的根系为主，这是它与木本植物很大的不同之处。所以森林土壤剖面中腐殖质的分配，往往是自表土向下急剧地减少，而草原土壤剖面中的腐殖质含量则是自表土向下逐渐减少的。总的来说，草本植物每年进入土壤的有机残体的绝对数量不如木本植物多，但其有机体含单宁、树脂较少，含纤维素较多，其木质素含量也较低，故较致密柔软，适宜于细菌的活动，在比较干旱的气候条件下，有机质分解后，形成中性或微碱性环境，钙质丰富，有利于腐殖质的形成和累积。

b　土壤微生物

微生物对土壤形成发育的作用，可概括为：(1) 分解有机质，释放各种养料；(2) 合成土壤腐殖质，发展土壤胶体性能；(3) 有的还能固定大气中的游离氮素，而创造土壤中氮素化合物，使母质或土壤中增添氮素营养物质；(4) 转化矿质养料，使某些矿质养料元素，如磷、硫、钾等，能被植物吸收利用；(5) 吸收、分解、转化土壤有机污染物及重金属污染物，部分微生物活性（如发光杆菌）可作为土壤污染程度的指示物。

种类繁多、数量极大的土壤微生物，特别是植物区系微生物，在元素的生物小循环中有着重要意义。在这个小循环中，没有绿色植物对元素的巨大吸收和集中作用与创造植物有机质，就不可能想象元素在母质或土壤中的积累；但没有微生物对有机质的分解，也就很难设想元素在生命界的无限循环；没有微生物对有机质的分解及合成加工而形成腐殖质，就难以想象土壤中有机胶体及其一系列胶体特性的发展，某些肥力特征的表现；没有微生物的固氮作用，就很难想象高等植物的繁茂发展。总之，微生物与森林、草甸、草原和各种农作物及土壤动物一起，构成了一个完整的土壤生态体系，参与了氮素、矿质营养和污染物质循环，能量转化，水热平衡等过程，成为这个生态体系中的重要一员，在成土过程中起着不可代替的重要作用。

c　土壤动物对土壤形成的作用

土壤动物一方面以其遗体增加土壤有机质；另一方面在其生活过程中搬动和消化别的动物和植物有机体，使之拌和于土壤中，并分解其有机质，引起土壤有机质的深刻变化。土壤中的无脊椎动物种类很多，数量很大，每公顷土地中可有数千个到几十万个，其中各种昆虫及其幼虫和蚯蚓、蚁类、蜘蛛等，对翻动土壤及分解土壤有机质的作用很大。例如，蚯蚓每年生长量大，将吃进的有机质和矿物质混合后，形成粒状化土壤结构，能促使土壤肥沃，已被广泛用于我国水土流失严重的红壤地区的土壤改良。热带蚁类常在深厚的红土层内构筑蚁巢，高达五六米，宽达十余米，长达几十米，巢内土壤的钙质及有机质增多，提高了土壤盐基饱和度，从根本上改变了红壤的性质，这种实例在赤道非洲是常有的。

E　时间因素

土壤发生和发育在时间意义上是同步进行的。在一定的成土因素综合作用下，土壤个体的发育度，如土壤发生层的分化度，可以说是成土年龄的尺度。即发生层的分化愈显著，其相对年龄愈长；反之，分化度较弱，其相对年龄较轻。这种土壤个体发育的概念，就是土壤相对年龄的概念。但是在不同的成土条件下产生的不同土壤类型之间的相对年龄，就不能这样比较。

例如，在河漫滩地上，土壤均系在近代冲积体上发育的。早期形成的高河漫滩地，其土壤的剖面分化明显，具有特定的发生层（如淋溶层和淀积层的分化等）；但在低河漫滩地上，由于河流泛滥物给予的影响，其成土物质因冲刷和沉积作用而不断被更新，土壤发育一直处于初期阶段，剖面分化极不明显。但高、低滩地上的这两种土壤的发育条件和方向，却基本上是一致的，差别在于成土时间的长短不同而反映在土体构型或剖面形态上有所不同，这种现象在近代河谷平原中是普遍存在的。

F 人为因素对土壤形成和演变的影响

与前述自然因素相比较，人为因素给予土壤形成、演化的影响是十分强烈的。在某种意义上说，人为因素不宜与各自然因素并列，它是一个独特的成土因素。人类活动对土壤的影响极为深刻，它可通过改变某一成土因素或各因素之间的对比关系来控制土壤发育的方向，具有社会性，受着社会制度和社会生产力的影响。例如，清除原有自然植被，完全代之以人工栽培作物或人工育林，可直接或间接影响到物质的生物循环方向和强度；灌溉和排水可改变自然土壤的水热条件，从而改变土壤中物质的运动过程。此外，通过工程措施和大型工程也可直接影响土壤发育。例如，荷兰的围海造田、长江中下游平原的圩田、华北和黄土高原的梯田等。人类对土壤的影响具有双重性，利用合理则有助于土壤质量的提高；如利用不当，就会破坏土壤。

要强调指出的是，各种成土因素之间是相互作用相互影响的。正是由于这种相互作用的关系，土壤的发生条件更趋于多样性和复杂性，使一些大的土壤类别产生了某些重要属性的分异，形成各式各样的土壤。作为一个成土因素，它不可能在相同的水平上作用于土壤，它和其他因素之间是呈动态平衡的。不仅如此，成土因素和土壤形成的关系是各个动态因素作用的总和，也就是成土因素综合作用的结果，这些作用是不能加以割裂的。

7.2.1.2 主要成土过程和土壤诊断指标

中国土壤系统分类是以诊断层和诊断特性为基础的土壤分类。凡用于鉴别土壤级别，即系统分类中的高级分类级别——土纲、亚纲、土类和亚类，或鉴别各分类级别中土壤类别的，在性质上有一系列定量说明的土层，称为诊断层；如果用于分类目的的不是土层，而是具有定量说明的土壤性质，则称为诊断特性。

由于土层是土壤特性的形态表现，是不同成土过程的产物，故诊断层本身体现了土壤形态、土壤成土过程和土壤特性三者的结合。根据诊断层和诊断特性来区分土壤，既保证土壤分类数量化，也体现了土壤分类的发生学原则。

这里重点介绍与土纲划分相关的土壤成土过程、诊断层和诊断特性。

A 有机质聚积过程

有机质在土体中的聚积，是生物因素在土壤中发展的结果，普遍存在于各种土壤中。但生物创造有机质及其分解和积累，又受大气的水、热条件及其他成土因素联合作用的影响，所以作为成土过程的有机质聚积作用，可表现为以下多种形式。

(1) 草毡和斑毡化过程。草毡化过程是高山和亚高山带干寒而有冻土层条件下的有机质聚积方式，其有机质年积累量少，分解程度弱，常呈毡状草皮层，而显示干泥炭化。斑毡化过程是高山带森林土壤及热带、亚热带和温带低平地森林土壤有机物质聚积的共有特色。有机质聚积因气候不同而有区别，但有机质均保持粗质形态覆于地面，如高山冻寒带呈斑毡状，热带、亚热带呈粗松残落物层。在草甸植被下，由于地下水及其带来的丰富养料养育草类，故草本有机质年增长量和枯死的有机质量都相当高，它们在湿润的草甸土壤中，易于进行嫌气分解而聚积腐殖质。这样，土壤腐殖质层厚，而且含量也较高。在草原条件下，其情况略有不同，主要是草原气候较干旱，又无地下水滋润，草类的有机质年增长量较少，且矿化度较大，但仍有一定量腐殖质聚积。前一过程是草甸土形成的主要过程，后一过程是草原土形成的重要过程。二者在腐殖质组成或组分上，是有区别的。

（2）泥炭化过程。这是湿润带洼地及森林带内斑状分布沼泽土的有机物聚积过程，这些有机物在过湿条件下，不被矿化或腐殖质化，而大部分形成了泥炭，其吸水量大，有机物的分解度低，有时可保留有机体的组织原状。

有机质聚积过程形成的主要诊断指标有有机表层和均腐殖质表层。

1）有机表层：经常被水饱和，泥炭状有机质含量极高的诊断表层。其表层厚度为20~60 cm，有机质含量为20%~30%，在大多年份，该层至少被水连续饱和30天。具有有机土壤物质积累特征，但不符合有机表层厚度条件的为有机土壤物质聚积现象，其厚度下限定为5 cm。

2）均腐殖质表层：具有均腐殖质特性的诊断表层，其土壤有机质的腐殖化程度较高，腐殖质在单个土体中聚积深度较大，由上向下逐渐减少，无陡减现象；0~20 cm与0~100 cm土层中腐殖质储量比（Rh）小于或等于0.4，其厚度一般大于或等于25 cm；具有较低的亮度和彩度；有机质含量大于或等于1%，盐基饱和度大于或等于50%。

其他腐殖质表层不完全具备均腐殖质特性，但腐殖质含量高或较高的表层，称为暗腐殖质表层；而发育程度较差的腐殖质诊断表层，称为弱腐殖质诊断表层（有机质含量<1%）或极弱腐殖质表层（有机质含量<0.5%）。

B 脱钙和积钙过程

作为土壤母质的基岩风化物或地表沉积体中，钙是易受淋溶而迁移的重要元素之一，而且钙是成土母质中含量比较丰富和普遍存在的元素，所以在成土过程中，脱钙和积钙过程往往受到注意。

在成土过程中，钙的淋洗和淀积与湿度因素及由生物产生的二氧化碳分压等因素，具有极为密切的关系。概括地讲，在高温湿润和植被茂密的生物气候带，钙质极易被彻底淋出土体，脱钙作用极为强烈和彻底，使土壤呈高度盐基不饱和态（如红壤、黄壤等）。在半湿润、半干旱带，钙自土体上层向底层移动也很明显，有时在其下层积聚为碳酸钙淀积层。例如，黑钙土、栗钙土等的心、底土层均有这种钙积层。在半干旱带，钙积层的层位较高，而且厚度较大。在干旱漠境，有时还可出现石膏层和积盐层共存的情况（如棕漠土、灰漠土等）。

石灰性母质上，表层土壤脱钙，而心、底土积钙过程的表现是十分明显的。例如，我国黄土高原，在其东南部因降水较充沛，耕作层土壤经过淋溶后，虽尚呈石灰层反应，但无石灰斑纹的聚积；而在30 cm以下的亚表土或心土层，就有菌系状石斑淀积，这说明碳酸钙有淋淀现象。较湿润的辽宁地区的黄土沉积体，目前大部已形成微酸的棕壤，其底土间或有石灰性反应，心土层以上已呈酸性，为钙不饱和土壤。南京、镇江一带的上更新世“下蜀黄土”，已基本上脱钙，其底层偶有石灰结核体，其土壤已形成微酸性黄棕壤。南方石灰性海涂泥的脱钙过程强烈，可在短短百年以内，出现石灰消失的脱钙过程。与脱钙过程相反，土壤发生过程中也有“复钙作用”，一般是灌溉水、地下水将钙质风化液注入土体造成的。当然也还有人为施用石灰、石膏等肥料，或钙质客土（如石灰性紫色土）造成的复钙现象。此外，生物学积累过程对土壤复钙也有一定影响。例如，在干旱区，深根植物从底土或地下水吸收钙质，其有机体在表土矿化后，将钙质留在表土，也产生复钙作用，因而其钙积层位可以高至表土。

C 盐化和脱盐化过程

土壤积盐是干旱少雨气候带及高山寒漠带常见的现象，特别是在暖温带漠境，土壤积盐最为严重。在滨海地区，因海水含盐量高，通过海水浸淹或海滨盐化的地下水上升，也可造成土壤积盐。干旱带及高山寒漠带的土壤积盐过程，一般认为由于降水少淋溶作用弱，而且蒸发量大，使基岩或母质风化释放的易溶盐不能被洗出土体，而积聚起来；或因其矿化度较高的地下水，通过土壤毛管上升至土壤表层，水分不断蒸发，盐分残留于表土，造成表土严重积盐。

与上述作用相反，土壤中的易溶性盐可以通过灌水淋洗，结合开沟排水和降低地下水位等措施，使易溶盐含量下降到一定程度而使土壤脱盐，成为正常土壤，这一过程称为土壤脱盐过程。

D 碱化和脱碱化过程

碱化和盐化是有密切联系的，但有本质区别。土壤碱化是指土壤吸收复合体钠的饱和度很高，即交换性钠占阳离子交换量的20%以上，水解后释出碱质，其pH值可高达9以上，其毒害为一般植物所不可忍受。同时，这种土壤黏粒高度分散，湿时泥泞，干时收缩固结为硬块，土体内固结，少大孔隙，植物扎根困难。碱化过程发展的特点是：一方面，土壤中易溶盐处于淋溶状态，使之集中在碱化层以下，而表土含盐量很低；另一方面，在表土以下形成柱状碱化层，在碱化层土壤溶液中含有一定量的苏打，因此，不含或含少量易溶盐和呈强碱性反应是碱土的突出特征。

土壤碱化过程可分别起源于生物学（如高Na盐含量的旱生蒿草、猪毛草等）过程、生物化学过程（硫酸钠在有机质嫌气分解和硫酸盐还原细菌参与下的还原反应）及土壤胶体化学过程。碱土形成之后，土壤就呈强碱性反应，其pH值可高达9~10。另外，在土体中部，可形成柱状不透水的碱化层。于是，碱土的表层就会积滞碱性反应的水（土壤漫出液），使土壤腐殖质扩散于碱液而被淋溶，并使表土矿质土粒，特别是黏粒部分的铝硅酸盐矿物发生局部破坏，造成含SiO_2及Al_2O_3、Fe_2O_3和MnO_2的碱性溶胶，而易于在土体中移动。其结果是使表土层（A层）的黏粒含量减少，土色变白（因腐殖质淋失，铁、锰氧化物形成胶状溶液向下迁移），并有白色无定形二氧化硅的淋溶和淀积。原来的碱化层中，则增加了铁、锰氧化物的凝胶，有时还可形成铁、锰结核。这一过程的发展，促使表土层（A层）变成微酸性，质地变轻，B层（原碱化层）变成微碱性，有铁、铝、锰胶状物涂染于柱状结构体表面，碱土的这一演变过程，称为脱碱过程。上述三个成土过程所形成的土壤诊断指标有以下四个。

（1）钙积层：为具有一定厚度、一定自生碳酸盐含量，但未胶结的土层。其厚度大于或等于 15 cm，$CaCO_3$ 含量一般应大于或等于 15%，且比 C 层至少高 5%。碳酸盐含量大于或等于 50%的高含量碳酸盐聚积层称为超钙积层，超钙积层连续胶结或硬结后称为石灰磐。

（2）石膏层：为富含次生硫酸钙的未胶结土层。其厚度大于或等于 15 cm，石膏含量至少比下垫层高 5%（绝对值）；或该层石膏含量百分数与厚度厘米数的乘积大于或等于 150。石膏含量大于或等于 50%的富含石膏土层称为超石膏层，超石膏层连续胶结或硬结后称为石膏磐。

（3）盐积层：为含较高次生易溶盐的土层。其厚度变异大，但至少 1 cm；若盐分组成为 Cl^--SO_4^{2-} 或 SO_4^{2-}-Cl^-型，则易溶盐含量大于 1%；若盐分组成中 Cl^-占 80%以上，则易溶盐含量大于或等于 0.6%；若土壤中含有石膏，则易溶盐总量大于或等于 2%。易溶盐含量大于 50%且未胶结的土层称为超盐积层，强烈胶结或硬结的盐积层或超盐积层称为盐磐。

（4）碱化层：为交换性钠含量高的特殊淀积黏化层。它除具有淀积黏化层全部条件外，还具有柱状或棱柱状结构，并有淋溶层舌状延伸物伸入其中，达 2.5 cm 以上；在上部 40 cm 厚度以内的某一亚层中碱化度（ESP）大于或等于 30%，pH 值大于或等于 9.0，表层土壤含盐量小于 0.5%。

E　灰化过程

灰化过程是湿润森林带普遍存在的成土过程。灰化过程发展的前提是：充沛的淋洗水、强酸性腐殖质，以及一些多酚类等有机络合物的存在。

在针叶林下，其残落物中富于脂、蜡、单宁等的酸性有机分解产物，灰分缺乏盐基性元素，又因其残落物疏松多孔，有利于渗漏降水，故可导致强烈的酸性淋溶。其结果是钙、镁、钾、钠、铁、铝、锰等盐基被淋至下层而淀积，形成较密实的淀积层（B 层）。亚表土中的铁、锰等有色元素被淋洗后，土壤呈白灰色至白色。同时，在这个土壤层中残留着不被酸性介质溶解的硅酸，经过脱水作用，形成非晶态的硅粉，即白色粉末状二氧化硅。硅粉匀细而不黏，其粒径一般在粉砂组。因此，所形成的灰化层（A_2 层）便显示着松脆不黏的物理特征，并呈灰白至白色，营养元素贫竭，强酸性反应，不利植物根系生长。所以，灰化过程可使土壤形成暗灰色残落物层 A_0。和很薄的腐殖质层 A_1，其下为灰白至白色的灰化层 A_2，再下过渡到紧实棕褐色的淀积层 B 和母质层 C 等层次的土体构造。灰化过程形成的土壤主要为灰土，其诊断指标为灰化淀积层。灰化淀积层是螯合淋溶作用而形成的一种淀积层。该层具有一个有机质与铁或铝，或与铁铝结合，并完全胶结厚度超过 2.5 cm 的亚层。

F　黏化过程

黏化过程就是矿物质土粒由粗变细而形成黏粒的过程。但黏粒的形成，不仅仅由于物理性的破碎及化学分解，还包括矿物分解产物的再合成作用，即次生矿物的形成作用。黏化是重要的成土过程之一。它在各类土壤中有不同程度和方式的表现，是研究土壤类型和特性的重要内容之一。一般地讲，在寒冷而干旱的气候带，其黏化过程较弱；而在湿热带较强。就母质的影响而言，基性或超基性岩的黏化过程较强，酸性岩则较弱。

土壤黏化过程曾是土壤发生学分类系统中“淋溶土”与“钙层土”划分的重要指标，其主要诊断指标有以下两种。

(1) 淀积黏化层：表层黏粒分散后随悬浮液向下迁移，并淀积于一定深度中而形成的土层，又叫作黏粒淀积层。在均一土壤基质中，该层黏粒含量与表层黏粒含量之比大于或等于1.2。在微形态上，淀积黏粒胶膜、淀积黏粒薄膜、黏粒桥接物等至少应占薄片面积的1%。

(2) 黏磐：是一种黏粒含量与表层或上覆土层差异悬殊的黏重土层，其黏粒主要继承于母质，但也有一部分由上层黏粒在此淀积所致。该层可出现于腐殖质表层或漂白层之下，亦可见于更深部位，厚度大于或等于10 cm；具棱柱状或棱块状结构，常伴有铁锰胶膜和铁锰结核；黏粒含量与腐殖质表层黏粒含量之比大于或等于1.2，与漂白层黏粒含量之比大于或等于2；透水性极差（透水率<1 mm/min）或不透水。

G 脱硅富铝化过程

脱硅富铝化是湿热气候带且有一定的干湿季分异的地带性土壤的主要成土过程。其发展有以下三个阶段。

(1) 脱盐基阶段：矿质土粒在湿热气候作用下，其铝硅酸盐发生强烈水解，释出盐基物质，使风化液呈中/碱性反应，可溶性盐基离子不断自风化液中流失。

(2) 脱硅阶段：矿物中硅以游离硅酸形式在碱性风化液中扩散，并随盐基一起淋溶。

(3) 富铝化阶段：矿物分解，硅酸继续淋溶，导致氧化铁、铝富集。

在这一成土过程中，铝、铁、锰、钛等元素却在微碱性风化液中发生沉淀，而滞留于原来的土层中，造成了铝、铁、锰、钛氧化物的残留聚积或富集。其中铝与铁、锰不同，它不受还原作用的影响而移动，在碱性淋溶过程中，始终保持稳定状态。所以，铝的富集和脱硅作用，是这一成土过程的典型特征。富铝化过程中铝、铁的富集是相对于铝硅酸盐母质中的硅及钙、镁、钾、钠等盐基离子的淋失而显示出来的，而不是铝、铁含量的实质性增积。

按脱硅富铝化的发生程度，可依次形成硅铝特性、铁硅铝特性和铁铝特性。

(1) 硅铝特性：在温带气候条件下，母岩中原生矿物经缓慢硅铝化作用，形成以2∶1型黏粒矿物为主的风化B层或再沉积物所具有的特性。由于风化释放的活性铁与细黏粒紧密结合，使其呈不同程度的棕色；以2∶1型（伊利石、蛭石、蒙皂石等）及2∶1∶1型黏粒矿物为主。黏粒组成中SiO_2/Al_2O_3大于或等于2.40，细土游离Fe_2O_3含量小于2%。

(2) 铁硅铝特性：在湿热气候下，由于弱富铁铝化作用而形成土壤黏粒矿物组成中以2∶1型蒙皂石类，或2∶1∶1型铝间层过渡性黏粒矿物占优势，并含有相当量游离Fe_2O_3的风化B层所具有的特性。其细土游离Fe_2O_3大于或等于2%，或游离Fe_2O_3/全Fe_2O_3大于或等于0.40；黏粒组成中SiO_2/Al_2O_3大于或等于2.40；细土三酸消化分解物组成中K_2O大于或等于3.5%。

(3) 铁铝特性：在湿热气候下，由于高度富铁铝化作用而形成土壤黏粒矿物组成中以1∶1型高岭石类黏粒矿物，以及铁、铝氧化物占优势的风化B层所具有的特性。其细土游离Fe_2O_3大于或等于2%或游离Fe_2O_2/全Fe_2O_3大于或等于0.40；黏粒组成中SiO_2/Al_2O_3小于2.40；细土三酸消化分解物组成中K_2O小于3.5%。

H 其他成土过程

除上述主要成土过程及诊断指标外，尚有一些土壤是由某单一因素起主导作用形成的。

7.2.2 土壤的构成与剖面结构

各地的土壤由于自然条件和耕作施肥情况的不同，其组成物质和相互比例都有所不同，从而形成各种类型的土壤。但任何一种土壤都是由固、液、气三相物质构成的体系，其中固相物质占主要的质量比例，它包括颗粒状的土壤矿物质（各种原生矿物及岩石风化形成的各种次生矿物）和有机质（动、植物残体及其转化产物，以及活的土壤微生物）。土壤固相物质颗粒之间存在许多大大小小的孔隙，这些孔隙里充满着液体和气体。液体物质主要是水分，其中溶解有离子、分子态或胶体状态的有机或无机物质，土壤中气体与大气成分基本相似，但 CO_2 和水汽含量较高。

不同类型的土壤结构不同，而且同一地点土壤由于成土过程对不同层次土壤的作用不同，从而上下发生层次风化，形成土壤结构的垂直差异。从地表面向下直到土壤母质的垂直切面，称为土壤剖面。土壤形成条件不同，内部物质运动特点也不同，从而表现出不同的剖面构成和形态特征。土壤剖面可以反映成土过程和土壤内在性质，发育完全的土壤剖面常具有以下层次。

（1）覆盖层：由枯枝落叶组成，在森林土壤中常见。厚度较大的覆盖层可再分为两个上亚层，上部为基本未分解的落叶枯枝，下部为已经腐烂分解、难以辨认原形的有机残体。覆盖层不属于土壤本身，但对土壤腐殖质的形成、积累及剖面的风化有重要作用，尤其对水土保持有重要意义。

（2）淋溶层：在土壤上层，这里的水溶性物质和黏粒（直径小于 0.001 mm 的土壤颗粒）有向下淋溶的趋势，故称为淋溶层。它由两个亚层组成，上部即表土部位为腐殖层，该层植物根系、微生物等生物活动集中，有机物质积累较多，颜色深暗，多数具有良好的团粒或粒状结构，土体疏松，是肥力最好的土层。腐殖层下面是灰化层，这里向下淋溶强烈，不仅易溶盐类大量淋失，游离的氧化铁、铝以及黏粒都向下淋溶，留下的主要为白色的石英砂，故颜色变浅，质地变粗，肥力差。在冷湿的针叶林下易生成灰化层。

（3）淀积层：淋溶层的下面，常淀积着上面淋溶下来的氧化铁、锰及黏粒等物质，质地较黏，颜色为棕色，称为淀积层。

（4）母质层：位于淀积层之下，受成土作用的影响很小，由岩石风化的残积物或各种再沉积的物质组成。

（5）基岩层：由未风化或半风化的岩石构成。

7.2.3 土壤的性质

7.2.3.1 土壤胶体吸附性能

A 胶体表面化学基本概念

土壤胶体的表面是土壤产生表面化学性质的主要部分，它具有强大的化学活性。土壤胶体表面的结构是比较复杂的，不同胶体种类具有不同的表面性质，其化学反应及能量也有显著的差别。

根据黏粒表面的活性基团不同，大致可分为硅氧烷型、水化氧化物型和有机物表面三种类型。硅氧烷表面由氧离子层紧紧连接着硅离子层而成，这种表面是一个非极性的疏水表面，不易解离。因此这些矿物的电荷来源除断键外，主要依靠同晶置换，这样产生的电荷一般不随 pH 值和电解质浓度而变化，属永久电荷。水化氧化物表面的 OH 基可以通过解离产生电荷，并随介质中的 pH 值和电解质浓度而变，属可变电荷。有机物表面具有明显的蜂窝状特征，因此总表面积较大。其活性基团主要是有机物上的羧基（—COOH）、羟基（—OH）、醛基（—CHO）、甲氧基（$—OCH_3$）和氨基（$—NH_2$）等，土壤中有机胶体、胡敏酸、富啡酸和胡敏素都属于这一类表面。这些表面上的活性基团受 pH 值的影响，并具有两性性质。

应当看到，上述几种表面并不是完全独立存在的，而往往是交叉混杂、相互影响的。例如，在层状黏粒矿物表面可以包披上一些水化氧化铁、铝胶体或腐殖质胶体，其结果往往使得黏粒矿物的部分表面被掩蔽，而显示出氧化物型或有机物型的表面性质。同样水化氧化铁、铝也可和腐殖质胶体结合，而彼此影响表面性质。此外，土壤中的胶体也常常混入一些杂质，例如，碳酸钙在胶体表面沉淀，使胶体表面性质有所改变，还有杂质可进入黏粒矿物层间而改变内表面性质。

B　离子吸附交换

由于胶体带有电荷，决定了它具有吸引相反电荷离子的能力。如前所述，由于环境中大部分胶体带负电荷，所以在自然界中易被吸附的主要是各种阳离子。在吸附过程中，胶体每吸附一部分阳离子，同时也放出等当量的其他阳离子，所以这种吸附叫作离子交换吸附。阳离子交换吸附具有下述特征：

（1）阳离子吸附是一种可逆反应，而且迅速地达到可逆平衡，向任何一方的反应都不可能进行到底。由于这个原因，胶体上吸附的交换性离子很少是由一种离子组成的，而往往是存在着好几种离子。

（2）离子的交换作用是以当量关系进行的。

（3）离子交换作用不受温度的影响，并且在酸碱条件下均可进行。

各种阳离子虽然都能被带负电的胶体吸附，但它们被吸附的能力是不同的。阳离子交换吸附的亲和力受以下几种因素的影响：

（1）价性与水化作用的影响。随着电价增高，阳离子的吸附亲和力愈强，顺序是：$Me^{4+}<Me^{2+}<Me^{3+}<\cdots$。

随着水化阳离子半径的减小，产生较高的电荷密度，如碱金属与碱土金属交换吸附亲和力的顺序为：$Ba^{2+}>Sr^{2+}>Ca^{2+}>Mg^{2+}>Cs^{2+}>Rb^{4+}>K^{+}>Na^{+}>Li^{+}$。

（2）溶质浓度的影响。交换亲和力较小的阳离子，如果在溶液中的浓度较大，也可以置换出交换亲和力较强，但在溶液中浓度较小的阳离子，即交换作用也服从于质量作用定律。

（3）吸附剂和吸附质种类的影响。有机物质对两价金属离子有较高的吸附亲和力，有机质对重金属离子的吸附力大于对碱土金属和碱金属的吸附力，顺序是：$Pb^{2+}>Cu^{2+}>Ni^{2+}>Co^{2+}>Zn^{2+}>Mn^{2+}>Ba^{2+}>Ca^{2+}>Mg^{2+}>NH_4^{+}>K^{+}>Na^{+}$。

（4）水解作用的影响。金属离子的水解产物（羟基络合阳离子）的交换亲和力大于简单离子，如 $CuOH^{+}>Cu^{2+}$、$FeOH^{2+}>Fe^{3+}$ 等。

7.2.3.2　土壤酸碱性与缓冲性能

A　土壤酸碱度

根据 H^{+} 存在的形式，分为活性酸和潜性酸两种。活性酸是土壤溶液中的氢离子浓度，土壤 pH 值所反映的就是这种酸，代表了土壤的酸碱度。潜性酸是指固相物表面吸附的交换性氢、铝离子，这些离子在吸附态时不显酸性，只有被代换进入土壤溶液后才呈酸性。土壤潜性酸数量比活性酸多 3~4 个数量级，是土壤酸度的容量指标，与活性酸处于动态平衡中。

土壤碱度是土壤溶液中 OH^- 浓度大于 H^+ 浓度所显示出的性质，pH 值越大，碱性越强。除了用 pH 值表示土壤碱度外，还可以用碳酸盐和重碳酸盐碱度之和，即总碱度表示。总碱度是土壤碱性的容量指标。土壤胶体表面交换性钠占阳离子交换量的百分数，称钠饱和度。当钠饱和度增加到一定程度时，会引起交换性钠的水解，使土壤溶液中产生 NaOH，其结果 OH^- 浓度增加呈碱性反应。土壤钠离子饱和度也叫作土壤碱化度。土壤碱化度 5%~10%为弱碱化土，10%~15%为中碱化土，15%~20%为强碱化土，大于 20%为碱土。

由于土壤胶体的阳离子交换作用，使土壤溶液具有抵抗酸碱变化的能力，即土壤具有缓冲作用。土壤缓冲作用可以缓和污染物进入土壤造成的土壤酸碱变化。在一些地区，尽管降落了相当数量的酸雨，但由于土壤胶体上的 Ca^{2+}、Mg^{2+}、K^+ 等盐基物与土壤溶液中的 H^+ 交换，使土壤溶液中 H^+ 浓度基本无变化或变化很小。同样，当土壤中进入碱性物质，解离出 OH^- 和盐基离子时，由于盐基离子把胶体上的 H^+ 交换下来，转入土壤溶液后和 OH^- 结合成解离度很低的 H_2O，使溶液中 pH 值基本无变化或变化很小。因此，土壤对酸碱缓冲作用，在减轻污染物质的危害、保持土壤性质稳定方面具有重要作用。

B　土壤酸碱性对污染物毒性的影响

土壤酸碱性可通过影响土壤组分和污染物的电荷特性、沉淀溶解、吸附解吸和络合解络平衡来改变污染物的毒性，土壤酸碱性还通过影响土壤中微生物的活性来改变污染物的毒性。在土壤溶液中，大多数金属元素（包括重金属）在酸性条件下以游离态或水化离子态存在，毒性较大，而在中、碱性条件下易生成难溶性氢氧化物沉淀，使重金属离子的毒性（活度）大为降低。

pH 值也显著影响含氧酸根阴离子（如铬、砷）在土壤溶液中存在的形态，从而影响其吸附、沉淀等特性。在中性和碱性条件下，Cr^{3+} 可被沉淀为 $Cr(OH)_3$。在土壤碱性条件下由于 OH^- 的强交换能力，能使土壤中可溶性砷百分率显著增加，从而增加了砷的生物毒性。pH 值对有机污染物，如有机农药在土壤中的积累、转化、降解的影响主要表现在两方面：一方面，土壤中不同 pH 值造成土壤中不同微生物群落，从而影响土壤中微生物对有机污染的作用；另一方面，通过改变污染物和土壤组分的电荷特性，使两者的吸附、络合、沉淀等特性得到改变，最终导致污染物有效度的改变。

7.2.3.3　土壤溶液组成和沉淀反应

A　土壤溶液组成

土壤溶液中，除了普通溶液中的溶剂和溶质外，还包含着许多悬浮物质，因此，土壤溶液实际上是一种胶体状态的分散体系。土壤溶液中所含的成分，至少有以下三种部分。

（1）无机的可溶盐：包括 K^+、Na^+、Ca^{2+}、Mg^{2+}、NH_4^+、Cl^-、SO_4^{2-}、NO_3^-、HCO_3^- 等离子组成的可溶性盐，以及其他一些溶度较小的化合物，如 Fe^{2+}、Al^{3+}、Mn^{2+}、Cu^{2+}、Zn^{2+} 等的磷酸盐、硼酸盐、钼酸盐、硅酸盐、碳酸盐等。土壤溶液和可溶盐保持着溶解-沉淀的平衡关系。

（2）可溶性有机物：包括各种可溶性低分子化合物，如某些糖类和有机酸；大分子化合物，如蛋白质和腐殖质；还有一些有机络合物和螯合物，如多糖醛酸、柠檬酸、酒石酸等和金属离子构成的螯合物。

（3）胶体微粒和粗分散物质：如分散在土壤溶液中的黏土矿物、非晶物质和微细有机残体。

由此可见，土壤溶液是一个复杂的体系。其组成受各种因素影响，并和周围成分保持动态平衡关系，因此必须以动态观点考虑各成分之间的相互影响。

B　离子沉淀-溶解平衡

土壤中营养元素和污染元素由于化学沉淀而降低在溶液中的浓度，这是影响元素淋溶迁移能力和生物有效性的重要反应。早期的土壤化学试验和生物培养试验表明，土壤溶液中多数金属元素浓度都有随 pH 值而变化的趋势，同时与其生物吸收量表现出良好的正相关，但尚未能定量计算。平衡常数和热力学方法的引入，为土壤溶液离子的定量计算创造了条件。离子沉淀-溶解平衡中的平衡常数，通常就是溶度积或离子活度积。溶度积是固相和它的饱和溶液平衡时的平衡常数，其数值大小与固相的溶解度有关。达到平衡时，溶液中阳离子和阴离子的浓度乘积是一个常数，不因固相的数量而改变。一般而言，化合价越高，半径越小，相互结合的阴阳离子半径越相似，则化合物越难溶解，溶度积越小。除影响反应速度的温度外，土壤中影响沉淀-溶解平衡的因素主要有溶液的 pH 值、土壤空气的组成与分压、土壤溶液的成分与浓度等等。

土壤空气中 O_2 和 CO_2 的分压，影响溶液中的氧化还原反应、碳酸含量和 pH 值，从而影响溶液的性质和成分。例如，在 CO_2 分压高的土壤中，溶液的 pH 值降低，碳酸盐含量增高，还原态离子增加，常使固相的溶解度增加。另外，溶液的成分不同，则产生不同的同离子效应；溶液的浓度则影响离子活度，这些都可影响平衡反应的移动。在计算土壤中的沉淀-溶解平衡时，都应加以考虑。

pH 值是影响沉淀-溶解平衡最普遍和广泛的因素，土壤 pH 值的升高会直接增加溶液中 $[OH^-]$，从而导致溶液中重金属离子浓度的下降。在和金属离子产生沉淀的土壤阴离子中，S^{2-}是还原条件下极其重要的离子之一。金属硫化物尤其是重金属硫化物溶度积一般较氢氧化物更低。H_2S 实际上是很弱的酸，其一级电离已较微弱，二级电离更微弱，饱和时溶液中浓度约为 0.1 mol/L。但由于重金属硫化物的溶度积很小，只要土壤溶液中有 S^{2-}存在，重金属离子的溶解度一般很低。

7.2.3.4　土壤氧化还原反应

A　基本概念

氧化还原反应的实质是电子传递过程，与酸碱反应中的质子传递过程相类似。以化学反应式表示为：

$$\text{氧化态}(O_x) + ne + mH^+ \Longleftrightarrow \text{还原态}(\text{Red}) + \frac{m}{2}H_2O$$

其中，e 为电子，由电子给予体提供。

土壤中的电子给予体主要是有机物质，土壤中的氧化还原体系主要有：氮体系、铁体系、锰体系、硫体系、铜体系、碳体系等。

B 影响氧化还原电位的因素

氧化还原电位的大小，不仅决定于氧化还原体系的种类和标准氧化还原电位 Eh_0，而且还和溶液的温度、pH 值及离子浓度有关。

土壤中存在着许多氧化还原体系。每一体系都有特定的 Eh_0，Eh_0 是指一定的电极与标准氢电极 I（氢离子活度等于 1）作比较测出的电动势。标准状态下氧化态和还原态的浓度均为 1，或其浓度比为 1，温度为 25 ℃。体系的 Eh_0 愈高，这一体系的氧化能力愈强；反之，则还原能力强。当土壤中存在着不同氧化还原体系时，则在标准状态下，以 Eh_0 高的体系优先进行还原反应，Eh_0 低的则进行氧化反应，直至平衡。但是，一个体系的氧化还原电位 Eh，并不完全决定于标准氧化还原电位 Eh_0，而且还受氧化态和还原态物质的浓度比影响。当这一比值降低时，则 Eh 值就下降，反之则提高。例如，Fe^{3+}/Fe^{2+} 的 Eh_0 为 0.77 V，即在 pH 值为 0 而 $[Fe^{3+}]/[Fe^{2+}]=1$ 时的 Eh 值。但如果 $[Fe^{3+}]/[Fe^{2+}]$ 的比值降低至 1/10，则 Eh 值就降至 0.711 V。土壤中影响离子浓度的因素是很多的，如吸收作用、沉淀作用、络合作用等都会影响其浓度，因此各体系的 Eh 范围常视氧化态和还原态物质在土壤中的变化而异。

pH 值是影响氧化还原电位的另一个重要因素。在很多体系中，其影响程度常超过浓度比。一般土壤的 pH 值为 4~9，高于标准状态（pH=0），因而总是使 Eh 值降低。为了表明在特定 pH 值条件下的 Eh 值，常在 Eh 的右下角注明 pH 值，如 pH 值为 7 时的 Eh 值即写成 Eh_7（如果浓度比为 1，则写成 Eh_7^0）。

由此可见，一个体系的氧化还原反应是否进行，因素是很复杂的。在土壤中，当体系的浓度比开始变化，即氧化态开始向还原态转化，或还原态开始向氧化态转化时的氧化还原电位，称为临界 Eh 值。临界 Eh 值是土壤中污染元素和养分元素的特征指标，它和土壤中存在的体系、溶液的离子组成和 pH 值等有关。各种 pH 值条件下有不同的临界 Eh 值。

C 氧化还原状况对土壤污染物毒性的影响

土壤中大多数重金属污染元素是亲硫元素，在农田厌氧还原条件下易生成难溶性硫化物，从而降低了毒性和危害。土壤氧化还原状况还直接影响某些变价元素如砷、铬等的含量和活性。砷可以-3、0、+3 和+5 这四种价态存在。在无机砷中三价砷比五价砷的毒性大几倍，甚至几十倍。在土壤溶液中，砷对氧化还原状况相当敏感。铬也是变价元素，且六价铬毒性大于三价铬。三价铬和六价铬在适当的土壤环境条件下可以相互转化，因此土壤氧化还原状况对土壤中铬的转化和毒性也有很大的影响。

7.2.3.5 土填络合解离平衡

A 基本概念

金属离子与电子给予体以配位键方式结合而成的化合物，称为络合物。能与金属离子形成配位化合物的电子给予体，称为配位体；金属离子则为电子接受体，称为中心离子或络合物形成体。配位体含一个配位原子的，称为单基配位体；含有两个以上配位原子的，称为多基配位体。多基配位体能与金属离子形成环状结构的络合物，称为螯合物。

重金属离子与土壤环境中配位体的络合反应，主要表现为羟基络合作用和氯离子的络合作用，两者是影响重金属难溶盐溶解度的最重要因素。配位体通过其活性基团与金属离子发生螯合作用。活性基一般含有 N、O、S 等配位原子，称为螯合基。重要的螯合基包括：烯醇基（—O^-）、胺基（—NH_2）、偶氮基（—N—N—）、环状氮、羧基（—COOH）、醚基（—O—）、羰基（—CO）、羟基（—OH）、磺基（—SO_3H）、巯基（—SH）、磷酸基［—$PO(OH)_2$］等。

B 土壤重金属的络合作用

土壤环境中重要的无机配位有 OH^-、Cl^-、CO_3^{2-}、HCO_3^-、F^-、S^{2-}等。除 S^{2-}外，均属于路易氏硬碱，它们易与硬酸结合。如 OH^-在溶液中将优先与某些作为中心离子的硬酸（Fe^{3+}、Mn^{3+}等）结合，形成羟合络离子或氢氧化物沉淀，而 S^{2-}离子则更易和重金属（如 Hg^{2+}、Ag^+等）形成多硫络离子或硫化物沉淀。

土壤中一般有机物含量不多。例如，脂肪酸仅 $1\times10^{-3}\sim4\times10^{-3}$ mol/L，氨基酸和芳香族酸仅 $10^{-5}\sim10^{-4}$mol/L，而且很不稳定。但这些都是土壤中最活跃的部分，而且在一定条件下也可有所积聚，产生一定浓度的具有螯合作用的有机物，其螯合效果综合起来也是很可观的。天然有机物的种类很多，形成的螯合物结构也很复杂。在简单有机酸中，较重要的螯合剂为柠檬酸和草酸，它们分布广泛，且形成常数较高。

腐殖质是土壤中最重要的天然螯合剂，在土壤有机质中占很高比例，而且也相当稳定。因此，大多数金属离子的螯合物属于和腐殖质结合的形态。腐殖质含有很多带羧基、羟基、羰基、胺基等功能基的组分，其中以羧基和酚羟基最重要，许多螯合作用常由这两种功能基配合进行。羧基有强酸性和弱酸性的区别。一般认为：强酸性羧基形成的螯合物最稳定，也最重要。据测定在 pH 值为 5.0 时，有 80%的 Fe^{3+}和 52%的 Cu^{2+}为强酸性羧基和酚羟基形成的螯合物，单独的酚羟基或弱酸性羧基形成的螯合物比较次要，稳定性也较低。在腐殖质中，富啡酸的螯合作用较胡敏酸强，富啡酸与金属离子形成的螯合物溶解度也较大。这是因为富啡酸的分子量较小，酸性较强之故。腐殖质的螯合量一般相当于酸性功能基的总含量。

C 络合作用对重金属活性的影响

（1）可大大提高难溶重金属化合物的溶解度。

（2）由于氯络重金属离子的生成，可使胶体对重金属离子的吸附作用减弱，对汞尤为突出。当 Cl^-浓度大于 10^{-3} mol/L 时，无机胶体对汞的吸附作用显著减弱。

（3）腐植酸与金属络合物的形成对重金属在环境中的迁移转化有重要影响，这是由富啡酸的结构和其亲水性所决定的。很多研究表明：金属腐殖酸络合物的形成可阻止金属作为氢氧化物和硫化物的沉淀，从而加速了重金属的迁移。

7.3 土壤类型和分布

我国土壤学家自 1984 年开始进行土壤系统分类的研究，经过十多年的努力，在原有土壤分类和发生学理论的基础上，吸收系统分类中诊断层、诊断特性等定量指标，结合我国实际，提出了《中国土壤系统分类（首次方案）》（1991）和《中国土壤系统分类（修订方案）》（1995），使作为土壤科学发展水平标志的我国土壤分类进入了新阶段。

7.3.1 土壤的类型

7.3.1.1 土壤分类系统

A 发生学分类系统

我国近代土壤分类研究，于20世纪30年代才开始。自1954年以来，一直采用发生分类系统。1978年，在过去分类工作的基础上提出了较新的《中国土壤分类暂行草案》，分类中主要依据土壤的发生学原则，即把成土因素、成土过程和土壤属性（较稳定的形态特征）三者结合起来考虑；同时，把耕作土壤和自然土壤作为统一的整体来考虑，注意了生产上的实用性。分类系统采用土纲、土类、亚类、土属、土种、变种六级的等级分类制。其划分的土纲和主要土类如下：

（1）富铝土纲包括砖红壤、砖红壤性红壤（赤红壤）、红壤、黄壤、燥红壤等土类；

（2）淋溶土纲包括黄棕壤、棕壤、暗棕壤（灰棕壤）、棕色针叶林土、漂灰土（棕色泰加林土）、灰色森林土等土类；

（3）钙层土纲包括褐土、黄绵土、𪣻土、灰褐土、黑垆土、黑钙土、栗钙土、棕钙土、灰钙土等；

（4）石膏盐层土纲包括灰漠土、灰棕钙土、棕漠土、龟裂土等土类；

（5）盐成土纲包括盐土、碱土等土类；

（6）岩成土纲包括紫色土、石灰（岩）土、红色石灰土、磷质石灰土、风砂土等土类；

（7）半水成土纲包括黑土、白浆土、草甸土、潮土、灌淤土、砂姜黑土等土类；

（8）水成土纲包括沼泽土、泥炭土；

（9）水稻土纲指水稻土一类；

（10）高山土纲包括高山草甸土、亚高山草甸土、高山草原土、亚高山草原土、高山寒漠土、高山漠土等土类。

B 中国土壤系统分类

a 土壤系统分类的特色

中国土壤系统分类（首次方案）在总结国内外经验的基础上，共拟定20个诊断层和23个诊断特性，并建立我国第一个具检索系统的土壤分类。1995年中国土壤系统分类（修订方案）对首次方案进行了一定的改进，其中最大的变化是彻底改变土壤的命名方法，采用属性分段连续命名，使得系统分类更易与国际交流。修订方案中充实了人为土，修改了硅铝土、铁硅铝土、铁铝土的分类指标和名称，确定了富铁土、淋溶土，改潮湿土为潜育土等。但由于修订方案命名过长，且少有实际应用，难以与在我国影响深远的发生分类系统相对应，故这里重点介绍首次方案。该方案有以下特点：

（1）以诊断层和诊断特性为基础：所谓诊断层，是用以识别土壤单元、在性质上有一系列定量说明的土层。诊断层和诊断特性是现代土壤分类的核心，没有诊断层和诊断特性，就谈不上定量分类。

（2）以土壤发生学理论为指导：19世纪末，俄国土壤学家B. B. 道库恰耶夫奠定了土壤发生学理论，并在此基础上提出了发生学分类，土壤发生学理论至今仍未失去其指导意义。土壤发生过程可以由历史发生和形态发生两方面组成。从历史发生观点看，自然界各种土壤都有一定的历史发生规律，本系统的各土纲都在历史发生中占有其位置。

盐成土→干旱土→均腐殖土（碳酸盐土）→灰土→硅铝土→铁硅铝土→铁铝土，除这个主系列外，副系列包括水成型的有机土和潮湿土，包括岩成型的初育土、火山灰以及在上述土壤基础上发育的人为土。

（3）充分体现我国特色：我国地跨寒温带到赤道带，加以地质地貌的千差万别，形成了丰富的土壤资源，有许多特点是其他国家不具备的。首先是耕作土壤，我国是一个古老的农业国，人为活动对土壤影响之深，强度之大，是世界上其他国家不可比拟的，其中占世界五分之一的水稻土尤具特色；其次是热带亚热带土壤，美国、苏联两大学派不得不在国外从事这方面的研究，我们拥有200多万平方千米的湿润热带、亚热带，类型多、潜力大、前景广阔；再次，西北内陆极端干旱区，不仅氯化物、硫酸盐在土壤中积聚，而且还有硼酸盐、硝酸盐等盐类在土壤中积累，这是我国一个大的天然土壤地球化学实验室，许多规律有待探索；最后，被称之为世界屋脊的青藏高原土壤，那里的土壤既有类似极地土壤又不同于极地土壤的特点。

中国土壤系统分类立足本国的实践，在诊断层中划分出灌淤表层、堆垫表层、厚熟表层和水耕表层，并提出人为土纲；对热带亚热带土壤，按划分的铁铝特性和铁硅铝特性，提出铁铝土和铁硅铝土纲；对干旱土，进一步明确了钙积层、石膏层和盐积层及其细分等，丰富了干旱土的分类；对于高山土壤，分别作为高寒干旱土和高寒均腐殖土两个亚纲划分出来。这些特色的研究不仅可以进一步阐明我国土壤分类，而且对世界土壤分类亦做出了自己的贡献。

b 中国土壤系统分类高级单元

（1）土纲：最高级土壤分类级别，根据主要土壤形成过程产生的或主要影响成土过程的性质划分。

根据主要土壤形成过程产生的性质划分的有：有机土（根据泥炭化过程产生的有机土壤物理性质特性划分）、灰土（根据灰化过程产生的灰化淀积层划分）、变性土（根据膨胀-收缩或翻转-混合过程产生的变形特征划分）、盐成土（根据盐渍过程产生的盐积层和碱化层划分）、均腐殖土（根据腐殖化过程产生的均腐殖质表层划分）、铁铝土（根据高度富铁铝化过程产生的铁铝特性划分）、铁硅铝土（根据弱富铁铝化过程产生的铁硅铝特性划分）和硅铝土（根据硅铝化过程产生的硅铝特性划分）。

根据主要影响土壤形成过程的性质，如土壤水状况、母质性质或人为表层划分的有：干旱土（根据影响钙化、盐化和石膏化过程的干旱土壤水状况划分）、潮湿土（根据影响氧化-还原和潜育过程的潮湿或常潮湿土壤水状况划分）、火山灰土（根据影响土壤形成过程进一步发展的火山灰性质划分）和人为土（根据影响土壤发育的人为作用表现的性质，如厚熟表层、堆垫表层、灌淤表层、水耕表层和耕作淀积层、水耕氧化还原层等特性划分）。

（2）亚纲：土纲的辅助级别，主要根据控制现代成土过程的性质或主要限制因子反映的性质划分。

现代成土过程是指土纲按诊断层或诊断特性划分时，亚纲按控制它们的因素，如气候、成土母质等划分。例如，在硅铝土中，控制硅铝化过程的因素是气候，所以分出常湿润硅铝土、湿润硅铝土、半湿润硅铝土等亚纲；又如，在均腐殖土中，控制腐殖化过程的因素除气候外，还有母质，所以分出湿润均腐殖土、半干润均腐殖土、岩性均腐殖土和高寒均腐殖土亚纲。

主要限制因子是指土纲按主要控制因素划分时，亚纲则按该因素所反映的性质划分。例如，干旱土，其主要控制因素是干旱土壤水状况，但由于这种水状况又有干和极干、干热和干冷的区别，它们直接影响易溶盐、石膏和碳酸盐的溶解迁移和积累过程，所以分出钙积干旱土、石膏-盐积干旱土、高寒干旱土等亚纲；又如，潮湿土，其主要控制因素是地下水或潮湿土壤水状况，但由于潮湿土壤水状况还有潮湿和常潮湿之别以及次要控制因素的影响，致使潜育化过程可以产生氧化还原特征，也可以产生潜育层，所以分出正常潮湿土、常潮湿土和永冻潮湿土亚纲。

（3）土类：亚纲的细分，根据反映主要成土过程的强度或次要控制因素的表现性质划分。根据前一种原则划分的例子有：灰漠土和棕漠土、灰钙土和棕钙土、栗钙土和黑钙土、潮土和暗潮土等，它们的主要成土过程相同，主要控制成土因素也基本一致，只是成土过程的强度和它们反映的性质有一定差别。

根据后一种原则划分的例子有：湿润硅铝土中的棕壤、暗棕壤和寒棕壤，湿润铁铝土中的红壤、赤红壤和砖红壤，常湿润铁铝土中的黄壤、赤黄壤、砖黄壤等。它们是在主要控制因素状况下，又按次要控制因素状况及其附加特性划分。

（4）亚类：亚类是土类的辅助级别，主要根据是否偏离中心概念、是否具有附加过程的特性和是否具有母质残留特性划分。代表土类中心概念的亚类为普通亚类，具有附加过程的亚类为过渡性亚类。

根据上述土壤分类命名原则，中国土壤系统分类高级分类级别系统共分出 13 个土纲、33 个亚纲、77 个土类和 301 个亚类类别，见表 7-2。土壤类别的排列顺序主要按照检索次序。

表 7-2 中国土壤系统分类表

土纲	亚纲	土类	土纲主要诊断指标
有机土 A	正常有机土（A2） 永冻有机土（A1）	泥浆土（A2.1） 冰泥炭土（A1.1）	有机表层
人为土（B）	水耕人为土（B1） 旱耕人为土（B2）	水稻土（B1.1） 堆垫土（B2.1） 墩土（B2.2） 灌淤土（B2.3） 厚熟土（B2.4）	人为表层 耕作淀积层 水耕氧化还原层
火山灰土（C）		火山灰土	火山灰特性
灰土（D）	正常灰土（D1）	灰壤（D1.1）	灰化淀积层
变性土（E）	潮湿变性土（E1） 湿润变性土（E2）	黑黏土（E1.1） 浊黏土（E2.1） 艳黏土（E2.3）	变性特征
盐碱土（F）	盐积盐成土（F2） 碱积盐成土（F1）	盐土（F2.1） 干盐土（F2.2） 碱土（F1.1）	盐积层或碱化层

续表 7-2

土纲	亚纲	土类	土纲主要诊断指标
干旱土（G）	正常干旱土（C4） 石膏盐积干旱土（G3） 钙积干旱土（G2） 高寒干旱土（G1）	龟裂土（G4.1） 雏漠土（G4.3） 雏钙土（G4.2） 灰漠土（G3.2） 棕钙土（G2.1） 灰钙土（G2.2） 寒漠土（G1.1） 冷漠土（G1.2） 寒冻钙土（G1.3） 寒钙土（G1.4） 棕漠土（G3.1）	干旱土壤水状况
潮湿土（H）	正常潮湿土（H3） 常潮湿土（H2） 永冻潮湿土（H1）	潮土（H3.1） 暗潮土（H3.2） 砂姜黑土（H3.3） 叶垫潮土（H3.4） 潜育土（H2.1） 冰潜育土（H1.1）	潮湿或常潮湿土壤水状况
均腐土（I）	半干润均腐殖土（I4） 湿润铁铝土（I3） 半干润铁铝土（I2） 常湿润铁铝土（I1）	黑炉土（I4.5） 栗钙土（I4.4） 黑钙土（I4.3） 灰褐土（I4.2） 灰黑土（I4.1） 黑土（I3.1） 热黑土（I3.2） 磷积石灰土（I2.1） 黑色石灰土（I2.2） 寒黑土（I1.1） 寒冻毡土（I1.2） 寒毡土（I1.3）	均腐殖质表层
铁铝土（J）	半干润铁铝土（J2） 湿润铁铝土（J3） 常湿润铁铝土（J1）	燥红土（J2.1） 红壤（J3.3） 赤红壤（J3.2） 砖红壤（J3.1） 黄壤（J1.3） 赤黄壤（J1.2） 砖黄壤（J1.1）	铁铝特性

续表 7-2

土纲	亚纲	土类	土纲主要诊断指标
铁硅铝土（K）	半干润铁硅铝土（K2） 湿润铁铝土（K3） 常湿润铁硅铝土（K1）	黄褐土（K2.1） 红褐土（K2.2） 黄棕壤（K3.3） 棕红壤（K3.4） 准红壤（K3.5） 棕色石灰土（K3.1） 红色石灰土（K3.2） 灰黄棕壤（K1.2） 准黄壤（K1.3） 黄色石灰土（K1.1）	铁硅铝特性
硅铝土（L）	半干润硅铝土（L3） 湿润硅铝土（L4） 常湿润硅铝土（L2） 滞水硅铝土（L1）	褐土（L3.1） 棕壤（L4.1） 酸性棕壤（L4.2） 暗棕壤（L4.3） 寒棕壤（L4.4） 腐棕土（L2.2） 灰棕壤（L2.1） 白浆土（L1.1）	硅铝特性土
初育土（M）	土质初育土（M3） 人为初育土（M1） 石质初育土（M2）	冲积土（M3.5） 风砂土（M3.4） 黄绵土（M3.3） 紫色土（M3.2） 红色土（M3.1） 扰动土（M1.1） 粗骨土（M2.2） 薄层土（M2.1）	无

7.3.1.2 主要土壤类型

土壤类型主要有：

（1）盐成土。盐成土包括盐土和碱土，主要分布于西北、东北、华北、滨海等平地，占我国土壤面积约2%。盐成土壤的形成实际上是各种可溶盐在土壤表层或土体中逐渐积聚的过程，一般形成于干旱、半干旱或极端干旱地区，在盐类随地表水和地下水从高处往低处迁移的过程中，由于降水量少、蒸发量大，盐类浓缩沉淀在不同地形部位上。往往在排水不良或径流不畅的条件下，最可能产生积盐过程。碱土的形成过程是指土壤胶体吸收较多的交换性钠，使土壤呈强碱性反应，并引起土壤物理性质恶化。盐成土一般根据盐渍过程产生的土壤盐积层和碱化层来划分。

（2）干旱土。干旱土包括棕钙土、灰钙土、棕漠土、灰漠土、高山漠土、高山草原土、亚高山草原土、龟裂土等土壤类型。干旱土在我国的分布面积很广，在青藏高原、内蒙古高原和鄂尔多斯高原的中西部，以及新疆等地均有广泛分布，其面积约占全国总面积的24%。由于土壤处于干旱气候条件下，降水缺乏，盐基淋溶程度差，植被以荒漠植被或荒漠草原为主，生物量低，土壤腐殖质累积作用微弱，有机质含量少。其中漠土（棕漠土和灰漠土）石灰表聚明显，土体中普遍有石膏和易溶盐的聚积。钙土（棕钙土和灰钙土）水分状况略好，土体剖面有明显的钙积层，但石膏淋溶程度较高，聚积不明显。土壤主要根据影响钙化、盐化和石膏化过程的干旱土壤水状况划分。

（3）均腐殖土。均腐殖土包括黑垆土、栗钙土、黑钙土、黑土、黑色石灰土、高山草甸土、亚高山草甸土等土壤类型，分布于我国温带地区，多为半湿润、半干旱气候条件，植被类型为草甸草原或草原植被，成土过程的主要特点是腐殖质积累过程和钙积过程并存。由于草甸草原或草原植被的草根以密集的须根群较均匀地分布于整个土壤剖面上，同时夏季植物生长繁茂，冬季严寒漫长，土壤冻结，死亡的有机质得不到充分的分解，从而形成明显的暗色表层。由于降水量不足，土壤钙、镁等盐基仅部分淋失，而硅、铁、铝等元素基本未移动，土壤盐基含量丰富，盐基饱和度高。土壤一般根据腐殖化过程产生的均腐殖质表层划分。

（4）灰土。灰土主要分布于大兴安岭北端和青藏高原的高山、亚高山垂直地带中。灰土形成于寒温湿润气候和针叶林植被条件下，地表凋落物厚，有机质分解程度低，表层常有滞水，土壤常处于湿润状态，从而为土壤的还原淋溶创造了条件。同时针叶林凋落物盐基含量少，凋落物分解产生的有机酸使土壤溶液处于酸性条件下，有利于土壤中 Fe、Al、Mn 等元素的有机络合淋溶。灰土主要根据灰化过程产生的灰化淀积层来划分。

（5）硅铝土。硅铝土包括褐土、棕壤、暗棕壤、棕色针叶林土、白浆土等土壤类型，发育于温带、暖温带湿润季风气候区，主要分布于辽东半岛、大小兴安岭、华北平原、太行山区等地。褐土、棕壤分布区，夏季湿热多雨，冬季寒冷干燥，季节冻层浅。暗棕壤和白浆土分布区表层冻结时间可达 150 天左右，土壤的形成过程包括黏粒淀积过程和腐殖质积累过程。由于该区生物量大，凋落物多，复盐基作用明显，腐殖质累积显著。土壤易溶盐和碳酸盐均已淋失，部分黏粒随季节性水分变化向下淋溶，在心土层淀积，铁、锰逐渐释放，形成棕色胶膜。土壤根据硅铝化过程产生的硅铝特性来划分。

（6）铁硅铝土。铁硅铝土包括黄褐土、红褐土、黄棕壤、准黄壤等土壤类型，分布于温带和中亚热带之间的过渡气候地带，土壤的发生过程也具有明显的过渡性。剖面中盐基多被淋失，土壤溶液呈酸性，硅酸盐矿物风化释放的铝使土壤处于盐基不饱和状态，铁铝在土体中的移动和聚积明显，同时黏粒也淋溶淀积至一定深度的土层中，具有弱富铁铝化特性。土壤根据弱富铁铝化过程产生的铁硅铝特性划分。

（7）铁铝土。铁铝土包括红壤、赤红壤、砖红壤、黄壤、燥红土等土类，分布于我国中亚热带、南亚热带和热带地区。该类土壤化学风化及淋溶作用强烈，碱金属和碱土金属大量淋失，土体呈酸性至强酸性反应；有机质分解快，养分循环迅速，腐殖质一般积累不多。土壤剖面中黏粒的淋溶淀积现象十分明显，铁铝氧化物从风化体到土壤层均有明显的聚积。土壤根据高度富铁铝化过程产生的铁铝特性划分。

（8）潮湿土。潮湿土包括潮土、暗潮土、砂姜黑土、潜育土等土类，主要分布于黄河中、下游平原，华北山地的河谷平原，长江中下游平原。南方山地的河谷平原也有分布，但较分散，面积较小，其母质多为河流冲积物。由于地下水位升降频繁，可通过毛管作用到达地表，引起土壤的氧化-还原作用交替进行。土壤的形成和发育深受地下水升降活动的影响，土壤剖面中由于铁、锰氧化物随水迁移和局部淀积，形成大量锈纹、锈斑和铁锰结核。该类土壤根据影响氧化-还原和潜育过程的潮湿或常潮湿土壤水状况来划分。

(9) 人为土。人为土是指自然土壤经人类活动的影响改变了原来的土壤成土过程而获得新特性的土壤类型。我国农业历史悠久，人类活动对土壤的影响十分深刻，如水稻土、𪣻土、灌淤土等。水稻土在我国分布广泛，但主要在秦岭—淮河以南。𪣻土、灌淤土则主要分布于半干旱和干旱地区，该类土壤的植被、地形、母质都或多或少受到人类活动的影响，水稻土在水稻种植过程中经历着水耕熟化过程，𪣻土、灌淤土则以旱作物为主，受到旱耕熟化过程的影响。该类土壤根据影响土壤发育的人为作用表现的性质，如厚熟表层、堆垫表层、灌淤表层、水耕表层和耕作淀积层、水耕氧化还原层等特性来划分。

(10) 有机土。有机土分布较广，但以东北地区和川西北高原地区的分布面积较大。有机土往往由于地表积水并受地下水浸润，沼泽植物生长繁茂，大量有机物归还土壤后，因土壤过湿或积水，有机质分解过程受强烈抑制，而以粗有机质和半腐有机质的形式累积于地表，在土壤上部形成深厚的泥炭层。有机土根据泥炭化过程产生的有机土壤物理性质特性进行划分。

(11) 变性土。变性土主要分布于广东、广西、云南、福建的局部地区和河南的南阳盆地等地形低洼地区。土壤多形成于干湿交替的气候条件下，成土母质黏重，黏粒含量高，黏土矿物组成以蒙脱石为主，土壤膨胀收缩能力强，干时土壤开裂，湿时膨胀，因此导致土体的翻转混合过程，影响了土壤诊断层的发育。土壤主要根据膨胀-收缩或翻转-混合过程产生的变形特征划分。

(12) 初育土。初育土包括粗骨土、冲积土、风沙土、黄绵土、紫色土等土类，该类土壤发育程度微弱，母质特性明显，发生层分异不显著或仅轻度发育。我国初育土主要分布于西北内陆干旱、半干旱的沙漠地区，黄土高原水土流失严重地区，四川盆地及云贵高原等地区。土壤成土环境多种多样，但其形成中均存在阻碍土壤向成熟方向发育的因素，使土壤长期处于幼年阶段，保留了较多的母质特性。

7.3.2 我国土壤的分布

土壤带是土壤分布地理规律性的具体表现，是地球表面土壤呈规律性分布的现象。土壤地带性包括土壤纬度地带性（也称水平带）、垂直地带性（指高山或高原土壤分布）和区域地带性（指由于地形或地质地貌学特征引起的变异），归根结底是土壤分布的地理规律，也是自然界土壤的空间分布规律。

7.3.2.1 发生学分类制的我国土壤分布

发生学分类制中的地带性土壤，其成土过程主要受生物气候条件制约，规律性明显，且发生学分类由来已久，影响广泛而深入。

我国位于北纬4°到53°30′之间，由北而南跨占五个热量带，即寒温带、温带、暖温带、亚热带和热带。由于各热量带的分布，故在我国东部大陆上，土壤水平带由北而南顺次排列：暗棕壤（黑龙江、吉林为主）→棕壤（辽宁及山东半岛）→黄棕壤（江苏、安徽、豫西、鄂、湘等）→红壤（长江以南）→砖红壤（南岭以南，包括台湾地区）。

但我国大陆由东向西部大陆内部的大气湿度渐减，干燥度渐增，其水平土壤带则顺次由暗棕壤（黑龙江）向黑钙土（大兴安岭西侧起）、栗钙土（内蒙古、宁夏部分）、棕钙土（甘肃）、灰漠土（河西走廊、新疆及宁夏部分）、漠境土壤（塔里木、柴达木等盆地）

等旱境土壤带，顺次更替。

我国水平土壤带的排列，受季风及山体走向的影响很明显。例如，在亚热带和热带，大部分受东南和西南季风影响，使土壤水平带与纬度趋于一致；而在温带地区，由于东南季风及西伯利亚冷气团的交互影响，同时山体呈东北-西南或南北走向，尤其是大西北地区的山体呈东西走向，季风影响很弱，故土壤水平带与纬度略有偏斜，呈东北-西南向顺次排列。

我国土壤垂直带谱的组成，因其基带（即山体所在地的生物气候带）不同而异。例如，热带的五指山的垂直带谱是（由下向上）：砖红壤→山地红壤或砖红壤性红壤→山地黄壤。暖温带的太行山的垂直带谱是：褐土→山地淋溶褐土→山地棕壤。台湾地区的玉山南坡的带谱是：砖红壤性红壤→山地黄壤→山地黄棕壤→山地草甸土。另外，作为自然地理分界线的山体两侧，其土壤垂直带谱的组成各异。这主要是它们的基带土壤互不相同。在山体上部，则渐趋于一致。

7.3.2.2 系统分类制的我国土壤分布

系统分类制中，土壤的规则性连续分布决定于主要成土过程产生的诊断层和诊断特性，我国大陆土壤水平分布规律可概括为三大土壤系列。

（1）东南湿润土壤系列：位于大兴安岭—太行山—青藏高原东缘一线以东的广大地区，临近海洋，气候湿润，干燥度小于1，但是温度条件由南向北随纬度的增加而递减，发育着各类森林，自南而北依次出现的主要土壤组合是：湿润铁铝土—湿润富铁土、湿润富铁土—湿润铁铝土、湿润富铁土—常湿雏形土、湿润淋溶土—潮湿雏形土、冷凉淋溶土—湿润均腐土、正常灰土—寒冻雏形土。在这个土壤系列分布范围内，是我国农业的精华地区，农田以水田为基本的农田形态，发展有一整套的经营水田为主的农业生产管理制度，又是我国主要的林区。

（2）西北干旱土壤系列：位于内蒙古西部—贺兰山—念青唐古拉山一线以西北的广大地区，海洋季风影响微弱，气候干旱，干燥度大于11，并从东向西逐渐增加（青藏高原是从东南向西北逐渐增加）。随着干燥度的增加，植被呈荒漠化草原、草原化荒漠到荒漠的水平变化，土壤组合大体由南向北变化，依次是：（钙积、石膏、简育）寒性干旱土—永冻寒冻雏形土，（钙积、石膏、盐积、简育）正常干旱土—干旱、正常盐成土。由于水土资源匹配不佳，主要依靠灌溉发展“绿洲农业”，没有灌溉条件的草地，以发展畜牧业为宜。

（3）中部干润土壤系列：为上述两个系列之间的过渡地带，气候为半湿润和半干旱，干燥度为1~11，大部分是草原植被。由于从东北向西南，跨越20多个纬度，自西南向东北依次出现以下土壤组合：干润淋溶土—干润雏形土、（黄土、干润）正常新成土—干润淋溶土、干润均腐土—冷凉淋溶土。在这个土壤系列范围内，以旱地为基本农田形态，发展一套以经营旱地为主的节水农业生产管理制度，只有在有灌溉条件的地方才能发展水稻，故水田呈块状分布。此外，我国南方沿海的岛屿，因受海洋包围，形成独特的海岛型土壤系列。岛上土壤由低到高，一般依湿润铁铝土-湿润富铁土—常湿淋溶土的顺序分布，这种分布模式最完全的表现在海南岛。

7.4　土壤侵蚀、土壤污染及修复

7.4.1　土壤侵蚀

土地资源是三大地质资源（矿产资源、水资源、土地资源）之一，是人类生产活动最基本的资源和劳动对象。人类对土地的利用程度反映了人类文明的发展，但同时也造成对土地资源的直接破坏，这主要表现为不合理开垦种植引起的水土流失、土地荒漠化、土地次生盐碱化及土壤污染等，其中荒漠化及水土流失尤为严重，是当今世界面临的重大环境问题。侵蚀是土壤及其母质在水力、风力、冻融、重力等外营力作用下，被破坏、剥蚀搬运和沉积的过程。简单地说，侵蚀是土壤物质从一个地方移动到另外一个地方的过程。土壤侵蚀导致土层变薄、土壤退化、土地破碎，破坏生态平衡，并引起泥沙沉积，淹没农田，淤塞河湖水库，对农牧业生产、水利、电力和航运事业产生危害。

7.4.1.1　土地荒漠化

20 世纪 60 年代末和 70 年代初，非洲西部撒哈拉地区连年严重干旱，造成空前灾难，“荒漠化”名词于是开始流传开来。“民以食为天，食以地为本”，土地荒漠化，已不再是单一的学术问题，而是一个严重地威胁人类生存的大问题，它已引起全球政治家、经济学家、科学家乃至全人类的广泛关注。据联合国资料，目前全球大约 1/5 的人口、1/3 的土地受到荒漠化的影响。1992 年 6 月世界环境和发展会议上，已把防治荒漠化列为国际社会优先发展和采取行动的领域，并于 1993 年开始了《联合国关于发生严重干旱或荒漠化国家（特别是非洲）防治荒漠化公约》（以下简称《公约》）的政府间谈判。1994 年 6 月 17 日该《公约》文本正式通过，1994 年 12 月联合国大会通过决议，从 1995 年起把每年的 6 月 17 日定为“全球防治荒漠化和干旱日”。我国是《公约》的缔约国之一。

（1）荒漠化的定义。1992 年世界环境与发展大会上通过的定义是“包括气候和人类活动在内种种因素造成的干旱、半干旱和亚湿润地区的土地退化”。所谓“土地退化”是指由于使用土地或其他因素致使干旱、半干旱和亚湿润干旱地区雨浇地、水浇地或草原、森林和林地的生物或经济生产力和复杂性下降或丧失，其中包括：1）风蚀和水蚀致使土地物质流失造成的荒漠化；2）土壤的物理、化学和生物特性或经济特性退化造成的荒漠化；3）自然植被长期丧失造成的荒漠化。因此，由于大风吹蚀、流水侵蚀、土壤盐渍化等造成的土壤生产力下降或丧失，都称为荒漠化。其特征是土地退化持续发生，而且增加的速度惊人，严重伤害地球上有生产能力的宝贵的土地资源。

（2）荒漠化现状。荒漠化成了当今全球性重大环境问题之一，全球荒漠化土地面积约为 3600 万平方千米，几乎等于俄罗斯、中国和美国国土面积的总和，约占地球陆地面积的 1/4。全世界 100 多个国家和地区，约 10 亿人口受到荒漠化的危害，而且荒漠化仍以每年 5 万~7 万平方千米的速度扩展，相当于每年吞噬一个爱尔兰。

中国是世界上荒漠化土地面积较大、危害最严重的国家之一。2004 年第三次全国荒漠化监测报告显示，荒漠化土地面积为 263.62 万平方千米，占国土总面积的 27.46%。我国荒漠化土地中，以大风造成的风蚀荒漠化面积最大，占了 160.7 万平方千米。据统计，20 世纪 70 年代以来仅土地沙化面积扩大，每年就有 2460 平方千米，主要分布在西北及华北北部，涉及18个省、自治区、直辖市。目前全国荒漠化总的趋势是：局部地区荒漠化得到有效治理，取得明显成效，但总体上还在扩展和恶化，防治荒漠化面临的形势仍十分严峻。特别是与人民群众生活直接相关的草地和耕地的退化状况已相当严重，草地退化率已达56.6%，耕地退化率也超过40%。与此同时，天然林和人工林也受到严重威胁，出现大面积退化甚至衰亡。

（3）荒漠化的成因与控制。荒漠化是各种自然、人为因素相互作用的结果，主要是人为活动和气候变异造成的。自然地理条件和气候变异是形成荒漠化的某些必要因素，但其形成荒漠化的过程是缓慢的。而人类活动则激发和加速了荒漠化的进程，成为荒漠化的主要成因。人口增长对土地的压力，是荒漠化的直接原因。过度放牧、粗放经营、盲目垦荒、水资源的不合理利用、过度砍伐森林、不合理开矿等是人类活动加速荒漠化扩展的主要表现。

自然因素造成的荒漠化主要有地理环境因素和气候因素。比如，我国干旱、半干旱及亚湿润干旱地区，深居大陆腹地，远离海洋，加上纵横交错的山脉，特别是青藏高原的隆起对水汽的阻隔，使得这一地区成为全球同纬度地区降水量最少、蒸发量最大、最为干旱脆弱的环境地带；加之该地区在西伯利亚、蒙古高压反气旋的中心，从西到东、从北至南大范围频繁的强风，为风蚀提供了充分的动力条件；而局部地区的起伏地形、疏松的沙质土壤和短时高强度的降水特征，助长了水蚀的发生与加剧，使黄土高原北部与鄂尔多斯高原的过渡地带及黄土高原中西部成为水蚀荒漠化最为集中、程度最为严重的地区。大范围极度干燥与局部地段低洼、排水不畅、降水稀少与强烈的蒸发，在不合理的灌溉措施下又加剧了土地盐渍化。在气候因素方面，近四十年来，该区域部分地区降水呈减少的趋势，另一些地区气温则呈增高的趋势，导致蒸发量增大，助长了土壤盐渍化的形成，这些都在一定程度上加剧了荒漠化的扩展。

当前造成我国土地荒漠化的原因很多，但核心是对资源的不合理利用。因此，要防治荒漠化，最根本的一条是做到资源的合理利用，走可持续发展的道路。首先是要做好土地资源的合理利用。在充分分析土地适宜性的基础上，确定土地利用的适宜目标，宜农则农、宜林则林、宜牧则牧，做到利用目标与土地适宜性尽可能一致。水资源是限制荒漠化地区发展的最主要因素，有限的水资源与日益增长的对水资源的需求是一对长期存在的矛盾。因此，要大力推广各种节水措施，搞节水农业、节水牧业，提高水的利用效率。同时，逐步开发沙区风能、光能、热能，为沙区群众开辟生活用能源的新途径，减少由于新采对沙区植被资源的强烈破坏。在资源利用上，既要考虑局部地区的需要，更要照顾全局的需要，既要考虑眼前的需要，更要考虑后代人的需要，这样才能可持续利用。

7.4.1.2 水土流失

A 水土流失的概念

“水土流失”一词在中国最早应用于山丘地区，描述水力侵蚀作用。20世纪30年代“土壤侵蚀”一词传入我国，水土保持科技人员开始把“水土流失”作为“土壤侵蚀”的同义语。水土流失具体来说是指在水流作用下，土壤被侵蚀、搬运和沉淀的整个过程。它包括土地表层侵蚀及水的损失，也称水土损失。在自然状态下，纯粹由自然因素引起的地表侵蚀过程非常缓慢，常与土壤形成过程处于相对平衡状态，因此坡地还能保持完整，这种侵蚀称为自然侵蚀，也称地质侵蚀。在人类活动影响下，特别是人类严重地破坏了坡地植被后，由自然因素引起的地表土壤破坏和土地物质的移动，流失过程加速，即发生水土流失。水土流失的形式除雨滴溅蚀、片蚀、细沟侵蚀、浅沟侵蚀、切沟侵蚀等典型的土壤侵蚀形式外，还包括山洪侵蚀、泥石流侵蚀以及滑坡等侵蚀形式。水的损失一般是指植物截留损失、地面及水面蒸发损失、植物蒸腾损失、深层渗漏损失、坡地径流损失。在中国水土流失概念中，水的损失主要指坡地径流损失。

水的损失过程与土壤侵蚀过程之间，既有紧密的联系，又有一定的区别。水的损失形式中如坡地径流损失，是引起土壤水蚀的主导因素；水冲土跑，水土损失是同时发生的。但是，并非所有的坡面径流以及其他水的损失形式都会引起土壤侵蚀。因此，有些增加土壤水分贮存量，抗旱保墒的水分控制措施不一定是为了控制土壤侵蚀。中国不少水土流失严重的地区如黄土高原，位于干旱、半干旱的气候条件下，大气干旱、土壤干旱与土壤侵蚀作用同样对生态环境与农业生产造成严重危害。因此，水的保持与土壤保持具有同等重要的意义。

B 水土流失类型及危害

水土流失的类型：根据产生水土流失的“动力”，分布最广泛的水土流失可分为水力侵蚀、重力侵蚀和风力侵蚀三种类型。水力侵蚀分布最广泛，在山区、丘陵区和一切有坡度的地面，暴雨时都会产生水力侵蚀。它的特点是以地面的水为动力冲走土壤。重力侵蚀主要分布在山区、丘陵区的沟壑和陡坡上，在陡坡和沟的两岸沟壁，其中一部分下部被水流淘空，由于土壤及其成土母质自身的重力作用，不能继续保留在原来的位置，分散地或成片地塌落。在我国，风力侵蚀主要分布在西北、华北和东北的沙漠、沙地和丘陵盖沙地区，其次是东南沿海沙地，再次是河南、安徽、江苏等省的“黄泛区”（历史上由于黄河决口改道带出泥沙形成）。它的特点是由于风力扬起沙粒，离开原来的位置，随风飘浮到另外的地方降落。

水土流失的危害：（1）破坏土壤资源，使适于农业耕作的面积不断减少、土地大面积退化。中国许多水土流失地区，每年因水力侵蚀损失的土层厚度达 0.2~1.0 cm，严重的水土流失区达 20 cm。（2）流失的泥沙在水库、湖泊与河道内淤积，使水情恶化，严重影响水利设施的效益。黄河中上游形成的大量泥沙输送到下游以后，部分淤积在河床上，有的已经高出两侧地面 3~5 m，形成悬河，给防洪工作造成很大的困难。长江干流年平均输沙量也达 5 亿吨以上，大量的泥沙下泄，引起河床和一些水库、湖泊的严重淤积，泥沙淤塞河道后，通航里程缩短。（3）山洪、泥石流危害交通及工矿企业。在水土流失地区，汛期常常发生山洪、泥石流、滑坡等灾害，冲毁铁路、公路及桥梁，使交通中断。设置在山丘区山洪沟道口的工矿企业，也常常遭受山洪及泥石流危害。（4）水土流失使耕地中大量的养分、农药流入水库、湖泊、河道，污染水资源。（5）在水资源缺乏的干旱区及半干旱区，水土流失加剧了大气干旱及土壤干旱的危害。（6）风蚀作用使风沙区耕地、牧场大面积退化，沙漠面积扩大。

C 影响水土流失的因素

影响水土流失的因素包括自然因素及人为因素。其中，自然因素主要有以下五种。

（1）气候因素：如降水量、降雨年季分配、降雨强度、风速、气温、日照、空气相对湿度等。

（2）地形因素：如坡度、坡长、坡形、海拔高程、相对高差、沟壑密度等。

（3）地质因素：主要有所在地区的岩性和构造运动等。岩石的风化性、坚硬性、透水性，对于沟蚀的发生和发展以及崩塌、滑坡、山洪、泥石流等侵蚀作用有密切关系。

（4）土壤因素：土壤是侵蚀作用的主要对象，土壤的透水性、抗蚀性、抗冲性对水土流失的影响很大。

（5）植被因素：植被在任何条件下都具有减缓水蚀和风蚀的积极作用，并且在一定程度上可以防止浅层滑坡等重力侵蚀作用。植被一旦被破坏，水土流失就会加剧。植被防止水土流失的主要功能有截留降水、涵养水源、改良土壤活化性质、减低风速、防止风害，改善小气候，人类活动是引起水土流失发生、发展或使水土流失得以控制的主导因素。加剧水土流失的人类活动主要有：不合理利用土地、滥伐森林、陡坡开荒、过度放牧、铲挖草皮、顺坡耕种、乱弃矿渣等。

据估计，世界耕地的表土流失量约为230亿吨/年，相当于每十年全球土壤资源就要损耗7%。根据全国第二次水土流失遥感调查，20世纪90年代末，我国水土流失面积356万平方千米。1991年中国国务院颁布《水土保持法》，是我国第一部专业水保技术法规，为我国水保工作者长期无法律依靠画上了句号。

D　水土流失的防治

水土流失是地表径流在坡地上运动造成的。各项防治措施的基本原理是：减少坡面径流量，减缓径流速度，提高土壤吸水能力和坡面抗冲能力，并尽可能抬高侵蚀基准面。在采取防治措施时，应从地表径流形成地段开始，沿径流运动路线，因地制宜，步步设防治理，实行预防和治理相结合，以预防为主；治坡与治沟相结合，以治坡为主；工程措施与生物措施相结合，以生物措施为主。只有采取各种措施综合治理和集中治理，持续治理，才能奏效。

7.4.1.3　土壤侵蚀速率的核素示踪

水土流失加剧和土地荒漠化是影响区域可持续发展的主要环境问题。利用自然界某些核素的独特性质作为示踪剂，对土壤侵蚀进行不同时间和空间尺度的定量研究，是目前土壤侵蚀研究的一种新途径，与传统的水土流失监测点和实地高差测量法相比，具有许多优越性。

目前，核武器实验散落的核素^{137}Cs被广泛应用于水土流失研究。魏彦昌等（2006）就^{137}Cs的示踪原理和模型进行了系统的总结。^{137}Cs在自然界中主要来自20世纪50~60年代的大气核武器实验，在自然界中没有天然来源，其物理半衰期30.174a。^{137}Cs在大气平流层中经过3~12个月的扩散在全球范围尺度上均匀分布，随后进入对流层，在大气降水作用下沉降到地表。在纬度变化不大、气象条件均一的地区，^{137}Cs的空间分布是均匀的。沉降到地面的^{137}Cs很快被表土中的有机和无机组分强烈吸附，限制了化学和生物过程导致的^{137}Cs迁移。由于^{137}Cs进入土粒后可置换黏土矿物结晶骨架中的K^+，而且Cs^+的固定基本上是不可逆的，一旦被固定，很难被其他离子替换。^{137}Cs在土壤中的重新分布只是由土壤侵蚀或沉积、土壤耕作等物理过程引起的，与其他因素基本无关。

^{137}Cs定量土壤侵蚀量和侵蚀速率是通过测定研究区域侵蚀或沉积样点土壤剖面的^{137}Cs含量与该区域中^{137}Cs输入量（背景值）相比较，得到各点^{137}Cs含量减少或增加^{137}Cs模型，将^{137}Cs减少或增加的百分比换算成土壤侵蚀量或沉积量。^{137}Cs法定量研究土壤侵蚀的关键问题，包括背景值的确定和定量转换模型的选择。确定研究区域^{137}Cs输入的背景

值资料是^{137}Cs法土壤侵蚀研究的重要基础，也是该方法得以实现的关键所在。所有研究样点的土壤剖面^{137}Cs含量都要和该区域背景值进行比较。一般来说，有代表性的参照点应选取在和研究区域相同的小流域内，并且具有最小的坡度，没有侵蚀和沉积发生，完全被植被覆盖等。

^{137}Cs法能够用于定量研究土壤侵蚀和沉积速率，有赖于利用相关模型将样点土壤剖面的^{137}Cs含量转换为土壤重新分布的定量估计值。这些模型主要包括经验模型、比例模型、重量模型、质量平衡模型、简化的质量平衡模型和基于剖面富集的质量平衡模型等，见表7-3。

表7-3 土壤侵蚀研究常用转化模型比较

模型名称	基本形式	优缺点	应用范围
经验模型	$Y = aX^3$	形式简单，便于应用，但模型推导只局限于特定的实验小区，不能推广应用	只能在特定的研究小区应用，但可作为其他模型的发展基础
比例模型	$Y = 10\frac{BdX}{100T}$	是最为简单的理论模型，但假设前提过于简单	使用汉语在^{137}Cs最大沉降发生后土地利用方式发生改变的地区
重量平衡模型	$Y = \frac{A_{ref} - A}{CT}$	没有考虑耕作稀释和表面富集，以及^{137}Cs的年沉降差异	用于估算特定土壤侵蚀地区平均土壤侵蚀速率
质量平衡模型	$\frac{dA(t)}{dt} = (1-\Gamma)I(t) - \left(\lambda - P\frac{R}{d_m}\right)A(t)$	考虑降雨，耕作，粒径等影响因素，但形式复杂	可在不同研究地区推广应用，但由于需确定参数多，需要完善基础数据
简化的质量平衡模型	$Y = \frac{10dB}{P}\left[1-\left(1-\frac{X}{100}\right)^{1/(t-1963)}\right]$	考虑因素较为全面，但较质量平衡模型形式简单	可在不同研究地区推广，且易于应用
基于表面富集的质量平衡模型	$C_{st} = \begin{cases} A_t e^{-xz} \\ A_t(1-Z/H_t) \\ A_t \end{cases}$ 指数型、线性型、均一型	形式简单而且考虑因素多，但模型考虑函数类型较少	可在不同研究地区推广，考虑了表面富集，误差更小

7.4.2 土壤污染及修复

7.4.2.1 土壤污染

A 土壤背景值与容量

土壤背景值是指土壤在无污染或未污染时的元素含量，特别是有害元素的含量。背景值是一个相对的概念，在时间上和空间上都有所差异。这是因为环境是否污染，其标准是依生物的反应而定的。生物的生理生态反应正常，其环境谓之背景，若生物发生异常反应，其环境称为污染。但生物对环境是有适应能力的，现在对生物来说是异常的环境，将来某一个时期，这种环境对生物来说可能已经算是正常的了。比如，地球上产生生命物质之初，大气成分中的氧浓度很低。由于以后有了绿色植物，它的光合作用才使大气的氧浓度逐渐增长，直至现在的水平。当初的生物能适应低氧，以后的生物不但适应，而且必需如此高浓度的氧气成分。所以，应当说背景值是一种历史性的相对数值。另外，地球上的不同区域，从岩石成分到地理环境再到生物群落都有很大的差异。它们生长的生物也都各自适应自己所在的环境，所以它们的背景值自然会因地理位置而有所差异。

土壤背景值的研究是随着环境污染的出现而发展起来的。我国在 20 世纪 70 年代后期开始了土壤背景值的研究工作，先后开展了北京、南京、广州、重庆以及华北平原、东北平原、松辽平原、黄淮海平原、西北黄土、西南红黄壤等的土壤、农作物的背景值研究，同时还发展了土壤背景值的应用及其与环境容量的同步研究，这是我国土壤背景值研究有别于其他国家的主要方面。土壤中从背景状况到引起动植物受害时的污染状况之间，其含量差异就是土壤对该污染物的环境容量。不同的土壤其容量是不同的，这取决于土壤的缓冲能力。从污染的角度看，则与净化能力有关。因此，土壤的环境背景值与容量是土壤环境质量的两个重要参数，是了解土壤污染和保护土壤环境必备的基础知识。

B 土壤污染的定义及指标

a 土壤污染的定义

土壤污染是指进入土壤的污染物超过土壤的自净能力，而且对土壤、植物、动物造成损害时的状况。土壤污染是专门针对污染物而言，不是泛指一切物质。例如，水分与盐分过多进入土壤，超过土壤容量，也将出现土壤的次生潜育化与次生盐演化问题，但是，这不属于土壤污染问题。对于污染物的界定，有学者认为是人工引入土壤的化学物质的总称，而另一种观点则认为应是土壤中出现的新的化合物，特别是有毒化合物，即凡土壤原来含有的化合物不应包括在内，似乎重点是指合成化合物。事实上，土壤原有的物质中，已包括了多种有毒物质，如汞、砷、铅、镉等，只是含量极少不曾表现危害而已。当这些物质由环境向土壤大量地输入，而致浓度异常增高时，毒害作用便表现出来。所以，污染物超出土壤容量范围值时，就应称为土壤达到了污染水平。

b 土壤污染的判别

土壤指标通常用来判断土壤是否发生了污染。土壤指标是指土壤自净能力或者说动植物直接、间接吸收污染物而受害的临界浓度。土壤具有一定的自净能力，包括土壤对污染物的固定与分解能力。前者主要是化学与物理的作用，后者主要是生化的反应。这些作用都随着环境的规律性变化而持续地进行着，每一个瞬间都有其相对的平衡状况，但其整体却是一个永动过程。因此，土壤学上只能借鉴物化与生化上处理这类问题的手段，以瞬态测定为基础，以动态规律建立起估测模型，作为判断土壤自净能力的方法。在利用动植物中毒临界指标的基础上，参照土壤的自净能力，找到一个土壤污染浓度界限（范围）值，就是当前确定土壤是否污染的根据。

从以上的分析，可以看出土壤污染问题的复杂性。如果没有相当的工作积累与归纳总结，是无法使它们简化的。但是，现实却时时刻刻需要进行土壤环境的污染状况评价，这是任何国家都不能回避的问题。所以我国在 20 世纪 80 年代第二次全国土壤调查期间组织了土壤容量的攻关研究，各个地方也按当地的工作需要进行了土壤容量研究，2006 年 7 月 18 日第三次全国土壤调查工作正式启动，这些工作将孕育着我国土壤环境容量与土壤污染的指标值。在尚未取得统一认识的指标之前，目前所采用的土壤污染指标有以容量值即作物生长受害临界值（毒质达到卫生标准，或作物减产10%）时土壤污染物的全量或有效浓度或背景值加3倍标准差等。

c 土壤污染的来源及类型

土壤是农、林、牧业自身的生产基地，它的污染首先是来源于农、林、牧业自身的生产过程。化肥与农药的施用是最直接的污染源，它们除了带给土壤与植物的营养与抗病虫药物之外，同时也带进了杂质，其中包含不少的污染物质，而且农药本身就是有害物质。有时污染物浓度甚高，足以毒害土壤生态系统，并危及植物和动物。随着化肥用量的增长，有些农民已经逐渐淡忘了传统的制作，不是将废变肥，而是以废致害。土壤污染的第二个来源，是生活废物的土地处理，包括废渣与废水。在城市、工矿附近，问题更为突出。在近郊农村，由于燃料结构的特点，产生大量的煤灰、煤渣，它们伴随不少的养分和毒质，以“改土材料”的方式大量投入土壤。第三种污染来源，是工业的废气、废渣和废水通过直接与间接途径进入农田，污染的范围就是“三废”排放渠道周围，所以较集中于工矿附近。废气扩散范围受风向与风力的影响，故影响面放宽。工业废水的污染，有些是由直接进入或用于灌田而致污染，有些是沿排放渠道所产生的浸染。

所有的污染源所含污染物都不是单纯的成分，要将不同污染源带进土壤的污染物种类进行归类是困难的。但是，将污染物成分归类，并按其来源的可能进行归纳，对于掌握土壤污染的类型，设计防治污染的对策是有益的。污染物可分为无机污染物与有机污染物两大类型，无机污染物中再细分为重金属、放射性元素和其他；有机污染物可再细分为有害微生物等生物性有害物质。

土壤重金属污染物主要有汞、镉、铅、铜、砷、铬、镍等。砷虽不属于重金属，但因其行为与来源以及危害情况等都与重金属相似，故通常列入重金属类进行讨论。重金属行为的最大特点是受pH值控制，它受土壤黏粒与有机质吸附作用的影响也很大。因此，它们在土壤中的活性小，从而易积累。一旦积累，很难排除。重金属在土块中从积累到危害作物和动物，需要经过相当长的时间，即危害潜伏期较长。当其危害症状已经出现，可以说土壤污染已难挽回。

d 我国土壤污染现状

我国土壤污染已对土地资源可持续利用与农产品生态安全构成威胁。目前，全国受不同程度污染的耕地面积已接近2000万平方公顷，遭受重金属污染的占64.8%，其中轻度污染46.7%、中度污染9.7%、严重污染8.4%。以汞和镉的污染面积最大，13万平方公顷耕地因受镉污染而弃耕。

土壤污染目前呈现如下特点：（1）污染面积增加明显，一些地区的土壤污染由局部趋向连续分布；（2）污染物种类增加，复合污染的特点日益突出；（3）污染物含量呈增加趋势，在一些传统农业区，土壤重金属镉超过国家二类土壤标准的面积达35.9%、超过国家一类土壤标准的面积竟达89.4%，且部分污染物来源尚未查清；（4）城市土壤污染严重，我国西南某城市土壤中汞含量已超过国家标准100倍，在东北某城市的工厂废弃地，其土壤镉、铅含量也严重超标达数百倍。必须指出的是：目前对于城市土壤仍无适用于不同用途的土壤环境质量标准，而只能借用农田土壤环境质量标准进行评价。

土壤污染已造成严重的后果，主要表现在：（1）造成直接的经济损失。截至20世纪末，全国每年因耕地污染损失的粮食为100亿千克，还有120亿千克粮食受污染而超标，二者的直接经济损失达200多亿元；（2）导致农产品品质下降，危害人体健康。在沈阳张士镉污染区，糙米镉含量平均0.55 mg/kg，最高达0.79 mg/kg，蔬菜镉含量超过对照区的5~6倍，居民头发、尿、血液中镉含量明显高于对照区，癌症发病率高出对照区3~6倍；（3）导致大气和水体环境污染；（4）对国家的可持续发展造成严重威胁。土壤是人类社会生产活动的重要物质基础，是不可缺少、难以再生的自然资源。土壤污染具有典型的定时炸弹性质，一旦大面积爆发，将会对国家可持续发展造成难以估量的影响，因此必须对土壤污染的预防和污染土壤修复予以高度重视。

7.4.2.2 土壤修复

20世纪80年代以来，鉴于土壤污染的危害，世界上许多国家特别是发达国家均制定与开展了污染土壤治理与修复的计划。污染土壤修复是指利用物理、化学和生物的方法转移、吸收、降解和转化土壤中的污染物，使其浓度降低到可接受水平，或将有毒有害的污染物转化为无害的物质。

从根本上说，污染土壤修复的技术原理可包括为：（1）改变污染物在土壤中的存在形态或同土壤的结合方式，降低其在环境中的可迁移性与生物可利用性；（2）降低土壤中有害物质的浓度。根据工艺原理划分，污染土壤修复的方法可分为物理、化学和生物三种类型。

物理修复是指以物理手段为主体的移除、覆盖、稀释、热挥发等污染治理技术，主要包括物理分离法、溶液淋洗法、固化稳定法、冻融法以及电动力法。化学修复主要包括溶剂萃取法、氧化法、还原法以及土壤改良剂投加技术等。

作为污染土壤修复技术主体的生物修复方法，可分为微生物修复、植物修复与动物修复三种，其中又以微生物与植物修复应用最为广泛，比如Ma等（2001）年发现了某种蕨类植物对土壤中的砷有良好的富集作用（见表7-4和图7-2）。同物理化学方法相比，生物修复具有基本保持土壤的理化特性、污染物降解完全、处理成本低与应用广泛诸多特点。关于生物修复的局限性，包括污染物种类的局限性、受环境因素的影响大、修复时间长等，可通过同物理化学方法的相互结合而予以解决。

表7-4 蕨类植物对As修复实验结果

实验对象	土壤中As含量	植物中As含量/ppm	
		培养2周后	培养6周后
对照土壤	6×10^{-6}	438×10^{-6}	755×10^{-6}
As污染土壤	400×10^{-6}	3525×10^{-6}	6805×10^{-6}
低As含量土	50×10^{-6}	5131×10^{-6}	3215×10^{-6}
中As含量土	500×10^{-6}	7849×10^{-6}	21290×10^{-6}
高As含量土	1500×10^{-6}	15861×10^{-6}	22630×10^{-6}

注：1. 将从未污染地区采集的凤尾蕨植入有1.5 kg土壤的2.5 L容器6周，每组样品有4个平行样本；
2. As污染土壤从发现有蕨生长的地区采集；
3. 含As土壤根据其中含水溶性As含量分成低、中、高三类。

我国土壤污染的程度及其危害已十分严重。在现有基础上进一步深入开展污染土壤修复理论与技术研究，建立符合我国实际的污染土壤修复体系，不仅可使我国环境科学与技术研究同国际前沿接轨，而且可为我国大面积污染土壤的有效修复提供技术支持，具有重

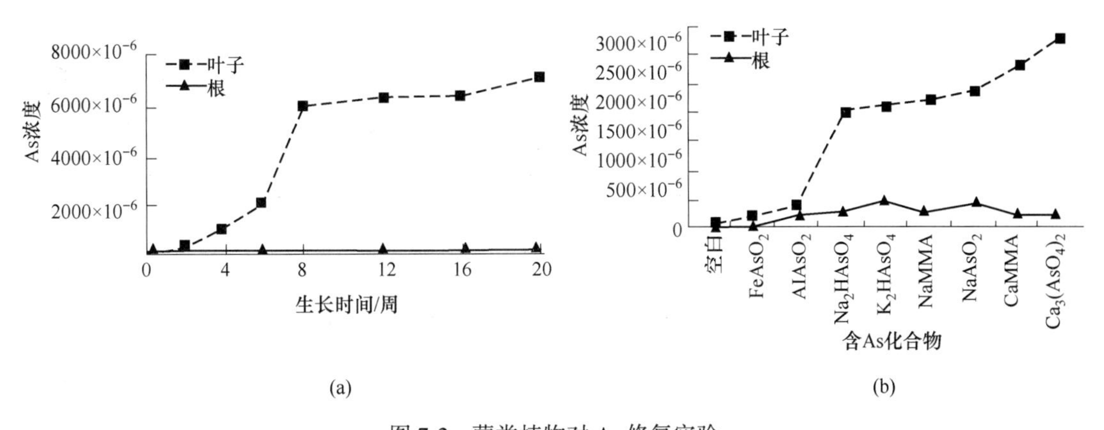

(a) (b)

图 7-2 蕨类植物对 As 修复实验

（a）叶子和根中 As 浓度随时间的变化；（b）叶子和根中 As 形态随时间的变化

要的理论与实践意义。针对土壤复合污染的实际，当前研究的重点应集中在生物修复技术的关键技术与生物方法同物理化学方法的结合上。

我国是土地资源短缺的国家，土壤污染更加剧了短缺的严重程度。对已污染的土地资源开展有效修复，是解决这一问题的有效途径之一。因此，本领域在我国有着良好的应用前景，应当发挥在这一领域中的优势，继续深入开展污染土壤修复研究，将科研成果尽快转化为生产力，特别是发展污染土壤修复的生物材料、修复设备与成套技术，发展污染土壤修复环保产业，为我国土地资源保护与可持续利用而贡献力量。

思考和练习题

7-1 概述土壤水的类型及其与土壤气体之间的相互关系，土壤质地如何影响土壤水气组成。

7-2 说明土壤剖面各层次的代号与特点。

7-3 简述影响土壤阳离子吸附解吸的主要因子。

7-4 列举影响土壤溶液中离子沉淀-溶解平衡的主要因素。

7-5 土壤可以通过哪些反应影响污染物的活性？试举例说明。

7-6 讨论主要成土因素及其在成土过程中的作用。

7-7 从硅铝土、铁硅铝土和铁铝土的诊断特性比较其发生程度和成土特点。

7-8 了解我国土壤系统分类的主要诊断指标。

7-9 比较钙化、盐化和碱化过程的区别和联系。

8 生物圈环境

扫码获得数字资源

8.1 生　物　圈

8.1.1 生物圈的概念

生物圈是地表生命有机体（动物、植物和微生物）及其生存环境的总称，是地球特有的圈层。著名的地质学家休斯于1875年首先提出了生物圈的概念，并把相应的名词“生物圈”引用到自然科学研究之中，他认为生物圈就是生命物质及其生命活动产物所集中的圈层。从生物活动及其影响范围来看，生物圈包括岩石圈表层（主要为风化层）、土壤圈、水圈和大气圈的对流层，但生物圈的核心部分是它们的接触带，其厚度约20 km，如图8-1所示。

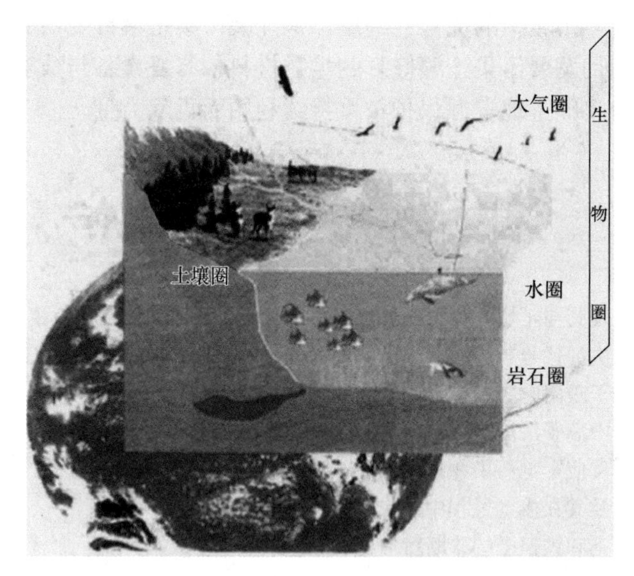

图8-1　生物圈结构示意图

生物圈作为地球环境系统中有生命现象的组成成分，虽然其总量仅为$3\times10^{10}\sim3\times10^{11}$ t，还不足地壳质量的0.1%，但它却使得地球环境系统发生了极其深刻的变化。生物的大部分个体集中分布于地表上下约100 m厚的范围内，形成环绕地球的一个生命膜。正是在这个有着大量生物生存的薄层里，生物有机体及其群落参与了各种自然环境过程的进行和不同环境景观的形成，并且成为区域环境景观最突出的特征。人们在观察任何一个区域环境时，其中的生物总是以最引人注目的方式给人们指示其环境的特征。生物一方面是人类生活的必需资源和生存的基本环境条件；另一方面还是宇宙中最活跃的物质形式，在自然界的物质循环与能量交换中扮演着十分重要的角色，它的出现使我们居住的这个星球表面变得绚丽多彩，生机勃勃。

8.1.2 生物圈的演化

地球由基本粒子凝聚的原始状态，逐渐吸聚小行星的陨石物质以及宇宙尘埃物质而成，通过地球的自转与公转运动，这些物质长期聚积分化而形成了地核、地幔和地壳圈层结构，随着温度的降低，大约在距今 38 亿年前地球上形成了大气圈和水圈。在原始地球大气圈和水圈中的生命组成元素如 C、O、H、N、P、S、Ca 等开始汇集，并进行化合反应进化为有机化合物——烃类及其简单的衍生物；由相对分子质量较低的有机化合物进化为相对分子质量较高的有机化合物——糖、核苷酸、氨基酸和它们的聚合物多糖、核酸和蛋白质等。随着自然环境的变化，这些物质进行复杂的相互作用，最终形成了具有新陈代谢特征，能生长、繁殖、遗传、变异的原始生命物质。可见，生命的形成与演化经历了漫长的元素演化、化学演化和生命演化过程，原始细菌生命才开始出现。根据放射性同位素方法测定地球上最古老的岩石和陨石的年龄，推断地球的年龄不小于 46 亿年。在这 46 亿年中最早的原始生命出现在太古代早期，迄今发现最早的生物化石存在于 34 亿年前南非的焰石层中，这些最早的软体生物是一种能进行光合作用的蓝细菌。脊椎动物或多细胞动物则出现在距今 5.7 亿年前，而真正的早期人类则出现在距今约 300 万年之前的第四纪初期，如图 8-2 所示。

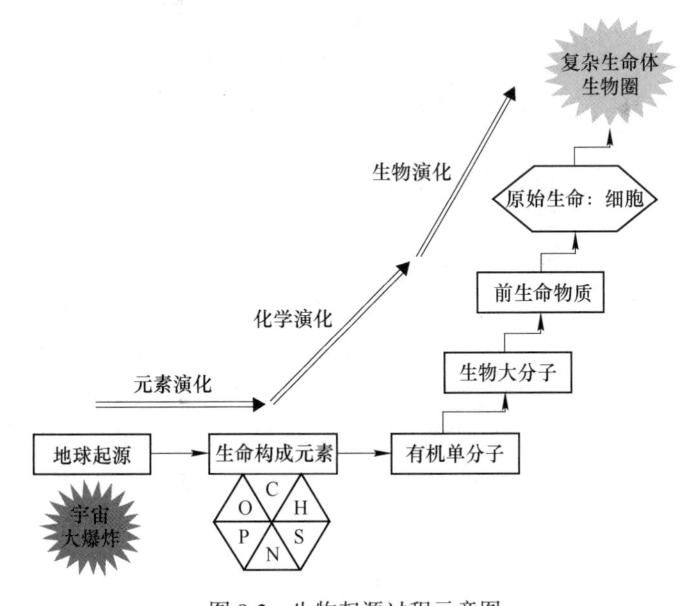

图 8-2　生物起源过程示意图

依据上述生命产生与演化的历程，可以将地球环境演化历史划分为以下阶段：地球上无生命的时代（46 亿~38 亿年）被称为冥古宙；前寒武纪（38 亿~5.75 亿年）被称为隐生宙，它又分为太古代和元古代；出现脊椎动物后的时代被称为显生宙，显生宙又分为古生代（5.75 亿~2.50 亿年）、中生代（2.50 亿~0.65 亿年）和新生代（0.65 亿年至今），新生代又分为第三纪（0.65 亿~0.02 亿年）和第四纪（0.02 亿年以来），如图 8-3 所示。

在地球上出现生命的约30多亿年中，生物赖以生存的地球环境曾发生过多次重大的变化，生命也经历多次大的集群演替和小的更换，老的生命灭绝，新的生命诞生，生生不息永无止境。由此可见，生命的诞生和进化是一个漫长的历史过程。

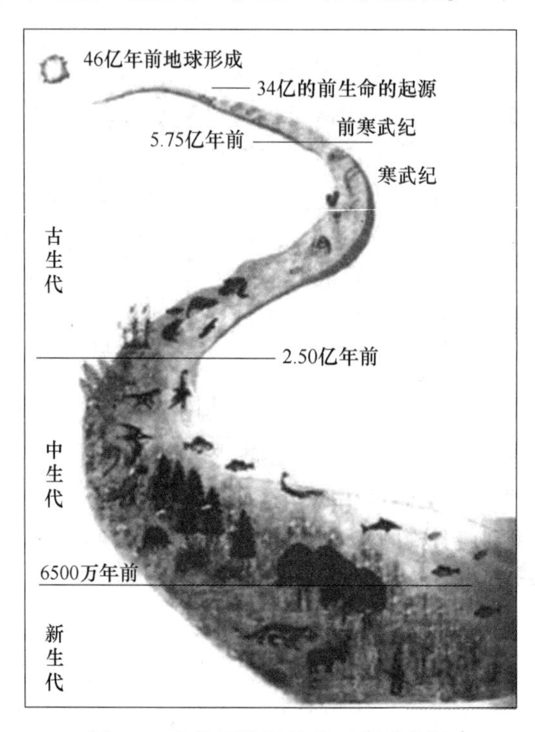

图8-3 生物圈发展演化过程示意图

生物个体都能进行物质和能量的代谢，使自己得以生长和发育，按照一定的遗传和变异规律进行繁殖，使生物种族得以繁衍和进化。生物在自然选择和本身的遗传与变异共同控制下也在不断地分化与发展，不同种群生物盛衰错综更替，由低级到高级、由简单到复杂、由少到多、由水生到主要为陆生的演化发展，从而形成了今日地球上繁荣的生物界。地球表面具有生命的物体包括动物、植物和微生物三大类，它们形态各异，种类繁多。据统计，现今地球上已被人们发现、记载和定名的生物约有20×10^5种，其中动物约为15×10^5种、植物总数有5×10^5种。有学者估计这个数字离实际存在的生物种数还相差甚远，至于在地球发展的各个时期已经灭绝的生物种类比现存已知的还多200倍，累计约有4×10^8种。

8.2 生物圈的组成

8.2.1 生物分类简介

如此繁杂的生物种类是地球上一项极为宝贵的物质财富，人们为了识别它们，以便更好地研究、利用和保护它们，就需要对它们加以分类。长期以来，人们进行了大量的实践研究，比较了生物形态与解剖特征的异同、习性的差别和亲缘关系的远近，并加以汇同辨异分门别类。按照生物演化的趋向把划分出的门类予以编制排列，建立起一个能够反映生物界由低等到高等、由简单到复杂的有规律的分类系统，在这个系统中使各种生物均有所属，避免混乱。历史上曾经有过多种生物分类的体系，例如把生物分为动物和植物两大界的方法沿用已久，目前仍被广泛应用。植物多是自养的、不运动的或被动运动的；动物是能够运动的，并以植物或猎物为食物的异养生物。随着对地球上生物的研究越来越多越来越深入，生物学家发现两界分类系统不能在大类上客观地反映生物的基本差别，如真菌既不像动物那样可以运动，又不像植物那样可以进行光合作用，放入两界分类系统的哪一界都不合适。1969 年美国学者惠特克根据生物细胞的结构特征和能量利用方式的基本差别，提出将地球上的全部生物划分为原核生物界、原生生物界、真菌界、植物界、动物界的五界分类系统，如图 8-4 所示，该分类系统已经被大多数科学家所接受。五界分类系统中各界生物的基本特征、类别、代表种类以及它们在自然环境与人类生活中的基本作用见表 8-1。

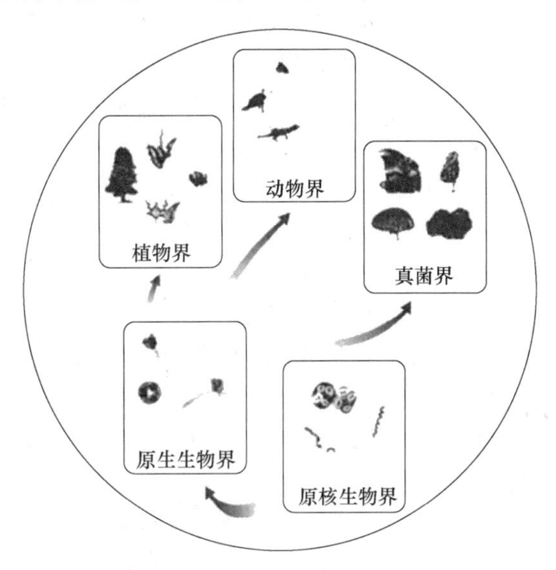

图 8-4　生物圈发展演化过程示意图

表 8-1　五界分类系统中各界生物表

五界分类系统	特征	类别	代表生物	作用或用途
原核生物界	无明显细胞核，无膜包被的细胞器，都是一些微小的单细胞生物	古细菌、细菌蓝细菌等	大肠杆菌螺旋藻	有机物的降解；工业发酵，造成水体污染、致病，提供单细胞蛋白及生物工程材料等
原生生物界	为真核细胞、单细胞或多细胞群体，大部分都生活在水体环境中	原生生类真核菌、类黏菌	草履虫、小球藻	有的可进行光合作用，是水体环境的初级生产者，有的是地质历史形成化石能源的来源
真菌界	为真核细胞、无叶绿素，不能进行光合作用，腐食营养	霉菌、子囊菌、担子菌	青霉、木耳、猴头菇	降解有机物，致病，作物霉素，制药，食品等

续表 8-1

五界分类系统	特征	类别	代表生物	作用或用途
植物界	真核，多细胞，多具有根、茎、叶和繁殖器官的分化，光合自养	苔藓植物、蕨类植物、裸子植物、被子植物	各种植物	吸收 CO_2 和 H_2O 合成有机质并释放出 O_2，与人类衣食住行联系密切
动物界	真核、多细胞，异养，无细胞壁，大多数组织和器官发达，能运动	海绵动物、腔肠动物、环节动物、软体动物、节肢动物、脊椎动物	各种动物	吸收 O_2，并释放出 CO_2，有的为高蛋白食物的主要来源

中国地域辽阔，自然条件极其复杂，为多种野生动植物的生存提供了优越的条件。据统计，中国已知的高等植物约有 32000 种，并有不少是世界上稀有珍贵植物，如银杏、水杉、银杉等。中国的野生动物资源也十分丰富，仅兽类就有 420 多种，占世界的 11.2%；鸟类有 1166 种，占世界的 15.3%；有礁行类和两栖类共约 510 多种，占世界的 8%，这些生物物种不仅是中国人民的宝贵财富，也为地球生物圈增添了异彩。

8.2.2 生物与环境

地球上的生命界可以划分成不同的层次或组织水平，从大分子有机物开始直到生物圈复杂程度逐级增加。当从一个层次过渡到另一个较高层次时，生命组织便会出现前一级不曾具有的新性质和特征。在这个生命谱系中，从生理学、形态学和分类学出发，以个体到大分子水平为研究对象的属于生物科学领域，微观方向是其主要研究发展的趋势；从与环境的关系出发，以个体至生物圈的各级组织水平为对象的是现代生态学的内容，宏观方向是其主要研究发展的趋势。后者与环境科学和环境地学的研究更为密切。

早在 1840 年德国有机化学家李比希就认识到了生态因子对生物生存的限制作用，他分析了土壤表层与作物生长的关系，得出作物的产量与作物从土壤中所获得矿物营养的多少密切相关。也就是说，每一种植物都需要一定种类和一定数量的营养物，如果其中有一种必需营养物数量极微，植物的生长就会受到不良影响，如果这种营养物质完全缺失，植物就不能生存，这就是李比希的“最小因子定律”。最小因子定律适用的两个前提条件是：第一，最小因子定律只能用于稳态条件下，也就是说如果在一个生态系统中，物质和能量的输入输出不是处于平衡状态，那么植物对于各种营养物的需要量就会不断地变化，在这种情况下李比希最小因子定律就不能应用。第二，应用最小因子定律时，还必须考虑各种生态因子之间的相互关系，如生态系统中化学元素之间的协同作用或拮抗作用，这些过程均会影响生物对营养物的利用率。李比希在提出最小因子定律时只研究了营养物对植物生存、生长和繁殖的影响，而进一步研究成果证实这个定律对于温度、光照、水分等多种生态因子都是适用的。美国生态学家谢尔福德在研究最小因子定律的基础上，提出了“耐受性法则”的概念，并试图用这个法则来解释生物的自然分布现象，认为生物不仅受生态因子最低量的限制，还受生态因子最高量的限制，即生物对每个生态因子都有其耐受的上限和下限，上下限之间就是生物对这种生态因子的耐受范围，如图 8-5 所示。

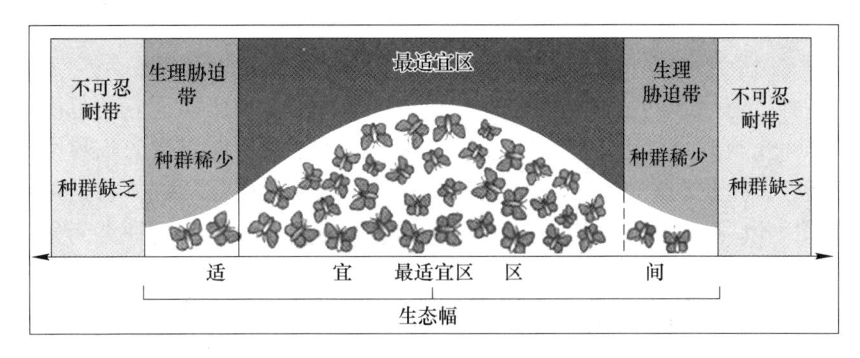

图 8-5　生物对生态因子的耐受曲线及生物的生态幅示意图

一般来说，如果一种生物对所有生态因子的耐受范围都是广阔的，那么这种生物在自然界的分布也一定很广，反之亦然。各种生物通常在其生殖阶段对生态因子的要求比较严格，此时它们所能耐受生态因子的范围也比较狭窄。例如，植物的种子萌发，动物的卵、胚胎以及正在繁殖期的成年个体所能耐受的环境范围一般比非生殖个体要窄。谢尔福德提出的耐受性法则基本上是正确的，但是大多数生态学家认为只有将这个法则与李比希的最小因子定律结合起来才具有更大的实用意义。将这两个法则结合便形成了“限制因子”的新概念，其含义是，生物的生存和繁殖依赖于各种生态因子的综合作用，但是其中必有一种或少数几种因子是限制生物生存和繁殖的关键性因子，这些关键性因子就是限制因子。任何一种生态因子只要接近或超过生物的耐受范围，它就会成为这种生物的限制因子。如果一种生物对某个生态因子的耐受范围很广，而且这个生态因子又非常稳定，那么这个因子就不太可能成为限制因子；相反，如果一种生物对某个生态因子的耐受范围很窄，而且这个生态因子又易于变化，那么这个生态因子就极有可能成为限制因子。限制因子是探索生物与环境复杂关系的一把钥匙，因为各种生态因子对生物来说并非同等重要，一旦我们找到了这种生物生存发育的限制因子，就意味着找到了影响该生物生存和发展的关键性因子，从而可以集中力量去研究它。

环境对生物具有很大的影响，它控制和塑造着生物的生命进程、形态构造和地理分布。蓖麻在中国中原地区为不能越冬的一年生草本植物，株高仅 1~4 m；在长江中下游地区可以宿根多年生；而在广东、台湾部分热带地区则为多年生灌木，高达 4~8 m。在环境对生物产生影响的同时，生物有机体特别是它们的群体也对环境产生相当明显的改造作用。例如，针叶林下土壤的酸度往往比同一地区阔叶林下的高些；湖泊中浮游生物大量繁殖时，导致水体透明度下降，从而改变水中的光照条件。从更长远的时间尺度看，生物还参与岩石的风化、地形的改变和土壤的形成，以及某些岩石和非金属矿的建造。此外，水土流失可以用植物来防治，流动的沙丘可以用乔木、灌木和草本植物来固定。可以说，没有一个环境过程不受生物的影响。在环境中对生物的生命活动起直接作用的环境要素叫作生态因子，如光、热、水、风、矿物盐类和其他生物等；地形、海拔等则属于间接起作用的因子，它们通过改变气候与土壤等条件对生物产生影响。各个生态因子并不是孤立地、单独地对生物产生作用，而是共同综合在一起对生物产生影响。一个生态因子不管它对生物的生存有多么重要，也只能在有其他因子的适当配合下才能发挥其作用。生物或其群体居住地段的所有生态因子的总体叫作生境。由于地表各地气候、土壤、岩性和地形等不同，形成了多种多样的生境类型，这正是地球上生物种类和群落复杂多变的主要原因之一。

地球上各种生态因子的变动幅度非常广阔，可是每种生物所能适应的范围却有一定的限度，如果当一个或几个生态因子的量或质低于或高于生物所能忍受的临界限时，不管其他因子是否适合，生物的生长发育和繁殖都会受到影响甚至引起死亡，它是最易阻挠和限制生物生存的因子。限制因子随时间和地点的不同而变化，也因生物种类而异。在干旱地区，水分条件往往是植物生存的限制因子，在严重污染的水域中，有毒污染物常是水生生物生存的限制因子。因此，在研究环境对生物的作用时，既要注意生态因子的综合作用，又要找出在一定条件下影响生物生存的限制因子，从而为采取相应管理措施提供科学依据。

生物在生存过程中，对生态因子的忍耐不仅有一个生态上限和下限，同时在它的耐性限度内还有一个比较小的生态最适范围，在这里生物生长发育得最好。在自然界中生物物种并非经常处于最适生境条件下，因为生物间的相互作用和外界自然条件的变化妨碍生物去利用最适宜的环境。最后还应注意的是，不同的生物物种对环境的适应能力是有差异的，一般来说，对环境适应能力较强的种类，其分布范围较广。

8.2.3 生物因子对生物的影响

环境是由各种不同的生态因子综合作用于生物的。为了深入地了解不同生态因子对生物的作用，有必要分别进行单因子分析。

8.2.3.1 光与生物

地球上生命活动所需要的能量主要来自太阳辐射。光能进入生物界的第一步是被绿色植物吸收，通过光合作用把光能转化为化学能贮存在合成的有机物质中，除供应本身消耗外，还为地球上其他一切生命提供所需要的能源。光照的性质、强度和时间长短都影响着植物的生长发育，在太阳光谱中，红光和蓝紫光被绿色植物吸收得最多，是光合作用中最有效的生理辐射光；黄光与绿光多被植物反射；紫外线则能抑制茎的生长和促使花青素的形成。在高山地区植物茎秆低矮，花朵鲜丽多彩就是与这里紫外线比较丰富有关。各种植物对光的需要量即对光照强度的适应范围是不同的，有些植物喜欢生长在阳光充足的空旷地带或森林中的最上层，而有些植物只有在阴暗处或森林的最下层才能找到，由此可将植物分为阳性植物和阴性植物等类型。草原与荒漠植物多属喜光的阳性植物，而浓密的林下多生长阴性植物，所以在营造人工林时，应注意所选树种的耐阴程度以便适当搭配，获得较好的造林成效。

光照强度与陆生植物：接受一定量的光照是植物获得净生产量的必要条件，因为植物必须生产足够的糖类以弥补呼吸消耗。当影响植物光合作用和呼吸作用的其他生态因子都保持恒定时，生产和呼吸这两个过程之间的平衡就主要取决于光照强度了。光合作用将随着光照强度的增加而增加，直至达到最大值。图中的光合作用率（实线）和呼吸作用率（虚线）两条线的交叉点就是所谓的光补偿点，在此处的光照强度是植物开始生长和进行净生产所需要的最小光照强度。

地球上不同纬度地区，在植物生长季节里每天昼夜长短是不同的，这叫作光周期现象。根据植物对光周期反应的不同，可分为长日照植物、短日照植物和中间性植物。长日照植物在生长过程中有一段时间每天需要有 12 h 以上的光照时间才能开花，光照时间越长开花越早；短日照植物，每天光照时间在 12 h 以下才能开花，在一定范围内黑暗期越长，开花越早，中间性植物对光照长短没有严格要求，只要生存条件适宜就可开花结实。由此人们在农业生产和园艺植物栽培中，花期的控制以及引种工作中，研究植物的光周期现象具有重要的意义。

光也对动物的生存、行为和分布有直接的作用，不同动物对光强反应不一样，有的动物适应于在较弱光度下生活，为夜行性动物，如黄鳝等；有的则适应于较强光度下生活，是昼行性动物，例如许多鸟类只有在度过黑夜之后的清晨才开始鸣啭和觅食；第三类动物是在拂晓或黄昏时分活动，为晨昏性动物，如蝙蝠等。光对海洋或湖泊中浮游动物周期性的垂直迁徙或在水中的垂直分布也有很大的影响，如甲壳类浮游动物中比较喜光的种类通常分布在水域的上层，而喜阴的种类多分布在下层。

8.2.3.2 水与生物

生命起源于水域环境，水是生物有机体的重要组成成分，一般的植物体都有其体重60%~80%的水分，动物体中含水量更多，如鸟类为 70%、哺乳类约 75%、鱼类 80%~85%、蝌蚪 93%、水母高达 95%。对植物来说，水作为原料直接参加绿色植物的光合作用，氮、磷、钾等无机营养元素也只有溶解于水中才能被植物吸收和利用。对动物来说，食物的消化、营养物质在体内的循环、呼吸产物的排出也都在水溶液中进行。任何生物缺少水都不可能生存在活跃状态中。没有水就没有生命，各种生物在对环境的长期适应过程中产生了许多有效地吸收水分或防止体内水分丧失的特征。例如，在荒漠地区干河道中的植物根系能深入利用地下水，骆驼刺就是所谓的“潜水植物”，有些植物形成窄叶，或叶子全部退化成针状、鳞片状或在干季落叶，防止水分蒸腾的特性。仙人掌类植物具有发达的贮水薄壁组织，可在体内保持大量水分。

根据各种植物需水程度不同，可将其分为水生植物、湿生植物、中生植物和旱生植物等生态类型，前两类植物生长在水域环境中，多见于湖泊、沼泽、河流等；旱生植物生长在干燥的陆地上，主要分布于荒漠和草原地区；一般树木与农作物属中生植物。动物对干旱环境适应的方式也是多种多样的，迁移是干旱地区许多鸟类和兽类或某些昆虫在水分缺乏、食物不足时回避不良环境的常见方式。例如，在非洲大草原旱季到来时，大型草食性动物便开始迁徙；蝗虫有趋水喜洼的特性，遇到干旱时，常常暴发性地迁往低洼易涝地区。保持体内水分是另一种适应干旱的方式，如骆驼的血液含有一种特别的蛋白质可以保持血液水分，同时它的肾脏还可以使尿浓缩减少水分丧失，使骆驼可以适应十分干旱的环境。骆驼对脱水还有高度的耐受性，即使 17 天不饮水，身体脱水达体重的 27%仍能照常行走；另外，夏眠也是许多沙漠动物在夏季空气湿度急剧下降或水分减少时，度过旱季的特殊适应方式。

除了上述自然环境条件对生物的影响之外，人为造成环境因素的改变也对生物生存发育具有重要的影响。特别是随着工业的发展，人们排放到各种水体中的废水日渐增多，当其数量超过水体自净能力时即造成污染，使水质变劣，直接影响到水生生物的种类、数量、形态、生理和体内有毒物质的含量，并使水体生态平衡失调，水产资源遭受损失。

8.2.3.3 空气与生物

空气对生物的影响包括空气的化学成分和空气运动。空气中 O_2 是动植物呼吸所必需的物质，生物借助于吸收 O_2 分解有机化合物，从中取得所需要的热能，因此，除厌氧或兼性微生物外，如果生物在缺氧情况下，正常的代谢作用受到破坏就会因窒息而死亡。生活在水中的植物常以伸出地面的呼吸根或茎中具有发达的通气组织从空气或水中吸取 O_2，从而加强自身对沼泽及水域环境的适应。CO_2 是植物光合作用的原料之一，其浓度高低对光合作用强度产生明显影响，在一定范围内，强光下光合作用强度随 CO_2 浓度增加而增加，但当 CO_2 浓度继续增加时，便成为限制因子了。到了夏季，植物生长处于旺盛期，如果叶层周围出现 CO_2 不足现象时，就必须由土壤中有机物质的分解来获得补充。

人类活动排放到大气中的有害物质如硫化物、氟化物、氯化物、氮氧化物等，造成了大气污染。当其浓度超过一定限度时就对生物有机体造成危害，使树木、农作物生长发育不良、枯萎以至死亡，或作物产量下降，品质变劣。植物受大气污染危害程度不仅与污染物的种类、浓度、持续时间有关，而且随植物种类的不同而有所区别。紫花苜蓿对 SO_2 特别敏感，易受害；刺槐、侧柏、国槐则具有较强的抗污能力。氟化氢对唐菖蒲、杏、李、松的危害大，而对紫花苜蓿、玫瑰、棉花、番茄的危害较小。有些植物还具有吸收大气中污染物的能力，如刺槐、白桦可吸收氯气，番茄、扁豆能吸收 HF，可以减轻大气污染程度。在大气污染严重的城市或工矿区，针对污染物的性质、含量，选植抗污性强的树木，成活率高，能起到净化环境的作用。抗污性弱的种类，即对污染物敏感的植物，适当种植一些可对大气污染起指示作用。

风是植物孢子、花粉、种子和果实传播的动力。地球上有 10% 的显花植物借风力授粉，风力可促使环境中 O_2、CO_2 和水汽均匀分布，并加速其循环，形成有利于植物和动物正常生活的环境，而大气中的污染物也往往由于风力的扩散作用降低对生物的危害程度。风的有害影响主要是植物变形，特别是在干风的作用下，植物体向风的一侧蒸腾大量水分使体内水分平衡受到破坏，叶片凌薄，枝条枯死，形成不对称的“旗形树冠”，或使树干弯曲，这种现象在海滨、山区森林上限等地方比较常见。强风还能引起树“风倒”和“风折”，中国东南沿海地区每年夏秋季节受强台风袭击，经济植物香蕉、甘蔗、橡胶等受害严重，作物也常因刮风倒伏造成减产。风对动物的直接作用主要是影响动物的行为活动。随风带来的气味常是许多嗅觉灵敏的哺乳动物寻找食物和回避敌害时定位的重要因素，所以食肉兽类在搜索捕获物时，通常是迎风行动。在海洋沿岸、岛屿和高山上风力强劲的地方，有翅昆虫很少而无翅昆虫占绝大多数。

8.2.3.4 土壤与生物

自然界除了漂浮植物、附生植物和寄生植物外，绝大多数植物都是生长在土壤上。土壤是植物生长发育的基地，它具有供给和调节植物生长中所需要的水分、养料、空气和温度等条件的能力，所以土壤的物理性质和化学性质对植物有明显影响。在土壤的机械组成方面，紧实的黏土不利于根系发育，多生长浅根性植物，而沙的结构疏松通气性良好，但保水能力差，多发育以深根系为主的植物。在基质流动性很大的沙地上，一般由于光照强烈、温度变化剧烈、干燥少雨、养分不足等条件限制，只有沙生植物才能够生存。沙生植物有一系列适应沙地环境的特征，如生长不定根、不定芽，或叶子退化，或根系周围有沙黏结成的“沙套”等。沙生植物是防风固沙的良好材料，中国西北地区已广泛地利用植物固沙并取得了显著成绩。

土壤中必须有水分和空气的适当配合才能保证植物正常生长发育。土壤过分干燥，植物得不到充足的水分和无机养料，就会很快出现萎蔫或死亡；反之，水分过多，空气流动不畅，氧气缺乏或因 CO_2 积累过多，也会阻碍种子发芽，影响根系呼吸与生长或发生腐烂甚至窒息死亡。土壤的 pH 值直接或间接影响植物种子的萌发和对矿质盐类的吸收。根据植物对土壤 pH 值适应范围的不同，可将植物划分为酸性土植物（pH 值<6.5），如泥炭藓、油茶、橡胶等；中性土植物（pH 值=6.5~7.5），如大多数栽培的粮食作物、蔬菜和许多落叶阔叶树木等；碱性土植物（pH 值>7.5），如荒漠与草原中许多植物。土壤中易溶性盐类（NaCl、Na_2SO_4、$NaHCO_3$ 和 Na_2CO_3）含量过高时，形成盐化-溶液浓度高造成生理性干旱限制了一般植物的生长。只有盐生植物才能以很高的细胞渗透压、泌盐、茎叶肉质化等特征适应这类环境，如红树、盐草、盐爪爪等。土壤和其他陆地基质还影响动物的生存与特征。在岩石地面和坚硬而开阔的土地上生活的动物，如虎、羚羊、鸵鸟等都具有细长而健壮的足，足趾数目减少，奔跑能力强。在松软的沙地上生活的骆驼，足趾末端有厢状，蹄底增厚防止蹄足陷入沙中。

土壤空气、水分、温度和化学性质都对动物的种类、数量和生活习性产生影响。当土壤湿度、温度发生变化时，许多土栖无脊椎动物便在土壤内进行明显的季节性垂直迁移，以获得适宜的生活条件。含丰富腐殖质并呈弱碱性的草原黑钙土中，土壤动物的种类和数量比棕钙土中丰富得多。

8.2.3.5 生物之间的关系

地球上没有任何一种生物能够单独地生存于非生物环境中，它总是程度不同地受到周围植物、动物和微生物的影响。对某一特定生物来说，周围生物对它产生的影响便成为一个很重要的生态因子。生物间的关系十分复杂，有种内和种间关系、有直接和间接影响、还有有利与不利的作用等，归纳起来主要有下列 6 种形式。

（1）种间竞争：两种或更多种生物共同利用同一资源而产生的相互竞争作用；

（2）捕食作用：一种生物摄取另一种生物个体的全部或部分为食的现象；

（3）食草作用：是广义的捕食的一种类型；

（4）寄生：两种生物在一起生活，一方受益，另一方受害，后者给前者提供营养物质和居住场所的关系；

（5）偏利共生：生物种间相互作用对一方没有影响，而对另一方有益的共生关系；

（6）互利共生：指两种生物生活在一起，彼此有利，两者分开以后双方的生活都要受到很大影响，甚至不能生活而死亡。

8.2.4 生物的适用性和指示现象

生物对环境的适应性是指生物的形态结构、生理机能、个体发育和行为等与其生存环境条件相互统一、彼此适应的现象。生物与环境之间表现出的这种协调与合理，在一定程度上保证了生物的生长、发育和传留后代。生物适应环境的方式是多种多样的。高等植物的各种器官都明显地表现出对于生活条件的适应，深入土壤的根系、直立于地面上的茎枝和形状扁平、呈现绿色的叶子都是植物加强吸收、固着、输导和进行光合作用的机能，以保证进行正常的营养生活。色彩鲜丽的花冠与芬芳的气味和花蜜是植物借以招蜂引蝶进行传粉，完成繁殖后代的适应特征。仙人掌叶子退化成针刺，为的是减少水分蒸腾，肥厚的肉质茎贮存大量水分，这些旱生化的特征是它们对干热气候条件的适应。动物对环境的适应方式更是形形色色。例如，许多动物借助于保护色、警戒色或拟态躲避捕食者而获得生存的机会。上述事例说明，生物的适应性状具有帮助生物充分有效地利用环境中的能量和营养物质，防御某些不良因素的危害和保证生物正常生活的作用，所以适应是生命自然界的普遍现象，是生物生存和发展的基础条件之一。

生物之所以能够产生某些适应性状而与环境间保持协调关系并不是偶然的，它是生物与生物之间以及生物与无机环境之间在长期的生存斗争中通过自然选择逐渐产生与形成的。食虫植物狸藻的瓶状叶、田野中野兔的土黄色、寒带冰雪中生活的熊的白色，都是通过自然选择产生的适应特征。正如达尔文在《物种起源》一书中所说的："自然选择在世界上每日每时都在精密检查着最微细的变异，把坏的排斥掉，好的保存下来，并把它积累起来；无论什么时候，无论什么地方，只要有机会，它就静静地不知不觉地工作，把各种生物与有机的和无机的生活条件的关系加以改进。"生物的适应现象不是固定不变的，由于有节奏的季节变化和昼夜变化，使适应性具有动态特征。在温带地区，许多树木春夏展叶、开花，秋冬落叶、休眠就是植物适应环境变化的现象。生物对环境的适应虽是非常巧妙与合理，保证了生物的生存与发展，然而适应是相对的、暂时的，这是因为环境条件的经常变化与生物遗传上的稳定性发生矛盾所致。因此，生物的适应性仅在特定的生活环境中具有意义，环境一旦变化，以前的适应性便会失去作用或不甚适应了。雷鸟的毛色变化与自然环境的季节更替严格相符时，正是白雪罩地的时候，它的白色羽毛在一定程度上可以保护它们免遭敌害，但是到一定季节这种动物的毛色已经改变，而天空还没有降雪，这时毛色的更换不但无益反而会成为该种动物致死的原因。此外，当生物的适应性沿着一个不变的方向继续发展时，就可能会出现高度特化的现象，使生物绝对依赖于这种适应的环境，结果可能使生物的生态适应范围变得很狭窄而易遭毁灭。

在自然界生物的指示现象也是广泛存在的。根据生物物种或它们的群体或生物的某些特征来确定环境中其他成分的现象，叫作生物的指示现象。生物能够指示环境或环境的某些组成成分，是由于环境的全部成分或要素处于紧密的相互依赖和相互联系之中，一个要素的改变会引起一系列其他要素的改变。由于全部成分在这种发生上有规律的联系，才有可能利用一个成分来认识其他成分，根据自然环境中的一个环节确定其余的环节。然而，远不是全部要素都具有同等的指示意义，不同自然环境要素形成历史是不同的。在地球上最初产生地壳，形成岩石圈，然后产生大气圈、水圈，最后出现植被、土壤和动物。越是年轻的成分对其他成分的依赖性就越大，也就是说独立性最小而依赖性最大的成分具有最大的指示意义。在各种自然要素中，生物，特别是植物及其群体对于其他要素所施加的影响反应最灵敏，并具有最大的表现能力。植物在颇大程度上是地理环境的一面镜子，并且是集中而明晰地表现出这种环境的焦点。

一般认为，生态幅比较狭窄的生物比生态幅宽广的指示意义大；生物群落的指示性要比一个种或其个体的指示性可靠些。植物对于和气候的指示作用早已被人们所悉知。椰子正常开花结果是热带气候的标志；铁芒萁占优势的群落是中国亚热带气候的指示体；华北地区流行的"枣发芽、种棉花"的谚语是利用植物的物候现象指示暖温带气候区棉花的播种期。应该注意的是，作为指示气候带的植物群落必须是占据着显域生境的地带性植被。此外，还可利用树木的年轮推测过去气候的状况，例如气温和降水量的年际变化等。生物对水环境的指示现象一直受到重视，特别是利用生物指示水质变化早已为生物学家、防疫工作者所熟悉。例如，在未受有机物污染的水域里，生物种类丰富，每种的个体数量并不多，每毫升水中细菌常在1000个以下，藻类以硅藻、甲藻为主，蓝藻、绿藻很少，鱼类和其他动物较多；而当水体纳污后，清水型生物就会很快逃离或死亡，污水生物保留下来或迁入，且个体数量很多，每毫升水中细菌达10^5个以上，整个生物区系比较贫乏，藻类中以蓝藻和绿藻的污生种类占优势，鱼类极少，而纤毛虫、颤蚓、红色摇蚊幼虫等很多。人们可借此对水质污染程度做出评价，植物和植物群落还能够指示土壤水分和地下潜水状况。

根据植物或植被判断土壤类型、土壤的酸碱度、机械组成等是有可能的。铁芒萁是中国热带和亚热带强酸性土壤（pH值为4~5）的指示植物，而蜈蚣草是钙质土的指示体。盐角草、有叶盐爪爪等主要是硫酸盐和氯化物盐土（含盐量10%以上）的典型标志，内蒙古一带生长的油蒿则是沙性土壤的指示植物。利用植物或植被指示土壤特性在农业生产和造林工作中具有一定的价值，植物还具有指示岩石、矿体和构造线的所谓地质指示现象。土壤及其下垫岩石中某种元素或化合物的过剩对植物有明显的影响，它或者表现在植物的化学成分上，或表现在植物的形态和生理特点上，故生长在环绕矿体的任何元素或化合物的分散晕范围内的植物，常表现出不同的特点，据此可判断土壤中某种元素或化合物的存在，或可能找到某种矿床。例如，在中国长江中下游一带分布的海州香薷就是铜矿的指示植物，海州香薷则是铀矿的指示植物，其体内含铀量可达$296\times10^{-6}\sim2909\times10^{-6}$等。大气受到有毒气体污染后，生存在这种环境中的某些植物表现出明显的变化，据此可利用植物监测大气污染程度、污染物和其相对浓度。生物虽具有上述各种指示作用，但是生物容易受环境的影响而发生变化。在利用生物作为指示体时，必须结合其他指标全面考虑。

8.3 生物圈的空间结构

8.3.1 生态系统

“生态系统”一词是英国植物学家坦斯利于1935年首先提出来的，后来苏联地植物学家苏卡乔夫又从地植物学的研究出发，提出了生物地理群落的概念，这两个概念都把生物及其非生物环境看成互相影响、彼此依存的统一体。生态系统是指在一定地域空间内共同栖居的所有生物（生物群落）与其环境之间通过物质的循环和能量的流动互相作用、互相依存而构成的一个生态学功能单位。生态系统具有下面一些共同的特性：一是生态系统是由生物群落、环境因素等多种成分组成的；二是生态系统的各个成分不是孤立存在的，而是彼此之间通过复杂的物质流、能量流和信息流相互联系、相互作用的；三是生态系统内部具有自我调节的能力。生态系统的结构越复杂，物种的数目越多，自我调节能力也越强；但生态系统的自我调节能力是有限的，超过了这个限度，调节也就失去了作用。由此可见，生态系统一般具有独立的结构和特定的功能。

8.3.1.1 组成和结构

生态系统一般包含以下4种主要组成成分。

（1）非生物环境：具体包括参加生态系统物质循环的无机元素和化合物（如C、N、S、P、Ca、Mg、K、CO_2、O_2、H_2O、NH_3等），联系生物和非生物成分的有机物质（糖类、脂肪类、蛋白质、腐殖质等），影响生物生长发育及其物质循环的环境条件（如光照、温度、湿度、压力、风力、电磁场、重力场等），如图 8-6 所示。

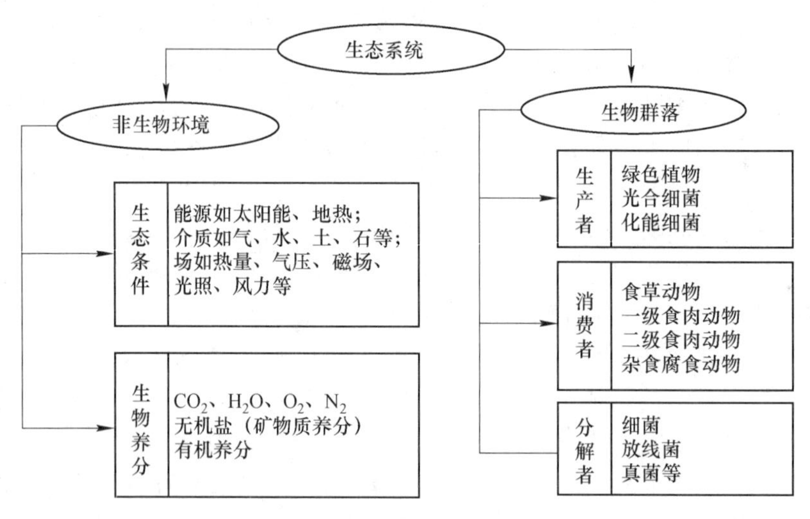

图 8-6 生态系统组成结构的一般模式

（2）生产者：是指能以简单的无机物制造食物的自养生物，上有具体包括绿色植物、浮游植物、光合细菌和化能细菌，它们将环境中的无机物转化为有机物，把太阳能转化为体内的化学能。

（3）消费者：是指直接或间接地依赖生产者所制造的有机物质生存的一类生物群体，属于异养生物。消费者按其营养方式的不同可以细分为：直接以植物体为营养的食草动物，如食草性昆虫、食草性哺乳动物等，有时也将食草动物称为一级消费者，以食草动物为食的食肉动物，也称二级消费者，以食肉动物为食的大型食肉动物或顶级食肉动物也称为三级消费者。

（4）分解者：是指生态系统中能将生物残体及其复杂有机物分解为生产者能够重新吸收利用的简单化合物并释放能量的生物，属于异养生物，常见的分解者包括细菌、放线菌、真菌、蝶晴、螨虫、蟹、软体动物、蠕虫等无脊椎动物。分解者在生态系统中的作用极为重要，如果没有它们，动植物尸体将会堆积成灾，营养物质得不到循环，生态系统将毁灭。由此可见，非生物环境、生产者、分解者是任何生态系统必不可少的组成成分。

8.3.1.2 食物链和营养级

在生态系统中生产者所固定的能量和物质，通过一系列取食和被食的关系而在生态系统中传递，各种生物按其取食和被食的关系而排列的链状顺序称为食物链。在水体生态系统中的食物链，如：浮游植物—浮游动物—小型鱼类—大型食肉鱼类；在草地生态系统中的食物链则较长，如绿色植物—蝴蝶—蜻蜓—蛙—蛇—鹰。实际生态系统中的食物链彼此交错连接，形成一个网状结构，即食物网。某些污染物如 DDT、重（类）金属元素、持久性有机污染物进入生态系统之后，一般都具有沿食物链逐级浓缩的现象，这说明研究食物链具有重要的理论意义和实践价值。例如，有科学研究表明：DDT 在海水中浓度为5.0×10^{-11}，在海洋浮游植物体内的浓度则为 4.0×10^{-8}、在蛤体内的浓度为 4.2×10^{-7}，到了银鸥体内的浓度就已达 75.5×10^{-7}，扩大了十多万倍，这种作用称为生物放大作用。

能量流动、物质循环和信息传递是生态系统的三大功能，生态系统中的能量流动是单方向的；物质流动是循环式的；信息传递则包括营养信息、化学信息、物理信息和行为信息，构成信息网。通常物种组成的变化、环境因素的改变和信息系统的破坏是导致自我调节失效的三个主要原因。生态系统中营养级的数目受限于生产者所固定的最大能量值和这些能量流动过程中的巨大损失，因此生态系统营养级的数目通常不会超过 6 个。生态系统是一个动态系统，要经历一个从简单到复杂、由不成熟到成熟的发育过程，其早期发育阶段和晚期发育阶段具有不同的特性。

8.3.1.3 生物地球化学循环

生态系统中各种从大气、水体、土壤及其岩石表面进入食物链的物质，又经微生物分解回到环境再次被绿色植物重新吸收利用、再次进入食物链，如此反复进行物质的循环过程，就是生物地球化学循环，它包括生物循环和地球化学循环。在生物地球化学循环过程中生物与环境之间的物质停留称为库，这是物质迁移转化过程中暂时被吸收、固定和贮存的单位。根据质量守恒定律，各种物质在生态系统中的库之间的输出量应该等于输入量。

8.3.2 生态系统类型

地球表层每一个地带或地区因其地理位置、气候、地形、土壤等因素的影响，都有一定的植被（生态系统的生产者）类型，且任何植物群落都是与它们生存的环境条件有密切联系，地球表面各地环境条件的差异是导致生态系统多种多样的重要原因。全球生态系统（生物圈）类型的划分大多是以生态系统中的生产者为主，加上消费者（动物群落）及其功能作用来划分，这样就使同一个生态系统类型具有相同的生长型、相同的结构与功能、相同的食物链关系，S. J. Mc Naughton 1973 年对地球表层的生态系统类型划分见表 8-2。

表 8-2 全球生态系统类型的划分表

水生生态系统				陆生生态系统
淡水生态系统		海洋生态系统		
流水（河，溪）	急流	海岸线（岩石岸/泥沙岸）		荒漠（热带荒漠/温带荒漠）
	缓流	浅海		冻原
	滨带	上涌带		极地
		珊瑚礁		高山
静水（湖，池）	表水层	远洋	远洋上层	草原（湿草原/干草原）
			远洋中层	稀树干草原
	深水层		远洋深层	温带针叶林
			极深海沟	热带雨林/季雨林

由于植物群落是地球上生态系统中的主要生产者，而且其在陆地生态系统中的空间分布又遵循一定的规律，同时陆地生态系统比水生生态系统更为复杂多样，其成分也十分复杂多变，营养结构更是多因素、多变数的综合复合体。陆地生态系统一般分为荒漠、冻原、草原、稀树草原、温带森林和热带森林等类型。各种生态系统生产力有巨大的差异，

对陆地生态系统而言，其生产力大小决定于水分的可用率，在淡水和咸水水域则决定于营养物质的可用性。温度对任何类型的生态系统的生产力都有影响。一般情况下，陆地生态系统较海洋生态系统具有更高的生产力，因为陆地具有广泛的生物群落结构来保存营养物质和维持叶面积，在生物量、叶绿素、关键营养元素含量以及由这些因素决定的生产力方面，海洋浮游生物群落就小得多了。生态系统总初级生产力消耗于植物呼吸作用的部分，随温度和群落生物量而异，在热带雨林为73%，在某些浮游生物群落中则为20%~30%。全球各类生态系统的净初级生产力及其特征见表8-3。

表 8-3 全球各类生态系统的净初级生产力及其特征

系统类型	面积 $/km^2$	净初级生产力（干物质）			生物量（干物质）			叶绿素均值 $/g\cdot m^{-2}$	叶面平均值 $/g\cdot m^{-2}$
		正常范围 $/g\cdot(m^2\cdot a)^{-1}$	平均值 $/g\cdot m^{-2}$	总计 $/t\cdot a^{-1}$	正常范围 $/g\cdot(m^2\cdot a)^{-1}$	平均值 $/g\cdot(m^2\cdot a)^{-1}$	总计 $/t\cdot a^{-1}$		
热带雨林	17×10^{9}	1000~3500	2200	37.4×10^{9}	6.0~80.0	45	765×10^{9}	3	8
热带季雨林	7.5×10^{9}	1000~2500	1600	12×10^{9}	6.0~60.0	35	260×10^{9}	2.5	5
温带常绿森林	5×10^{9}	600~2500	1300	6.5×10^{9}	6.0~200.0	35	175×10^{9}	3.5	12
温带落叶森林	7×10^{9}	600~2500	1200	8.4×10^{9}	6.0~60.0	30	210×10^{9}	2	5
泰加林	12×10^{9}	400~2000	800	9.6×10^{9}	6.0~40.0	20	240×10^{9}	3	12
森林和灌丛	8.5×10^{9}	250~1200	700	6×10^{9}	2.0~20.0	6	50×10^{9}	1.6	4
热带稀树草原	15×10^{9}	200~2000	900	13.5×10^{9}	0.2~15.0	4	60×10^{9}	1.5	4
温带草原	9×10^{9}	200~1500	600	5.4×10^{9}	0.2~5.0	1.6	14×10^{9}	1.3	3.6
苔原和高山	8×10^{9}	10~400	140	1.1×10^{9}	0.1~3.0	0.6	5×10^{9}	0.5	2
荒漠半荒漠灌丛	18×10^{9}	10~250	90	1.6×10^{9}	0.1~4.0	0.7	13×10^{9}	0.5	1
极端荒漠砂	24×10^{9}	0~10	3	0.1×10^{9}	0~0.2	0.02	0.5×10^{9}	<0.1	<0.1
岩冰等	14.0×10^{9}	100~4000	650	9.1×10^{9}	0.4~12.0	1	14×10^{9}	1.5	4.0
耕地	14×10^{9}	100~4000	650	9.1×10^{9}	0.4~12.0	1	14×10^{9}	1.5	4
沼泽与湿地	2×10^{9}	800~6000	3000	6×10^{9}	3.0~50.0	15	30×10^{9}	3	7
湖泊和河流	2×10^{9}	100~1500	400	0.8×10^{9}	0~0.1	0.02	0.05×10^{9}	0.2	—
陆地总计	149×10^{9}		782	117.5×10^{9}		12.2	1836.6×10^{9}	1.5	4.3
公海	332×10^{9}	2~400	125	41.5×10^{9}	<0.1	0.003	1×10^{9}	<0.1	
上涵带	0.4×10^{9}	400~1000	500	0.2×10^{9}	<0.1	0.02	$<0.1\times10^{9}$	0.3	
大陆架	26.6×10^{9}	200~600	360	9.6×10^{9}	<0.1	0.001	0.27×10^{9}	0.2	
珊瑚礁	0.6×10^{9}	500~4000	2500	1.6×10^{9}	0~4.0	2	1.2×10^{9}	2	
海湾	1.4×10^{9}	200~4000	1500	2.1×10^{9}	0~4.0	1	1.4×10^{9}	1	
海洋总计	361×10^{9}	—	155	55×10^{9}	—	45.0	3.9×10^{9}	<0.1	
全球生物圈	510×10^{9}	—	336	172.5×10^{9}	—	3.6	1840.5×10^{9}	0.5	

8.3.3 生态系统的空间分布规律

全球植物群类的空间分布受地理位置、气候、地形、土壤、地质水文等因素的影响，表现出地带性或非地带性的分布规律。德国著名植物地理学家洪堡和俄国著名土壤地理学家道库恰耶夫先后阐明了自然地带性原理，并揭示了地带性是自然界各种环境要素相互作用的结果，其中气候条件（如温度、降水量）起着支配作用，如图 8-7 所示。由于生态系统类型的划分是以生产者（植物群落）为主要依据的，因此全球生态系统也必然呈现出地带性和非地带性的分布规律，其地带性又可细分为水平地带性（纬度地带性、经度地带性）和垂直地带性。

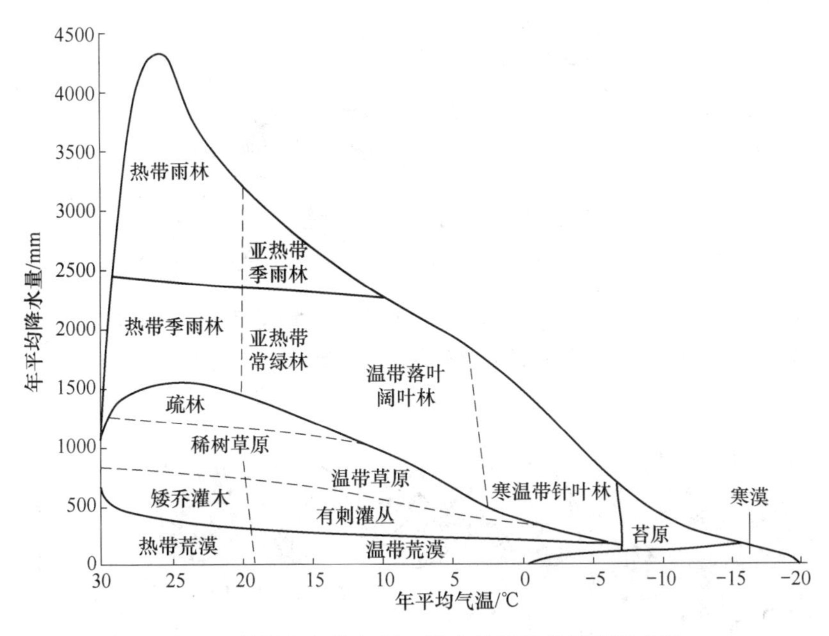

图 8-7 植被与年均气温、降水量的相关模型示意图

8.3.3.1 纬度地带性

由于太阳高度角及其季节变化因纬度而异，地表接受的太阳辐射能也随纬度的增高而减少，这样使从赤道向南北极每移动一个纬度（约 111 km）气温平均降低 0.5~0.7 ℃。在热量及气温随纬度增高而降低的变化规律制约下，地表生态系统类型也呈现出有规律的更替，形成了所谓的纬度地带性。例如，在欧亚大陆东部太平洋沿岸地区，从赤道向北极依次出现热带雨林季雨林、亚热带常绿阔叶林、温带落叶阔叶林、寒温带针叶林、苔原和冰原；在大陆内部，从低纬度地区向高纬度地区依次出现亚热带荒漠、温带荒漠、温带草原、寒温带针叶林、车原和冰原；在欧亚及非洲大陆西部大西洋沿岸地区，从赤道向北极依次出现热带雨林季雨林、稀树草原、热带及亚热带荒漠、常绿硬叶林、温带落叶阔叶林、寒温带针叶林、苔原和冰原。生态系统纬度地带性与垂直地带性的关系，如图 8-8 所示。

8.3.3.2 经度地带性

北美洲大陆和欧亚大陆中部地区，由于海陆分布格局与大气环流的共同影响，地表水分状况沿纬线自东向西呈现规律性变化，导致生态系统的经向分异，即由沿海湿润区的森林经半湿润区的森林草原、半干旱区草原到干旱区的荒漠构成了生态系统的经度地带性，如图 8-9 所示。

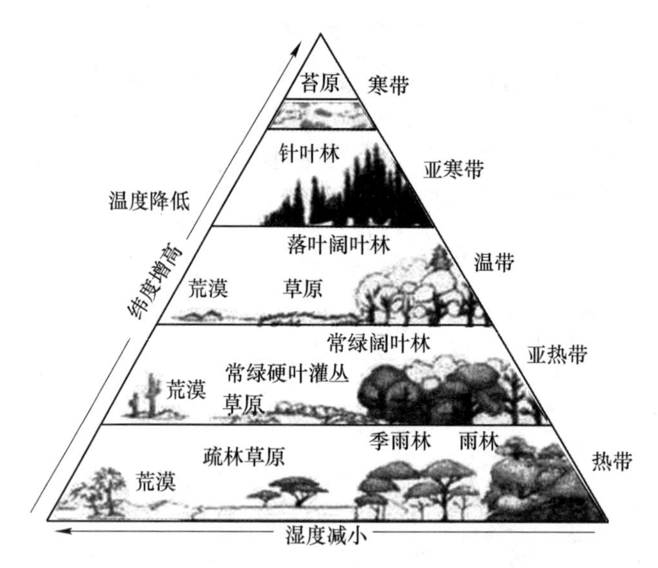

图 8-8 生态系统纬度地带性与垂直地带性相关图（实际上受土壤、昼夜温差、辐射、风力、气压等影响，生态系统垂直地带性也有较大的变化）

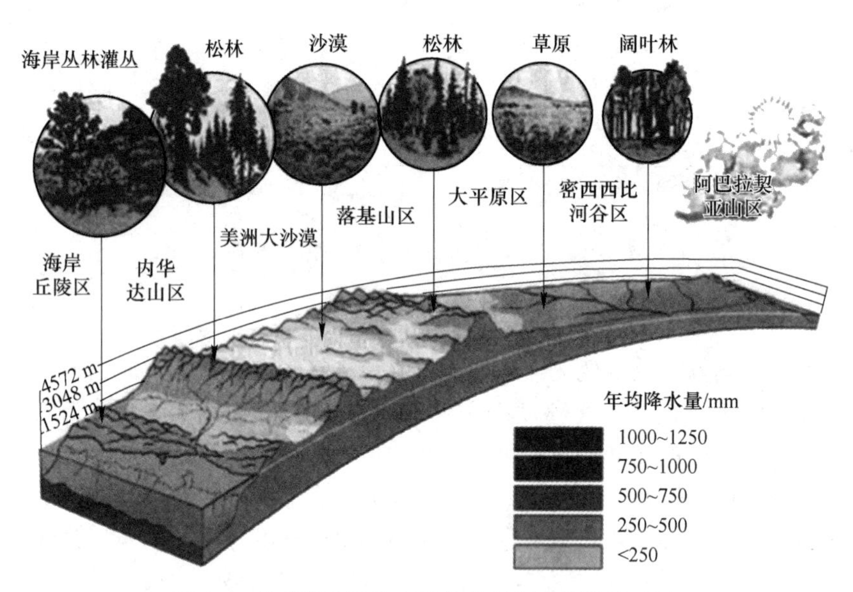

图 8-9 北美洲大陆生态系统的经度地带性示意图

8.3.3.3 垂直地带性

在地球表层，一般随着海拔的升高，地表和气温、土壤温度有逐渐降低的趋势，如地表海拔每升高 100 m，地表和气温降低 0.65 ℃左右。在一般条件下随着地表海拔的升高，地表年均降水量也会增加（年蒸发量则因温度降低也有降低的趋势），达一定海拔之后，随海拔升高地表年均降水量又开始减少，这样就引起自然生态系统随海拔的变化而有规律地更替，即生态系统的垂直地带性，其一般的更替变化模式如图 8-8 所示。此外，地形、地质水文、人类活动对地表植被及其生态系统的分布也有重大影响，这就形成了非地带性分布规律。例如，在中国华北平原、东北平原、长江中下游平原和珠江三角洲等森林植被带区域，由于受地形、河流和土壤等的共同影响发育成天然湿地植被；但又因数千年人类开垦建设的影响，区域地表几乎全部被人工植被和城镇用地所覆盖，天然湿地植被已不复存在。因此，在环境地学的实际研究工作中，不仅要遵循宏观的地带性分布规律，还要具体地分析地形、地质水文、岩性与土壤、人类活动等在多时空尺度上对生态系统的影响。

8.3.3.4 中国植被分布规律简介

中国地域辽阔、自然环境复杂多变，故地表植被类型及其生态系统也极为丰富，几乎可见到北半球所有的植被类型。由大兴安岭—阴山—冈底斯山一线可将中国分为两个半部，其中东南部为季风性气候区，发育了各种中生性森林，西北部为大陆性气候区，为旱生性草原和荒漠。

中国东南部植被及生态系统的纬度地带性明显，即从南向北，随着气温的逐渐降低，带状分布的植被及其生态系统可依次划分为：赤道雨林带（如南海岛屿）—热带季雨林带（如台湾岛和海南岛的南部）—亚热带常绿阔叶林带（如江南、华南和西南东部地区）—暖温带夏绿阔叶林带（如华北、山东半岛及辽东半岛）—温带针阔混交林带（如东北大部分）—寒温带针叶林（如东北北端漠河地区）。中国西部植被及其生态系统由于受青藏高原的影响，其水平地带性表现不完整，仅在新疆的温带荒漠地区就有南北分异，如天山南侧塔里木盆地以暖温带荒漠为主，而天山北侧准噶尔盆地为温带荒漠。在中国北方地区受地形和夏季风影响，其植被及其生态系统表现出经度地带性的特征，即在秦岭—淮河一线以北广大地区，从东向西、从东南向西北（从沿海湿润区到内陆干旱区），依次为夏绿阔叶林（如山东半岛和辽东半岛）、针阔混交林（如大兴安岭）、草原［草甸草原（如内蒙古高原东部）］—干草原（如内蒙古高原中部）—荒漠草原（内蒙古高原西部、宁夏和甘肃部分地区）］、荒漠带［草原化荒漠和典型荒漠（如甘肃西部和新疆大部分）］。

8.4 生物圈的物质和能量

生物圈中的物质和能量转化遵循着不同的规则。能量流经态系统最终以热的形式消散，是单方向的，因此生态系统必须不断地从外界获得能量；而物质的流动是循环式的，各种物质都能以可被植物利用的形式重返环境；能量流动和物质循环都是借助于生物之间的取食过程而进行的，这些过程是密切相关和不可分割的。因为能量是储存于有机化合物的分子键内，当能量通过呼吸过程被释放出来用于做功时，有机化合物就会被分解为简单物质重新释放到环境中去。

8.4.1 化学组成

全球生物圈的物种总数约为300万种，这些生物在生长发育与演化的过程中，依据其生理需要从环境中吸取各种营养元素，同时还从环境中被动地吸收其他元素，因此，生物圈的化学元素组成与大气圈、水圈、土壤圈和岩石圈表层的元素组成有着一定发生学上的联系，又各自有显著的独特性。由于生物本身的生长发育特征不同，再加上环境条件的差异，便构成了生物圈复杂的元素丰度特征。维诺格拉多夫1954年在分析6000种动植物化学组成的基础上，计算了生物圈的平均化学组成，见表8-4。

表 8-4　生物圈物种的主要化学成分平均质量分数　(%)

元素	O	C	H	Ca	K	Si	Mg	P	S
平均含量	70	18	10.5	0.5	0.3	0.2	0.04	0.07	0.05
元素	Na	N	Cl	Fe	Al	Ba	Sr	Mn	B
平均含量	0.05	0.03	0.02	0.01	0.005	0.003	0.002	0.001	0.001
元素	Tl	Ti	F	Zn	Rb	Cu	V	Cr	Br
平均含量	$n\times10^{-3}$	8×10^{-4}	5×10^{-4}	5×10^{-4}	5×10^{-4}	2×10^{-4}	$n\times10^{-4}$	$n\times10^{-4}$	1.5×10^{-4}

有些学者认为动物是以植物为生的，设想以海洋植物和陆地植物的平均组成来代替生物圈的化学组成，按照化学元素的生理功能，可将构成生物圈的化学元素划分为必需元素和非必需元素，见表 8-5。一般认为生物必需元素应该满足以下原则：它存在于一种生物的所有健康活组织之中，并总能在生物体内恒定地被检测到；当它从组织中被消耗掉或被移走时，生物就会出现病状，而重新得到足够的补充时，这些病状就随之消失；这些病状的出现应被证实是分子水平上特殊的生物化学损坏的结果。

表 8-5　生物体中元素的分类

必需元素			非必需元素		
主要元素	次要元素	微量营养成分	次要元素	微量营养元素	污染成分
O、H、C、N、P	Na、Mg、S、Cl、K、Ca	B、Fe、Si、Mn、Cu、I、Co、Mo、Zn	Ti、V、Br	Li、As、Ba、Be、Rb、Pb、Al、Sr、Ra、Ag、F、Cd、Ni、Sn、Ge、Cs	He、Ar、Se、Au、Hg、Bi、Tl

按照上述原则进行实验观察发现：生物体一般含有 70 多种元素，其中有 25 种元素是动植物生长、发育、繁殖所必需的营养元素，如 O、C、H、N、Ca、Mg、Na、P、K、Cl、S、Si、Fe 等是构成生物体的基本元素，它们占生物体总质量的 99.95%，其他元素仅占 0.05%。生物所需要的糖类虽然可以在光合作用中利用水和大气中的 CO_2 来制造，但是对于制造一些更加复杂的有机物来说还需要一些其他的元素，如需要大量的 N 和 P，还需要少量的 Zn 和 Mo，前者称为大量元素，后者称为微量元素。通常以生物体内元素的平均含量为 0.01%作为划分大量元素和微量元素的标准。微量元素在生物体内含量是微小的，但它们所起的生物学作用却不容忽视，没有微量元素便没有生命，它们参与生物的呼吸作用、光合作用、造血、蛋白质合成、激素合成等许多重要的生理生化过程，在这些过程中，它们起着活化作用和催化作用。

必需元素在环境中的含量水平是环境科学、环境地学研究的重要内容，同一元素在环境中含量的不同对人体健康可能起到完全不同的影响。实验观察表明，当生命体缺乏某一微量营养元素时，其生长发育就会停滞、异常或不能完成其生命循环，如人体缺碘就与甲状腺肿大密切相关；人体缺硒、钼与地方性心肌病（克山病）也有相关性，这类问题便是所谓的第一环境问题。及时适量地补充微量营养元素对生物体的生长发育及其繁殖非常必要，然而供给生物体的微量营养量超过了其生理过程正常需要量时，这些微量营养元素又可能起到毒害的作用，这就构成所谓的第二环境问题，即人类活动所引起的环境污染。在生物的生理代谢过程中，生物时刻不断地从环境中吸收各种化学元素，同样在人们的日常生活中，人们通过饮水、呼吸、食物链、表皮组织等途径从环境中选择性吸收、被动地吸收各种化学元素，图8-10所示为化学元素由环境沿食物链进入人体的主要通道。这4个途径是环境中污染物危害人体健康的重要方式，其中污染物沿食物链危害人群健康具有隐蔽性和滞后性，是环境科学研究的重点。

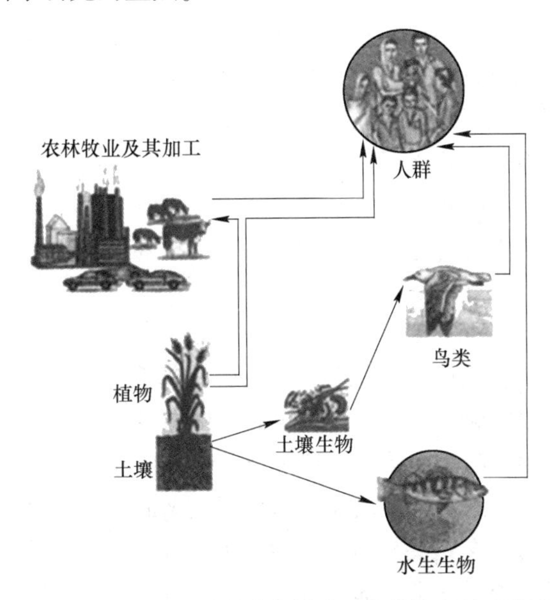

图8-10 化学元素由环境沿食物链进入人体的主要通道示意图

在地球环境系统中，大气圈、水圈、生物圈、土壤圈和岩石圈之间时刻不停地进行着物质和能量的迁移、转化，从而使整个环境成为一个巨大的化学元素转化迁移的循环系统，生物圈也是地球环境巨大系统长期发展演化的产物。生物圈中的人类及其他动物躯体都是由蛋白质（约15%）、核酸（约7%）、脂类（约2%）、糖类（约3%）、无机盐（约1%）和水（约70%）组成的，可见生物圈中动物之间在化学组成方面具有统一性。科学观察发现，环境中许多污染物在人体和其他动物体内部的分布也具有一定的统一性和差异性。汉密尔顿在1974年研究了英国人血液与地壳的化学组成发现：人体血液的化学组成与海水成分相似，除去生物的主要结构元素（H、C、O、N）和地壳物质的主要结构元素（Si、Al）以外，其他元素的丰度分布趋势在它们两者之间也有较大的相关性。由此可见，生物圈和环境具有统一性，同时生物的化学组成与环境的化学组成也有较大的差异性，这表明生物圈和环境存在着本质的区别。

8.4.2 化学循环的特征

能量流动和物质循环是生态系统的两大基本功能。生态系统的能量主要来源于太阳，而生命必需物质（各种元素）的最初来源是岩石或地壳。生物圈中物质循环具有以下特征：物质循环和能量流动总是相伴发生的，例如光合作用把二氧化碳和水合成为葡萄糖时，同时也就固定了能量，即把光能转化为葡萄糖内储存的化学能；呼吸作用在把葡萄糖分解为二氧化碳和水的同时也释放出化学能。但是，能量流动与物质循环也有一个重要的区别，即生物固定的光能量流过生态系统只有一次，并且逐渐以热的形式耗散，而物质在生态系统的生物成员中却能被反复利用。当同化过程把以无机形式存在的营养元素合成包含能量的有机化合物，或者异化过程在分解这些包含能量的有机化合物释放出能量的时候，被初级生产过程固定的能量就会在通过生态系统的各种生物成员时，逐渐减少和以热的形式耗散，而生命元素则可以被生态系统的生物成员反复多次利用。

能量一旦转化为热，它就不能再被有机体用于做功或作为合成生物量的能量了，热耗散到大气中后就不能再循环。地球上生命之所以能够持续地存在，正是由于太阳辐射时时刻刻地提供了新鲜可用的能量。营养物则与太阳辐射的能量不同，其供应是可变的。当营养元素进入活的生物体后，就会降低对于生态系统其余成分的供应，如果固定在植物及其消费者机体内的营养元素没有被最后分解掉，那么生命所必需的营养物供应将会耗尽，因此分解者系统在营养循环中是起主要作用的。

8.4.3　能量流过程

能量是驱动生态系统物质运动的动力，是一切生命活动的基础。一切生命活动都伴随着能量的变化，没有能量的转化，也就没有生命和生态系统。能量在生态系统内的传递和转化规律服从热力学定律。热力学第一定律即能量守恒定律，可以表述如下："外界传递给一个物质系统的热量等于系统内能的增量和系统对外所做的功的总和。"热力学第二定律是对能量传递和转化的一个重要概括，在封闭系统中，一切过程都伴随着能量的改变，在能量的传递和转化过程中，除了一部分可以继续传递和做功的能量（自由能）外，总有一部分不能继续传递和做功而以热的形式消散，这部分能量使系统熵的无序性增加。对生态系统来说，当能量以食物的形式在生物之间传递时，食物中相当一部分能量被降解为热而散掉，其余则用于合成新的组织作为潜能储存下来。所以动物在利用食物中的潜能时常把大部分转化成热，只把小部分转化为新的潜能。因此能量在生物之间每传递一次，一大部分的能量就被降解为热而损失掉，这也就是为什么食物链的环节和营养级数一般不会多于5~6个，以及能量金字塔必定呈尖塔形的热力学解释。

生态系统层次上的能流分析是把每一个物种归属于一个特定的营养级中，然后精确地测定每一个营养级能量的输入和输出值，就可以计算出生态系统层次上的能量流动。有的生态系统是直接依靠太阳能的输入来维持其功能的，这种自然生态系统的特点是靠绿色植物固定太阳能，称为自养生态系统；另一种类型的生态系统可以不依靠或基本不依靠太阳能的输入而主要依靠其他生态系统所生产的有机物输入来维持自身的生存，称为异养生态系统。在异养生态系统的能量流动过程中，靠光合作用固定的只有一小部分，大部分能量来源于陆地输入的植物残层。

8.4.4　生产量及空间分布

生态系统中的能量流动开始于绿色植物的光合作用对于太阳能的固定，因为这是生态系统中第一次能量固定，所以植物所固定的太阳能或所制造的有机物质称为初级生产量或第一性生产量。影响生态系统初级生产力的环境因素有光照强度、水分、CO_2浓度、营养物质和温度等，如图8-11所示。

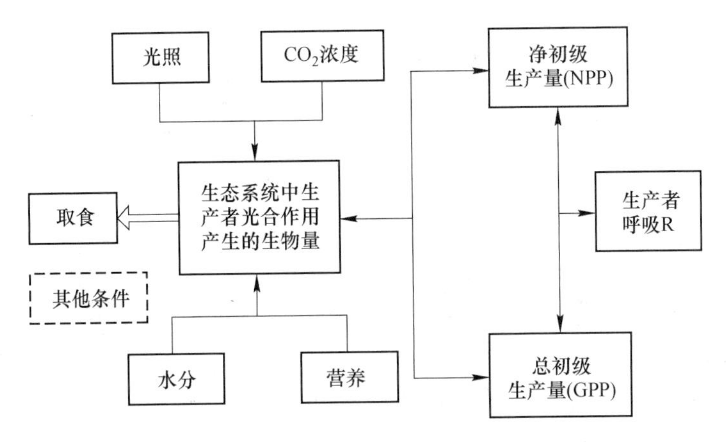

图 8-11 初级生产量的环境限制因子作用图解

环境中 CO_2 浓度主要是水生生态系统初级生产量的重要限制因子，当其他因素最适宜时也可能成为陆地生态系统初级生产量的限制因子。水分对水生生态系统来说总是过剩的，但对陆地生态系统的初级生产量却常常是一个重要的限制因子。此外，生态系统的初级生产量的大小也受到各种营养物质（如 P、S、N 等）供应的影响。例如，在海洋生态系统中磷多沉入深水之中，致使大部分海洋表层带因缺乏磷和其他营养物质的供应而生产量较低，尽管那里的光照十分充足。可以说生态系统的初级生产量是由光照、水分、CO_2 浓度、营养物质、温度和 O_2 浓度六种因素决定的，六种因素的不同组合都可能产生等值的初级生产量，但是在一定的条件下，单一因素也有可能成为限制这个过程的最重要因素，这种因素的变化对初级生产量的影响程度取决于该因素距离最适宜值的幅度和它同其他限制因子间的平衡关系。例如，针对一个水生生态系统而言，在矿质营养元素供应充分、高的光照强度、最适宜的 O_2 浓度和温度的平衡条件下，限制藻类初级生产量的将是 CO_2 从大气进入水体的扩散程度，这时如果往水体中注入 CO_2 便能很快地提高该生态系统的初级生产量；但当 CO_2 在环境中达到饱和时，其初级生产量提高程度便会逐渐地缓慢下来。总之，如果某个生态系统的全部环境因素都是适宜的，其初级生产量最终将会受到光合作用生物量自身数量的限制。

净初级生产量是生产者及其以上各营养级所需能量的唯一来源。从理论上讲，净初级生产量可以全部被异养生物所利用转化为次级生产量，但实际上任何一个生态系统中的净初级生产量都可能流失到这个生态系统以外的地方去，此外还有很多植物生长在动物达不到的地方，因此无法被动物利用；对动物来说，初级生产量或因得不到、或因不可食生物种群密度低等原因，总有相当一部分未被利用。即使是被动物吃进体内的植物，也有一部分通过动物的消化道排出体外。在被同化的能量中，有一部分用于动物的呼吸代谢和生命维持，这部分最终将以热的形式消散掉，剩下的部分才能用于动物的各组织器官的生长和繁殖新个体，这就是我们所说的次级生产量。当一个种群的出生率最高和个体生长速率最快时，也就是这个种群次级生产量最高的时候，这时往往也是自然界初级生产量最高的时候，但这种重合并不是碰巧发生的，而是自然选择长期作用的结果；因为次级生产量是靠消耗初级生产量而得到的，次级生产量的一般生产过程如图 8-12 所示，应用这个模型可以描述任何一种动物的次级生产过程。

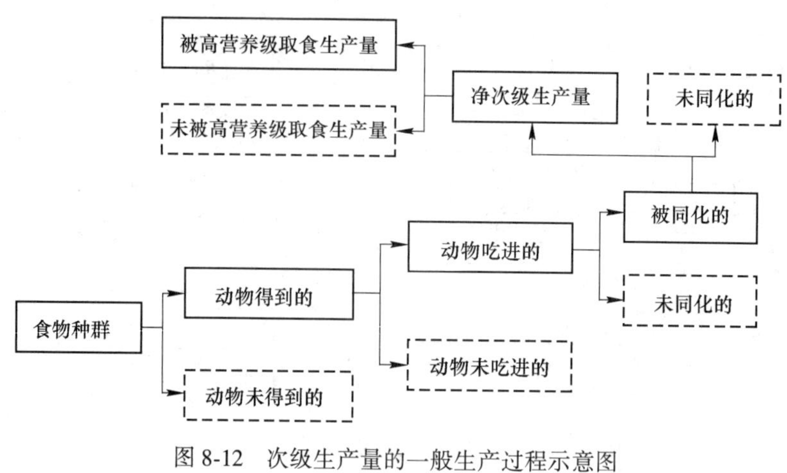

图 8-12 次级生产量的一般生产过程示意图

8.5 人类对生物圈的影响

8.5.1 相互作用

自从人类在距今300万年前出现之后就成为地球生物圈的一部分，除受自然规律制约外，人类还因有智慧、会劳动而不同于其他动物。现代人类的生产力已经发展到能对全球的生物及其生存环境施加重大影响的程度，以致在短时间内可以创造出大量的新物质，改变生物的特性。同时人类也可以毁灭无数有价值的天然物种，还能够改变生物的分布区。人类在长期的劳动实践中逐步地认识和改造着自然有机界。但在不同的社会发展阶段，人类影响生物圈的方式、范围和强度差异巨大。旧石器时代和部分中石器时代，人类主要是人靠采集野生植物的果实、种子、根茎和捕猎野生动物来维持生活的；随着生产工具的不断改进，到了新石器时代，采集业逐渐过渡到原始农业，狩猎业也逐步过渡为原始的畜牧业，从那时起一些被采集的野生植物在一定的环境条件下经过多代挑选，最后变成较符合于人类需要的栽培植物。据初步调查，目前可以称为作物的植物约有2300余种，其中与人类生活关系密切的栽培植物有五六百种，某些栽培植物种内的品种更是多得惊人，例如菊花约有近10000个品种。据考古学研究，在距今10000年前后的中石器时代的后期和新石器时代，人们熟悉的家畜、家禽和家蚕都已驯养成功并加以利用了。狗和猪可能是最早被驯化的家畜，稍后是羊和牛，再就是马、驴、骆驼和家禽。现在家养动物的种类很多，其中有的动物品种也为数不少，例如中国猪的品种有100多个，金鱼有160多个。在人类将野生生物改变为家养生物的过程中，不仅增加了生物的种类，还改变了它们的性质，即主要是朝向有利于人类需要的方向发展。例如，粮食作物的产量和蛋白质、淀粉和糖的含量比其野生祖先的大大提高。家猪是由生活在山林草莽和沼泽地带“狼奔豕突”的野猪驯化而来，它的头、颈变宽缩短，体态变得肥大，四肢变得短小，它的生理机能也不同于它的祖先。此外，栽培植物和家养动物的竞争能力与适应外界环境的能力一般较其野生更弱，而变异性增大。

人类还扩大或缩小了生物原有的分布范围。栽培水稻原产于中国西南和印度等地，而现在却扩大到世界各大洲普遍种植。人类在培育新生物种类的同时，也在有意或无意地消灭和减少原有的生物种类和生物资源；由于狩猎、乱砍滥伐和对环境污染等原因，使地球上生物绝灭的速度大大加快了，据估计人类已经消灭了四五万种动物，近2000多年来已有100余种大型兽类灭绝于人类。例如，欧洲野牛灭绝于400多年前，斑驴灭绝于1864年等，还有一些种类除了人类圈养外，已无野生种类，如麋鹿等。目前有更多的动物正濒于灭绝，如黑犀牛、老虎、蓝鲸、白鹭、巨鹰等。中国野生动物资源也遭受到了严重破坏，据初步调查，已灭绝或基本灭绝的动物有高鼻羚羊、新疆虎、犀牛、白丑叶猴、黄腹角雉等；濒临灭绝的有大熊猫、长臂猿、金丝猴、海南坡应、华南虎、东北虎、儒艮、白鳍豚、扬子忽、穿山甲、原鸡、丹顶鹤等20多个种和亚种。人类开垦土地、砍伐森林，毁灭了大片植被是造成生物灭绝的主要原因。

鉴于上述情况，许多国家的科学家和一些国际组织发出了拯救珍贵稀有生物和濒于绝种的生物、保护自然资源的呼声。中国已经建立了100多个自然保护区，开始形成较完整的以保护中国特有珍贵动植物为对象的自然保护区系统，其中吉林长白山、广东易湖山和四川卧龙3个自然保护区已加入了世界生物圈保护区网。这些保护区中，生态环境复杂多样，生物种类十分丰富，是天然的生物基因库和自然资源库。建立并有效地管护自然保护区对于保存和培育生物物种，研究自然生态系统的物质与能量转换，维护自然界的生态平衡以及对人类进行生物学、环境科学知识的宣传教育都有着重要意义。

8.5.2 生物多样性变化

生物多样性反映了地球上包括植物、动物、微生物等在内的一切生命都各有不同的特征及生存环境，它们相互间存在着错综复杂的关系，生物多样性描述了一个真实又精彩的大自然。生物群落制造 O_2 让我们能够自由呼吸，生产食物让我们的生命得以延续，提供能源（煤炭和石油都来源于古代的生物）和各种资源让我们的生活有了物质资源保障。

生物多样性包括以下三方面内容：

一是物种多样性，地球的生命多种多样、丰富多彩，从非常小的1个病毒到重达150 t的鲸；从“慢性子”的蜗牛到每小时能奔跑90 km的猎豹；从借助风、水传播的植物到把自己的后代送向远方的动物；大自然中每一个物种都是独特的，从而构成了物种多样性。物种多样性是用一定空间范围内物种数量的分布频率来衡量的，它通常包括整个地球的空间范围。

二是遗传多样性，世界上所有的生命都既能保持自身物种的繁衍，又能表现出每个生物体的差别，这主要归功于其体内遗传密码的作用和基因表达的差别。遗传的多样性是指同一个物种内基因型的多样性，它是衡量一个种内变异性的指标。在组成生命的细胞中DNA是遗传物质由4种碱基在DNA长链上不同的排列组合，这4种碱基决定了基因及遗传的多样性，在人类DNA长链上就有约3万个基因，它记录了我们祖先的密码，大自然用了几十亿年的时间，建造起如此精致和复杂的基因库，任何一个物种的灭绝都会带走它独特的基因，令我们永远遗憾。

三是生态系统多样性，地球表面到处都是生机勃勃的生命，为适应在不同环境下生存，各种生物与环境又构成了不同的生态系统，这就是生命的家园。在不同的生态系统中，生命通过复杂的食物网来获取和传递能量，同时完成物质的循环。生态系统的结构、过程、功能、平衡及调节机制千差万别，这是生物多样性的重要内容。然而，由于人类活动的介入使生物多样性发生了变化，甚至使生物多样性遭到威胁和破坏。据统计调查，数百年来物种、种群以及自然生境的丧失过程都明显加速。

生物圈演化的历史表明：物种的不断形成和消亡是自然生物界进化和发展的规律。在地球生物变迁过程中，许多生物因自然环境的变化从地球表层消亡，不过这只是一种缓慢的自然过程。自工业革命以来，人类活动对生物多样性造成了严重的损害，这使得持续地保护和利用全球生物多样性资源，促进人类的可持续发展，成为国际社会和学术界关注的焦点之一。当代人类活动对全球生物多样性的影响及其评价指标可以归结为：

（1）大规模农业生产导致了陆地生物资源的单一化。据估计陆地生物圈中约有 3000 种植物可被用作食物，而现今世界粮食主要来自 20 多种。特别是近 50 年来随着农业科技的发展，许多国家扩大了高产作物品种的栽培，使陆地传统农作物的多样性大幅度减少。人们为了提高农作物的产量，不得不大量地使用杀虫剂、除草剂和化肥，这使得许多动植物和土壤生物遭受灭绝，并造成了严重的生态失衡，见表 8-6。

表 8-6 当代人类活动对全球生物多样性的影响及其评价指标体系表

影响因素	生物多样性变化方式	主要评价指标
过量砍伐森林，过量捕捞，过度放牧，大规模农业生产	生物物种的单一化，特别物种的消失	区域土地利用结构，木材生产力与砍伐量，草场生产力与载畜量，农业种植结果与产量
城市化与工业化，交通线路建设，大型工矿企业，大型水利设施	生物栖息地损失，生物栖息地被阻隔	区域建设用地结构，路网密度及其状况，工矿业用地及其方式，水利设施用地状况
土壤污染，水体污染，大气污染，声光电磁辐射污染，全球变化	生物物种减少，生物健康状况恶化，生物生理代谢异常	农药种类及其施用量，化肥种类及其施用量，重金属及持久性污染物，大气环境质量，水体环境质量，环境质量及灾害状况
旅游业，交通运输业，贸易方式	外来物种入侵，生物疾病扩散	进出境人口总量，货物的种类，贸易物品种类及其总量

（2）人类活动破坏了野生动植物的栖息地，使多种生物种群的生存受到严重威胁。自 20 世纪中期以来，森林砍伐的数量和速率的快速增长，使全球森林生态系统面积大幅度减少。科学测算表明仅在热带雨林中，目前物种消亡速度是每年 4000~6000 种，其速率约为生物自然演化的 10000 倍。随着全球范围的城市化、工业化和交通运输业、旅游业的快速发展以及大型工矿、水利设施的修建，使一些生物物种的栖息地（湿地、珊瑚礁）受到人为破坏和阻隔，再加上化学污染物的侵害，使得野生物种特别是鸟类的数量日益减少。

（3）外来物种的入侵加速了生物多样性的减少。近 50 多年来，随着国际贸易、交通运输业、旅游和探险活动的增加，增加了生物物种在世界范围内的移动、入侵的机会。外来物种在既定的生态系统中建立据点、摆脱其天敌之后，并开始大量繁衍，从而遏制本土物种的生存和发展，打破当地的生态平衡，导致生物多样性的减少，引起区域生态系统的恢复能力和生产力的衰竭。

8.5.3 生物多样性保育

从生命演化的历史和人类社会发展的历史来看，人类是永远无法脱离自然环境及生态系统而生存的；生物圈及生物多样性是地球环境系统长期进化的结晶，它一旦遭受破坏就很难恢复，任何一个生物物种的灭绝都会削弱人类适应环境变化的能力，给人类社会发展带来无法弥补的损失。近300年来人类层出不穷的科技发明，不仅刷新了人类生存的物质基础——生态系统，也刷新了我们的日常生活，使人类置身于便捷的生存环境之中。然而，也有许多"杰作"破坏了人与环境的平衡，刺激了人类物欲的增长，导致了人际关系和人与生命关系的疏离和淡漠。从空间的整体性、时间的持续性和人类对生物圈影响的角度来看，人类的一些发明无异于是在制造永远的祸端，甚至是在诱使人类跨上脱缰的野马奔向不归之途。在近百年来以高投入高产出为特征的传统经济获得了快速的增长，同时传统发展导致日益严重的环境污染与资源枯竭，以致将人类推向了生存危机的边缘。自1992年联合国环境发展大会以来，人们已经清醒地认识到，人类活动的强度和范围必须规范在地球环境的承载能力之内，人类的生产和消费活动必须与自然生态系统相协调，人类必须更新发展观念，综合运用文化、经济、管理和技术等措施降低人类活动对环境的影响，保育我们永久赖以生存的生态系统。

当前生物多样性保育的措施主要有就地保护、迁地或移地保护、离体保护三种。其中，就地保护是指为了保护生物多样性，把包含保护对象（濒危物种及其栖息地）在内一定面积的陆地或水体划分出来，进行保护和管理，其保护的对象主要包括有代表性的自然生态系统、珍稀濒危动植物及其天然的集中分布区。其措施是在栖息地及其外围区域，建立野生动植物保护基地、自然保护区、国家公园、森林公园和风景区，尽可能地减少人类活动对濒危物种生长、发育及繁殖的影响，同时对物种的生存状况进行长期原位监测和综合研究，揭示物种生存与演化的规律，以维护和恢复这些濒危物种在其自然环境中的生存能力。迁地或移地保护是指在动物园或繁殖中心开展濒危动物的繁殖保护工作，即为了保护生物多样性，把因生存条件不复存在、数量极少、难以找到配偶、生存和繁衍受到严重威胁的物种迁出原地移入动物园、植物园、水族馆和濒危动物繁育中心进行特殊的保护和管理。移地保护为行将灭绝的生物提供了生存的最后机会。近些年来随着现代生命科学的发展，胚胎移植、冷冻精液和克隆等新的繁殖技术也日趋完善，使动植物的遗传物质可以脱离母体进行独立保存，这就形成了第三种挽救濒危生物物种的方法，即离体保护。

8.5.4 生物入侵及防治

生物入侵是指某种生物从外地自然传入或人为引种后成为野生状态，并对本地生态系统造成一定危害的现象。外来生物在它们的原产地有许多防止其种群恶性膨胀的限制因子，即捕食者和天敌能将这个种群的密度控制在一定数量之下。因此，那些外来物种在其原产地通常并不造成较大的危害。如果一旦它们入侵新的地区，失去了原有天敌的控制，其种群密度则会迅速增长并蔓延成灾。外来物种入侵的途径主要有无意引入、有意引入和自然入侵三种。有些外来生物是伴随着人类活动无意入侵的，其主要是附着在源于国外且未经过检疫消毒处理的树木、花草、新鲜水果、蔬菜、生鲜食品、湿润土壤之中或表面，一起入侵异地。例如，红火蚁原生于南美洲，20世纪早期随木材贸易入侵北美洲，随后又入侵大洋洲和中国南方地区。由于红火蚁属于杂食性昆虫，其入侵对当地农作物、人与畜、建筑设施等带来多种危害。有些外来生物是人类有意引进的，人们在未进行深入细致的生物科学、生态学与环境地学研究的情况下，草率引进某些生物物种以利用其某种功能，导致了众多危害。

在漫长的生命演化过程中，地球表层的海洋、山脉、河流、沙漠和冰川构成了珍稀物种迁徙、生态系统演变的天然隔离性屏障。然而，在现代人类活动的作用下，这些天然屏障对生物迁徙的阻隔甚至失去了作用，那些异地物种远涉重洋到达新的生境和栖息地，对当地生态系统的稳定性造成了严重的危害。我国防止外来入侵的措施主要有：建立健全相关法规，提高入境动植物与微生物的检验检疫技术，加强对无意引进和有意引进外来入侵物种的安全管理。开展全国范围的外来入侵物种调查，查明外来物种的种类、数量、分布和作用，建立外来物种数据库。在强化国际合作研究的基础上，分析外来物种对中国生态系统和物种的影响，建立对生态系统、环境或物种构成威胁的外来物种风险评价指标体系、风险评价方法和风险管理程序，逐步建立健全精干高效的外来入侵物种监测系统；加强人们对外来入侵物种危害性认识的宣传教育，提高对外来入侵物种的防范意识；加强对外来入侵物种的识别、防治技术、风险评估技术、风险管理措施的培训。

思考和练习题

8-1 试运用概念图或思维图的方式，表述大气圈中 CO_2 和 O_2 浓度变化与生物圈的关系及其相互间的作用。

8-2 什么是垂直地带性？举例说明山地植被垂直带的分布与气候之间的相互关系。

8-3 在我们的生活中，与我们关系最为密切的生物加起来也不过百种，为什么我们要尽全力地保护现存的各种生物？

8-4 概括生态系统次级生产过程的一般模式。

8-5 通过查阅资料和综合分析，试举例说明人类活动对生物圈或者生态系统的影响。

参考文献

[1] 孙强．环境科学概论［M］．北京：化学工业出版社，2012.
[2] 汪新文．地球科学概论［M］．2 版．北京：地质出版社，2013.
[3] 方淑荣．环境科学概论［M］．北京：清华大学出版社，2011.
[4] 缪启龙．地球科学概论［M］．4 版．北京：气象出版社，2016.
[5] 柳成志，冀国盛，许延浪．地球科学概论［M］．2 版．北京：石油工业出版社，2010.
[6] 不破敬一郎．地球环境手册［M］．北京：中国环境科学出版社，1995.
[7] 约翰·巴罗．宇宙的起源［M］．卞毓麟，译．上海：上海科学技术出版社，1995.
[8] 李胜荣．结晶学及矿物学［M］．北京：地质出版社，2008.
[9] 路凤香，桑隆康．岩石学［M］．北京：地质出版社，2002.
[10] 亨特 B T. 土壤与健康［M］．李淑琴，译．北京：中国环境科学出版社，2011.
[11] 李天杰，宁大同，薛纪瑜，等．环境地学原理［M］．北京：化学工业出版社，2004.
[12] 杨志峰，刘静玲．环境科学概论［M］．北京：高等教育出版社，2004.
[13] 钱易，唐孝炎．环境保护与可持续发展［M］．北京：高等教育出版社，2000.
[14] 李容全，邱维理，贾铁飞．自然地理学研究方法［M］．北京：高等教育出版社，2013.
[15] 赵烨．环境地学［M］．北京：高等教育出版社，2015.
[16] 陶世龙，万天丰．地球科学概论［M］．2 版．北京：地质出版社，2010.
[17] 潘树荣，伍光合，陈传康，等．自然地理学［M］．2 版．北京：高等教育出版社，1985.
[18] 丁登山．自然地理学基础［M］．北京：高等教育出版社，1988.
[19] 徐庆华．地球概论［M］．北京：北京师范大学出版社，1991.
[20] 格拉斯 B P. 行星地质学导论［M］．北京：地质出版社，1986.
[21] 索金斯．地球的演化［M］．张友南，译．北京：科学技术文献出版社，1982.
[22] 小赫尔伯特 C S. 地球科学百科全书［M］．刘伉，王守春，等译．北京：商务印书馆，1996.
[23] 孙立广，谢周清，杨晓勇，等．地球环境科学导论［M］．合肥：中国科学技术大学出版社，2009.
[24] 陈静生，汪晋三．地学基础［M］．北京：高等教育出版社，2001.
[25] 金相灿，沉积物污染化学［M］．北京：中国环境科学出版社，1992.
[26] 李亚美，陈国勋，闰寿鹤，等，地质学基础［M］．北京：地质出版社，1994.
[27] 李荫堂．地球环境概论［M］．北京：气象出版社，2003.
[28] 牟树森，青长乐．环境土壤学［M］．北京：中国农业出版社，1993.
[29] 戎秋涛，翁焕新．环境地球化学［M］．北京：地质出版社，1990.
[30] 王明星．大气化学［M］．北京：气象出版社，1999.
[31] 中国科学院地球化学研究所．高等地球化学［M］．北京：科学出版社，1998.
[32] MONROE J S，WICANDER R. The Changing Earth：Exploring Geology and Evolution CMJ［M］. Fourth Edition. London：Thomson Learning Inc.，2006.
[33] WANG J J，WANG Y H，WANG X M，et al. Penguins and Vegetations on Ardley Island［M］. Antarctia：Evolution in the past 2400 years，Polar Biology，2007，30：1475-1481.
[34] WANG X M，DING X，MAI B X，et al. Polybrominated Diphenyl Ethers in Air Borne Particulates Collected During a Research Expedition from the Bohai Sea to the Arctic［J］. Environmental Science and Technology，2005，39（20）：7803-7809.
[35] 周淑贞，张如一，张超．气象学与气候学［M］．北京：高等教育出版社，1998.
[36] 王晓蓉．环境化学［M］．南京：南京大学出版社，1993.
[37] 唐孝炎，张远航，邵敏．大气环境化学［M］．北京：高等教育出版社，1990.

[38] 蒋维楣，孙鉴泞，曹文俊，等．空气污染气象学教程［M］. 北京：气象出版社，1993.
[39] 黄锡荃．水文学［M］. 高等教育出版社，1993.
[40] 刘兆昌，张兰生，聂永丰，等．地下水系统的污染与控制［M］. 北京：中国环境科学出版社，1991.
[41] 中国科学院南京土壤所土壤分类课题组. 中国土壤系统分类课题研究协作组．中国土壤系统分类（首次方案）［M］. 北京：科学出版社，1991：1-112.
[42] 龚子同．中国土壤系统分类的建立和发展［J］. 土壤学报，1995：32（增刊），1-11.
[43] 陈发景，汪新文，陈昭年．前陆盆地分析［M］. 北京：地质出版社，2007.
[44] 庞雄奇．油气田勘探［M］. 北京：石油工业出版社，2006.
[45] 秦善，王长秋．矿物学基础［M］. 北京：北京大学出版社，2006.
[46] 万天丰．中国大地构造学纲要［M］. 北京：地质出版社，2004.
[47] 杨达源．自然地理学［M］. 南京：南京大学出版社，2001.
[48] 朱筱敏．沉积岩石学［M］. 4 版．北京：石油工业出版社，2008.
[49] 李忠．构造地质学［M］. 西安：西安交通大学出版社，2019.
[50] 陈余道．环境地质学［M］. 北京：水利水电出版社，2018.
[51] KELLER E A. Introduction to environmental geology（3rd edition）［M］. New Jersey：Pearson Prentice Hall，2005.
[52] 丁翔，谢周清，向彩红，等．“雪龙号”2003 北极航次气相多环芳烃纬度分布观测［J］. 极地研究，2005，17：272-278.
[53] 高国栋，缪启龙，王安宇，等．气候学教程［M］. 北京：气象出版社，1996.
[54] 夏邦栋．普通地质学［M］. 北京：地质出版社，1984.
[55] 同济大学海洋地质教研室．海洋地质学［M］. 北京：地质出版社，1982.
[56] 刘本培，蔡运龙．地球科学导论［M］. 北京：高等教育出版社，2000.
[57] 魏彦昌，欧阳志云，苗鸿，等．放声性核素 Cs 在土壤侵蚀研究中的应用［J］. 干旱区农业研究，2006，24：200-296.
[58] 吴泰然．普通地质学［M］. 北京：北京大学出版社，2003.
[59] 李善邦．中国地震［M］. 北京：地震出版社，1981.
[60] 李叔达．动力地质学原理［M］. 北京：地质出版社，1994.
[61] 李亚美，闫寿鹤，陈国勋．地质学基础［M］. 北京：地质出版社，1984.
[62] 李荫堂．地球环境概论［M］. 北京：气象出版社，2003.
[63] 李智毅，杨裕云．工程地质学概论［M］. 武汉：中国地质大学出版社，1994.
[64] 刘宝瑞．沉积岩石学［M］. 北京：地质出版社，1980.
[65] 刘本培，蔡运龙．地球科学导论［M］. 北京：高等教育出版社，1986.
[66] 刘南．地球概论［M］. 北京：地质出版社，1987.
[67] 刘吉余，赵荣．油气田开发地质基础［M］. 4 版．北京：石油工业出版社，2006.
[68] 刘文治．矿床学［M］. 北京：地质出版社，1985.
[69] 柳成志，冀国盛，许延浪．地球科学概论［M］. 北京：石油工业出版社，2006.